高等职业教育课程改革示范教材

高等数学

YINGYONG SHUXUE

● 主 编　吴焕芹

南京大学出版社

图书在版编目(CIP)数据

高等数学 / 吴焕芹主编. — 南京：南京大学出版
社，2014.8(2021.9重印)
高等职业教育课程改革示范教材
ISBN 978-7-305-13686-3

Ⅰ. ①高…　Ⅱ. ①吴…　Ⅲ. ①高等数学－高等职业教
育－教材　Ⅳ. ①O13

中国版本图书馆 CIP 数据核字(2014)第 169667 号

出版发行　南京大学出版社
社　　址　南京市汉口路 22 号　　　　　邮　编　210093
出版人　金鑫荣
丛 书 名　高等职业教育课程改革示范教材
书　　名　**高等数学**
主　　编　吴焕芹
责任编辑　惠雪　吴汀　　　　　编辑热线　025-83686531
照　　排　南京南琳图文制作有限公司
印　　刷　南京人民印刷厂有限责任公司
开　　本　787×1092　1/16　印张 20　字数 487 千
版　　次　2014 年 8 月第 1 版　2021 年 9 月第 6 次印刷
ISBN 978-7-305-13686-3
定　　价　36.00 元

网址：http://www.njupco.com
官方微博：http://weibo.com/njupco
官方微信号：njupress
销售咨询热线：(025)83594756

前　　言

　　随着我国教育改革的不断深入,为适应现阶段高职高专学生的实际学习水平,满足职业教育对数学这一基础课程的教学要求,我们组织编写了这本高等数学教材.

　　本书注重介绍数学概念形成的过程,引导学生将实际问题转化成数学概念,力求让学生在学习过程中体会数学建模的思想.对于掌握高等数学必备的基础理论知识,本着"必需、够用"的原则,主要给出有关定理的条件和结论,一般不作出严格的推导和证明,必要时给出直观形象的解释和说明.对于计算,只介绍基本的计算方法,并介绍利用数学软件包——Mathematica 计算此类问题的方法,并将重点放在实际应用方面,从而强化学生解决实际问题的能力.

　　本书具有以下特点:(1) 每个章节都安排有"本节(章)提示",介绍学习本节内容的注意事项,帮助学生掌握学习该节内容的正确方法;(2) 在编写过程中始终注重实际应用,给出大量的应用实例;(3) 针对数学关键词插入了相关的英语翻译,有利于学生对数学软件包的学习与使用;(4) 在内容和习题方面,突出不同层次学生的要求,学生可以根据自己的实际水平选择学习.(5) 在难理解的概念部分插入部分课件截图,以帮助学生理解数学概念.

　　本书共分 11 章内容,其中极限与连续、导数及其应用、不定积分和定积分属于必学内容,其余部分可供各专业选修.

　　在本书的编写过程中,苏州工业园区职业技术学院的柳杰老师、李劲锋老师和杨会芬老师给出了许多有用的建议,并提供了一些有用的素材,在此表示感谢.同时,本书的编写也得到了苏州工业园区职业技术学院各级领导和同仁的大力支持,以及南京大学出版社的帮助,在此也对他们深表谢意.

　　由于作者水平有限,谬误之处在所难免,敬请读者及专家同行不吝赐教,以使我们不断完善本教材.

吴焕芹

2014 年 3 月

目　　录

第1章　函数的极限与连续
（Limit and Continuity of Functions）

本章提示:从数学的发展史来看,由初等数学到高等数学的转变,其本质上是由常量概念到变量概念的转变.函数关系就是变量之间的相互依赖关系,而极限则为研究变量之间的相互关系提供了有力的工具.

1.1　初 等 函 数 回 顾
（Review for Elementary Functions）

1.1.1　邻域

设 x_0 为实数,δ 为一正数,则称满足条件 $|x-x_0|<\delta$ 的集合,即

$$U(x_0,\delta)=\{x\,|\,|x-x_0|<\delta\}$$

为 x_0 的 δ 邻域(neighborhood),记为 $U(x_0,\delta)$. 从几何上看就是在数轴上,以点 x_0 为中心,以 δ 为半径的开区间,见图 1-1(a). 即 $U(x_0,\delta)=\{x\,|\,x_0-\delta<x<x_0+\delta\}$,其中 x_0 称为该邻域的中心,δ 称为该邻域的半径.今后还要用到"去心邻域"的概念,即在上述邻域中除去邻域的中心点 x_0,见图 1-1(b).

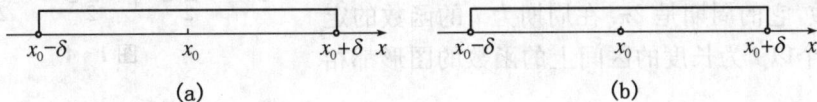

(a)　　　　　　　　　　　　　(b)

图 1-1

1.1.2　函数的概念

定义(Definition)1.1.1　设 D 和 Y 是两个实数集,f 是一个确定的对应关系.如果对于 D 中的每一个数 x,通过 f 在 Y 中都有确定的数 y 与之对应,则称 y 是 x 的函数(function),记作 $y=f(x)$.数集 D 为函数的定义域,x 为自变量,y 为因变量.当 x 遍取 D 中的数值时,$W=\{y\,|\,y=f(x),x\in D\}$ 称为函数的值域,并把平面上由点集 $\{(x,f(x))\,|\,x\in D\}$ 所构成的图像称为函数 $y=f(x)$ 的图形.

对于表达实际问题的函数,定义域是使实际问题有意义的点的集合.

例 1.1.1　圆的半径为 r,则圆的面积 $S=\pi r^2$ 的定义域为 $\{r\,|\,0\leqslant r<+\infty\}$.

对于抽象算式所表达的函数,我们约定,函数的定义域是使算式有意义的自变量的取值范围.如 $y=\dfrac{x-1}{x+1}$ 的定义域为 $\{x\,|\,x\neq -1,x\in \mathbf{R}\}$;$y=\tan x$ 的定义域为 $\{x\,|\,x\neq k\pi+\dfrac{\pi}{2},k\in \mathbf{Z},$

$x \in \mathbf{R}\}$,这里 **Z** 表示整数集.

例 1.1.2 求 $y = \ln(x^2 - 1)$ 的定义域.

解(solve):因为要求 $x^2 - 1 > 0$,即 $x > 1$ 或 $x < -1$,故定义域为 $\{x \mid x > 1, x \in \mathbf{R}\} \bigcup \{x \mid x < -1, x \in \mathbf{R}\}$.

1.1.3 函数的几种特性

1. 奇偶性(odevity)

若函数 $y = f(x)$ 在 $(-l, l)$ 上有定义,当 x 改变符号时,函数值不变,即 $f(-x) = f(x)$,则称函数 $f(x)$ 为偶函数;若 x 改变符号时,函数值也改变符号,即 $f(-x) = -f(x)$,则称函数 $f(x)$ 为奇函数. 例如 $y = |x|$ 为偶函数,$y = x^3$ 为奇函数. 偶函数的图形对称于 y 轴(图 1 - 2),奇函数的图形对称于坐标原点(图 1 - 3).

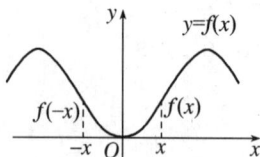

图 1 - 2

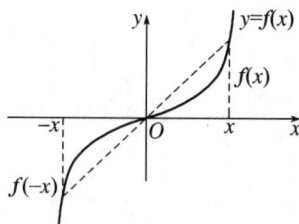

图 1 - 3

2. 周期性(periodicity)

设函数 $f(x)$ 的定义域为 D,若存在数 $l \neq 0$,使对一切 $x \in D$ 总有 $f(x + l) = f(x)(x + l \in D)$ 成立,则称函数 $f(x)$ 为以 l 为周期的周期函数,l 为 $f(x)$ 的周期. 通常所说的周期是指最小正周期. 如 $y = \cos x$ 就是周期函数,它的周期是 2π. 在周期为 l 的函数的定义域内,每个以 l 为长度的区间上的函数的图形都相同(图 1 - 4).

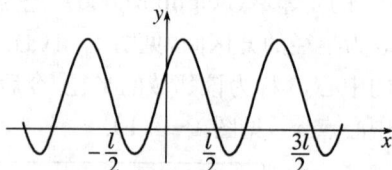

图 1 - 4

3. 单调性(monotonicity)

设函数 $y = f(x)$ 在区间 I 内有定义,对任意的 $x_1, x_2 \in I$,若当 $x_1 < x_2$ 时,总有 $f(x_1) < f(x_2)$(或 $f(x_1) > f(x_2)$)成立,则称函数 $f(x)$ 在 I 内是单调递增(图 1 - 5)(或单调递减(图 1 - 6))的. 单调递增或单调递减函数统称为单调函数(monotonic function). 如 $y = x^2 + 1$ 在 $(0, +\infty)$ 内是单调递增的,在 $(-\infty, 0)$ 内是单调递减的.

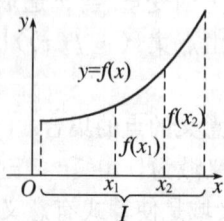

图 1 - 5

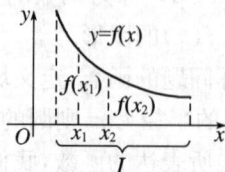

图 1 - 6

4. 有界性(boundedness)

对于函数 $y=f(x)$，若存在 $M>0$，使对一切 $x\in I$（I 可以是函数的定义域也可以是定义域的一部分），有 $|f(x)|<M$，则称 $f(x)$ 在 I 内是有界的，否则称 $f(x)$ 在 I 内是无界的。例如，双曲线 $y=\dfrac{1}{x}$ 在 $(0,1]$ 内是无界的，而在 $[1,+\infty)$ 内是有界的。

1.1.4　反函数(inverse function)

定义 1.1.2　设有函数 $y=f(x)$，$(x\in D,y\in W)$。对于 W 中的每一个值 y 都有 D 中确定的值 x 与其对应，使得 $f(x)=y$，我们就说，在 W 上确定了 $y=f(x)$ 的反函数，记作 $x=f^{-1}(y)$，$(y\in W)$。

显然，反函数的定义域为 W，值域为 D。相对于反函数 $x=f^{-1}(y)$ 来说，把 $y=f(x)$ 称为直接函数。但习惯上仍用 x 表示自变量，把 $y=f(x)$ 的反函数记为 $y=f^{-1}(x)$，这里的函数对应关系已经改变。

例 1.1.3　求 $y=x+5$ 的反函数。

解：函数 $y=x+5$ 的定义域为 $(-\infty,+\infty)$。解出 x 可得，$x=y-5$，故反函数是 $y=x-5$。

直接函数与反函数的图形对称于直线 $y=x$。图 1-7 说明直接函数与反函数的图形的关系。

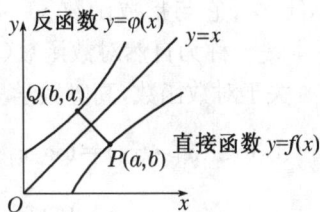

图 1-7

1.1.5　复合函数、初等函数

1. 复合函数(composite function)

定义 1.1.3　设函数 $y=f(u)$ 的定义域为 D_1，而函数 $u=\varphi(x)$ 的定义域为 D_2，值域为 W，若 $W\subset D_1$，那么对于任一 $x\in D_2$，通过 $u=\varphi(x)$ 有确定的 y 值与之对应，从而得到一个以 x 为自变量、y 为因变量的函数，这个函数称为由函数 $y=f(u)$ 和 $u=\varphi(x)$ 复合而成的复合函数，记作 $y=f[\varphi(x)]$。u 称为中间变量(intermediate variable)。

例 1.1.4　函数 $y=\sqrt{4-x^2}$ 是由 $y=\sqrt{u}$ 和 $u=4-x^2$ 复合而成的。这里我们可以形象地称 $y=\sqrt{u}$ 为"外层函数"，称 $u=4-x^2$ 为"内层函数"。根据复合函数的定义，内层函数的值域应落在外层函数的定义域内，故函数的定义域为 $\{x\mid |x|\leqslant 2,x\in \mathbf{R}\}$。

注意(pay attention to)：

(1) 不是任意两个函数都可以复合成一个复合函数，例如 $y=\arcsin u$ 与 $u=2+x^2$ 就不能复合成一个复合函数。

(2) 复合函数可以由两个以上的函数经过复合构成。例如 $y=\sin\sqrt{1-x^3}$ 就是由 $y=\sin u$，$u=\sqrt{v}$，$v=1-x^3$ 复合而成的复合函数。

2. 初等函数(elementary function)

1) 基本初等函数

以下五类函数称为基本初等函数。

(1) 幂函数(power function)　$y=x^\mu$（μ 是常数）。幂函数的定义域要由常数 μ 来确定，但该函数在 $(0,+\infty)$ 内总有定义。$y=x$，$y=x^2$，$y=\sqrt{x}$，$y=\dfrac{1}{x}$ 这几个幂函数图形简单且比较

典型(图1-8),可用来说明函数的很多性态,读者应熟记它们的图形及其特点.

关于幂函数,高等数学里要经常用到的一些运算性质是:

① $a^m \cdot a^n = a^{m+n}$;② $a^m \div a^n = a^{m-n}(a \neq 0)$;③ $(ab)^n = a^n b^n$;

④ $\left(\dfrac{a}{b}\right)^n = \dfrac{a^n}{b^n}(b \neq 0)$;⑤ $(a^m)^n = a^{mn}$.

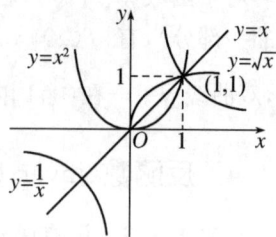

图1-8

(2) 指数函数(exponential function) $y = a^x (a>0, a \neq 1)$,其中 a 为常数(图1-9),它的定义域是 $(-\infty, +\infty)$. 常用的指数函数是 $y = e^x$,它是单调递增函数. 其中常数 e=2.718 281 828 459 045……是个无理数. 在科技文献中常见形如 $y = \exp[f(x)]$ 的函数,意指 $y = e^{f(x)}$.

(3) 对数函数(logarithm function) $y = \log_a x (a>0, a \neq 1)$(图1-10)的定义域是 $(0, +\infty)$. 它与指数函数 $y = a^x$ 互为反函数. 在高等数学中常用的是以 e 为底的对数函数 $y = \log_e x$,称为自然对数函数(natural logarithm function),记为 $y = \ln x$.

关于对数函数,高等数学里要经常用到的一些运算性质是:

① $\log_a (x_1 \cdot x_2) = \log_a x_1 + \log_a x_2$;② $\log_a \dfrac{x_1}{x_2} = \log_a x_1 - \log_a x_2$;③ $\log_a x^m = m \log_a x$.

换底公式:$\log_a x = \dfrac{\log_b x}{\log_b a}$　$(x>0, a>0, a \neq 1, b>0, b \neq 1)$.

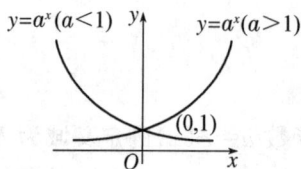

图1-9

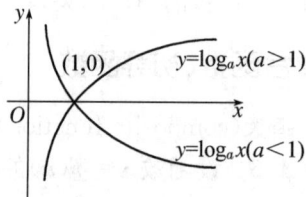

图1-10

(4) 三角函数(trigonometric function)

常用的三角函数有:

① 正弦函数(sine)　$y = \sin x, (x \in (-\infty, +\infty))$(图1-11)

② 余弦函数(cosine)　$y = \cos x, (x \in (-\infty, +\infty))$(图1-12)

③ 正切函数(tangent)　$y = \tan x, (x \neq k\pi + \dfrac{\pi}{2}, x \in (-\infty, +\infty))$(图1-13)

④ 余切函数(cotangent)　$y = \cot x, (x \neq k\pi, x \in (-\infty, +\infty))$(图1-14)

⑤ 正割函数(secant)　$y = \sec x = \dfrac{1}{\cos x}, (x \neq k\pi + \dfrac{\pi}{2}, x \in (-\infty, +\infty))$(图1-15)

⑥ 余割函数(cosecant)　$y = \csc x = \dfrac{1}{\sin x}, (x \neq k\pi, x \in (-\infty, +\infty))$(图1-16)

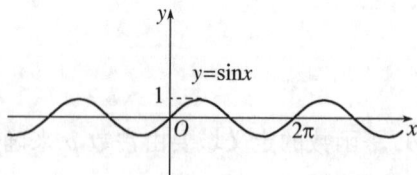

图1-11

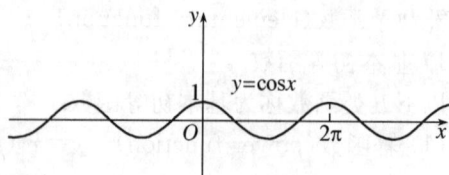

图1-12

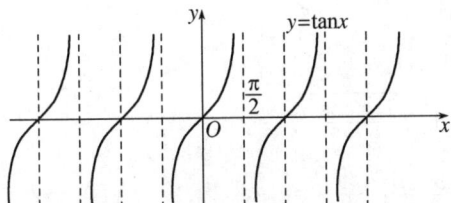

图 1-13

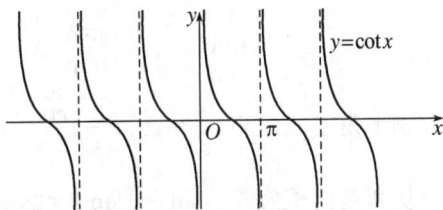

图 1-14

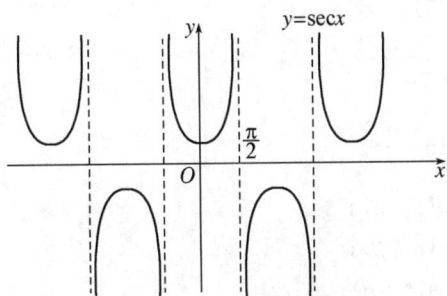

图 1-15

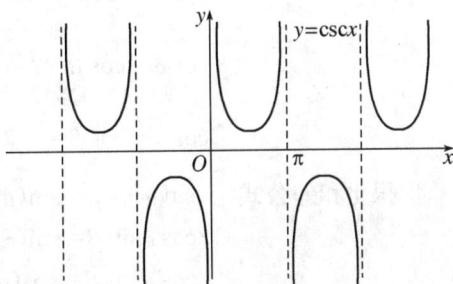

图 1-16

(5) 反三角函数(inverse trigonometric function)

$y = \arcsin x$　$(x \in [-1,1], y \in \left[-\dfrac{\pi}{2}, \dfrac{\pi}{2}\right])$(图 1-17)

$y = \arccos x$　$(x \in [-1,1], y \in [0,\pi])$(图 1-18)

$y = \arctan x$　$(x \in (-\infty, +\infty), y \in \left(-\dfrac{\pi}{2}, \dfrac{\pi}{2}\right))$(图 1-19)

$y = \operatorname{arccot} x$　$(x \in (-\infty, +\infty), y \in (0,\pi))$(图 1-20)

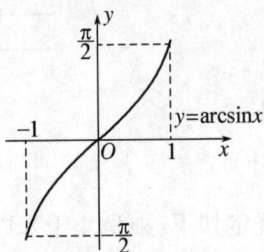

图 1-17

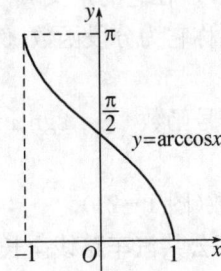

图 1-18

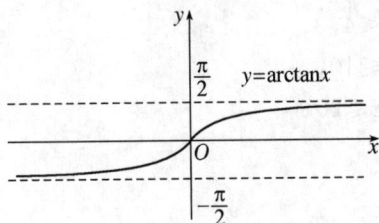

图 1-19

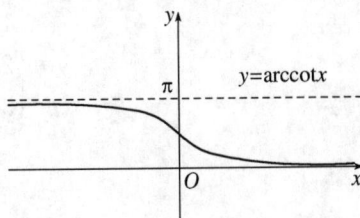

图 1-20

关于三角函数,高等数学里要经常用到的一些恒等式(trigonometric identity)是:

① 倍角公式　$\sin 2\alpha = 2\sin\alpha\cos\alpha$; $\cos 2\alpha = 2\cos^2\alpha - 1 = \cos^2\alpha - \sin^2\alpha = 1 - 2\sin^2\alpha$;

$$\tan 2\alpha = \frac{2\tan\alpha}{1-\tan^2\alpha}.$$

② 半角公式　$\sin\dfrac{\alpha}{2}=\pm\sqrt{\dfrac{1-\cos\alpha}{2}}$；$\cos\dfrac{\alpha}{2}=\pm\sqrt{\dfrac{1+\cos\alpha}{2}}.$

③ 和差化积公式　$\sin\alpha+\sin\beta=2\sin\dfrac{\alpha+\beta}{2}\cos\dfrac{\alpha-\beta}{2}$；

$$\sin\alpha-\sin\beta=2\cos\dfrac{\alpha+\beta}{2}\sin\dfrac{\alpha-\beta}{2};$$

$$\cos\alpha+\cos\beta=2\cos\dfrac{\alpha+\beta}{2}\cos\dfrac{\alpha-\beta}{2};$$

$$\cos\alpha-\cos\beta=-2\sin\dfrac{\alpha+\beta}{2}\sin\dfrac{\alpha-\beta}{2}.$$

④ 积化和差公式　$2\sin\alpha\cos\beta=\sin(\alpha+\beta)+\sin(\alpha-\beta)$；

$$2\cos\alpha\sin\beta=\sin(\alpha+\beta)-\sin(\alpha-\beta);$$

$$2\cos\alpha\cos\beta=\cos(\alpha+\beta)+\cos(\alpha-\beta);$$

$$-2\sin\alpha\sin\beta=\cos(\alpha+\beta)-\cos(\alpha-\beta).$$

⑤ 平方关系　$\sin^2\alpha+\cos^2\alpha=1$；$1+\tan^2\alpha=\sec^2\alpha$；$1+\cot^2\alpha=\csc^2\alpha.$

2）初等函数

由常数和基本初等函数经有限次四则运算和有限次函数的复合运算所构成，并能用一个式子表示的函数，称为初等函数。例如，$y=\sin^2 x$，$y=e^{x\cos x}$，$y=\ln\cos x$，$y=\sqrt{1+\sqrt{1+x}}$等都是初等函数。

3）分段函数（piecewise function）

若函数 $y=f(x)$ 在它的定义域内的不同区间（或不同点）上有不相同的表达式，则称它为分段函数。例如，

符号函数　$y=\operatorname{sgn}x=\begin{cases}-1,&x<0,\\0,&x=0,\\1,&x>0.\end{cases}$

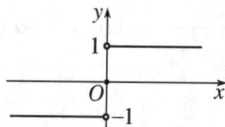
图 1-21

就是一个分段函数（图 1-21）。

例 1.1.5　某公共汽车路线全长 20 千米，票价规定如下：乘坐 4 千米以下者收费 1 元，乘坐 4～10 千米收费 2 元，10 千米以上收费 3 元。试将票价表示成乘坐里程的函数。

解：设 x 为乘坐的千米数，y 为收费数（单位：元），则

$$y=\begin{cases}1,&0<x<4,\\2,&4\leqslant x\leqslant10,\\3,&10<x\leqslant20.\end{cases}$$

习题(Exercises)1.1

A. 基本题

1. 求下列函数的定义域.

(1) $y=\dfrac{\sqrt{x-4}}{x^2-10x+16}$　　　　　　　　$y=\lg\dfrac{4+x}{4-x}$

2. 判定下列函数的奇偶性.

(1) $f(x)=\dfrac{x^2+1}{x+1}$　　　　　　　(2) $f(x)=\dfrac{e^x+e^{-x}}{2}$

B. 一般题

3. 已知过点 $P(1,3)$ 的直线 l_1 平行于直线 $l:y=3x-2$. 求直线 l_1 的方程及过点 P 与直线 l_1 垂直的直线 l_2 的方程.

4. 求证下列各题.

(1) 证明: $\dfrac{\tan x+\sin x}{\sin^2 x}=\dfrac{1+\cos x}{\cos x\sin x}$

(2) 利用分子有理化, 求证: $\dfrac{\sqrt{x+9}-3}{x}=\dfrac{1}{\sqrt{x+9}+3}$

5. 设 $f(x)$ 是定义在 $(-\infty,+\infty)$ 上的以 2π 为周期的周期函数. 它在一个周期 $[-\pi,\pi)$ 内的表达式是

$$f(x)=\begin{cases}-1, & -\pi\leqslant x<0,\\ 0, & 0\leqslant x<\pi.\end{cases}$$

试作出该函数的图形.

6. 设 $f(x)=\dfrac{1-x}{1+x}$. 求 $f(-x)$、$f(x+1)$ 及 $f\left(\dfrac{1}{x}\right)$.

7. 把一长为 a, 宽为 b 的长方形铁板剪去四个小正方形的角, 做成一无盖铁盒, 求铁盒的体积 V 与小正方形的边长 x 之间的函数关系.

8. 某工厂生产某产品每吨售价4千元, 若每生产 Q 吨的总成本为 C(千元), 且 $C=Q^2-4Q+7$, 求该厂的盈亏转折点(即盈利与亏损的转折点).

C. 提高题

9. 求下列函数的反函数及反函数的定义域.

(1) $x=\dfrac{e^y+e^{-y}}{2}$　　　　　　(2) $y=\begin{cases}x^3, & x\leqslant 0,\\ x^2, & x>0.\end{cases}$

10. 证明:定义在 $(-L,L)$ 上的任意函数 $f(x)$ 可表示为奇函数与偶函数的和.

11. (1) 设 $f\left(x+\dfrac{1}{x}\right)=x^2+\dfrac{1}{x^2}$, 求 $f(x)$.

　　(2) 设 $f(x-2)=x^2-2x+3$, 求 $f(x)$.

12. 某人为了筹集将来女儿的教育资金, 打算将她每年的压岁钱买一份教育保险:约定从女儿出生时每年交钱6 000元, 连续交钱10年. 返还情况是这样的:女儿满15岁时返还初

中教育金 30 000 元,18 岁返还高中教育金 35 000 元,22 岁女儿婚嫁时返还 10 000 元,假如当时的一年期利率是年利 2.25%,试问此人买这份保险是否合算?

1.2 数列的极限
(Limit of a Sequence)

本节提示:本节的内容是数列的极限.对于数学基础比较差的读者,只要了解数列的描述性定义,能求出简单数列的极限即可.用 $\varepsilon - N$ 语言描述的定义以及用 $\varepsilon - N$ 语言证明数列的极限的方法对一般读者不做任何要求,仅供参考.但有意向进一步深造的读者应掌握极限的 $\varepsilon - N$ 语言定义.

1.2.1 引言(introduction)

极限是我们研究函数及其特性的主要工具.我国古代数学家刘徽在公元 3 世纪就创造了用割圆术计算圆周率的方法:从圆的内接正六边形的面积算起,依次将边数加倍,一直算到圆内接正 3 072 边形的面积(图 1 - 22),从而得出圆周率 π 的近似值: $\frac{3\,927}{1\,250} = 3.141\,6$. 这是举世公认的运用极限思想处理数学问题的经典之作.

他的具体做法是:

先求出圆的内接正六边形的面积,记作: A_1 ;

再求出圆的内接正十二边形的面积,记作: A_2 ;

再求出圆的内接正二十四边形的面积,记作: A_3 ;

以此类推,得到圆的正 6×2^n 边形的面积,记作 A_n. 并且 n 越大, A_n 越接近于圆的真实面积,于是当 n 无限增大时, A_n 无限接近于圆的面积.

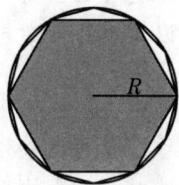

图 1 - 22

1.2.2 数列及其极限

我们把上述按一定顺序排列出的无穷个数 $A_1, A_2, A_3, \cdots, A_n, \cdots$ 称为无穷数列.

定义 1.2.1 如果按照某一法则,有第一个数 x_1 ,第二个数 x_2 ,…这样依次序排列着,使得对应着任何一个正整数 n 有一个确定的数 x_n ,那么,这列有次序的数

$$x_1, x_2, x_3, \cdots, x_n, \cdots$$

就称为数列(sequence),一般写成 $x_1, x_2, x_3, \cdots, x_n, \cdots$,记为 $\{x_n\}$. 其中每个数称为数列的项,称第 n 项 x_n 为数列的一般项.

例 1.2.1 下面都是数列的例子.

(1) $\{x_n\} = \{2^{n-1}\}$: $1, 2, 4, \cdots, 2^{n-1}, \cdots$

(2) $\{x_n\} = \left\{1 + \frac{1}{n}\right\}$: $1 + \frac{1}{1}, 1 + \frac{1}{2}, 1 + \frac{1}{3}, \cdots, 1 + \frac{1}{n}, \cdots$

(3) $\{x_n\} = \left\{\frac{(-1)^n}{n}\right\}$: $-1, \frac{1}{2}, -\frac{1}{3}, \frac{1}{4}, \cdots, \frac{(-1)^n}{n}, \cdots$

(4) $\{x_n\} = \{(-1)^{n-1}\}$: $1, -1, 1, -1, \cdots, (-1)^{n-1}, \cdots$

(5) $\{x_n\} = \{5\}$: $5, 5, 5, \cdots, 5, \cdots$

不难看出,当 n 无限增大时,数列(2)、(3)分别无限趋近于常数 1 和 0. 数学上把常数 1 和 0 分别叫做数列(2)、(3)的极限(limit). 在这里,我们强调指出:对于每个确定的 n, x_n 是

常数. 但当我们说到"当 n 无限增大时",也就是在 n 趋向于无穷大这一过程中,x_n 是一个变量!下面是数列极限的描述性定义.

定义 1.2.2 当 n 无限增大时,如果 x_n 趋近于一个确定的常数 a,则称 a 为数列 $\{x_n\}$ 的极限. 记为

$$\lim_{n \to \infty} x_n = a \text{ 或 } x_n \to a(n \to \infty).$$

由定义可以看出,数列(5)的极限是 5,但有些读者可能认为数列(5)没有极限.

以下是选学内容,仅供学有余力的读者阅读,在教学上不作任何要求,即教师可以不教、学生可以不学这些内容. 以后不再赘述.

现在,就以数列(2)为例,说明如何用数学语言来描述数列的极限.

在数列(2)中,变量 x_n 与 1 的接近程度可以用它们的距离 $|x_n - 1|$ 来表示. $|x_n - 1| = \frac{1}{n}$,x_n 无限接近于 1,就是说无论给出多么小的正数 ε,当 n 增加到足够大时,比如说大于某一很大的正整数 N 时,$|x_n - 1|$ 都会小于 ε. 不妨以较小的正数 $\varepsilon = 0.001$ 做比较. 当 $n > N = 1\ 000$ 时,

$$|x_n - 1| = \frac{1}{n} < \frac{1}{N} = 0.001 = \varepsilon$$

这表明在数列(2)中,除去前 1 000 项,从第 1 001 项起,所有项都能满足 $|x_n - 1| < \varepsilon$. 再如以更小的正数 $\varepsilon = 0.000\ 1$ 做比较. 当 $n > N = 10\ 000$ 时,

$$|x_n - 1| = \frac{1}{n} < \frac{1}{N} = 0.000\ 1 = \varepsilon$$

这表明在数列(2)中,除去前 10 000 项,从第 10 001 项起,所有项都能满足 $|x_n - 1| < \varepsilon$. 当然对于更小的正数 ε,我们可以找出更大的正整数 N,使得 $|x_n - 1| < \varepsilon$ 成立. 上述 ε 是衡量变量 x_n 与上述常数 1(该数列的极限)接近程度的一个尺度. 下面,我们用 ε—N 语言给出数列极限的严格定义. 先介绍两个有用的数学符号:$\forall$——对于任意给定的;$\exists$——存在.

定义 1.2.2$'$ 如果 $\forall \varepsilon > 0$,$\exists N > 0$,当 $n > N$ 时,总有

$$|x_n - a| < \varepsilon$$

成立,则称常数 a 是数列 $\{x_n\}$ 的极限,也就是说数列 $\{x_n\}$ 收敛于(converges to)a,记为

$$\lim_{n \to \infty} x_n = a.$$

如果数列没有极限,就说数列是发散的(divergent).

例 1.2.2 用极限的定义证明数列 $\left\{1 + \frac{1}{n}\right\}$ 的极限为 1.

分析:我们面临的问题是,对于任意给定的 ε,如何找出对应的 N. 现在采取反向思维的方法分析:$\forall \varepsilon > 0$,欲使 $\left|1 + \frac{1}{n} - 1\right| = \frac{1}{n} < \varepsilon$ 成立,只需 $n > \frac{1}{\varepsilon}$ 即可.

证明(proof):$\forall \varepsilon > 0$,取 $N = \frac{1}{\varepsilon}$,则当 $n > N$ 时,总有

$$|x_n - 1| = \left|1 + \frac{1}{n} - 1\right| = \frac{1}{n} < \frac{1}{N} = \varepsilon$$

成立. 因此,$\lim_{n \to \infty} \left(1 + \frac{1}{n}\right) = 1.$

不等式 $|x_n - a| < \varepsilon$ 等价于 $a - \varepsilon < x_n < a + \varepsilon$,因此 x_n 以 a 为极限的几何解释是:不论 ε

多么小，点 x_n 从某项起将全部进入点 a 的 ε 邻域内，故至多只有有限个数列 $\{x_n\}$ 的点在这邻域以外（图 1 - 23）.

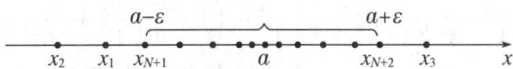

图 1 - 23

特别地，当取 $\varepsilon=1$ 时，至多只有有限个数列 $\{x_n\}$ 的点落在点 a 的邻域 $(a-1,a+1)$ 之外. 于是，当 $n>N$ 时，

$$|x_n|=|(x_n-a)+a|\leqslant|x_n-a|+|a|<1+|a|.$$

故如果取 $M=\max\{|x_1|,|x_2|,\cdots,|x_N|,1+|a|\}$，则数列 $\{x_n\}$ 中的一切 x_n 都满足不等式 $|x_n|\leqslant M$.

因此，得到收敛数列的有界性定理.

定理（theorem）**1.2.1** 收敛数列 $\{x_n\}$ 一定有界.

我们还可以证明收敛数列极限的唯一性定理（证略）.

定理 1.2.2 数列 $\{x_n\}$ 的极限是唯一的.

1.2.3 单调数列的收敛准则

前面的数列（2）是逐项减小的，称其为单调递减数列，一般地

定义 1.2.3 如果数列 $\{x_n\}$ 满足条件 $x_1\leqslant x_2\leqslant x_3\leqslant\cdots\leqslant x_n\leqslant\cdots$，则称数列 $\{x_n\}$ 是单调递增的（monotone increasing）；如果数列 $\{x_n\}$ 满足条件 $x_1\geqslant x_2\geqslant x_3\geqslant\cdots\geqslant x_n\geqslant\cdots$，则称数列 $\{x_n\}$ 是单调递减的（monotone decreasing），把它们统称为单调数列.

定理 1.2.3 单调有界数列必有极限.

从几何上看是明显的. 我们以单调递增的数列为例说明（图 1 - 24）.

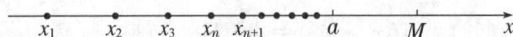

图 1 - 24

数轴上对应于单调递增数列的点 x_n 向 x 轴正向移动，所以只有 2 种可能：或者点 x_n 沿数轴移向无穷远；或者点 x_n 趋近于某一个定点 a，就是趋近于一个极限. 现在假定数列有界，那么点 x_n 沿数轴移向无穷远就不可能了，所以数列 $\{x_n\}$ 必趋近于某一个定点 a，即有极限.

例 1.2.3 证明数列

$$\{x_n\}=\left\{\left(1+\frac{1}{n}\right)^n\right\}$$

收敛.

证明：

$$x_n=\left(1+\frac{1}{n}\right)^n$$

$$=1+\frac{n}{1!}\cdot\frac{1}{n}+\frac{n(n-1)}{2!}\cdot\frac{1}{n^2}+\cdots+\frac{n(n-1)\cdots(n-k+1)}{k!}\cdot\frac{1}{n^k}+\cdots+\frac{n(n-1)\cdots(n-n+1)}{n!}\cdot\frac{1}{n^n}$$

$$=1+1+\frac{1}{2!}\left(1-\frac{1}{n}\right)+\cdots+\frac{1}{k!}\left(1-\frac{1}{n}\right)\left(1-\frac{2}{n}\right)\cdots\left(1-\frac{k-1}{n}\right)+\cdots+\frac{1}{n!}\left(1-\frac{1}{n}\right)$$

$$\left(1-\frac{2}{n}\right)\cdots\left(1-\frac{n-1}{n}\right).$$

同理

$$x_{n+1}=1+1+\frac{1}{2!}\left(1-\frac{1}{n+1}\right)+\cdots+\frac{1}{k!}\left(1-\frac{1}{n+1}\right)\left(1-\frac{2}{n+1}\right)\cdots\left(1-\frac{k-1}{n+1}\right)+\cdots+$$

$$\frac{1}{n!}\left(1-\frac{1}{n+1}\right)\left(1-\frac{2}{n+1}\right)\cdots\left(1-\frac{n-1}{n+1}\right)+\frac{1}{(n+1)!}\left(1-\frac{1}{n+1}\right)\left(1-\frac{2}{n+1}\right)\cdots\left(1-\frac{n}{n+1}\right).$$

比较 x_n 与 x_{n+1} 右边的各项,可以看出 x_{n+1} 的每一项都不小于 x_n 的对应项,并且 x_{n+1} 还多出一项,于是

$$\left(1+\frac{1}{n}\right)^n<\left(1+\frac{1}{n+1}\right)^{n+1},$$

说明数列 $\{x_n\}$ 是单调递增的. 再用 1 代替 x_n 中括号内的数,得

$$x_n<1+1+\frac{1}{2!}+\frac{1}{3!}+\cdots+\frac{1}{n!}<1+1+\frac{1}{2}+\frac{1}{2^2}+\cdots+\frac{1}{2^{n-1}}=1+\frac{1-\frac{1}{2^n}}{1-\frac{1}{2}}=3-\frac{1}{2^{n-1}}<3.$$

于是 $(1+1)^1<\left(1+\frac{1}{2}\right)^2<\cdots<\left(1+\frac{1}{n}\right)^n<\cdots<3$,这表明该数列是有界的. 由定理 1.2.3 知 $\{x_n\}$ 收敛. 把它的极限记为 e,即

$$\lim_{n\to\infty}\left(1+\frac{1}{n}\right)^n=e.$$

请同学们记住这个结论,以后还会经常用到.

1.2.4 极限的四则运算法则

定理 1.2.4 如果 $\lim_{n\to\infty}x_n=A$,$\lim_{n\to\infty}y_n=B$. 则有如下关系

(1) $\lim_{n\to\infty}(x_n\pm y_n)=A\pm B$;

(2) $\lim_{n\to\infty}(x_n\cdot y_n)=A\cdot B$;

(3) $\lim_{n\to\infty}\dfrac{x_n}{y_n}=\dfrac{A}{B}$,$(B\neq 0)$.

习题 1.2

A. 基本题

1. 观察下列数列,指出当 $n\to\infty$ 时它们是否有极限? 若有极限时,请指出其极限值.

(1) $\{x_n\}=\left\{\dfrac{n-1}{n}\right\}$ 　　　　　　(2) $\{x_n\}=\left\{\dfrac{n+1}{2n-1}\right\}$

(3) $\{x_n\}=\left\{\left(\dfrac{1}{2}\right)^{n-1}\right\}$ 　　　　(4) $\{x_n\}=\{1+n^2\}$

B. 一般题

2. 判断当 $n\to\infty$ 时,下面的数列是否存在极限?

(1) $\{x_n\}=\left\{\left(1+\dfrac{1}{n+1}\right)^{n+1}\right\}$ 　　(2) $\{x_n\}=\left\{1-\dfrac{1}{3^n}\right\}$

(3) $\{x_n\}=\left\{\dfrac{2n}{2n-1}\right\}$ 　　　　　(4) $\{x_n\}=\left\{\dfrac{2^n-1}{2^n}\right\}$

C. 提高题

3. 当 $n \to \infty$ 时,数列 $\{x_n\} = \{\cos n\pi\}$ 是否有极限?

4. 求数列 $\sqrt{3}$, $\sqrt{3\sqrt{3}}$, $\sqrt{3\sqrt{3\sqrt{3}}}$, $\cdots$ 的极限. (利用单调有界数列必有极限)

1.3 函数的极限
(Limit of a Function)

本节提示:本节介绍函数的极限.要求读者必须搞清楚函数在一点处极限的定义及单侧极限的概念.对于选学内容:$\varepsilon-\delta$语言的严格定义及用$\varepsilon-\delta$语言证明极限存在的方法,一般读者可以不学,不会影响后续课程的学习,但有意继续深造的读者应该有所了解.

1.3.1 当 $x \to \infty$(即自变量趋近于无穷大)时,函数 $f(x)$ 的极限

如果函数 $f(x)$ 的自变量 x 只取自然数 n,记 $x_n=f(n)$,则 $\{x_n\}$ 便是一个数列,即数列可以看成函数的特例,那么 $\lim\limits_{n\to\infty}x_n=a$,即 $\lim\limits_{n\to\infty}f(n)=a$.所以函数的极限与数列的极限在本质上是一样的.它们都是当自变量趋近于无穷大时,函数趋近于一个定值.因此,我们可以仿照数列极限的定义,给出自变量趋近于无穷大时,函数极限的定义.

定义 1.3.1 当自变量 x 的绝对值无限增大时,若 $f(x)$ 无限趋近于一个确定的常数 A,则称 A 为当 $x\to\infty$ 时 $f(x)$ 的极限,记作

$$\lim_{x\to\infty}f(x)=A \text{ 或 } f(x)\to A(x\to\infty).$$

定义 1.3.1′ 设函数 $f(x)$ 对于 $|x|$ 充分大的一切 x 都有定义.若 $\forall \varepsilon>0$,$\exists X>0$,使得当 $|x|>X$ 时,有 $|f(x)-A|<\varepsilon$ 成立,则称常数 A 为函数 $f(x)$ 当 $x\to\infty$ 时的极限,即

$$\lim_{x\to\infty}f(x)=A.$$

特别地,当 $|x|$ 无限增大,但 x 只取负值或只取正值时,有

$$\lim_{x\to-\infty}f(x)=A \text{ 或 } \lim_{x\to+\infty}f(x)=A.$$

$\lim\limits_{x\to\infty}f(x)=A$ 的几何意义是:作直线 $y=A-\varepsilon$ 和 $y=A+\varepsilon$,则总有一个正数 X 存在,使得当 $x<-X$ 或 $x>X$ 时,函数 $y=f(x)$ 的图形落在这两直线之间(图1-25).

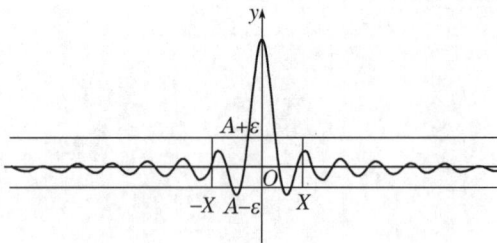

图 1-25

例 1.3.1 用定义证明 $\lim\limits_{x\to\infty}\dfrac{1}{x^2}=0$.

证明:$\forall \varepsilon>0$,要使 $\left|\dfrac{1}{x^2}-0\right|=\dfrac{1}{|x^2|}<\varepsilon$,只需 $|x^2|>\dfrac{1}{\varepsilon}$.故取 $X=\dfrac{1}{\sqrt{\varepsilon}}$,则对适合 $|x|>X$ 的一切 x 都有 $\dfrac{1}{x^2}<\varepsilon$ 成立,于是有

$$\lim_{x\to\infty}\frac{1}{x^2}=0.$$

例 1.3.2 试问 $\lim\limits_{x\to\infty}\arctan x$ 是否存在?

解:因为 $\lim\limits_{x\to-\infty}\arctan x=-\dfrac{\pi}{2}$,$\lim\limits_{x\to+\infty}\arctan x=\dfrac{\pi}{2}$,所以,$\lim\limits_{x\to\infty}\arctan x$ 不存在.

显然 $\lim\limits_{x\to-\infty}\dfrac{1}{x^2}=0$, $\lim\limits_{x\to+\infty}\dfrac{1}{x^2}=0$, 因此, $\lim\limits_{x\to\infty}\dfrac{1}{x^2}=0$.

综上所述,有

定理 1.3.1　$\lim\limits_{x\to\infty}f(x)=A$ 的充要条件(necessary and sufficient condition)是 $\lim\limits_{x\to-\infty}f(x)=\lim\limits_{x\to+\infty}f(x)=A$.

1.3.2　当 $x\to x_0$(即自变量趋近于一个确定值)时,函数 $f(x)$ 的极限

定义 1.3.2　当自变量趋近于一个确定值 x_0 时,若 $f(x)$ 无限趋近于一个确定的常数 A,则称 A 为当 $x\to x_0$ 时 $f(x)$ 的极限,记作 $\lim\limits_{x\to x_0}f(x)=A$ 或 $f(x)\to A(x\to x_0)$.

这里需要注意的是:极限过程发生改变,即自变量 x 由趋近于无穷大变成趋近于有限值.自变量趋于无穷这一过程可以表示为 $|x|>X$.但如何表达 x 趋向于一个定值 x_0 呢? 事实上这一点与 $x_n\to a$ 是类似的,可以用 x 与 x_0 差的绝对值充分小表示.于是得到

定义 1.3.2′　设 $f(x)$ 在点 x_0 的某一去心邻域内有定义.如果 $\forall\varepsilon>0$, $\exists\delta>0$, 使当 $0<|x-x_0|<\delta$ 时,总有 $|f(x)-A|<\varepsilon$ 成立,则称常数 A 为函数 $f(x)$ 当 $x\to x_0$ 时的极限,即

$$\lim\limits_{x\to x_0}f(x)=A.$$

例 1.3.3　证明 $\lim\limits_{x\to1}(2x+1)=3$.

证明: $|f(x)-A|=|(2x+1)-3|=2|x-1|$, $\forall\varepsilon>0$, 为了使 $|f(x)-A|<\varepsilon$, 只要 $|x-1|<\dfrac{\varepsilon}{2}$. 故取 $\delta=\dfrac{\varepsilon}{2}$, 则当 $0<|x-1|<\delta$ 时,函数值就适合不等式 $|f(x)-3|<\varepsilon$. 即 $\lim\limits_{x\to1}(2x+1)=3$.

极限定义的几何解释:当自变量 x 进入点 x_0 的去心邻域 $(x_0-\delta,x_0+\delta)$ 后, $f(x)$ 的图像将会全部落入由直线 $y=A-\varepsilon$ 和 $y=A+\varepsilon$ 所围成的区域内.如图 1-26 所示.

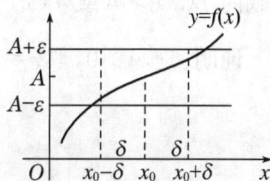
图 1-26

注意:

(1) 当 $x\to x_0$ 时函数 $f(x)$ 有无极限与 $x=x_0$ 时有无函数值以及函数值为多少无关.

(2) 数列极限的性质及四则运算法则对函数的极限也同样成立.

例 1.3.4　讨论 $f(x)=\dfrac{x^2-1}{x-1}$, 当 $x\to1$ 时是否有极限.

解: 当 $x=1$ 时, $f(x)$ 无定义.但现在关心的是在 $x\to1$ 这个极限过程中,函数 $f(x)$ 的发展趋势.在该过程中, $x\neq1$, 于是在 $\dfrac{x^2-1}{x-1}=\dfrac{(x-1)(x+1)}{x-1}$ 中消去非零因子(non-zero-divisor) $x-1$ 得, $f(x)=x+1$, 则

$$\lim\limits_{x\to1}f(x)=\lim\limits_{x\to1}\dfrac{x^2-1}{x-1}=\lim\limits_{x\to1}(x+1)=2.$$

1.3.3　左、右极限的概念

定义 1.3.3　设 x_0 是一定点.如果 $x\to x_0-0$(或 $x\to x_0^-$, 即 x 从左边趋近于 x_0)时, $f(x)\to A$, 则称 A 为 $f(x)$ 当 $x\to x_0$ 时的**左极限**(left limit),记为:

$$f(x_0-0)=\lim_{x\to x_0^-}f(x)=A.$$

如果 $x\to x_0+0$(或 $x\to x_0^+$,即 x 从右边趋近于 x_0)时,$f(x)\to A$,则称 A 为 $f(x)$ 当 $x\to x_0$ 时的右极限(right limit),记为:

$$f(x_0+0)=\lim_{x\to x_0^+}f(x)=A.$$

把左、右极限统称为单侧极限(one-sided limits).

例 1.3.5 讨论函数 $f(x)=\begin{cases}2-x, & x<0, \\ x^2, & x\geqslant 0.\end{cases}$ 当 $x\to 0$ 时是否有极限.

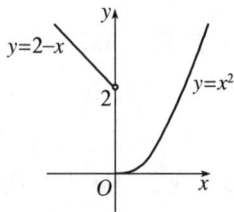

解: 对于分段函数,若在分界点的两侧函数的表达式不同,则在分界点处讨论极限问题时,必须采用求左、右极限的方法.

因为 $f(0-0)=\lim\limits_{x\to 0-0}f(x)=\lim\limits_{x\to 0^-}(2-x)=2,$

$f(0+0)=\lim\limits_{x\to 0+0}f(x)=\lim\limits_{x\to 0^+}x^2=0,$

所以,$\lim\limits_{x\to 0}f(x)$ 不存在,如图 1-27 所示.

定理 1.3.2 $\lim\limits_{x\to x_0}f(x)=A$ 的充要条件是 $\lim\limits_{x\to x_0^-}f(x)=\lim\limits_{x\to x_0^+}f(x)=A.$

定理 1.3.3 如果 $\lim\limits_{x\to x_0}f(x)=A$ 且 $A>0$(或 $A<0$),则存在点 x_0 的某一去心邻域,在该邻域内 $f(x)>0$(或 $f(x)<0$).

证明: 设 $A>0$,取 $\varepsilon=\dfrac{A}{2}$,则存在 $\delta>0$,当 $0<|x-x_0|<\delta$ 时,有 $|f(x)-A|<\varepsilon$ 即

$$0<\frac{A}{2}=A-\varepsilon<f(x)<A+\varepsilon,$$

证毕.

类似可证 $A<0$ 的情形.

定理 1.3.4 如果在点 x_0 的某去心邻域内 $f(x)\geqslant 0$(或 $f(x)\leqslant 0$),且 $\lim\limits_{x\to x_0}f(x)=A$,那么 $A\geqslant 0$(或 $A\leqslant 0$).

证略.

<h1 style="text-align:center">习 题 1.3</h1>

A. 基本题

1. 试确定下列函数的极限.

(1) $\lim\limits_{x\to x_0}C$,其中 C 为任意常数. (2) $\lim\limits_{x\to\infty}\dfrac{1}{x}$

(3) $\lim\limits_{x\to 2}(2x-3)$ (4) $\lim\limits_{x\to 3}x^2$

B. 一般题

2. 讨论下列极限是否存在,并说明原因.

(1) $\lim\limits_{x \to 0}\sin\dfrac{1}{x}$
　　　　　　　　　　　(2) $\lim\limits_{x \to \infty}\cos x$

(3) $\lim\limits_{x \to \infty}x^2$
　　　　　　　　　　　(4) $\lim\limits_{x \to 0}\sin x$

3. 设 $f(x)=\begin{cases} \dfrac{1}{x+2}, & x \leqslant 0, \\ \mathrm{e}^x, & x > 0. \end{cases}$ 讨论 $\lim\limits_{x \to 0}f(x)$ 是否存在?

C. 提高题

4. 讨论下列极限是否存在,并说明原因.

(1) $\lim\limits_{x \to 0}\dfrac{|x|}{x}$
　　　　　　　　　　　(2) $\lim\limits_{x \to \infty}\mathrm{arccot}\,x$

1.4 无穷小与无穷大
(Infinitesimal and Infinity)

本节提示:本节介绍无穷小与无穷大的概念.学习中要注意:(1) 无穷小、无穷大是与极限概念紧密相关的量;(2) 利用无穷小的性质求极限的方法.

1.4.1 无穷小

在 17、18 世纪,数学家们对无穷小的概念含混不清,时而引入,时而忽略,对无穷小甚至函数的概念无一致见解,导致了许多谬误的产生.但正是几代数学家经过长期的不懈努力,在 19 世纪终于建立起了严格的分析基础.本节我们来讨论有关无穷小与无穷大的基本概念.

定义 1.4.1 如果 $\lim\limits_{x \to x_0} f(x) = 0$(或 $\lim\limits_{x \to \infty} f(x) = 0$),则称函数 $f(x)$ 是当 $x \to x_0$(或 $x \to \infty$)时的无穷小(量).

首先,我们应该清楚这样一个概念:无穷小是一个变量,而且是一个与极限紧密相关的变量.离开极限过程去谈无穷小这个概念是毫无意义的.例如,变量 x^2,我们说它是当 $x \to 0$ 时的无穷小.是因为当 x 无限趋近于 0 时,它会变得无限的小.但当 x 趋近于某一其他值,如 2 时,它便不是无穷小.

注意:无穷小不是一个很小很小的数,唯一为无穷小的常数是 0.

例如,因为 $\lim\limits_{x \to 0} \sin x = 0$,所以说,$\sin x$ 是当 $x \to 0$ 时的无穷小.又因为 $\lim\limits_{x \to \infty} \dfrac{1}{x} = 0$,所以 $\dfrac{1}{x}$ 是当 $x \to \infty$ 时的无穷小.

当 $\lim\limits_{\substack{x \to x_0 \\ (x \to \infty)}} f(x) = A$ 时,$\alpha(x) = f(x) - A$ 就是当 $x \to x_0$(或 $x \to \infty$)时的无穷小;反之,当 $x \to x_0$(或 $x \to \infty$)时 $f(x) - A$ 为无穷小,则 $f(x)$ 就以 A 为极限.因此,可得到有极限的函数与无穷小之间的关系:

定理 1.4.1 在同一极限过程中,若 $\lim f(x) = A$,则 $f(x) = A + \alpha(\lim \alpha = 0)$.反之,若 $f(x) = A + \alpha(\lim \alpha = 0)$,则 $\lim f(x) = A$.

1.4.2 无穷小的性质

(1) 有限个无穷小的和(差)仍是无穷小.

(2) 有限个无穷小的乘积仍是无穷小.

(3) 有界函数与无穷小的乘积仍是无穷小.

上述性质实际上提供了求极限的方法,请看下面例子.

例 1.4.1 求 $\lim\limits_{x \to \infty} \left(\dfrac{1}{x} + \dfrac{1}{x^2} \right)$.

解:已知 $\lim\limits_{x \to \infty} \dfrac{1}{x} = 0$,$\lim\limits_{x \to \infty} \dfrac{1}{x^2} = 0$,由性质(1)知,$\lim\limits_{x \to \infty} \left(\dfrac{1}{x} + \dfrac{1}{x^2} \right) = 0$.

例 1.4.2　求 $\lim\limits_{x\to\infty}\dfrac{\cos x}{x}$.

解：当 $x\to\infty$ 时，$\cos x$ 无极限，即无论 $x\to-\infty$ 还是 $x\to+\infty$，$\cos x$ 的函数值都会在 -1 和 $+1$ 之间无限次地"振荡"下去. 但已知 $|\cos x|\leqslant1$，而 $\lim\limits_{x\to\infty}\dfrac{1}{x}=0$，由上述性质（3）得：

$$\lim_{x\to\infty}\frac{\cos x}{x}=0.$$

类似地，还有诸如 $\lim\limits_{x\to\infty}\dfrac{\sin x}{x}$、$\lim\limits_{x\to0}x\sin\dfrac{1}{x}$、$\lim\limits_{x\to0}x\cos\dfrac{1}{x}$ 等，从本质上说都是同一种极限，请读者自己加以总结.

例 1.4.3　求 $\lim\limits_{x\to0}x^2\sin x\tan x$.

解：已知 $\lim\limits_{x\to0}x^2=0$，$\lim\limits_{x\to0}\sin x=0$，$\lim\limits_{x\to0}\tan x=0$，由性质（2）知，$\lim\limits_{x\to0}x^2\sin x\tan x=0$.

注意：性质中的无穷小是指同一极限过程中的无穷小，不同极限过程中的无穷小不能利用这些性质.

例如，$\lim\limits_{x\to0}x^2=0$，$\lim\limits_{x\to-1}(x+1)=0$，所以，$x^2$ 是 $x\to0$ 时的无穷小，$x+1$ 是 $x\to-1$ 时的无穷小，而 $x^2+(x+1)$ 既不是 $x\to0$ 时的无穷小，又不是 $x\to-1$ 时的无穷小.

大家想一想两个无穷小的商是否一定是无穷小？

1.4.3　无穷大

定义 1.4.2　当 $x\to x_0$（或 $x\to\infty$）时，若 $|f(x)|$ 无限增大，则称 $f(x)$ 是当 $x\to x_0$（或 $x\to\infty$）时的无穷大（量），记为 $\lim\limits_{\substack{x\to x_0\\(x\to\infty)}}f(x)=\infty$.

若 $|f(x)|$ 无限增大且只取负值（或正值），就记作 $\lim\limits_{\substack{x\to x_0\\(x\to\infty)}}f(x)=-\infty$（或 $\lim\limits_{\substack{x\to x_0\\(x\to\infty)}}f(x)=+\infty$）.

注意：为了表达当 $x\to x_0$（或 $x\to\infty$）时函数的绝对值无限增大这一性态，记函数的极限等于无穷大，但一定要明白，此时函数根本就没有极限，$\lim\limits_{\substack{x\to x_0\\(x\to\infty)}}f(x)=\infty$ 只是一个记号，表示函数值的一种变化趋势.

1.4.4　无穷大和无穷小之间的关系

定理 1.4.2　在自变量的同一变化过程中，若 $\lim f(x)=\infty$，则 $\lim\dfrac{1}{f(x)}=0$；反之，若 $\lim f(x)=0$，则 $\lim\dfrac{1}{f(x)}=\infty$.

例 1.4.4　求 $\lim\limits_{x\to\infty}(x^2-2x+5)$.

解：因为 $\lim\limits_{x\to\infty}\dfrac{1}{x^2-2x+5}=\lim\limits_{x\to\infty}\dfrac{\frac{1}{x^2}}{1-\frac{2}{x}+\frac{5}{x^2}}=0$，所以，$\lim\limits_{x\to\infty}(x^2-2x+5)=\infty$.

1.4.5　无穷思想在科学、生活中的应用

我们知道圆的半径 r 应该大于零小于正无穷大，试想当圆的半径趋近于零即为无穷小

时,圆是怎样变化的呢？圆将趋近于一个点；反之,当圆的半径为无穷大时,圆将趋近于一条直线. 即点可以看成半径为零的圆,而直线可以看成半径为无穷大的圆. 这便是辩证唯物主义由量变到质变的一种表现.

今天,我们学习了无穷小和无穷大这两个重要概念,不仅为今后继续学习数学打下了基础,而且应该借助这两个概念,在我们的头脑中建立起辩证唯物主义的认识和研究客观世界的科学思想方法.

习题 1.4

A. 基本题

1. 求下列函数的极限.

(1) $\lim\limits_{x \to 1}(\sin x - \sin 1)$

(2) $\lim\limits_{x \to \infty}\dfrac{1}{x^2}\sin x$

(3) $\lim\limits_{x \to \infty}\dfrac{\cos x}{x^2}$

(4) $\lim\limits_{x \to 0}x\sin\dfrac{1}{x^2}$

B. 一般题

2. 求下列函数的极限.

(1) $\lim\limits_{x \to \infty}(x^3 + 2x - 5)$

(2) $\lim\limits_{x \to 2}\dfrac{2x+1}{x^2-4}$

(3) $\lim\limits_{x \to -\infty}\dfrac{1}{1+e^x}$

(4) $\lim\limits_{x \to +\infty}\dfrac{1}{1+e^x}$

C. 提高题

3. 求下列函数的极限.

(1) $\lim\limits_{x \to \infty}\dfrac{x\sin x}{x^2-x+1}$

(2) $\lim\limits_{x \to \infty}\dfrac{x}{1+\sqrt{x}}$

1.5　常见极限求法
(Rules of Calculating Limits)

本节提示:要注意及时总结不同类型问题求极限的方法与技巧,熟能生巧.

1.5.1　几种常见极限的求法

1. 多项式函数(polynomial function)的极限

由极限的性质知,对于多项式(有理整式)$P(x)=a_0 x^n + a_1 x^{n-1} + \cdots + a_n$,有

$$\lim_{x \to x_0} P(x) = \lim_{x \to x_0}(a_0 x^n + a_1 x^{n-1} + \cdots + a_n) = a_0 (\lim_{x \to x_0} x)^n + a_1 (\lim_{x \to x_0} x)^{n-1} + \cdots + a_n = P(x_0).$$

例 1.5.1　求极限 $\lim\limits_{x \to 2}(x^3 + x^2 - 3x - 5)$.

解:$\lim\limits_{x \to 2}(x^3 + x^2 - 3x - 5) = 2^3 + 2^2 - 3 \times 2 - 5 = 1$.

2. 有理分式函数(rational fraction function)的极限

设有多项式 $P(x)$ 及 $Q(x)$,则 $\lim\limits_{x \to x_0} P(x) = P(x_0)$,$\lim\limits_{x \to x_0} Q(x) = Q(x_0)$.

(1) 如果 $Q(x_0) \neq 0$,对于有理分式函数(即两个多项式之商)$F(x) = \dfrac{P(x)}{Q(x)}$,有如下结论:

$$\lim_{x \to x_0} F(x) = \lim_{x \to x_0} \frac{P(x)}{Q(x)} = \frac{\lim\limits_{x \to x_0} P(x)}{\lim\limits_{x \to x_0} Q(x)} = \frac{P(x_0)}{Q(x_0)} = F(x_0)$$

即分母 $Q(x_0) \neq 0$ 的有理分式函数,求 $x \to x_0$ 的极限时直接用 x_0 代替函数中的 x.

例 1.5.2　求极限 $\lim\limits_{x \to 1} \dfrac{x^2 - 5x + 1}{x^2 - 3x + 1}$.

解:$\lim\limits_{x \to 1} \dfrac{x^2 - 5x + 1}{x^2 - 3x + 1} = \dfrac{1^2 - 5 \times 1 + 1}{1^2 - 3 \times 1 + 1} = 3$.

(2) 如果 $Q(x_0) = 0$,且 $P(x_0) = 0$,先消去非零因子,再求极限.

例 1.5.3　求极限 $\lim\limits_{x \to 2} \dfrac{x^2 - 4}{x - 2}$.

解:$\lim\limits_{x \to 2} \dfrac{x^2 - 4}{x - 2} = \lim\limits_{x \to 2} \dfrac{(x-2)(x+2)}{x-2} = \lim\limits_{x \to 2}(x+2) = 4$.

(3) 如果 $Q(x_0) = 0$,但 $P(x_0) \neq 0$,可先颠倒分子与分母的位置,再利用无穷大、无穷小的关系求极限.

例 1.5.4　求极限 $\lim\limits_{x \to 1} \dfrac{x^3 + 1}{x - 1}$.

解:因为 $\lim\limits_{x \to 1} \dfrac{x-1}{x^3+1} = 0$,所以,$\lim\limits_{x \to 1} \dfrac{x^3+1}{x-1} = \infty$.

3. 当自变量趋于无穷大时有理整式函数(rational entire function)的极限为无穷大

例 1.5.5　求极限 $\lim\limits_{x \to \infty}(x^3 + x^2 - 4x - 2)$.

解：因为 $\lim\limits_{x\to\infty}\dfrac{1}{x^3+x^2-4x-2}=0$，所以，$\lim\limits_{x\to\infty}(x^3+x^2-4x-2)=\infty$.

4. 当自变量趋于无穷大时有理分式函数的极限

当自变量趋于无穷大时有理分式函数的极限有如下结论：当 $a_0\neq0,b_0\neq0,m,n$ 为非负整数时

$$\lim_{x\to\infty}\frac{a_0x^m+a_1x^{m-1}+\cdots+a_m}{b_0x^n+b_1x^{n-1}+\cdots+b_n}=\begin{cases}\dfrac{a_0}{b_0}, & n=m,\\[2mm] 0, & n>m,\\[2mm] \infty, & n<m.\end{cases}$$

因为当分子的次数不大于分母的次数时，分子、分母同除以 x^n，再利用 $\lim\limits_{x\to\infty}\dfrac{1}{x}=0$ 及极限的运算法则，便得前两条；当分子的次数大于分母的次数时，先颠倒分子与分母的位置，再将分子、分母同除以 x^m，便得最后一条.

例 1.5.6 求极限 $\lim\limits_{x\to\infty}\dfrac{x^5+4x^2-7}{2x^6-3x^4-x^3+5}$.

解：$\lim\limits_{x\to\infty}\dfrac{x^5+4x^2-7}{2x^6-3x^4-x^3+5}=\lim\limits_{x\to\infty}\dfrac{\dfrac{1}{x}+\dfrac{4}{x^4}-\dfrac{7}{x^6}}{2-\dfrac{3}{x^2}-\dfrac{1}{x^3}+\dfrac{5}{x^6}}=\dfrac{0}{2}=0$.

例 1.5.7 求极限 $\lim\limits_{x\to\infty}\dfrac{x^6+4x^2-7}{x^6-3x^4-x^3+5}$.

解：$\lim\limits_{x\to\infty}\dfrac{x^6+4x^2-7}{x^6-3x^4-x^3+5}=\lim\limits_{x\to\infty}\dfrac{1+\dfrac{4}{x^4}-\dfrac{7}{x^6}}{1-\dfrac{3}{x^2}-\dfrac{1}{x^3}+\dfrac{5}{x^6}}=1$.

例 1.5.8 求极限 $\lim\limits_{x\to\infty}\dfrac{x^6+4x^2-7}{6x^5-3x^4-x^3+5}$.

解：因为 $\lim\limits_{x\to\infty}\dfrac{6x^5-3x^4-x^3+5}{x^6+4x^2-7}=\lim\limits_{x\to\infty}\dfrac{\dfrac{6}{x}-\dfrac{3}{x^2}-\dfrac{1}{x^3}+\dfrac{5}{x^6}}{1+\dfrac{4}{x^4}-\dfrac{7}{x^6}}=0$，

所以，$\lim\limits_{x\to\infty}\dfrac{x^6+4x^2-7}{6x^5-3x^4-x^3+5}=\infty$.

5. 有界函数(bounded function)与无穷小的乘积的极限

例 1.5.9 求极限 $\lim\limits_{x\to\infty}\dfrac{1}{x^4}\cos^2x$.

解：虽然 $\lim\limits_{x\to\infty}\cos^2x$ 不存在，但 $\cos^2x$ 是有界函数；$|\cos^2x|\leqslant1$，且当 $x\to\infty$ 时，$\dfrac{1}{x^4}$ 是无穷小，所以，$\lim\limits_{x\to\infty}\dfrac{1}{x^4}\cos^2x=0$.

6. 对于某些简单分式之差为"$\infty-\infty$"型的极限，可以先通分，再求极限. 在学完罗必塔法则之后还将专门讨论这种类型的极限

例 1.5.10 求极限 $\lim\limits_{x\to1}\left(\dfrac{1}{x-1}-\dfrac{2}{x^2-1}\right)$.

解：$\lim\limits_{x\to 1}\left(\dfrac{1}{x-1}-\dfrac{2}{x^2-1}\right)=\lim\limits_{x\to 1}\dfrac{(x+1)-2}{x^2-1}=\lim\limits_{x\to 1}\dfrac{x-1}{x^2-1}=\lim\limits_{x\to 1}\dfrac{1}{x+1}=\dfrac{1}{2}.$

7. 利用数列前 n 项求和公式求极限

例 1.5.11   求极限 $\lim\limits_{n\to\infty}\left(\dfrac{1}{n^2}+\dfrac{2}{n^2}+\dfrac{3}{n^2}+\cdots+\dfrac{n-1}{n^2}\right).$

解：本题虽然每一项都是无穷小，但项数趋于无穷大，无穷多个无穷小的和不一定是无穷小. 对于这种无穷多项相加的题目，不能对每一项先求极限再相加，而是利用公式 $1+2+\cdots+n=\dfrac{n(n+1)}{2}$ 先把上述和式写成一个缩写式子，然后再求极限：

$$\lim\limits_{n\to\infty}\left(\dfrac{1}{n^2}+\dfrac{2}{n^2}+\dfrac{3}{n^2}+\cdots+\dfrac{n-1}{n^2}\right)=\lim\limits_{n\to\infty}\dfrac{1}{n^2}[1+2+\cdots+(n-1)]=\lim\limits_{n\to\infty}\dfrac{1}{n^2}\dfrac{(n-1)n}{2}=\dfrac{1}{2}.$$

例 1.5.12   求极限 $\lim\limits_{n\to\infty}\left(1+\dfrac{1}{2}+\dfrac{1}{2^2}+\dfrac{1}{2^3}+\cdots+\dfrac{1}{2^n}\right).$

解：类似于上题的做法，利用等比数列的前 n 项求和公式 $S_n=\dfrac{a_1(1-q^n)}{1-q}$ 求该极限：

$$\lim\limits_{n\to\infty}\left(1+\dfrac{1}{2}+\dfrac{1}{2^2}+\dfrac{1}{2^3}+\cdots+\dfrac{1}{2^n}\right)=\lim\limits_{n\to\infty}\dfrac{1-\left(\dfrac{1}{2}\right)^{n+1}}{1-\dfrac{1}{2}}=2.$$

8. 利用复合函数求极限的法则求极限

定理 1.5.1   设 $\lim\limits_{x\to x_0}\varphi(x)=a$，在 x_0 的某去心邻域内 $\varphi(x)\neq a$，记 $u=\varphi(x)$，且 $\lim\limits_{u\to a}f(u)=A$，则复合函数 $f[\varphi(x)]$ 当 $x\to x_0$ 时的极限存在，且

$$\lim\limits_{x\to x_0}f[\varphi(x)]=\lim\limits_{u\to a}f(u)=A.$$

例 1.5.13   求极限 $\lim\limits_{x\to 0}\ln(1+3x).$

解：因为 $\lim\limits_{x\to 0}(1+3x)=1$，则

$$\lim\limits_{x\to 0}\ln(1+3x)=\lim\limits_{u\to 1}\ln u=0.$$

9. 对于 $\dfrac{0}{0}$ 型的无理分式(irrational fraction)，先分子或分母有理化，然后再求极限

例 1.5.14   求 $\lim\limits_{x\to 0}\dfrac{\sqrt{x+1}-1}{x}.$

解：$\lim\limits_{x\to 0}\dfrac{\sqrt{x+1}-1}{x}=\lim\limits_{x\to 0}\dfrac{(x+1)-1}{x(\sqrt{x+1}+1)}=\dfrac{1}{2}.$

习题 1.5

A. 基本题

1. 求下列函数的极限.

(1) $\lim\limits_{x\to 1}(2x^2+3x-5)$

(2) $\lim\limits_{x\to 3}\dfrac{x-3}{3x+1}$

(3) $\lim\limits_{x\to 2}\dfrac{x-2}{x^2-4}$

(4) $\lim\limits_{x\to 1}\dfrac{x^2+4x+1}{x^2-1}$

(5) $\lim\limits_{x \to 1} \dfrac{x^2 - 2x + 1}{x - 1}$

(6) $\lim\limits_{x \to \infty} \dfrac{3x^4 + 5x - 3}{x^3 - 4x^2 + 6x + 5}$

(7) $\lim\limits_{x \to \infty} \dfrac{(x+1)^2}{x^2 - 2x + 1}$

(8) $\lim\limits_{x \to \infty} \dfrac{x^2 - 8x + 1}{4x^3 - 4x - 5}$

(9) $\lim\limits_{x \to \infty} \dfrac{1}{x^3} \sin x$

(10) $\lim\limits_{x \to 0} x^2 \cos \dfrac{1}{x}$

B. 一般题

2. 求下列函数的极限.

(1) $\lim\limits_{x \to \pi} \cos(\sin x)$

(2) $\lim\limits_{x \to \infty} \ln\left(\cos \dfrac{1}{x^2}\right)$

(3) $\lim\limits_{x \to 2}\left(\dfrac{1}{2-x} - \dfrac{4}{4-x^2}\right)$

(4) $\lim\limits_{x \to 0} \dfrac{(x+h)^3 - h^3}{x}$

(5) $\lim\limits_{n \to \infty}\left(\dfrac{1}{10} + \dfrac{1}{10^2} + \dfrac{1}{10^3} + \cdots + \dfrac{1}{10^{n-1}}\right)$

(6) $\lim\limits_{x \to 2} \dfrac{x-2}{\sqrt{2+x}-2}$

C. 提高题

3. 求下列函数的极限.

(1) $\lim\limits_{x \to 2} \dfrac{x^3 - 4x^2 + 4x}{x^3 - 8}$

(2) $\lim\limits_{x \to +\infty}\left(\sqrt{x^2 + 4x + 2} - \sqrt{x^2 + 2x + 2}\right)$

(3) $\lim\limits_{x \to -\infty}\left(\sqrt{x^2 + 4x + 2} - \sqrt{x^2 + 2x + 2}\right)$

(4) $\lim\limits_{x \to 0} e^{(3x^2 + 4x + 2)}$

4. 设有正方形,其每边的边长为 8 cm.连接每边的中点做一个小正方形,再连接这个正方形每边的中点做一个更小的正方形.重复这个步骤,做出无穷多个正方形.求这无穷多个正方形面积的总和.

1.6 两个重要极限,无穷小的比较
(Two Important Limits,Comparison Between Infinitesimals)

本节提示:介绍两个重要极限.定理的证明过程不需要读者掌握.但要求读者会用这两个重要极限求一些简单极限.不要求数学基础差的读者掌握利用等价无穷小代换求极限的方法.

1.6.1 两个重要极限(two important limits)

下面介绍的两个定理也叫做夹逼定理,英美教材中更有趣地把它们称为三明治定理(Sandwich Theorem)

定理 1.6.1 假设数列$\{x_n\}\{y_n\}\{z_n\}$满足条件:

(1) $y_n \leqslant x_n \leqslant z_n$;

(2) $\lim\limits_{n \to \infty} y_n = a$,$\lim\limits_{n \to \infty} z_n = a$.

则数列$\{x_n\}$的极限也存在,且$\lim\limits_{n \to \infty} x_n = a$.

类似地有

定理 1.6.2 若函数$f(x)$、$g(x)$、$h(x)$在点x_0的某去心邻域内(或当$|x| > X$时)满足条件:

(1) $g(x) \leqslant f(x) \leqslant h(x)$;

(2) $\lim\limits_{\substack{x \to x_0 \\ (x \to \infty)}} g(x) = A$,$\lim\limits_{\substack{x \to x_0 \\ (x \to \infty)}} h(x) = A$.

则$\lim\limits_{\substack{x \to x_0 \\ (x \to \infty)}} f(x)$也存在,且$\lim\limits_{\substack{x \to x_0 \\ (x \to \infty)}} f(x) = A$.

下面介绍两个重要极限.

1. 第一个重要极限 $\lim\limits_{x \to 0} \dfrac{\sin x}{x} = 1$.

证明:如图 1-28 所示,在单位圆 O 中,设 AC 为圆的切线,$\angle AOC = x$

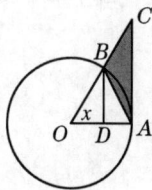

图 1-28

(先假定$0 < x < \dfrac{\pi}{2}$)、底边长$|OA| = 1$,则$\triangle OAC$、扇形OAB、$\triangle OAB$的面积的大小关系为$S_{\triangle OAB} \leqslant S_{扇形OAB} \leqslant S_{\triangle OAC}$,即

$$\frac{1}{2}\sin x < \frac{1}{2}x < \frac{1}{2}\tan x$$

因此

$$1 < \frac{x}{\sin x} < \frac{1}{\cos x},$$

即

$$\cos x < \frac{\sin x}{x} < 1.$$

因为$\lim\limits_{x \to 0}\cos x = 1 = \lim\limits_{x \to 0} 1$.由定理 1.6.2 可得,$\lim\limits_{x \to 0}\dfrac{\sin x}{x} = 1$.

例 1.6.1 求极限 $\lim\limits_{x\to 0}\dfrac{\sin 2x}{x}$.

解：令 $t=2x$，则由第一个重要极限得

$$\lim_{x\to 0}\frac{\sin 2x}{x}=\lim_{t\to 0}2\,\frac{\sin t}{t}=2.$$

例 1.6.2 求极限 $\lim\limits_{x\to 0}\dfrac{\arcsin x}{x}$.

解：令 $y=\arcsin x$，则 $x=\sin y$. 于是

$$\lim_{x\to 0}\frac{\arcsin x}{x}=\lim_{y\to 0}\frac{y}{\sin y}=1.$$

例 1.6.3 求极限 $\lim\limits_{x\to 0}\dfrac{\tan 2x}{x}$.

解：$\lim\limits_{x\to 0}\dfrac{\tan 2x}{x}=\lim\limits_{x\to 0}2\,\dfrac{\sin 2x}{2x}\cdot\dfrac{1}{\cos 2x}=2.$

我们还可以利用其他的三角恒等式求一些函数的极限：

例 1.6.4 求极限 $\lim\limits_{x\to 0}\dfrac{1-\cos x}{x^2}$.

解：$\lim\limits_{x\to 0}\dfrac{1-\cos x}{x^2}=\lim\limits_{x\to 0}\dfrac{2\sin^2\dfrac{x}{2}}{x^2}=\lim\limits_{x\to 0}\dfrac{1}{2}\dfrac{\sin^2\dfrac{x}{2}}{\left(\dfrac{x}{2}\right)^2}=\dfrac{1}{2}\lim\limits_{x\to 0}\left(\dfrac{\sin\dfrac{x}{2}}{\dfrac{x}{2}}\right)^2=\dfrac{1}{2}.$

2. 第二个重要极限 $\lim\limits_{x\to\infty}(1+\dfrac{1}{x})^x=\mathrm{e}$

证明：前面我们已经证明了 $\lim\limits_{n\to\infty}\left(1+\dfrac{1}{n}\right)^n=\mathrm{e}$. 下面先证明当 $x\to+\infty$ 的情形. 设 $n=[x]$（即不大于 x 的整数），则 $n\leqslant x<n+1$，从而有

$$\left(1+\frac{1}{n+1}\right)^n<\left(1+\frac{1}{x}\right)^x<\left(1+\frac{1}{n}\right)^{n+1},$$

当 $x\to+\infty$ 时 $n\to+\infty$，这时有

$$\lim_{n\to\infty}\left(1+\frac{1}{n+1}\right)^n=\lim_{n\to\infty}\left(1+\frac{1}{n+1}\right)^{n+1}\left(1+\frac{1}{n+1}\right)^{-1}=\mathrm{e},$$

且

$$\lim_{n\to\infty}\left(1+\frac{1}{n}\right)^{n+1}=\lim_{n\to\infty}\left(1+\frac{1}{n}\right)^n\left(1+\frac{1}{n}\right)=\mathrm{e}.$$

由定理 1.6.2 可得，

$$\lim_{x\to+\infty}\left(1+\frac{1}{x}\right)^x=\mathrm{e}.$$

再证明当 $x\to-\infty$ 的情形. 令 $t=-x$，则当 $x\to-\infty$ 时，$t\to+\infty$，从而有

$$\lim_{x\to-\infty}\left(1+\frac{1}{x}\right)^x=\lim_{t\to+\infty}\left(1-\frac{1}{t}\right)^{-t}=\lim_{t\to+\infty}\left(\frac{t}{t-1}\right)^t=\lim_{t\to+\infty}\left[\left(1+\frac{1}{t-1}\right)^{t-1}\left(1+\frac{1}{t-1}\right)\right]=\mathrm{e}.$$

故

$$\lim_{x\to\infty}(1+\frac{1}{x})^x=\mathrm{e}.$$

如果令 $\dfrac{1}{x}=y$，则 $\lim\limits_{x\to 0}(1+x)^{\frac{1}{x}}=\lim\limits_{y\to\infty}(1+\dfrac{1}{y})^y=\mathrm{e}.$ 即得第二个重要极限的另一种形式：

$$\lim_{x \to 0}(1+x)^{\frac{1}{x}}=\mathrm{e}.$$

例 1. 6. 5　求极限 $\lim\limits_{x \to 0}(1+2x)^{\frac{1}{2x}}$.

解：令 $u=2x$，则 $\lim\limits_{x \to 0}(1+2x)^{\frac{1}{2x}}=\lim\limits_{u \to 0}(1+u)^{\frac{1}{u}}=\mathrm{e}.$

以后可直接得出结果，不必引入中间变量来计算，如例 1. 6. 6～例 1. 6. 9.

例 1. 6. 6　求极限 $\lim\limits_{x \to 0}(1-x)^{\frac{1}{x}}$.

解：$\lim\limits_{x \to 0}(1-x)^{\frac{1}{x}}=\lim\limits_{x \to 0}\left[(1+(-x))^{\frac{1}{-x}}\right]^{-1}=\mathrm{e}^{-1}.$

例 1. 6. 7　求极限 $\lim\limits_{x \to \infty}\left(1-\dfrac{1}{x^2}\right)^{3x^2}$.

解：$\lim\limits_{x \to \infty}\left(1-\dfrac{1}{x^2}\right)^{3x^2}=\lim\limits_{x \to \infty}\left[\left(1-\dfrac{1}{x^2}\right)^{(-x^2)}\right]^{-3}=\mathrm{e}^{-3}.$

例 1. 6. 8　求极限 $\lim\limits_{x \to \infty}\left(\dfrac{x-1}{x+1}\right)^{x+1}$.

解：先在分式的分子上加 1 再减 1，整理出因子 $\left(1-\dfrac{2}{x+1}\right)$，再在指数部分整理出因子 $-\dfrac{x+1}{2}$，

$$\lim_{x \to \infty}\left(\frac{x-1}{x+1}\right)^{x+1}=\lim_{x \to \infty}\left(1-\frac{2}{x+1}\right)^{x+1}=\lim_{x \to \infty}\left[\left(1-\frac{2}{x+1}\right)^{\left(-\frac{x+1}{2}\right)}\right]^{-2}=\mathrm{e}^{-2}.$$

例 1. 6. 9　求极限 $\lim\limits_{x \to 0}\dfrac{\ln(1+x)}{x}$

解：$\lim\limits_{x \to 0}\dfrac{\ln(1+x)}{x}=\lim\limits_{x \to 0}\dfrac{1}{x}\ln(1+x)=\lim\limits_{x \to 0}\ln(1+x)^{\frac{1}{x}}=\ln\mathrm{e}=1.$

1.6.2　无穷小的比较

在自变量的同一变化过程中，可能涉及几个无穷小，尽管它们都趋向于零，但趋向于零的速度一般是不一样的. 下面通过两个无穷小比值的极限来比较它们趋向于零的快慢程度. 为表达方便起见，在极限号下省去极限过程，这里约定所指的都是同一极限过程. 同时也可以通过几个例子看出，两个无穷小的商的各种情形.

定义 1. 6. 1　设 $\lim \alpha=0(\alpha \neq 0),\lim \beta=0.$

(1) 若 $\lim \dfrac{\beta}{\alpha}=0$，则称 β 是比 α 高阶的无穷小，记为 $\beta=o(\alpha)$；

(2) 若 $\lim \dfrac{\beta}{\alpha}=\infty$，则称 β 是比 α 低阶的无穷小；

(3) 若 $\lim \dfrac{\beta}{\alpha}=C \neq 0$，则称 β 与 α 是同阶无穷小；

(4) 若 $\lim \dfrac{\beta}{\alpha}=1$，则称 β 与 α 是等价无穷小，记为 $\beta \sim \alpha$. 显然此时 $\alpha \sim \beta$.

由以上几个例子知，$\sin x \sim x$，$\arcsin x \sim x$，$\ln(1+x) \sim x$，$\tan 2x$ 与 x 是同阶无穷小，$1-\cos x$ 与 x^2 是同阶无穷小，容易知道，$\tan x \sim x$，$1-\cos x \sim \dfrac{x^2}{2}$.

关于等价无穷小,有如下重要性质:

定理 1.6.3 若 $\alpha \sim \alpha', \beta \sim \beta'$ 且 $\lim \dfrac{\beta'}{\alpha'}$ 存在,则有 $\lim \dfrac{\beta}{\alpha} = \lim \dfrac{\beta'}{\alpha'}$.

证明: $\lim \dfrac{\beta}{\alpha} = \lim \left(\dfrac{\beta}{\beta'} \dfrac{\beta'}{\alpha'} \dfrac{\alpha'}{\alpha} \right) = \lim \dfrac{\beta}{\beta'} \lim \dfrac{\beta'}{\alpha'} \lim \dfrac{\alpha'}{\alpha} = \lim \dfrac{\beta'}{\alpha'}$.

该定理表明,遇到两个无穷小之比的极限时,可以利用等价无穷小代换简化并求得极限. 这也是求极限的一种方法.

例 1.6.10 求极限 $\lim\limits_{x \to 0} \dfrac{\sin 3 x^2}{\arcsin 4x}$.

解: 因为 $\sin 3x^2 \sim 3x^2, \arcsin 4x \sim 4x$,

所以 $\lim\limits_{x \to 0} \dfrac{\sin 3x^2}{\arcsin 4x} = \lim\limits_{x \to 0} \dfrac{3x^2}{4x} = 0$.

例 1.6.11 求极限 $\lim\limits_{x \to 0} \dfrac{\tan x - \sin x}{\sin^3 x}$.

解: 先考虑能否这样做,

$$\lim_{x \to 0} \frac{\tan x - \sin x}{\sin^3 x} = \lim_{x \to 0} \frac{x - x}{x^3} = 0$$

我们说这样做不对. 其原因是分子 $x - x$ 并不与 $\tan x - \sin x$ 等价,因为

$$\lim_{x \to 0} \frac{x - x}{\tan x - \sin x} = 0.$$

正确做法是先通分分子,整理后消去非零因子 $\sin x$,再利用等价无穷小代换 $1 - \cos x \sim \dfrac{x^2}{2}$ 做,

$$\lim_{x \to 0} \frac{\tan x - \sin x}{\sin^3 x} = \lim_{x \to 0} \frac{\sin x - \sin x \cos x}{\cos x \sin^3 x} = \lim_{x \to 0} \frac{1 - \cos x}{\cos x \sin^2 x} = \lim_{x \to 0} \frac{\frac{x^2}{2}}{x^2 \cos x} = \frac{1}{2}$$

所以,在用无穷小代换时一定要注意,分子分母只有乘积的形式,不能有和与差的形式.

习 题 1.6

A. 基本题

1. 求下列函数的极限.

(1) $\lim\limits_{x \to 0} \dfrac{\sin 3x}{\sin 5x}$

(2) $\lim\limits_{x \to 0} \dfrac{\sin \frac{x}{3}}{x}$

(3) $\lim\limits_{x \to \infty} x \sin \dfrac{3}{x}$

(4) $\lim\limits_{x \to 0} \dfrac{2x + \sin x}{x}$

(5) $\lim\limits_{x \to 0} (1 - x)^{\frac{1}{x}}$

(6) $\lim\limits_{x \to \infty} \left(1 + \dfrac{1}{2x} \right)^{3x}$

B. 一般题

2. 求下列极限.

(1) $\lim\limits_{x\to\infty}x^2\sin\dfrac{2}{x^2}$

(2) $\lim\limits_{x\to0}\dfrac{\ln(1+2x)}{2x}$

(3) $\lim\limits_{x\to\pi}\dfrac{\sin x}{\pi-x}$

(4) $\lim\limits_{x\to0}(1-x^2)^{\frac{2}{x^2}}$

(5) $\lim\limits_{x\to\infty}\left(\dfrac{x}{x-1}\right)^x$

(6) $\lim\limits_{x\to0}\dfrac{\mathrm{e}^x-1}{x}$

3. 证明当 $x\to0$ 时,$\arctan x\sim x$.

C. 提高题

4. 利用等价无穷小求下列极限.

(1) $\lim\limits_{x\to0}\dfrac{\tan x}{\ln(1+x)}$

(2) $\lim\limits_{x\to0}\dfrac{\sin\dfrac{x}{3}}{\sin x^2}$

(3) $\lim\limits_{x\to0}\dfrac{\ln(1+x^3)}{\mathrm{e}^x-1}$

(4) $\lim\limits_{x\to0}\dfrac{\sin^2 x}{\ln^2(1+x)}$

1.7 函数的连续性
(Continuity of A Function)

本节提示：函数的连续性是微积分学中最重要的概念之一. 通过本节学习，读者应理解函数的连续性概念；了解间断点的概念并会将间断点分成两大类（对要求继续深造的读者应掌握具体的小类的分法）；知道闭区间上连续函数的性质.

1.7.1 增量

当气温从 13.5 ℃ 增加到 15.3 ℃，则气温增加了 1.8 ℃，我们称气温的增量为 1.8 ℃.

定义 1.7.1 设变量 u 从 u_1 变到 u_2，我们称 $u_2 - u_1$ 为变量 u 的增量（increment）. 记为 $\Delta u = u_2 - u_1$.

设函数 $y = f(x)$ 在区间 (a, b) 内有定义，当 x 由 x_0 变到 $x(x_0, x \in (a, b))$ 时，则自变量的增量为 $\Delta x = x - x_0$，相应地，函数值由 $f(x_0)$ 变到 $f(x_0 + \Delta x)$，函数的增量为 $\Delta y = f(x_0 + \Delta x) - f(x_0)$. 增量既可大于零，又可小于零，也可等于零.

1.7.2 函数连续性的定义

例 1.7.1 假如张丽同学现在的身高是 1.62 m，问明天的身高会不会是 1.65 m？

解：显然不会. 因为随着时间的推移，人的身高是逐渐长高的. 也就是说，身高是时间的函数：$L = L(t)$. 身高逐渐长高这一事实说明，当时间间隔很小时，身高不会有太大变化. 用数学的语言来描述这件事，就可说成：当自变量变化不大时，函数的改变量也不大. 这就是函数连续性概念的本质.

定义 1.7.2（用增量定义函数的连续性） 设函数 $y = f(x)$ 在 x_0 的某邻域内有定义. 当 x 在该邻域内由 x_0 变到 $x_0 + \Delta x$ 时，相应地，函数值由 $f(x_0)$ 变到 $f(x_0 + \Delta x)$. 若 $\lim\limits_{\Delta x \to 0} \Delta y = \lim\limits_{\Delta x \to 0}(f(x_0 + \Delta x) - f(x_0)) = 0$，就称函数 $y = f(x)$ 在 x_0 处连续.

定义中 $\lim\limits_{\Delta x \to 0}(f(x_0 + \Delta x) - f(x_0)) = 0$，即 $\lim\limits_{\Delta x \to 0} f(x_0 + \Delta x) - f(x_0) = 0$，也就是 $\lim\limits_{\Delta x \to 0} f(x_0 + \Delta x) = f(x_0)$. 记 $x = x_0 + \Delta x$，则 $\lim\limits_{x \to x_0} f(x) = f(x_0)$. 于是

定义 1.7.2′（用极限定义函数的连续性）设函数 $y = f(x)$ 在 x_0 的某邻域内有定义. 若
$$\lim_{x \to x_0} f(x) = f(x_0),$$
就称函数 $y = f(x)$ 在 x_0 处连续.

这个定义表明，函数在一点处连续意味着：① 函数在该点有定义；② 函数当 $x \to x_0$ 时有极限；③ 极限值等于这点的函数值.

上述两个定义是等价的，这两个等价的定义在研究函数的连续性等问题时，各有其方便之处.

例 1.7.2 证明函数 $y = x^2$ 在任一实数点 x 处都是连续的（continuous）.

证明：设 x 是 $(-\infty, +\infty)$ 内任意一点，

因为 $\Delta y = (x + \Delta x)^2 - x^2 = 2x\Delta x + (\Delta x)^2$，

所以 $\lim\limits_{\Delta x \to 0} \Delta y = 0$.

由定义 1.7.2 知,$y = x^2$ 在 x 处是连续的. 由点 x 的任意性知,$y = x^2$ 在 $(-\infty, +\infty)$ 内连续.

例 1.7.3　讨论函数

$$f(x) = \begin{cases} x+1, & x>0, \\ x^2+1, & x \leqslant 0. \end{cases}$$

在 $x = 0$ 处的连续性.

解:对于分段函数在分界点处的连续性问题,如果函数在分界点两侧的表达式不同,就要用左、右极限的概念去研究(图 1-29):

$$f(0-0) = \lim\limits_{x \to 0-0} f(x) = \lim\limits_{x \to 0-0} (x^2+1) = 1,$$

$$f(0+0) = \lim\limits_{x \to 0+0} f(x) = \lim\limits_{x \to 0+0} (x+1) = 1.$$

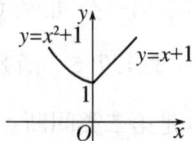

图 1-29

这表明左、右极限都存在且相等,故当 $x \to 0$ 时,函数有极限. 又因为 $\lim\limits_{x \to 0} f(x) = 1 = f(0)$,所以由定义 $1.7.2'$ 知,该分段函数在 $x = 0$ 处连续.

定义 1.7.3(左、右连续的定义)　设函数 $y = f(x)$ 在 x_0 的某邻域内有定义. 若

$$f(x_0-0) = \lim\limits_{x \to x_0-0} f(x) = f(x_0),$$

就称 $f(x)$ 在点 x_0 左连续(left continuous);若

$$f(x_0+0) = \lim\limits_{x \to x_0+0} f(x) = f(x_0),$$

就称 $f(x)$ 在点 x_0 右连续(right continuous).

定义 1.7.4　如果函数 $f(x)$ 在开区间 (a,b) 内每一点都连续,且在左端点右连续,在右端点左连续,即

$$f(a+0) = \lim\limits_{x \to a+0} f(x) = f(a), \quad f(b-0) = \lim\limits_{x \to b-0} f(x) = f(b),$$

就说 $f(x)$ 在闭区间 $[a,b]$ 上连续. 此时也说,$f(x)$ 是闭区间 $[a,b]$ 上的连续函数.

1.7.3　函数的间断点(discontinuity point)

定义 1.7.5　若函数 $y = f(x)$ 在 x_0 处不连续,我们就称 x_0 为函数 $y = f(x)$ 的间断点(或不连续点).

也就是若 x_0 满足下列条件之一:

(1) $f(x)$ 在点 x_0 无定义;

(2) 虽然 $f(x)$ 在点 x_0 有定义,但 $\lim\limits_{x \to x_0} f(x)$ 不存在;

(3) $f(x)$ 在点 x_0 有定义且 $\lim\limits_{x \to x_0} f(x)$ 存在,但 $\lim\limits_{x \to x_0} f(x) \neq f(x_0)$,

就是 $y = f(x)$ 的间断点.

函数的间断点可分为两类:① 左、右极限都存在的间断点称为第一类间断点;② 不是第一类间断点的间断点就称为第二类间断点.

例 1.7.4　讨论函数

$$f(x) = \begin{cases} x+1, & x>0, \\ x-2, & x \leqslant 0. \end{cases}$$

在 $x=0$ 处的连续性(图 1-30).

解: 因为函数在分界点两侧的表达式不同,要用左、右极限的概念去研究:

$$f(0-0)=\lim_{x\to 0-0}f(x)=\lim_{x\to 0-0}(x-2)=-2,$$

$$f(0+0)=\lim_{x\to 0+0}f(x)=\lim_{x\to 0+0}(x+1)=1.$$

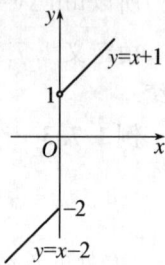

图 1-30

这表明左、右极限都存在但不相等,故当 $x\to 0$ 时,函数无极限.故该函数在 $x=0$ 处不连续.所以 $x=0$ 是函数的间断点,这种间断点称为跳跃间断点,是第一类间断点.

例 1.7.5 函数 $f(x)=\dfrac{1}{x^2}$ 在 $x=0$ 无定义,且 $\lim\limits_{x\to 0}\dfrac{1}{x^2}=\infty$.把这种间断点称为无穷间断点,是第二类间断点.如图 1-31 所示.

例 1.7.6 $f(x)=\sin\dfrac{1}{x}$ 在 $x=0$ 无定义,且当 $x\to 0^-$(或 $x\to 0^+$)时,$\dfrac{1}{x}\to -\infty$(或 $\dfrac{1}{x}\to +\infty$),相应地,$\sin\dfrac{1}{x}$ 的函数值在 1 和 -1 之间无限次地振荡下去,即 $\lim\limits_{x\to 0}\sin\dfrac{1}{x}$ 不存在.把这种间断点称为振荡间断点(图 1-32),是第二类间断点.

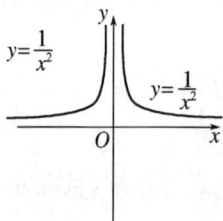

图 1-31

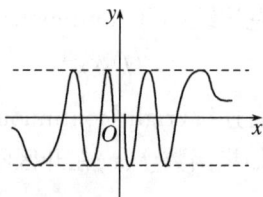

图 1-32

例 1.7.7 设 $f(x)=\dfrac{x^2-9}{x-3}$,则 $f(x)$ 在 $x=3$ 处无定义,所以不连续.但 $\lim\limits_{x\to 3}\dfrac{x^2-9}{x-3}=\lim\limits_{x\to 3}(x+3)=6$,极限存在(图 1-33).如果补充

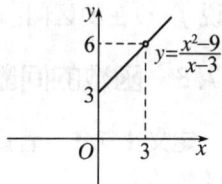

图 1-33

(或修改)定义,令 $f(3)=6$,则 $F(x)=\begin{cases}\dfrac{x^2-9}{x-3}, & x\neq 3 \\ 6, & x=3\end{cases}$ 在 $x=3$ 就连续.把这种通过补充(或修改)一个点的定义能使函数连续的间断点叫做可去间断点,是第一类间断点.可去间断点的特点是左、右极限都存在且相等.

关于间断点的分类,一般读者只要能区分出 2 个大类即可.对于打算继续深造的读者,应该细究 4 个小的分类.

1.7.4 连续函数的运算

1. 初等函数的连续性

定理 1.7.1 若 $f(x)$、$g(x)$ 在点 x_0 处连续,则 $f(x)\pm g(x)$、$f(x)g(x)$、$\dfrac{f(x)}{g(x)}$ ($g(x_0)\neq 0$)均在点 x_0 处连续.

定理 1.7.2　设 $y=f[\varphi(x)]$ 是由 $y=f(u),u=\varphi(x)$ 复合而成的. 若 $u=\varphi(x)$ 在点 x_0 处连续，$y=f(u)$ 在对应点 $u_0=\varphi(x_0)$ 处连续，则复合函数 $y=f[\varphi(x)]$ 在点 x_0 处连续.

定理 1.7.3　如果 $y=f(x)$ 在区间 I_x 上单调递增（单调递减）且连续，那么它的反函数 $x=f^{-1}(y)$ 也在对应区间 I_y 上单调递增（递减）且连续.

由初等函数的定义及上述 3 个定理可以得出，一切初等函数在它们的定义区间内都是连续的.

定理 1.7.2 也给我们提供了求函数极限的很有用的方法，即如果 $x=x_0$ 在初等函数 $y=f(x)$ 的定义区间内，则 $\lim\limits_{x \to x_0} f(x)=f(x_0)$，也就是极限符号可以与函数符号互换.

例 1.7.8　求 $\lim\limits_{x \to 1}\sqrt{\sin x}$ 的极限.

解：因为 $x=1$ 在 $\sqrt{\sin x}$ 的定义区间内，所以函数在此处连续. 所以 $\lim\limits_{x \to 1}\sqrt{\sin x}=\sqrt{\sin 1}$.

例 1.7.9　求 $\lim\limits_{x \to 2}\ln 2^x$ 的极限.

解：因为 $x=2$ 在 $\ln 2^x$ 的定义区间内，所以函数在此处连续. 所以 $\lim\limits_{x \to 2}\ln 2^x=\ln 4=2\ln 2$.

2. 闭区间上连续函数的性质

定理 1.7.4（最值定理（maximum_minimum principle））　闭区间上的连续函数在该区间上至少取得它的最大值与最小值各一次.

设函数 $f(x)$ 在闭区间 $[a,b]$ 上连续，则至少存在两点 $x_1,x_2 \in [a,b]$，使得 $M=f(x_1) \geqslant f(x),x \in [a,b],m=f(x_2) \leqslant f(x),x \in [a,b]$.

例 1.7.10　$y=x^2$ 在闭区间 $[0,1]$ 连续且取得最大值 1 和最小值 0.

例 1.7.11　$y=x^2$ 在开区间 $(0,1)$ 上连续但取不到最大值和最小值.

定理 1.7.5（介值定理）　设函数 $f(x)$ 在闭区间 $[a,b]$ 上连续，$f(a) \neq f(b)$. 那么不论 C 是介于 $f(a)$ 和 $f(b)$ 之间的怎样一个数，则在开区间 (a,b) 内至少存在一点 ξ，使得 $f(\xi)=C$.

推论 1.7.1（零点定理）　设函数 $f(x)$ 在闭区间 $[a,b]$ 上连续，$f(a)f(b)<0$，则至少存在一点 $\xi \in (a,b)$，使得 $f(\xi)=0$.

零点定理表明，若在区间的端点函数值异号，则连续曲线 $y=f(x)$ 至少与 x 轴相交一次.

例 1.7.12　证明方程 $x^3-3x^2-x+1=0$ 在区间 $(0,1)$ 内至少有一个实根.

证明：设 $f(x)=x^3-3x^2-x+1$. 因为 $f(x)$ 在 $[0,1]$ 上连续，且 $f(0)=1>0,f(1)=-2<0$. 由零点定理知，在 $(0,1)$ 内至少有一点 ξ，使得 $f(\xi)=\xi^3-3\xi^2-\xi+1=0$，即方程 $x^3-3x^2-x+1=0$ 在区间 $(0,1)$ 内至少有一个实根.

习题 1.7

A. 基本题

1. 求下列函数的极限.

(1) $\lim\limits_{x \to 8}(x-x^{\frac{1}{3}}+2)$

(2) $\lim\limits_{x \to -1}\arctan x$

(3) $\lim\limits_{x \to 0}\dfrac{x+1}{\cos x+2}$

(4) $\lim\limits_{x \to e}\dfrac{x^2\ln x}{2^x}$

(5) $\lim\limits_{x\to 0}\ln(4+2x)^{\frac{1}{2x+1}}$ $\qquad$ (6) $\lim\limits_{x\to 1}\dfrac{5x^2+2}{x^3-x^2+4x+3}$

2. 讨论 $f(x)=\begin{cases}\dfrac{x^2-4}{x-2}, & x\neq 2,\\ 4, & x=2.\end{cases}$ 在 $x=2$ 处的连续性.

3. 讨论 $f(x)=\begin{cases}1-2x, & 0\leqslant x<2,\\ 1, & x=2, \\ 1-x, & x>2.\end{cases}$ 在 $x=2$ 处的连续性.

B. 一般题

4. 求下列函数的极限.

(1) $\lim\limits_{x\to 0}\dfrac{1-3\sin x}{\tan x+2\cos x}$ $\qquad$ (2) $\lim\limits_{x\to 0}\dfrac{\ln(1+x^2)}{x^2}$

(3) $\lim\limits_{x\to 1}\sqrt{\ln(3+3x)}$ $\qquad$ (4) $\lim\limits_{x\to 1}\sin e^{x^2+1}$

5. 确定 a 的值,使函数 $f(x)=\begin{cases}\cos x+1, & x<0\\ a+\sin 2x, & x\geqslant 0\end{cases}$ 在整个数轴上连续.

6. 研究下列函数的连续性,如有间断点,请说明其类型.

(1) $f(x)=\begin{cases}x^2+1, & x<0,\\ \sin x+1, & x\geqslant 0.\end{cases}$ $\qquad$ (2) $g(x)=\begin{cases}\sin x-1, & x\leqslant 0,\\ x^3+1, & x>0.\end{cases}$

7. 证明方程 $2x^3-5x^2+1=0$ 在区间 $(0,1)$ 内至少有一个实根.

C. 提高题

8. 求下列函数的极限.

(1) $\lim\limits_{x\to 0}\dfrac{\sqrt{1+2\sin x}-\sqrt{1-2\sin x}}{x}$ $\qquad$ (2) $\lim\limits_{x\to 0}\dfrac{\ln(1+x)}{\sin^2 x}$

(3) $\lim\limits_{h\to 0}\dfrac{e^{x+h}-e^x}{h}$ $\qquad$ (4) $\lim\limits_{h\to 0}\dfrac{\ln(x+h)-\ln x}{h}$

9. 研究下列函数的连续性,如有间断点,说明其类型.

(1) $f(x)=\lim\limits_{n\to\infty}\dfrac{1-x^n}{1+x^n}$ $\qquad$ (2) 设 $f(x)=e^{\frac{1}{x}}$

10. 已知生产 x 部电话机的成本是 $C(x)=\sqrt{10\,000+400x^2}$ 元,每部的售价为 25 元.于是销售 x 部电话机的利润为 $R(x)=25x-\sqrt{10\,000+400x^2}$ 元.出售 $x+1$ 部电话机比出售 x 部电话机所产生的利润增长额为 $I(x)=R(x+1)-R(x)$.当生产稳定、产量很大时,该增长额为 $\lim\limits_{x\to +\infty}I(x)$,试求这个极限值.

11. 试证方程 $x\cdot 2^x=1$ 至少有一个小于 1 的正根.

数学实验　初识 Mathematica 和极限运算

一、Mathematica 软件介绍

Mathematica 是美国 Wolfram 公司开发的一个功能强大的数学软件系统,它主要包括:数值计算、符号计算、图形功能和程序设计. 这里力图在篇幅不多的情况下向读者简要介绍该软件. 以 Mathematica 5.0 版本为例的,同样也适用于 Mathematica 的任何其他图形界面的版本.

Mathematica 的界面如图 1-34 所示.

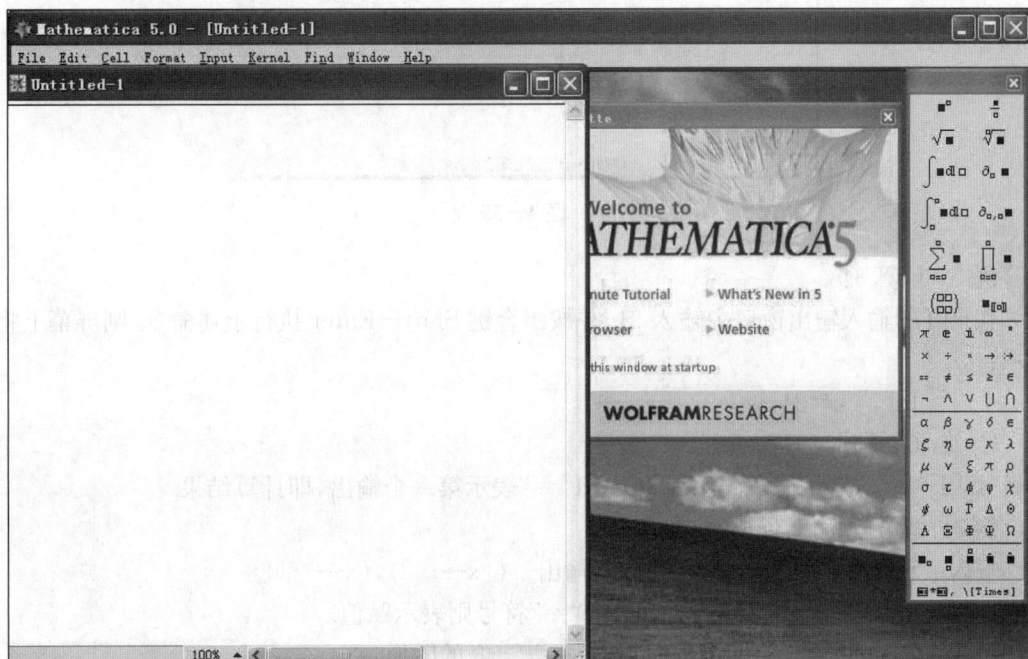

图 1-34

Mathematica 在数值计算、符号运算和图形表示等方面具有强大功能,并且其命令与该方法的英语名称惊人的一致,这一特性便于使用者很容易掌握,并有助于系统学习 Mathematica,在使用 Mathematica 时须始终牢记以下几点:

(1) Mathematica 是一个敏感的软件. 所有的 Mathematica 函数都以大写字母开头;

(2) 圆括号( ),花括号{ },方括号[ ]都有特殊用途,应特别注意;

(3) 句号".", 分号";"、逗号","感叹号"!"等都有特殊用途,应特别注意;

(4) 用主键盘区的组合键 Shift+Enter 或数字键盘中的 Enter 键执行命令.

二、一般介绍

1. 输入与输出

Mathematica 输入输出窗口如图 1-35 所示.

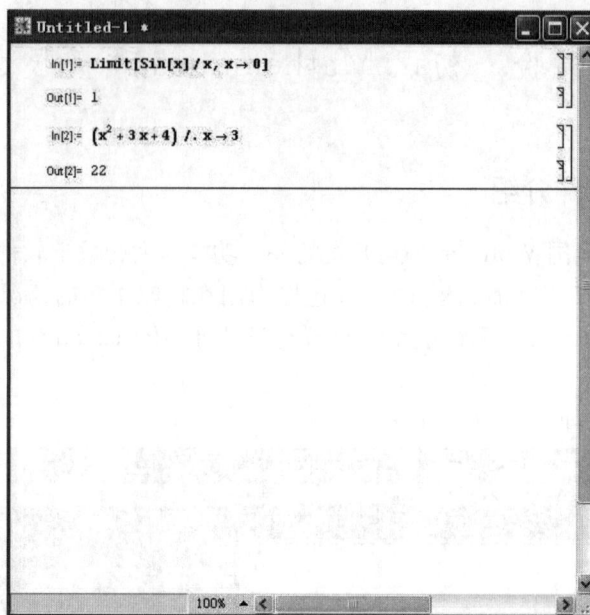

图 1 - 35

例 1 计算 3!

在打开的输入输出窗口中输入 3!,并按组合键 Shift+Enter 执行上述命令,则屏幕上将显示:

In[1] :=3!

Out[1] =6

这里"In[1] :="表示第一个输入,"Out[1]="表示第一个输出,即计算结果.

例 2 解方程 $x^2+3x+2=0$.

输入 Solve[x^2+3x+2==0,x],输出 {{x→-2},{x→-1}}

这里等号用两个"="符号表示,一个"="符号则表示赋值.

例 3 在区间[-2,2]上作出抛物线 $y=x^2+3$ 的图形.

输入 Plot[x^2+3,{x,-2,2}],输出如图 1 - 36 所示的图形.

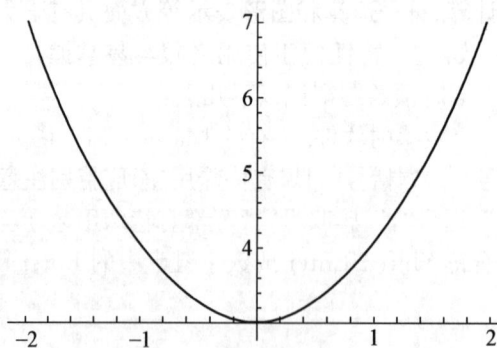

图 1 - 36

2. 数学常数

Pi 表示圆周率 π；　　　　E 表示无理数 e；　　　　I 表示虚数单位 i；

Degree 表示 π/180；　　　Infinity 表示无穷大.

注意：Pi，Degree，Infinity 的第一个字母必须大写，其后面的字母必须小写.

3. 内部函数

Mathematica 系统内部定义了许多函数，并且常用英文全名作为函数名，所有函数名的第一个字母都必须大写，后面的字母必须小写. 当函数名是由两个单词组成时，每个单词的第一个字母都必须大写（如 ArcSin[x]），其余的字母必须小写. Mathematica 函数（命令）的基本格式为：

$$函数名[表达式，选项]$$

下面列举了一些常用函数：

(1) 算术平方根 $\sqrt{x}$　　　　Sqrt[x]

(2) 指数函数 e^x　　　　Exp[x]

(3) 对数函数 $\log_a x$　　　　Log[a,x]

(4) 对数函数 $\ln x$　　　　Log[x]

(5) 三角函数　　　　Sin[x],Cos[x],Tan[x],Cot[x],Sec[x],Csc[x]

(6) 反三角函数　　　　ArcSin[x],ArcCos[x],ArcTan[x],ArcCot[x],ArcSec[x],ArcCsc[x]

(7) 双曲函数　　　　Sinh[x],Cosh[x],Tanh[x]

(8) 反双曲函数　　　　ArcSinh[x],ArcCosh[x],ArcTanh[x]

例 4　计算表达式 $\dfrac{1}{1+\ln 2}\sin\dfrac{\pi}{6}-\dfrac{e^{-2}}{2+\sqrt[3]{2}}\arctan(0.6)$ 的值.

输入　1/(1+Log[2]) * Sin[Pi/6]−Exp[−2]/(2+2^(1/3)) * ArcTan[.6]

输出 0. 272 873

4. 自定义函数

在 Mathematica 系统内，由字母开头的字母数字串都可用作变量名，但要注意其中不能包含空格或标点符号.

变量的赋值有两种方式：立即赋值运算符是"＝"；延迟赋值运算符是"：＝". 而定义函数使用的符号是延迟赋值运算符"：＝".

例 5　定义函数 $f(x)=x^3-2x^2+3$，并计算 $f(2),f(4),f(6)$.

输入　Clear[f,x];　　　　　　/ * 清除对变量 f,x 原先的赋值 * /

　　　f[x_]:=x^3−2 * x^2+3;　/ * 定义函数的表达式 * /

　　　f[2]　　　　　　　　　/ * 求 $f(2)$ 的值 * /

　　　f[x]/.{x−>4}　　　　　/ * 求 $f(4)$ 的值，另一种方法 * /

　　　x＝6;　　　　　　　　/ * 给变量 x 立即赋值 6 * /

　　　f[x]　　　　　　　　　/ * 求 $f(6)$ 的值，又一种方法 * /

5. 查询与帮助

如果已知某种数学运算，但不知在 Mathematica 中具体怎么使用，只需要在输入输出窗口中输入其英文名称，再按下 F1 键，帮助系统将自动搜索出与该运算方法有关的帮助内容. 如，输入

Limit

则出现如图 1 - 37 所示的画面,再选择相应内容的帮助.

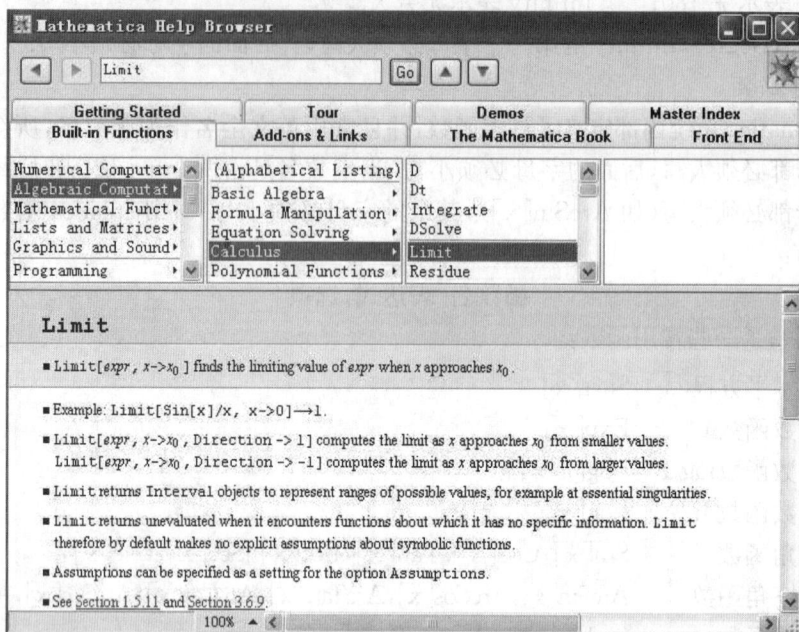

图 1 - 37

三、极限与连续

1. 求极限的命令 Limit

其基本格式为

$$\text{Limit}[f[x], x->a]$$

其中,f(x)是数列或者函数的表达式;x->a 是自变量的变化趋势. 如果自变量趋向于无穷,用 x->Infinity 表示.

对于单侧极限,通过命令 Limit 的选项 Direction 表示自变量的变化方向.

求右极限,$x \to a^{+0}$ 时,用 Limit[f[x], x->a, Direction->-1];

求左极限,$x \to a^{-0}$ 时,用 Limit[f[x], x->a, Direction->+1];

求 $x \to +\infty$ 时的极限,用 Limit[f[x], x->Infinity, Direction->+1];

求 $x \to -\infty$ 时的极限,用 Limit[f[x], x->Infinity, Direction->-1].

例 6 求 $\lim\limits_{x \to 0} \dfrac{\sin 2x}{x}$.

输入 Limit[Sin[2x]/x, x->0],输出 2.

2. 数列极限的概念

例 7 观察数列 $\{\sqrt[n]{n}\}$ 前 100 项的变化趋势.

输入命令

$$t = N[\text{Table}[n^{\wedge}(1/n), \{n, 1, 100\}]];$$

$$\text{ListPlot}[t, \text{PlotStyle} -> \text{PointSize}[0.015]];$$

则输出所求图形(图 1 - 38). 从图 1 - 38 中可看出,这个数列似乎收敛于 1.

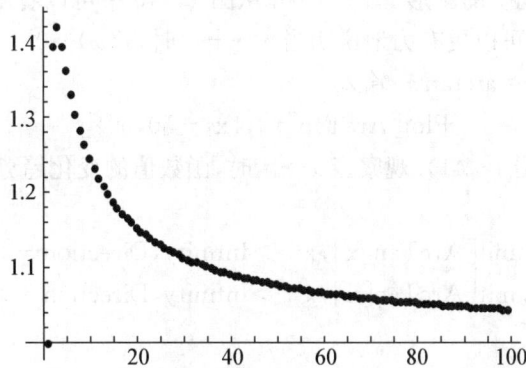

图 1 - 38

例 8　$x_1 = \sqrt{2}, x_{n+1} = \sqrt{2 + x_n}$. 从初值 $x_1 = \sqrt{2}$ 出发,可以将数列一项一项地计算出来. 这样定义的数列称为递归数列.

输入

$$f[1] = N[Sqrt[2], 20]$$
$$f[n\_] := N[Sqrt[2 + f[n-1]], 20]$$

则已经定义了该数列.

输入

$$fn = Table[f[n], \{n, 20\}]$$

得到这个数列的前 20 项的近似值(输出结果略). 再输入

$$ListPlot[fn, PlotStyle -> \{PointSize[0.02]\}]$$

输出为图 1 - 39. 观察该散点图 1 - 39,表示数列的点越来越接近于直线 $y = 2$.

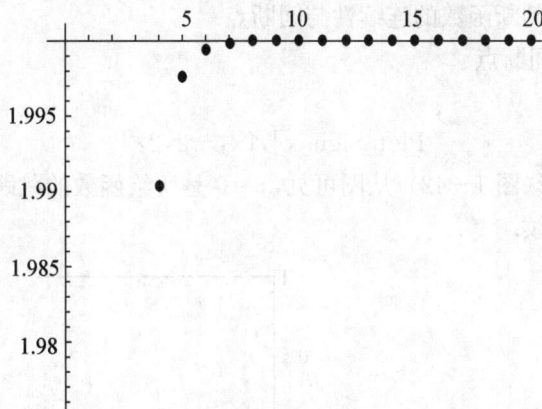

图 1 - 39

3. 函数的极限

例 9　观察函数 $f(x) = \dfrac{1}{x^2} \sin x$ 当 $x \to +\infty$ 时的变化趋势.

取一个较小的区间[1,30],输入命令

$$f[x\_]:=Sin[x]/x\char`^2;Plot[f[x],\{x,1,30\}];$$

则输出 $f(x)$ 在这一区间上的图形(图 1-40). 从图 1-40 中可以看出图形逐渐趋于 0. 事实上, 逐次取更大的区间, 可以更有力地说明当 $x\to+\infty$ 时, $f(x)\to0$.

例 10 考虑函数 $y=\arctan x$. 输入

$$Plot[ArcTan[x],\{x,-50,50\}]$$

则输出该函数的图形(图 1-41). 观察当 $x\to\infty$ 时, 函数值的变化趋势.

分别输入

$$Limit[ArcTan[x],x->Infinity,Direction->+1]$$
$$Limit[ArcTan[x],x->Infinity,Direction->-1]$$

输出分别为 $\dfrac{\pi}{2}$ 与 $-\dfrac{\pi}{2}$.

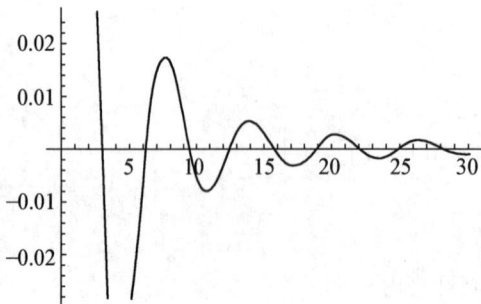

图 1-40

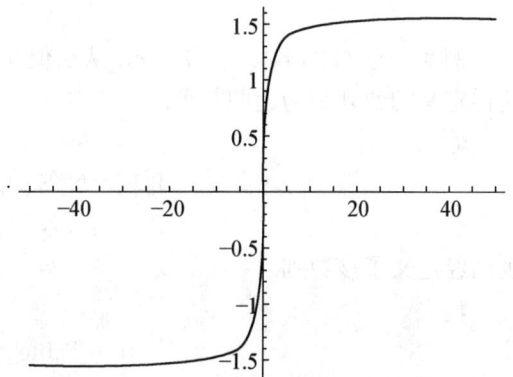

图 1-41

4. 连续与间断

观察函数的图形, 判断函数的连续性与间断点.

例 11 观察跳跃间断点.

输入

$$Plot[Sign[x],\{x,-2,2\}]$$

则输出所给函数的图形(图 1-42). 从图可见, $x=0$ 是所给函数的跳跃间断点. 可见 $x=0$ 是间断点, 其余点处都连续.

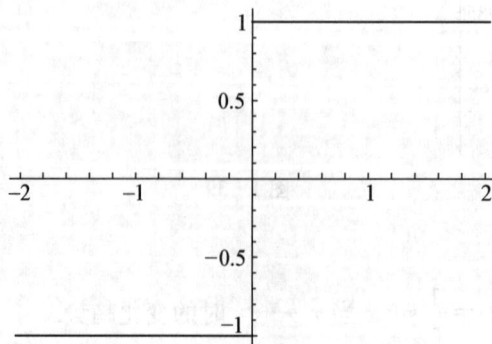

图 1-42

例 12　画出分段函数 $f(x) = \begin{cases} 0, & x<0 \\ 1, & x\geqslant 0 \end{cases}$ 的图形,判断连续性与间断点.

输入 f[x_]:＝Which[x<0,0,x⩾0,1]　　　　　　　　／＊分段函数的表示法＊／

Plot[f[x],{x,−1,5}],

输出图形(图 1 - 43). 可见 $x=0$ 是间断点,其余点处都连续.

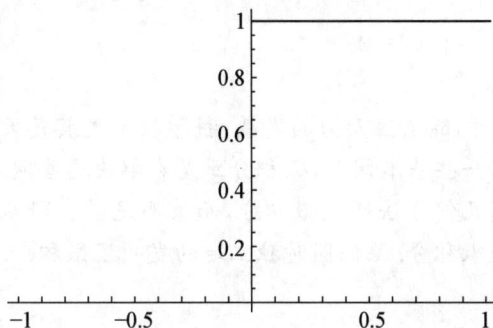

图 1 - 43

第 2 章 导数及其应用

（Derivative and its Applications）

本章提示：17世纪中叶，随着生产力的发展，科学技术尤其是天文学、力学、运动学等一些技术科学对数学提出了一些基本问题，微积分正是在解决这些问题的过程中产生的。牛顿在力学研究的基础上运用几何方法研究微积分，而莱布尼兹在研究曲线的切线和面积的问题上运用分析学方法引进微积分。他们同时独立地的发明了微积分。这里我们将先从导数的概念开始介绍微积分。

2.1 导数的概念
（the Concept of Derivative）

2.1.1 导数的定义

例 2.1.1 一人驾车在笔直的马路上行驶，设其任意时刻所在的位置为 $s(t)$，问他在开车后 3 min 时的速度是多少？

解：问题是求该司机在开车后第 3 min 的瞬时速度（instantaneous velocity）。中学物理课程已经介绍过如何求物体的平均速度，即 $\bar{v} = \dfrac{\Delta s}{\Delta t}$。

在点 $t=3$，给变量 t 一个增量 Δt，则在区间 $[3, 3+\Delta t]$ 上，对应的位移函数也取得增量 $\Delta s = s(3+\Delta t) - s(3)$。于是，从第 3 min 起，在时间间隔 $[3, 3+\Delta t]$ 中汽车的平均速度为：

$$\bar{v} = \frac{\Delta s}{\Delta t} = \frac{s(3+\Delta t) - s(3)}{\Delta t}.$$

可以想象 Δt 越小，该平均速度就越接近于在 $t=3$ min 的瞬时速度。于是，令 $\Delta t \to 0$，对平均速度 $\bar{v}$ 取极限，就得到汽车在 $t=3$ min 时的瞬时速度：

$$v = \lim_{\Delta t \to 0} \bar{v} = \lim_{\Delta t \to 0} \frac{\Delta s}{\Delta t} = \lim_{\Delta t \to 0} \frac{s(3+\Delta t) - s(3)}{\Delta t}.$$

例 2.1.2 求抛物线 $y = f(x)$ 在点 $M(x_0, f(x_0))$ 处的切线斜率。

解：如图 2-1 所示，过点 $M(x_0, f(x_0))$ 作曲线的割线 MN，把割线与 x 轴的夹角记为 φ，则割线的斜率为

$$\tan \varphi = \frac{\Delta y}{\Delta x} = \frac{f(x_0 + \Delta x) - f(x_0)}{\Delta x},$$

当 $\Delta x \to 0$ 时，点 N 沿曲线趋近于点 M，相应地割线 MN 绕点 M

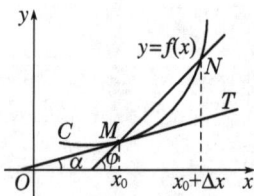

图 2-1

旋转到它的极限位置 MT，称直线 MT 为曲线 $y=f(x)$ 在点 $M(x_0,f(x_0))$ 处的切线（割线移动确定切线的思想是法国数学家笛卡尔（Descartes，1596—1650）于 1638 年提出的）. 记切线 MT 与 x 轴的夹角为 α，则所求切线的斜率为

$$\tan\alpha=\lim_{\Delta x\to 0}\tan\varphi=\lim_{\Delta x\to 0}\frac{\Delta y}{\Delta x}=\lim_{\Delta x\to 0}\frac{f(x_0+\Delta x)-f(x_0)}{\Delta x}$$

在以上两个例子中，一个是物理问题，一个是几何问题，但都可表达为：函数增量与自变量增量之比，当自变量增量趋近于零时的极限. 我们把这种类型的极限抽象出来就是导数的概念.

定义 2.1.1　设函数 $y=f(x)$ 在点 x_0 的某一邻域内有定义. 在该邻域内，当自变量在 x_0 处取得增量 Δx 时，相应地函数取得增量 $\Delta y=f(x_0+\Delta x)-f(x_0)$. 若

$$\lim_{\Delta x\to 0}\frac{\Delta y}{\Delta x}=\lim_{\Delta x\to 0}\frac{f(x_0+\Delta x)-f(x_0)}{\Delta x}$$

存在，则称函数 $y=f(x)$ 在点 x_0 处可导（derivable），并把该极限值叫作 $f(x)$ 在点 x_0 处的导数（derivative），记为 $y'\big|_{x=x_0}$，即

$$y'\big|_{x=x_0}=\lim_{\Delta x\to 0}\frac{\Delta y}{\Delta x}=\lim_{\Delta x\to 0}\frac{f(x_0+\Delta x)-f(x_0)}{\Delta x}. \tag{2-1}$$

若极限不存在，则称 $f(x)$ 在点 x_0 处不可导，若为无穷大，则称 $f(x)$ 在点 x_0 处的导数为无穷大.

$f(x)$ 在点 x_0 处的导数还可以记为 $\dfrac{\mathrm{d}y}{\mathrm{d}x}\big|_{x=x_0}$ 或 $f'(x_0)$. 若令 $x=x_0+\Delta x$，则式（2-1）还可写成

$$f'(x_0)=\lim_{x\to x_0}\frac{f(x)-f(x_0)}{x-x_0}. \tag{2-2}$$

采用这个式子研究可导性很方便. 类似于单侧极限的概念，若下列两个极限

$$\lim_{x\to x_0^-}\frac{f(x)-f(x_0)}{x-x_0},\ \lim_{x\to x_0^+}\frac{f(x)-f(x_0)}{x-x_0}$$

都存在，则分别称它们为 $f(x)$ 在点 x_0 处的左导数（left derivative）和右导数（right derivative），记作

$$f'_-(x_0)=\lim_{x\to x_0^-}\frac{f(x)-f(x_0)}{x-x_0}\ \text{和}\ f'_+(x_0)=\lim_{x\to x_0^+}\frac{f(x)-f(x_0)}{x-x_0}. \tag{2-3}$$

由极限存在的充要条件可得：

定理 2.1.1　函数 $f(x)$ 在点 x_0 处可导的充要条件是左导数和右导数都存在且相等.

前面我们说函数连续性的实质是：当自变量变化不大时，函数的改变量也不大. 而导数的实质是函数相对于自变量的变化率. 并且，凡是涉及变化率的问题，原则上都能用导数去解决.

例 2.1.3　研究 $f(x)=x^2$ 在 $x=1$ 处的可导性.

解：因为 $\dfrac{\Delta y}{\Delta x}=\dfrac{(1+\Delta x)^2-1^2}{\Delta x}=2+\Delta x$，所以 $\lim\limits_{\Delta x\to 0}\dfrac{\Delta y}{\Delta x}=\lim\limits_{\Delta x\to 0}(2+\Delta x)=2$. 故 $f(x)=x^2$ 在点 $x=1$ 处可导.

例 2.1.4　研究 $f(x)=|x|$ 在 $x=0$ 处的可导性.

解：$f'_-(0)=\lim\limits_{x\to 0^-}\dfrac{|x|-|0|}{x-0}=\lim\limits_{x\to 0^-}\dfrac{-x}{x}=-1$，$f'_+(0)=\lim\limits_{x\to 0^+}\dfrac{|x|-|0|}{x-0}=\lim\limits_{x\to 0^+}\dfrac{x}{x}=1$

这说明 $f(x)$ 在点 0 处的左导数和右导数都存在但不相等，由定理 2.1.1 知，$f(x)=|x|$ 在 $x=0$ 不可导.

如果函数 $f(x)$ 在开区间 (a,b) 内每一点都可导，则称 $f(x)$ 在开区间 (a,b) 内可导. 这时，对于 (a,b) 内每一点 x 都对应 $f(x)$ 的一个导数值，这样就在 (a,b) 内形成了一个新函数，叫作 $f(x)$ 的导函数，记作 $f'(x)$ 或 $\dfrac{\mathrm{d}y}{\mathrm{d}x}$. 于是，$f(x)$ 在点 x_0 处的导数 $f'(x_0)$ 就是导函数 $f'(x)$ 在 x_0 处的函数值

$$f'(x_0)=f'(x)\big|_{x=x_0}. \tag{2-4}$$

以后，简称导函数为导数.

注意：不要把导函数在某点 x_0 的函数值与函数在某点的值的导数相混淆. 例如，$(\mathrm{e}^x)'\big|_{x=0}=\mathrm{e}^x\big|_{x=0}=1\neq(\mathrm{e}^0)'=(1)'=0$.

2.1.2 导数的几何意义

从几何上看，函数 $y=f(x)$ 在点 x_0 处的导数就是曲线 $y=f(x)$ 上点 $M(x_0,f(x_0))$ 处的切线斜率（slope of tangent line）（图 2-2），这便是导数的几何意义（geometric significance）.

$$k_1=\tan\alpha=f'(x_0).$$

于是，曲线 $y=f(x)$ 在点 $M(x_0,f(x_0))$ 处的法线斜率（slope of normal line）为

$$k_2=-\dfrac{1}{k_1}=-\dfrac{1}{f'(x_0)}.$$

由直线的点斜式方程知曲线 $y=f(x)$ 在点 $M(x_0,f(x_0))$ 处的切线和法线方程分别是

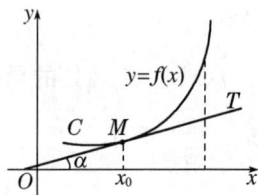

图 2-2

$$y-f(x_0)=f'(x_0)(x-x_0)\text{和}y-f(x_0)=-\dfrac{1}{f'(x_0)}(x-x_0). \tag{2-5}$$

例 2.1.5 求曲线 $y=x^3$ 在点 $(1,1)$ 处的切线和法线方程.

解：$k_1=y'\big|_{x=1}=\lim\limits_{x\to 1}\dfrac{x^3-1}{x-1}=\lim\limits_{x\to 1}(x^2+x+1)=3$，

因此，所求切线和法线方程为：

$$y-1=3(x-1)\text{和}y-1=-\dfrac{1}{3}(x-1).$$

2.1.3 可导与连续的关系

设 $y=f(x)$ 在 x_0 处可导，由导数的定义，有

$$\lim\limits_{\Delta x\to 0}\dfrac{\Delta y}{\Delta x}=f'(x_0),$$

再由极限与无穷小的关系得

$$\dfrac{\Delta y}{\Delta x}=f'(x_0)+\alpha,\quad\lim\limits_{\Delta x\to 0}\alpha=0.$$

于是

$$\Delta y = f'(x_0)\Delta x + \alpha\Delta x,$$

所以

$$\lim_{\Delta x \to 0}\Delta y = \lim_{\Delta x \to 0}(f'(x_0)\Delta x + \alpha\Delta x) = 0,$$

这表明 $f(x)$ 在 x_0 处连续.

所以可导必连续. 又如例 2.1.4 中的函数 $f(x)=|x|$ 在 $x=0$ 处显然连续,但不可导. 可见,连续不一定可导. 于是有

定理 2.1.2 若函数 $f(x)$ 在点 x_0 处可导,则 $f(x)$ 必在 x_0 处连续.

2.1.4 求导(derivation)举例(example)

下面,我们利用导数的定义建立几个常用的导数公式.

例 2.1.6 设 $y=C$,这里 C 是常数,求 y'.

解:在任意点 x,有

$$y' = \lim_{\Delta x \to 0}\frac{f(x+\Delta x)-f(x)}{\Delta x} = \lim_{\Delta x \to 0}\frac{C-C}{\Delta x} = 0,$$

即常数的导数为零

$$(C)' = 0. \tag{2-6}$$

例 2.1.7 设 $y=x^n$,这里 n 是自然数,求 y'.

解:在任意点 $x=x_0$,

$$y'|_{x=x_0} = \lim_{x \to x_0}\frac{f(x)-f(x_0)}{x-x_0} = \lim_{x \to x_0}\frac{x^n-x_0^n}{x-x_0}$$

$$= \lim_{x \to x_0}(x^{n-1}+x^{n-2}x_0+x^{n-3}x_0^2+\cdots+x_0^{n-1}) = nx_0^{n-1}.$$

用 x 换 x_0 得求导公式

$$(x^n)' = nx^{n-1}.$$

可以证明,当 μ 为任意实数且 $x>0$ 时

$$(x^\mu)' = \mu x^{\mu-1}. \tag{2-7}$$

例 2.1.8 证明

$$(a^x)' = a^x\ln a, \quad (a>0, a\neq 1, -\infty < x < +\infty). \tag{2-8}$$

证明:$(a^x)' = \lim_{h \to 0}\dfrac{a^{x+h}-a^x}{h} = a^x\lim_{h \to 0}\dfrac{a^h-1}{h}$ （令 $a^h-1=t$,则 $h=\log_a(1+t)$）

$$= a^x\lim_{t \to 0}\frac{t}{\log_a(1+t)} = a^x\frac{1}{\log_a e} = a^x\frac{\ln a}{\ln e} = a^x\ln a.$$（倒数第二步采用换底公式）

特别地,当 $a=e$ 时,得高等数学中比较常用的一个导数公式:

$$(e^x)' = e^x. \tag{2-9}$$

例 2.1.9 证明

$$(\log_a x)' = \frac{1}{x\ln a}, \quad (a>0, a\neq 1, 0 < x < +\infty) \tag{2-10}$$

证明:$(\log_a x)' = \lim_{h \to 0}\dfrac{\log_a(x+h)-\log_a x}{h} = \lim_{h \to 0}\dfrac{1}{h}\log_a\left(1+\dfrac{h}{x}\right) = \lim_{h \to 0}\dfrac{1}{x}\cdot\dfrac{x}{h}\log_a\left(1+\dfrac{h}{x}\right)$

$$= \frac{1}{x}\lim_{h \to 0}\log_a\left(1+\frac{h}{x}\right)^{\frac{x}{h}} = \frac{1}{x}\log_a e = \frac{1}{x}\cdot\frac{\ln e}{\ln a} = \frac{1}{x\ln a}.$$

特别地,当 $a=\mathrm{e}$ 时,得到另一个比较常用的导数公式:

$$(\ln x)'=\frac{1}{x}. \tag{2-11}$$

例 2.1.10 证明

$$(\sin x)'=\cos x \tag{2-12}$$

证明: 在任意点 $x=x_0$,

$$(\sin x)'\big|_{x=x_0}=\lim_{x\to x_0}\frac{\sin x-\sin x_0}{x-x_0}=\lim_{x\to x_0}\frac{2\sin\frac{x-x_0}{2}\cos\frac{x+x_0}{2}}{x-x_0}$$

$$=\lim_{x\to x_0}\frac{\cos\frac{x+x_0}{2}\sin\frac{x-x_0}{2}}{\frac{x-x_0}{2}}=\cos x_0.$$

所以,$(\sin x)'=\cos x.$ 同理可得

$$(\cos x)'=-\sin x. \tag{2-13}$$

习题 2.1

A. 基本题

1. 根据导数的定义求所给函数 $y=x^2$ 的导数.

2. 在曲线 $y=\ln x$ 上取两点 $P(1,0)$ 和 $Q(\mathrm{e},1)$,作割线 $PQ.$ 问在该曲线上哪一点处曲线的切线平行于割线 PQ?

3. 求下列函数在指定点处的导数 $y'\big|_{x=x_0}$.

(1) $y=\frac{1}{x},x=2$ \qquad (2) $y=\ln x,x=2$

(3) $y=\mathrm{e}^x,x=2$ \qquad (4) $y=\cos x,x=\pi$

(5) $y=\frac{1}{x^2},x=1$ \qquad (6) $y=\sin x,x=\frac{\pi}{2}$

B. 一般题

4. 根据导数的定义求函数 $y=\sqrt{x}(x>0)$ 的导数.

5. 求下列函数在指定点处的导数 $y'\big|_{x=x_0}$.

(1) $y=\log_2 x,x=\frac{1}{\ln 2}$ \qquad (2) $y=3^x,x=1$

6. 设函数 $f(x)$ 在点 x_0 处可导,求下列极限.

(1) $\lim_{h\to 0}\frac{f(x_0)-f(x_0-h)}{h}$ \qquad (2) $\lim_{\Delta x\to 0}\frac{f(x_0+\Delta x)-f(x_0-\Delta x)}{\Delta x}$

C. 提高题

7. 设 $f(x)=\begin{cases}x^2+1,&x\geqslant 0\\2x,&x<0.\end{cases}$ 求 $f'_-(0)$ 和 $f'_+(0)$,问 $f'(0)$ 是否存在?

8. 设 $f(x)=\begin{cases} x^2\sin\dfrac{1}{x}, & x\neq 0, \\ 0, & x=0. \end{cases}$ 问 $f(x)$ 在 $x=0$ 处是否连续,是否可导?

9. 设使某一具有单位质量的物体从某一确定温度升高到 t 时所需要的热量为 q,一般地说,热量 q 是温度 t 的函数,即 $q=q(t)$. 求该物体在已给温度 τ 时的比热(单位质量的物体的温度升高 $1\,℃$ 所需要的热量).

2.2　函数的求导法则(一)
(Rules of Derivation(Part Ⅰ))

本节提示:从本节开始,将介绍各种求导法则,其中最基本的是函数的四则运算求导法则和复合函数的求导法则.熟练掌握这两个求导法是基本要求.

2.2.1　函数的和、差、积、商的求导法则

设函数 $f(x)$、$g(x)$ 在点 x 处可导,则有以下定理:

定理 2.2.1　和(sum)、差(difference)的导数等于导数的和、差:

$$(f(x)\pm g(x))'=f'(x)\pm g'(x). \tag{2-14}$$

定理 2.2.2　乘积(product)的导数等于第一个因子的导数乘以第二个因子,再加上第一个因子乘以第二个因子的导数:

$$(f(x)g(x))'=f'(x)g(x)+f(x)g'(x). \tag{2-15}$$

证明:令 $y=f(x)g(x)$,则

$$\frac{\Delta y}{\Delta x}=\frac{f(x+\Delta x)g(x+\Delta x)-f(x)g(x)}{\Delta x}$$

$$=\frac{f(x+\Delta x)g(x+\Delta x)-f(x)g(x+\Delta x)+f(x)g(x+\Delta x)-f(x)g(x)}{\Delta x}$$

$$=\frac{f(x+\Delta x)g(x+\Delta x)-f(x)g(x+\Delta x)}{\Delta x}+\frac{f(x)g(x+\Delta x)-f(x)g(x)}{\Delta x}$$

$$=\frac{f(x+\Delta x)-f(x)}{\Delta x}g(x+\Delta x)+\frac{g(x+\Delta x)-g(x)}{\Delta x}f(x)$$

因为 $f(x)$、$g(x)$ 在点 x 处可导,所以 $f(x)$、$g(x)$ 在点 x 处连续,故

$$\lim_{\Delta x\to 0}\frac{\Delta y}{\Delta x}=\lim_{\Delta x\to 0}\left(\frac{f(x+\Delta x)-f(x)}{\Delta x}g(x+\Delta x)+\frac{g(x+\Delta x)-g(x)}{\Delta x}f(x)\right)$$

$$=f'(x)g(x)+f(x)g'(x).$$

式(2-15)可以推广到 3 个甚至有限个因子相乘的情形:

$$(f(x)g(x)h(x))'=f'(x)g(x)h(x)+f(x)g'(x)h(x)+f(x)g(x)h'(x).$$

推论 2.2.1　常数与函数乘积的导数等于这个常数与函数导数的乘积:

$$(Cf(x))'=Cf'(x). \tag{2-16}$$

可以类似地证明:

定理 2.2.3　商(quotient)的导数等于分子的导数乘以分母减去分子乘以分母的导数,最后再除以分母的平方:

$$\left(\frac{f(x)}{g(x)}\right)'=\frac{f'(x)g(x)-f(x)g'(x)}{g^2(x)},\quad g(x)\neq 0. \tag{2-17}$$

推论 2.2.2　倒函数的导数等于负的函数的导数除以函数的平方:

$$\left(\frac{1}{g(x)}\right)'=-\frac{g'(x)}{g^2(x)},\quad g(x)\neq 0. \tag{2-18}$$

例 2.2.1　证明

$$(\tan x)' = \sec^2 x. \tag{2-19}$$

证明:由式(2-17)得

$$(\tan x)' = \left(\frac{\sin x}{\cos x}\right)' = \frac{(\sin x)' \cdot \cos x - \sin x \cdot (\cos x)'}{\cos^2 x} = \frac{\cos^2 x + \sin^2 x}{\cos^2 x} = \sec^2 x.$$

类似地,可得

$$(\cot x)' = -\csc^2 x. \tag{2-20}$$

例 2.2.2　证明

$$(\sec x)' = \sec x \tan x. \tag{2-21}$$

证明:由式(2-18)得

$$(\sec x)' = \left(\frac{1}{\cos x}\right)' = -\frac{(\cos x)'}{\cos^2 x} = -\frac{-\sin x}{\cos^2 x} = \sec x \tan x.$$

类似地,可得

$$(\csc x)' = -\csc x \cot x. \tag{2-22}$$

例 2.2.3　设 $f(x) = x^2 \sin x + 3\ln x$,求 $f'(x)$.

解:由式(2-15)、式(2-16)得

$$f'(x) = 2x\sin x + x^2\cos x + \frac{3}{x}.$$

例 2.2.4　$f(x) = -\cot x - x$,求 $f'(x)$.

解:由式(2-20)得

$$f'(x) = -(-\csc^2 x) - 1 = \csc^2 x - 1 = \cot^2 x.$$

例 2.2.5　$f(x) = \sqrt{x}\cos x - \tan x - 3\sec x$,求 $f'(x)$.

解:因为

$$(\sqrt{x})' = \frac{1}{2\sqrt{x}}$$

再结合前面公式有

$$f'(x) = \left(\frac{1}{2\sqrt{x}}\cos x - \sqrt{x}\sin x\right) - \sec^2 x - 3\sec x \tan x.$$

2.2.2　复合函数求导法则

定理 2.2.4(链式法则(chain rule))　设 $u = \varphi(x)$ 在点 x_0 处可导,$y = f(u)$ 在对应点 $u_0 = \varphi(x_0)$ 可导,则复合函数 $y = f[\varphi(x)]$ 在点 x_0 处可导,且 y 对 x 的导数等于 y 对中间变量 u 的导数乘以中间变量 u 对自变量 x 的导数:

$$\frac{\mathrm{d}y}{\mathrm{d}x} = \frac{\mathrm{d}y}{\mathrm{d}u} \cdot \frac{\mathrm{d}u}{\mathrm{d}x}. \tag{2-23}$$

证明:因 $y = f(u)$ 在 u_0 可导,故有 $\lim\limits_{\Delta u \to 0}\dfrac{\Delta y}{\Delta u} = f'(u_0)$,于是 $\dfrac{\Delta y}{\Delta u} = f'(u_0) + \alpha$,$(\lim\limits_{\Delta u \to 0}\alpha = 0)$.

若 $\Delta u \neq 0$,则有

$$\Delta y = f'(u_0)\Delta u + \alpha \cdot \Delta u.$$

(当 $\Delta u = 0$ 时,α 无定义,但此时 $\Delta y = f(u_0 + \Delta u) - f(u_0) = 0$,故可规定 $\alpha = 0$,这样上式仍然成立.)于是有

$$\lim_{\Delta x \to 0}\frac{\Delta y}{\Delta x} = \lim_{\Delta x \to 0}\left(f'(u_0)\frac{\Delta u}{\Delta x} + \alpha\frac{\Delta u}{\Delta x}\right) = f'(u_0)\lim_{\Delta x \to 0}\frac{\Delta u}{\Delta x} + \lim_{\Delta u \to 0}\alpha \cdot \lim_{\Delta x \to 0}\frac{\Delta u}{\Delta x}$$

$$= f'(u_0)\varphi'(x_0) + 0 \cdot \varphi'(x_0) = f'(u_0)\varphi'(x_0),$$

即

$$\frac{\mathrm{d}y}{\mathrm{d}x} = \frac{\mathrm{d}y}{\mathrm{d}u} \cdot \frac{\mathrm{d}u}{\mathrm{d}x}.$$

例 2.2.6 设 $y = \sin x^2$，求 y'.

解: 可以把 $y = \sin x^2$ 看成是由 $y = \sin u$ 和 $u = x^2$ 复合而成的，于是

$$y' = \cos u \cdot 2x = 2x\cos x^2.$$

例 2.2.7 设 $y = \ln\sin x$，求 y'.

解: 可以把 $y = \ln\sin x$ 看成是由 $y = \ln u$ 和 $u = \sin x$ 复合而成的，于是

$$y' = \frac{1}{u} \cdot \cos x = \frac{\cos x}{\sin x} = \cot x.$$

例 2.2.8 设 $y = \tan \dfrac{1}{x}$，求 y'.

解: 可以把 $y = \tan \dfrac{1}{x}$ 看成是由 $y = \tan u$ 和 $u = \dfrac{1}{x}$ 复合而成的，于是

$$y' = \sec^2 u \cdot \frac{-1}{x^2} = -\frac{1}{x^2}\sec^2 \frac{1}{x}.$$

复合函数求导法则可以推广到多个中间变量的情况.

例 2.2.9 设 $y = \ln\cos x^2$，求 $\dfrac{\mathrm{d}y}{\mathrm{d}x}$.

解: 这里指出，函数的复合过程是从外到内，逐层复合. 所以可把 $y = \ln\cos x^2$ 看成由 3 个函数复合而成的:

$$y = \ln u, \ u = \cos v, \ v = x^2.$$

$$\frac{\mathrm{d}y}{\mathrm{d}x} = \frac{\mathrm{d}y}{\mathrm{d}u} \cdot \frac{\mathrm{d}u}{\mathrm{d}v} \cdot \frac{\mathrm{d}v}{\mathrm{d}x} = \frac{1}{u} \cdot (-\sin v) \cdot 2x = \frac{-\sin x^2}{\cos x^2} \cdot 2x = -2x\tan x^2.$$

例 2.2.10 设 $y = 2^{\sin\frac{1}{x}}$，求 $\dfrac{\mathrm{d}y}{\mathrm{d}x}$.

解: 这次我们不写出中间变量直接求导数:

$$\frac{\mathrm{d}y}{\mathrm{d}x} = 2^{\sin\frac{1}{x}}\ln 2 \cdot \left(\sin \frac{1}{x}\right)' = \ln 2 \cdot 2^{\sin\frac{1}{x}}\cos \frac{1}{x}\left(\frac{1}{x}\right)' = \frac{-\ln 2}{x^2} \cdot 2^{\sin\frac{1}{x}}\cos \frac{1}{x}.$$

随着求导方法的熟练，不一定每次只求复合函数的导数，可以将复合函数与函数的四则运算结合起来求导数.

例 2.2.11 设 $y = \sqrt{x + \sqrt{2+x}}$，求 y'.

解: $y' = \dfrac{1 + \dfrac{1}{2\sqrt{2+x}}}{2\sqrt{x + \sqrt{2+x}}} = \dfrac{2\sqrt{2+x} + 1}{4\sqrt{2+x}\sqrt{x + \sqrt{2+x}}}.$

如果直接写成横式，则要注意括号的括法，不能括错. 本题有一定难度，请读者仔细琢磨，从中体会求导的方法.

2.2.3 反函数的求导法则

定理 2.2.5 若直接函数 $x = \varphi(y)$ 在某区间 I_y 上单调、可导且 $\varphi'(y) \neq 0$，则它的反函数

$y=f(x)$ 在对应区间 I_x 上也单调、可导,且有反函数的求导公式:

$$f'(x)=\frac{1}{\varphi'(y)}. \qquad (2-24)$$

即反函数的导数等于直接函数导数的倒数.

证明: 由 $\varphi(y)$ 在某一区间内的单调、连续性,已知反函数 $f(x)$ 在相应的区间内为单调且连续的. 现给 x 以增量 $\Delta x \neq 0$,由 $f(x)$ 的单调性知 $\Delta y=f(x+\Delta x)-f(x)\neq 0$,于是

$$\frac{\Delta y}{\Delta x}=\frac{1}{\dfrac{\Delta x}{\Delta y}}.$$

令 $\Delta x \to 0$,由于 $f(x)$ 的连续性,故 $\Delta y \to 0$,由 $\varphi(y)$ 的可导性及 $\varphi'(y)\neq 0$ 得

$$\lim_{\Delta x \to 0}\frac{\Delta y}{\Delta x}=\frac{1}{\lim\limits_{\Delta y \to 0}\dfrac{\Delta x}{\Delta y}}=\frac{1}{\varphi'(y)}.$$

例 2.2.12 证明

$$(\arcsin x)'=\frac{1}{\sqrt{1-x^2}}. \qquad (2-25)$$

证明: 令 $y=\arcsin x$,$-1<x<1$,则 $x=\sin y$ 在 $I_y=\left(-\dfrac{\pi}{2},\dfrac{\pi}{2}\right)$ 上单调、可导且 $(\sin y)'=\cos y>0$,于是在 $I_x=(-1,1)$ 内,有

$$(\arcsin x)'=\frac{1}{(\sin y)'}=\frac{1}{\cos y}=\frac{1}{\sqrt{1-\sin^2 y}}=\frac{1}{\sqrt{1-x^2}}.$$

同理可得

$$(\arccos x)'=-\frac{1}{\sqrt{1-x^2}}. \qquad (2-26)$$

$$(\arctan x)'=\frac{1}{1+x^2}, \qquad (2-27)$$

$$(\operatorname{arccot} x)'=-\frac{1}{1+x^2}. \qquad (2-28)$$

例 2.2.13 设 $y=\arcsin x^2+3x$,求 y'.

解: $y'=\dfrac{1}{\sqrt{1-(x^2)^2}}\cdot 2x+3=\dfrac{2x}{\sqrt{1-x^4}}+3.$

例 2.2.14 设 $y=\arctan \sqrt[3]{x}$,求 y'.

解: $y'=\dfrac{1}{1+(\sqrt[3]{x})^2}\cdot \dfrac{1}{3}\dfrac{1}{(\sqrt[3]{x})^2}=\dfrac{1}{3\sqrt[3]{x^2}(1+\sqrt[3]{x^2})}.$

在现代科技生活中,大量的问题都需用复合函数的概念来处理.下面举一个实例来说明.

例 2.2.15 (食物链问题)阳澄湖里面的小鱼数量记为 S,以海藻为食.用 V 表示湖中在时间 t 海藻的体积.设有函数关系

$$S=S(V)=2\,500-\frac{1}{4}(V-80)^2, \quad V=V(t).$$

若记湖里的螃蟹数量为 L,螃蟹又以小鱼为食,且

$$L=L(S)=\frac{1}{400}S^2,$$

其中 S 的单位为百条，L 的单位为只．如果海藻的体积 $V=60 \text{ m}^3$ 且以每年 5 m^3 的速度增长，

① 求湖水中小鱼和螃蟹的数量以及螃蟹当年的增长率；

② 求 1 年后、4 年后湖水里的小鱼和螃蟹的数量；

③ 求 8 年后湖水里的小鱼和螃蟹的数量．

解：① 依题意知，$\dfrac{\mathrm{d}V}{\mathrm{d}t}=5$，求 $\dfrac{\mathrm{d}L}{\mathrm{d}t}$．由复合函数求导法则得

$$\frac{\mathrm{d}L}{\mathrm{d}t}=\frac{\mathrm{d}L}{\mathrm{d}S}\frac{\mathrm{d}S}{\mathrm{d}V}\frac{\mathrm{d}V}{\mathrm{d}t}=\frac{5S}{200}\left(-\frac{1}{2}(V-80)\right)=-\frac{1}{80}S(V-80).$$

当 $V=60$ 时，$S=2\,500-\dfrac{1}{4}(60-80)^2=2\,400$，$L=\dfrac{1}{400}\times 2\,400^2=14\,400$，且

$$\frac{\mathrm{d}L}{\mathrm{d}t}=-\frac{1}{80}S(V-80)=600.$$

因此，当海藻的体积为 60 m^3 时，湖水里有 $2\,400$ 百条小鱼，有 $14\,400$ 只螃蟹，且随着海藻的生长，当年湖水里螃蟹的增长率大约为 600 只．

② 1 年后：$V=65 \text{ m}^3$，有小鱼 $2\,443.75$ 百条，螃蟹 $14\,929$ 只．

4 年后：$V=80 \text{ m}^3$，有小鱼 $2\,500$ 百条，螃蟹 $15\,625$ 只．

③ 8 年后：$V=100 \text{ m}^3$，有小鱼 $2\,400$ 百条，螃蟹 $14\,400$ 只．

这个例子说明，湖水的富营养化会破坏生态平衡，不是海藻的体积越大，湖里的螃蟹就越多．

习题 2.2

A. 基本题

1. 求下列函数的导数．

(1) $y=5x^5+3x^2+x-4$

(2) $y=\sqrt[3]{x}-\dfrac{1}{x}+2x$

(3) $y=3\sin x+\ln x+x-2^x$

(4) $y=x^2\cos x$

(5) $y=\dfrac{\cos x}{x}$

(6) $y=\dfrac{1}{x^2+x+2}$

(7) $y=\sin(2x^2+1)$

(8) $y=\ln\cos x$

(9) $y=\sqrt{3x^2-x}$

(10) $y=3^{\sin x}$

2. 设 $y=x^3-2x^2+2x$，求 $\dfrac{\mathrm{d}x}{\mathrm{d}y}\Big|_{(1,1)}$．

B. 一般题

3. 求下列函数的导数．

(1) $y=\mathrm{e}^{2x}(\cos x+1)$

(2) $y=\dfrac{\tan x+\mathrm{e}^x}{x}$

(3) $y=x^2\cot\dfrac{1}{x}$

(4) $y=\ln(\sin x+\tan x)$

(5) $y=\mathrm{e}^{\tan x+2x^2}$

(6) $y=\ln(x+\sqrt{1+x^2})$

4. 设 $y = x^4 + x^3 - 2x^2 - 1$，求 $\dfrac{\mathrm{d}x}{\mathrm{d}y}\Big|_{(1,-1)}$.

C. 提高题

5. 试利用反函数求导公式证明当 $x > 0$ 时，$(\sqrt{x})' = \dfrac{1}{2\sqrt{x}}$.

6. 设函数 $f(x)$ 可导，求 $\dfrac{\mathrm{d}y}{\mathrm{d}x}$.

(1) $y = f(\ln x)$

(2) $y = f(x^2 + \sin\mathrm{e}^x)$

7. 假设生产 x 单位产品所花费的成本为 $C(x)$ 元，收入为 $R(x)$ 元，则把导数 $C'(x)$ 称为边际成本(marginal cost)，把导数 $R'(x)$ 称为边际收入(marginal revenue). 边际成本可以估计比现状再多生产一单位产品所需的成本，而边际收入可以估计在销售 x 单位商品后，再多销售一单位商品所得收入的近似值.

有一饮料生产商每月生产 x 箱软饮料所需成本为 $C(x) = 5x + 0.000\,2x^2 + 2\,000$(元)，每月销售 x 箱的收入为 $R(x) = 12x - 0.001x^2$(元).

(1) 求边际成本 $C'(x)$ 及边际收入 $R'(x)$ 的表达式，观察随着 x 的增大，它们各有什么样的发展趋势？

(2) 比较销售 $x = 2\,000$，$x = 3\,000$ 箱时，边际成本与边际收入之间的大小.

(3) 比较销售 $x = 5\,500$，$x = 5\,600$ 箱时，成本与收入之间的大小.

(4) 如果你是该饮料生产商，每月打算生产多少箱软饮料？

8. (相关变化率问题)设 $x = x(t)$，$y = y(t)$ 都可导，变量 x 与 y 之间有一定的关系，因而 $\dfrac{\mathrm{d}x}{\mathrm{d}t}$ 与 $\dfrac{\mathrm{d}y}{\mathrm{d}t}$ 之间也存在一定的关系，把这两个相互依赖的变化率叫做相关变化率.

一艘油轮在海面上触礁并向海中泄漏石油. 石油以圆形向周围海面扩散. 飞行员在直升机上观察到油面半径以每分钟 10 m 的速度增加. 当油面半径为 200 m 时，油面的面积以什么样的速度在增加？

2.3 函数的求导法则(二)
(Rules of Derivation(Part Ⅱ))

本节提示:本节介绍高阶导数的概念、隐函数的求导法、参数方程所确定的函数的求导法.重点内容是高阶导数和隐函数的求导法.其中隐函数的求导法是本节的难点.

2.3.1 高阶导数

我们知道,位移对时间求导是速度(velocity)

$$v=\frac{\mathrm{d}s}{\mathrm{d}t}\text{或}v=s'.$$

而速度对时间求导就是加速度(acceleration)

$$a=\frac{\mathrm{d}v}{\mathrm{d}t}=\frac{\mathrm{d}}{\mathrm{d}t}\left(\frac{\mathrm{d}s}{\mathrm{d}t}\right)\text{或}a=(s')'.$$

把这个导数称为二阶导数.也就是说,加速度是位移对时间求二阶导数得到的.一般地,对于函数 $y=f(x)$,如果它的导函数仍可导的话,把导函数的导数叫做二阶导数,记为

$$y''=f''(x)\text{或}y''=\frac{\mathrm{d}^2y}{\mathrm{d}x^2}.$$

若二阶导数仍可导,则有三阶导数 $y'''=\frac{\mathrm{d}^3y}{\mathrm{d}x^3}$.把二阶及二阶以上的导数统称为高阶导数(derivatives of higher order).为方便起见,约定从四阶导数开始,采用如下记号

$$y^{(4)}=f^{(4)}(x),\cdots,y^{(n)}=f^{(n)}(x),\cdots$$

或

$$y^{(n)}=\frac{\mathrm{d}^ny}{\mathrm{d}x^n}.$$

例 2.3.1 求 $y=x^4$ 的三阶、四阶、五阶导数:

解:$y'=4x^3$, $y''=12x^2$, $y'''=24x$, $y^{(4)}=24$, $y^{(5)}=0$.

也就是说,只要对新得到的导数再求导,不断地重复下去即可得到要求的高阶导数.

从这个例子可以看出,x^n 求 n 阶导数得 $n!$,而 $n+1$ 阶导数为零,即有任何 n 次多项式的 $n+1$ 阶导数为零.

例 2.3.2 求 $y=\mathrm{e}^x$,求 $y^{(n)}=\frac{\mathrm{d}^ny}{\mathrm{d}x^n}$.

解:$y'=\mathrm{e}^x$, $y''=\mathrm{e}^x$, $y'''=\mathrm{e}^x$,显然,$y=\mathrm{e}^x$ 的任意阶导数都是 e^x,因此,

$$y^{(n)}=\mathrm{e}^x.$$

例 2.3.3 设 $y=\frac{1}{x}$,求 $y^{(n)}$.

解:$y'=-\frac{1}{x^2}$, $y''=-(x^{-2})'=\frac{2}{x^3}$, $y'''=-\frac{3\times2}{x^4}$,

在这种情况下,不要急于把 3×2 计算出来,而应寻找关于系数和函数因子的变化规律:每阶导数前的符号呈正、负交替状态;系数呈阶乘形式:2!,3! 等;分母 x 的幂依次增加.于是有

$$y^{(n)}=(-1)^n\frac{n!}{x^{n+1}}.$$

例 2.3.4　求 $y=\sin x$ 的 n 阶导数.

解：
$$y'=\cos x=\sin\left(x+\frac{\pi}{2}\right),$$

$$y''=\cos\left(x+\frac{\pi}{2}\right)=\sin\left(x+2\cdot\frac{\pi}{2}\right),$$

$$y'''=\cos\left(x+2\cdot\frac{\pi}{2}\right)=\sin\left(x+3\cdot\frac{\pi}{2}\right),$$

一般地，有

$$y^{(n)}=(\sin x)^{(n)}=\sin\left(x+n\cdot\frac{\pi}{2}\right).$$

类似可得

$$(\cos x)^{(n)}=\cos\left(x+n\cdot\frac{\pi}{2}\right).$$

例 2.3.5　证明：函数 $y=\sqrt{2x-x^2}$ 满足关系式
$$y^3y''+1=0.$$

证明：
$$y'=\frac{2-2x}{2\sqrt{2x-x^2}}=\frac{1-x}{\sqrt{2x-x^2}},$$

$$y''=\frac{-\sqrt{2x-x^2}-(1-x)\dfrac{2-2x}{2\sqrt{2x-x^2}}}{2x-x^2}$$

$$=\frac{-2x+x^2-(1-x)^2}{(2x-x^2)\sqrt{2x-x^2}}$$

$$=-\frac{1}{(2x-x^2)^{\frac{3}{2}}}=-\frac{1}{y^3}.$$

所以
$$y^3y''+1=0.$$

2.3.2　隐函数求导法

已知单位圆的方程为：$x^2+y^2=1$. 我们要求圆上任意一点处切线的斜率，一种方法是将式中的 y 解出得 $y=\sqrt{1-x^2}$ 或 $y=-\sqrt{1-x^2}$（叫做函数的显化），再求导数. 但仍有许多函数关系很难或不能表达成显函数的形式. 如果对某区间 I_x 上的任一 x，相应地总有满足方程 $F(x,y)=0$ 的唯一的 y 与之对应，则说 $F(x,y)=0$ 在 I_x 上确定了一个隐函数（implicit function）$y=y(x)$. 现在来讨论不经显化而直接求出函数的导数的方法，即隐函数求导法.

例 2.3.6　设 $x^2+y^2=1$，求 $\dfrac{\mathrm{d}y}{\mathrm{d}x}$.

解：隐函数的求导方法是：把 y 看成是 x 的函数 $y=y(x)$，方程两端关于 x 求导，求导过程中要用复合函数的求导法. 所以有

$$2x+2y\cdot\frac{\mathrm{d}y}{\mathrm{d}x}=0,$$

整理得

$$\frac{\mathrm{d}y}{\mathrm{d}x}=-\frac{x}{y}.$$

例 2.3.7 求由方程 $e^y + xy - e = 0$ 所确定的隐函数 y 的导数.

解:把方程两端分别对 x 求导:

$$e^y \frac{dy}{dx} + y + x \frac{dy}{dx} = 0,$$

于是

$$y' = -\frac{y}{x + e^y}, (x + e^y \neq 0).$$

例 2.3.8 求由方程 $\sin x + y^3 = 3xy - y$ 所确定的函数在 $(0,0)$ 处的导数 $\frac{dy}{dx}$.

解:把方程两端分别对 x 求导:

$$\cos x + 3y^2 y' = 3y + 3xy' - y',$$

于是

$$y' = \frac{\cos x - 3y}{3x - 3y^2 - 1},$$

因为 $x = 0$ 时 $y = 0$,所以 $y' \Big|_{x=0} = -1$.

2.3.3 由参数方程所确定的函数的导数

用参数方程表达椭圆方程

$$\begin{cases} x = x(t) = a\cos t \\ y = y(t) = b\sin t \end{cases} (0 \leqslant t < 2\pi)$$

欲求椭圆上任一点的切线斜率和切线方程.能否直接用参数方程(parametric equation)的表示方式呢?

一般地

$$\begin{cases} x = \varphi(t) \\ y = \psi(t) \end{cases} \quad t \in (\alpha, \beta) \tag{2-29}$$

能确定 y 是 x 的函数,但要消去参数 t 却比较困难.就像隐函数不经显化而直接求出 $\frac{dy}{dx}$ 的方法一样,下面介绍不消去参变量 t 而直接求出 $\frac{dy}{dx}$ 的方法,就是所谓的参数方程求导法.

当 $t \in (\alpha, \beta)$ 时,假定 $x = \varphi(t)$,$y = \psi(t)$ 均可导且 $\varphi'(t) \neq 0$,$t = \varphi^{-1}(x)$ 是 $x = \varphi(t)$ 的反函数.于是式(2-29)所确定的 $y = y(x)$ 可看成是由 $y = \psi(t)$ 和 $t = \varphi^{-1}(x)$ 复合而成的复合函数,因此有

$$\frac{dy}{dx} = \frac{dy}{dt} \frac{dt}{dx},$$

再由反函数求导法得

$$\frac{dt}{dx} = \frac{1}{\frac{dx}{dt}},$$

所以有参数方程确定的函数的求导公式

$$\frac{dy}{dx} = \frac{\frac{dy}{dt}}{\frac{dx}{dt}} = \frac{\psi'(t)}{\varphi'(t)}. \tag{2-30}$$

例 2.3.9 求椭圆 $\begin{cases} x = \cos t, \\ y = 2\sin t. \end{cases}$ 在 $t = \dfrac{\pi}{4}$ 处的切线方程.

解：由式(2-30)可得，

$$k_1 = \frac{dy}{dx}\bigg|_{t=\frac{\pi}{4}} = \frac{2\cos t}{-\sin t}\bigg|_{t=\frac{\pi}{4}} = -2,$$

当 $t = \dfrac{\pi}{4}$ 时，$x = \dfrac{\sqrt{2}}{2}$，$y = \sqrt{2}$，故有切线方程

$$y - \sqrt{2} = -2\left(x - \frac{\sqrt{2}}{2}\right),$$

化简后得

$$2x + y - 2\sqrt{2} = 0.$$

2.3.4 幂指函数的导数与对数求导法则

例 2.3.10 设 $y = x^x \ (x > 0)$，求 y'.

解：这种函数叫做幂指函数(power exponent function). 一般情况下，先利用对数的性质把它化为指数函数，然后再按复合函数去求导比较方便. 也可以用对数求导法做，则需要隐函数求导的概念，这对一部分读者来说可能会更难一些.

解法一：$y = x^x = e^{x\ln x} = e^u$，$u = x\ln x$，于是

$$y' = \frac{dy}{du} \cdot \frac{du}{dx} = e^u \cdot \left(1 \cdot \ln x + x \cdot \frac{1}{x}\right) = x^x(1 + \ln x).$$

解法二：$\ln y = x\ln x$，两边对 x 求导，注意到 y 是 x 的函数，得

$$\frac{1}{y}y' = \ln x + 1,$$

所以

$$y' = (\ln x + 1)x^x.$$

例 2.3.11 设 $y = \sqrt{\dfrac{(x-1)^2\,(x-2)^3}{(x-3)^4(x-4)}}$，求 y'.

解：对于这种线性因子连乘或连除的函数，可先取对数，然后利用隐函数求导法去做. 这样利用对数的性质，可以简化求导过程. 把这种方法叫做对数求导法.

方程两端取对数得：

$$\ln y = \frac{1}{2}\ln\frac{(x-1)^2\,(x-2)^3}{(x-3)^4(x-4)} = \frac{1}{2}[2\ln(x-1) + 3\ln(x-2) - 4\ln(x-3) - \ln(x-4)],$$

方程两端关于 x 求导：

$$\frac{1}{y} \cdot y' = \frac{1}{2}\left(\frac{2}{x-1} + \frac{3}{x-2} - \frac{4}{x-3} - \frac{1}{x-4}\right),$$

所以

$$y' = \frac{1}{2}\sqrt{\frac{(x-1)^2\,(x-2)^3}{(x-3)^4(x-4)}}\left(\frac{2}{x-1} + \frac{3}{x-2} - \frac{4}{x-3} - \frac{1}{x-4}\right).$$

习题 2.3

A. 基本题

1. 设 $y = x\sin x$，求 y''.

2. 设 $y = 2x\mathrm{e}^x$，求 y''.

3. 求下列方程所确定的隐函数 y 的导数 $\dfrac{\mathrm{d}y}{\mathrm{d}x}$.

(1) $x^2 + xy - 2y^2 = 0$ (2) $\sqrt{x} + x\sin y = 4$

(3) $x + x\cos y = y$ (4) $\ln y = x^2 y$

4. 求曲线 $\begin{cases} x = t^2, \\ y = 1 + t^3. \end{cases}$ 在对应于 $t = 1$ 的点处的切线方程.

B. 一般题

5. 求下列函数的二阶导数.

(1) $y = \ln(1+x)$ (2) $y = \mathrm{e}^{2x}\sin x$

6. 求下列方程所确定的隐函数 y 的导数 $\dfrac{\mathrm{d}y}{\mathrm{d}x}$.

(1) $x^2\cos y = \mathrm{e}^{x+2y}$ (2) $\ln\dfrac{x}{y} = \sqrt{x+y}$

7. 求下列参数方程所确定的函数的导数 $\dfrac{\mathrm{d}y}{\mathrm{d}x}$.

(1) $\begin{cases} x = \tan t, \\ y = t\ln t. \end{cases}$ (2) $\begin{cases} x = \mathrm{e}^t\sin t, \\ y = t\cos t. \end{cases}$

C. 提高题

8. 求曲线 $\begin{cases} x = 3\mathrm{e}^t \\ y = 2t\mathrm{e}^t \end{cases}$ 在对应于 $t = 1$ 的点处的切线和法线方程.

9. 设 $y = x^{\sin x} \, (x > 0)$，求 y'.

10. 设 $y = \sqrt{\dfrac{(x-1)^2 (x-2)^3}{(x+3)(x+4)}}$，求 y'.

2.4　函数的微分
（Differential of a Function）

本节提示：函数的连续性是指当自变量变化不大时，函数的改变量也不大. 而导数则是反映函数相对于自变量的变化率. 那么，什么是微分？我们说微分所研究的问题是：当自变量变化不大时，看函数大体上变化了多少. 本节的学习重点是微分的概念.

2.4.1　微分的定义

例 2.4.1　一块正方形的金属薄片受温度变化的影响，其边长由 x_0 变到 $x_0+\Delta x$，问此薄片的面积改变了多少？

解：设此薄片的边长为 x，面积为 A，则 $A=A(x)=x^2$. 薄片受温度变化的影响时面积的改变量，可以看成是当自变量 x 自 x_0 取得增量 Δx 时，函数 A 相应的增量 ΔA，则

$$\Delta A=(x_0+\Delta x)^2-x_0{}^2=2x_0\Delta x+(\Delta x)^2. \tag{2-31}$$

上式分成两部分，第一部分 $2x_0\Delta x$ 是 Δx 的线性函数，第二部分 $(\Delta x)^2$ 满足

$$\lim_{\Delta x\to 0}\frac{(\Delta x)^2}{\Delta x}=\lim_{\Delta x\to 0}\Delta x=0,$$

说明当 $\Delta x\to 0$ 时，式(2-31)右端第二项是关于 Δx 的高阶无穷小 $o(\Delta x)$. 根据实际经验，当边长改变量很小时可以忽略它，而把式(2-31)右端第一项 $2x_0\Delta x$ 作为 ΔA 的近似值. 因此，薄片边长由 x_0 变到 $x_0+\Delta x$ 时，薄片的面积大致改变了 $\Delta A\approx 2x_0\Delta x$.

从数学的观点看，式(2-31)右端第一项是关于 Δx 的线性函数，叫做 ΔA 的线性主部. 于是得到微分的概念.

定义 2.4.1　设函数 $y=f(x)$ 定义在某区间 I_x 上. $x_0,x_0+\Delta x\in I_x$，如果函数增量 $\Delta y=f(x_0+\Delta x)-f(x_0)$ 可表示为

$$\Delta y=A\Delta x+o(\Delta x), \tag{2-32}$$

其中，A 是不依赖于 Δx 的常数；而 $o(\Delta x)$ 是当 $\Delta x\to 0$ 时比 Δx 高阶的无穷小. 称函数 $y=f(x)$ 在点 x_0 处可微（differentiable），并把 $A\Delta x$ 叫做函数 $f(x)$ 在点 x_0 相应于自变量增量 Δx 的微分（differential），记作

$$\mathrm{d}y=A\Delta x. \tag{2-33}$$

习惯上把自变量增量 Δx 称为自变量的微分，记作 $\mathrm{d}x$.

例 2.4.2　求函数 $y=x^2$ 在 $x=1$ 和 $x=2$ 处的微分.

解：在 $x=1$ 处

$$\Delta y=(1+\Delta x)^2-1=2\Delta x+(\Delta x)^2,$$

所以　　　　　　　　　　　　　$\mathrm{d}y=2\mathrm{d}x.$

在 $x=2$ 处

$$\Delta y=(2+\Delta x)^2-2^2=4\Delta x+(\Delta x)^2,$$

所以　　　　　　　　　　　　　$\mathrm{d}y=4\mathrm{d}x.$

一般地，$y=f(x)$ 在任意点 x 处的微分称为函数的微分，记作 $\mathrm{d}y$ 或 $\mathrm{d}f(x)$.

例 2.4.3 求函数 $y=x^3$ 的微分.

解： $\Delta y=(x+\Delta x)^3-x^3=3x^2\Delta x+3x(\Delta x)^2+(\Delta x)^3$,

所以 $\mathrm{d}y=3x^2\mathrm{d}x$.

其中，$3x^2$ 正是函数 $y=f(x)$ 的导数.

2.4.2 可微与可导的关系

前面我们学过可导的概念，可微与可导又是什么关系呢？

设 $y=f(x)$ 在点 x_0 处可微，由定义 2.4.1 有

$$\Delta y=A\Delta x+o(\Delta x),$$

两边除以 Δx 并令 $\Delta x\to 0$，得

$$\lim_{\Delta x\to 0}\frac{\Delta y}{\Delta x}=\lim_{\Delta x\to 0}\left(A+\frac{o(\Delta x)}{\Delta x}\right)=A,$$

即 $f(x)$ 在点 x_0 处可导，且定义 2.4.1 中的常数 A 就是 $f'(x_0)$，即 $A=f'(x_0)$.

反之，设 $y=f(x)$ 在点 x_0 处可导，即有 $\lim_{\Delta x\to 0}\frac{\Delta y}{\Delta x}=f'(x_0)$，由极限与无穷小的关系，$\frac{\Delta y}{\Delta x}=f'(x_0)+\alpha$，$\lim_{\Delta x\to 0}\alpha=0$，即

$$\Delta y=f'(x_0)\Delta x+\alpha\Delta x.$$

显然，上式第二项是关于 Δx 的高阶无穷小，$f'(x_0)$ 是不依赖于 Δx 的常数. 因此，$f(x)$ 在点 x_0 处可微. 于是

定理 2.4.1 函数 $y=f(x)$ 在点 x_0 处可微的充分必要条件是该函数在 x_0 处可导，且当 $f(x)$ 在点 x_0 处可微时，有

$$\mathrm{d}y=f'(x_0)\mathrm{d}x. \tag{2-34}$$

例 2.4.4 某工厂生产某种产品，根据销售分析，得出的利润 L(元)与日产量 Q(t)的关系为 $L(Q)=120Q+\sqrt{Q}-1\,750$(元). 若日产量由 36 t 增加到 36.06 t，求利润增加的近似值.

解： 由题意知，日产量由 36 t 增加到 36.06 t，利润增加量为 ΔL.

则 $\Delta L\approx L'(Q)\Delta Q=(120+\frac{1}{2\sqrt{Q}})\Delta Q=\left(120+\frac{1}{2\sqrt{36}}\right)0.06=7.205$(元).

即若日产量由 36 t 增加到 36.06 t，利润增加的近似值为 7.205 元.

2.4.3 微分的几何意义

如图 2-3 所示，假定 MT 所在的直线为曲线 $y=f(x)$ 在点 $P(x_0,f(x_0))$ 处的切线，则当自变量在 x_0 处取得增量 Δx 时，函数的增量为 $\Delta y=NQ$，相应地函数的微分是 $\mathrm{d}y=f'(x_0)\Delta x=\tan\alpha\Delta x=PQ$，这表明函数 $y=f(x)$ 在点 x_0 处的微分，就是曲线 $y=f(x)$ 在对应点 M 处切线的纵坐标的增量.

因为在 x_0 处用微分 $\mathrm{d}y$ 近似地代替 Δy 所产生的误差 $NP=\Delta y-\mathrm{d}y$ 是当 $\Delta x\to 0$ 时比 Δx 高阶的无穷小. 因此，在曲线上点 $M(x_0,f(x_0))$ 附近，可用直线 MT 近似地代替曲线 $y=f(x)$. 在某局部范围内，

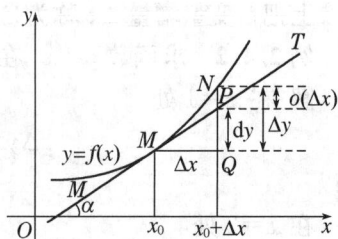

图 2-3

用切线(线性函数:$y=ax+b$)代替曲线(非线性函数)称为局部线性化. 这个"以直代曲"的思想方法无论在几何上还是在科学技术领域都有广泛的应用.

2.4.4 微分的运算法则

由式(2-34)可得,$\dfrac{\mathrm{d}y}{\mathrm{d}x}=f'(x_0)$. 也就是说,导数是微分之商,也叫微商. 定理 2.4.1 告诉我们,可导与可微互为充分必要条件. 所以,尽管导数与微分是两个不同的概念,但当研究函数在一点可导性与可微性时,常把可导与可微混为一谈,不加区别.

式(2-34)表明,求函数的微分时,只要算出函数在相应点处的导数再乘以自变量的微分即可. 例如,对于函数 $y=x^n$,求导公式为
$$(x^n)'=nx^{n-1},$$
相应地得微分公式
$$\mathrm{d}(x^n)=nx^{n-1}\mathrm{d}x.$$
这样可以根据初等函数的导数公式,写出初等函数的微分公式,这里不再一一列举.

由函数的四则求导法则,不难得到函数和、差、积、商的微分法则. 设 $u=u(x),v=v(x)$ 均可导,则有:

① $\mathrm{d}(u\pm v)=\mathrm{d}u\pm\mathrm{d}v$,　② $\mathrm{d}(Cu)=C\mathrm{d}u$($C$ 为常数),

③ $\mathrm{d}(uv)=v\mathrm{d}u+u\mathrm{d}v$,　④ $\mathrm{d}\left(\dfrac{u}{v}\right)=\dfrac{v\mathrm{d}u-u\mathrm{d}v}{v^2}$.

例 2.4.5 设 $y=\sin\mathrm{e}^x$,求 $\mathrm{d}y$.

解:求微分时,等号左端以 $\mathrm{d}y$ 开头,等号右端一定要以 $\mathrm{d}x$ 结尾:
$$\mathrm{d}y=(\sin\mathrm{e}^x)'\mathrm{d}x=\mathrm{e}^x\cdot\cos\mathrm{e}^x\mathrm{d}x.$$
对于函数结构较复杂的函数,当然可以先求导,再写出微分.

例 2.4.6 设 $y=x^x(x>0)$,求 $\mathrm{d}y$.

解:先取对数　　　$\ln y=x\ln x,$

再求导(左端是隐函数求导)　$\dfrac{1}{y}y'=\ln x+1,$

即　　　$y'=x^x(\ln x+1),$

故有　　　$\mathrm{d}y=x^x(\ln x+1)\mathrm{d}x.$

2.4.5 一阶微分形式不变性

设 $y=f(u)$ 及 $u=\varphi(x)$ 在对应点处都可导,则复合函数 $y=f[\varphi(x)]$ 的微分为
$$\mathrm{d}y=y'_x\mathrm{d}x=f'(u)\varphi'(x)\mathrm{d}x.$$
因为 $\varphi'(x)\mathrm{d}x=\mathrm{d}u$,所以,复合函数 $y=f[\varphi(x)]$ 的微分公式也可以写成
$$\mathrm{d}y=f'(u)\mathrm{d}u \text{ 或 } \mathrm{d}y=y'_u\mathrm{d}u.$$
由此可见,无论 u 是自变量还是中间变量,微分形式 $\mathrm{d}y=f'(u)\mathrm{d}u$ 保持不变. 这一性质称为一阶微分形式不变性. 这一性质表明,当自变量变换时,微分形式 $\mathrm{d}y=f'(u)\mathrm{d}u$ 并不改变.

例 2.4.7 设 $y=\sin(x^2+3)$,求 $\mathrm{d}y$.

解:把 x^2+3 看成中间变量 u,则

$dy=d(\sin u)=\cos u\,du=\cos(x^2+3)d(x^2+3)=\cos(x^2+3)\cdot 2x\,dx=2x\cos(x^2+3)\,dx.$

在求复合函数的微分时也可以不写出中间变量. 即

$dy=d[\sin(x^2+3)]=\cos(x^2+3)d(x^2+3)=\cos(x^2+3)\cdot 2x\,dx=2x\cos(x^2+3)\,dx.$

例 2.4.8 在下列等式左边的括号内填入适当的函数,使等式成立.

(1) ( )$dx=\sin x^2\,dx^2$; (2) d( )$=\sin\omega x\,dx$.

解:(1) 因为 $dx^2=2x\,dx$,所以 $(2x\sin x^2)dx=\sin x^2\,dx^2$;

(2) 因为 $d(\cos\omega x)=-\omega\sin\omega x\,dx$,所以 $d\left(-\dfrac{1}{\omega}\cos\omega x\right)=\sin\omega x\,dx$,

一般地,有 $d\left(-\dfrac{1}{\omega}\cos\omega x+C\right)=\sin\omega x\,dx.$

习题 2.4

A. 基本题

1. 写出五类基本初等函数的微分公式并熟记它们.

2. 求下列函数的微分.

(1) $y=\sec 2x$ (2) $y=3x^2-\dfrac{1}{x}$

(3) $y=\sqrt{x^2+2}$ (4) $y=\cos^2 x$

3. 用适当的函数填空.

(1) d( )$=x^2\,dx$ (2) d( )$=\dfrac{2}{x}\,dx$

(3) d( )$=\sin 3x\,dx$ (4) d( )$=(\cos x+\sin x)\,dx$

B. 一般题

4. 求下列函数的微分.

(1) $y=e^x\sin 2x$ (2) $y=\ln(x^3+\sec x)$

(3) $y=\ln(x+\sqrt{1+x^2})$ (4) $y=\cos e^{2x}$

5. 用适当的函数填空.

(1) ( )$de^x=d\sin e^x$ (2) ( )$d(2x^2+1)=d(-\cos(2x^2+1))$

(3) ( )$dx=\cos^2 x\,d(\sin x)$ (4) ( )$dx=\dfrac{1}{\sqrt{1+\left(\frac{x}{a}\right)^2}}d\left(\dfrac{x}{a}\right)$

(5) ( )$dx=\arctan x\,d\left(\arctan\dfrac{x}{2}\right)$ (6) ( )$dx=\ln x\,d(\ln x)$

C. 提高题

6. 当一个正方形的边长增加 1‰时,其面积大致增加了多少?

2.5　中值定理与罗必塔法则
(the Mean Value Theorem and L'Hospital Rule)

本节提示:在本节中将要介绍的前三个定理统称为中值定理.中值定理是高等数学的最重要的理论之一.因为许多重要结论都是基于中值定理而得到的,所以要求大家熟记中值定理的条件和结论,并能用几何概念解释拉格朗日中值定理.罗必塔法则向我们提供了求未定式极限问题的最有力的工具,学习过程中要注意正确掌握和灵活使用罗必塔法则.

2.5.1　中值定理(mean value theorem)

定理 2.5.1　罗尔(Rolle,1652—1719,法国)定理

如果函数 $f(x)$ 满足下列条件:

① 在闭区间 $[a,b]$ 上连续;

② 在开区间 (a,b) 内可导;

③ 在区间的端点取值相等,即 $f(a)=f(b)$,

则在开区间 (a,b) 内,至少存在一点 ξ,使得 $f'(\xi)=0$.

如图 2-4 所示,罗尔定理的几何意义是:处处有不平行于 y 轴的切线的连续曲线 $y=f(x)$ 上至少有一点 $(\xi,f(\xi))$ 处的切线平行于弦 AB. 特别地,该切线也平行于 x 轴. 从图 2-4 中可以看出,取到最大值和最小值的地方有可能有平行于弦 AB 的切线.

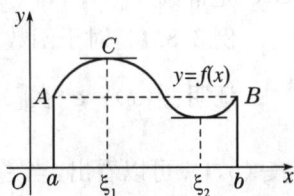

图 2-4

证明:由条件①,$f(x)$ 在闭区间 $[a,b]$ 上一定有最大值 M 和最小值 m.下面分 2 种情况来讨论.

(i) 若 $M=m$,则 $f(x)$ 在 $[a,b]$ 上是常数,$f'(x)\equiv 0$,因而在 (a,b) 内任取一点 ξ,都有 $f'(\xi)=0$.

(ii) 若 $M>m$,由条件③知,最大值 M 和最小值 m 中至少有一个在开区间内取得,不妨设 $M=f(\xi),\xi\in(a,b)$. 因为 M 是 $f(x)$ 在 $[a,b]$ 上的最大值,故不论 Δx 是正是负,恒有
$$f(\xi+\Delta x)-f(\xi)\leqslant 0,\xi+\Delta x\in(a,b).$$

当 $\Delta x>0$ 时,$\dfrac{f(\xi+\Delta x)-f(\xi)}{\Delta x}\leqslant 0$. 由条件②及极限的保号性(定理 1.3.4)知,$f(x)$ 在点 ξ 的右导数存在且小于等于零:

$$f'_{+}(\xi)=\lim_{\Delta x\to 0^{+}}\frac{f(\xi+\Delta x)-f(\xi)}{\Delta x}\leqslant 0. \tag{2-35}$$

同理,当 $\Delta x<0$ 时,$\dfrac{f(\xi+\Delta x)-f(\xi)}{\Delta x}\geqslant 0$,因此 $f(x)$ 在点 ξ 的左导数存在且大于等于零:

$$f'_{-}(\xi)=\lim_{\Delta x\to 0^{-}}\frac{f(\xi+\Delta x)-f(\xi)}{\Delta x}\geqslant 0. \tag{2-36}$$

由定理 2.1.1 知,只能有 $f'(\xi)=0$.

在罗尔定理中,条件③比较难以满足,如果去掉此条件,上述几何意义中所说的切线就

不一定平行于 x 轴,但在开区间 (a,b) 内至少有一点 ξ,使曲线上对应点 $(\xi,f(\xi))$ 处的切线平行于弦 AB(图 $2-5$). 这就是下面这个定理的几何意义.

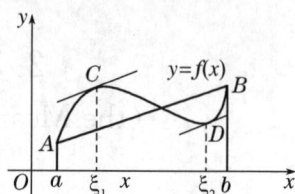

定理 2.5.2 拉格朗日(Lagrange,1736—1813,意大利)中值定理

如果函数 $f(x)$ 满足下列条件:

① 在闭区间 $[a,b]$ 上连续;

② 在开区间 (a,b) 内可导.

则在开区间 (a,b) 内,至少存在一点 ξ,使得 $f'(\xi)=\dfrac{f(b)-f(a)}{b-a}$.

该定理中的公式也叫作拉格朗日中值公式,还可写成

$$f(b)-f(a)=f'(\xi)(b-a). \tag{2-37}$$

推论 2.5.1 若在开区间 (a,b) 内恒有 $f'(x)=0$,则在 (a,b) 内 $f(x)$ 为常数.

推论 2.5.2 若在开区间 (a,b) 内恒有 $f'(x)=g'(x)$,则在 (a,b) 内恒有 $f(x)=g(x)+C$(C 是常数).

例 2.5.1 对于函数 $f(x)=e^x$,在区间 $[0,1]$ 上验证拉格朗日中值定理的正确性.

证明: $f(x)=e^x$ 在 $[0,1]$ 上连续,在 $(0,1)$ 内可导,由拉格朗日中值公式得 $\dfrac{e-1}{1-0}=e^\xi$,其中 $\xi\in(0,1)$. 可以看出,当 $\xi=\ln(e-1)\in(0,1)$ 时 $\dfrac{e-1}{1-0}=e^\xi$,故有开区间 $(0,1)$ 内的点 ξ 使的

$$f'(\xi)=\frac{f(1)-f(0)}{1-0}$$

成立,因此拉格朗日中值定理对于区间 $[0,1]$ 上的函数 $f(x)=e^x$ 是正确的.

利用拉格朗日中值定理可证明许多不等式,请看下例.

例 2.5.2 证明不等式 $\sin x_2-\sin x_1\leqslant x_2-x_1$ $(x_1<x_2)$.

证明: 令 $f(x)=\sin x$,则 $f(x)$ 在 $[x_1,x_2]$ 上满足拉格朗日中值定理的 2 个条件,由式 $(2-37)$ 得,存在 $\xi\in(x_1,x_2)$ 使

$$\sin x_2-\sin x_1=\cos\xi(x_2-x_1)\leqslant 1\times(x_2-x_1)=x_2-x_1.$$

证毕.

定理 2.5.3 柯西(Cauchy,1789 — 1857,法国)中值定理

设函数 $f(x)$、$g(x)$ 满足下列条件:

① 在闭区间 $[a,b]$ 上连续;

② 在开区间 (a,b) 内可导;

③ 在开区间 (a,b) 内 $g'(x)\neq0$.

则至少存在一点 $\xi\in(a,b)$,使得 $\dfrac{f(b)-f(a)}{g(b)-g(a)}=\dfrac{f'(\xi)}{g'(\xi)}$ 成立.

注意: 该定理的等式不能通过对 $f(x)$ 和 $g(x)$ 分别应用拉格朗日中值定理而得到,因为那样不能保证所得到的是同一个 ξ.

显然,若令 $g(x)=x$,则柯西中值定理就是拉格朗日中值定理. 因此我们可以说:柯西中值定理是拉格朗日中值定理的推广,而罗尔定理是拉格朗日中值定理的特例. 在微分学中,

这三个定理各有发挥其特点的地方.例如下面介绍的罗必塔法则的证明,就是通过反复应用柯西中值定理而实现的.

2.5.2　罗必塔法则

罗必塔(De L'hôpital,1661—1704,法国)曾经是一名骑兵军官,因严重的视力问题而退伍,后专注于数学研究,罗必塔的最大功绩是撰写了世界上第一本系统的微积分教程——《用于理解曲线的无穷小分析》.罗必塔法则(L'hôpital's rule)就是出自他的这本专著.罗必塔法则解决了求未定式极限的问题.下面我们分 2 种情况介绍罗必塔法则.

1. 求 $\dfrac{0}{0}$ 型未定式极限问题的罗必塔法则

定理 2.5.4　设 $f(x)$、$g(x)$满足

① 在点 x_0 的某去心邻域 $\mathring{U}(x_0,\delta)$ 内(或当 $|x|$ 大于某一充分大的正数 X 时)可导且 $g'(x)\neq 0$;

② $\lim\limits_{\substack{x\to x_0\\(x\to\infty)}} f(x)=0$,$\lim\limits_{\substack{x\to x_0\\(x\to\infty)}} g(x)=0$;

③ $\lim\limits_{\substack{x\to x_0\\(x\to\infty)}} \dfrac{f'(x)}{g'(x)}$ 存在或为无穷大,则 $\lim\limits_{x\to x_0} \dfrac{f(x)}{g(x)}=\lim\limits_{x\to x_0} \dfrac{f'(x)}{g'(x)}$.

该定理说明,当分子、分母同时趋向于零时,分子、分母要分别关于自变量 x 求导,然后再取极限.

例 2.5.3　求 $\lim\limits_{x\to 0}\dfrac{\sin x}{x}$

解：$\lim\limits_{x\to 0}\dfrac{\sin x}{x}=\lim\limits_{x\to 0}\dfrac{\cos x}{1}=1$.

例 2.5.4　求 $\lim\limits_{x\to 0}\ln(1+x)^{\frac{1}{x}}$

解：$\lim\limits_{x\to 0}\ln(1+x)^{\frac{1}{x}}=\lim\limits_{x\to 0}\dfrac{\ln(1+x)}{x}=\lim\limits_{x\to 0}\dfrac{1}{1+x}=1$.

这里中间一个等号使用了罗必塔法则.从上面两个例子可以看出,两个重要极限及两个重要极限能解决的问题基本都可以由罗必塔法则解决.

例 2.5.5　求 $\lim\limits_{x\to +\infty}\dfrac{\dfrac{\pi}{2}-\arctan x}{\dfrac{1}{x}}$.

解：用罗必塔法则求极限时,每次在分子、分母分别关于自变量 x 求导后,都应稍微停顿一下,整理观察所面对的这个新极限是否有较简单的办法求出,若能,就应停止使用罗必塔法则而直接得出结果.

$$\lim\limits_{x\to +\infty}\dfrac{\dfrac{\pi}{2}-\arctan x}{\dfrac{1}{x}}=\lim\limits_{x\to +\infty}\dfrac{\dfrac{-1}{1+x^2}}{\dfrac{-1}{x^2}}=\lim\limits_{x\to +\infty}\dfrac{x^2}{1+x^2}=1.$$

例 2.5.6　求 $\lim\limits_{x\to 0}\dfrac{1-\cos x}{x^2}$.

解:求未定式极限时,往往也需要随时整理所得结果,而不是只要是面对 $\frac{0}{0}$ 型,就一味地使用罗必塔法则,而是要各种方法结合使用.

$$\lim_{x \to 0} \frac{1 - \cos x}{x^2} = \lim_{x \to 0} \frac{\sin x}{2x} = \frac{1}{2}.$$

第二个等号使用了第一个重要极限,问题就变得简单.

例 2.5.7　求 $\lim\limits_{x \to 0} \dfrac{x - \tan x}{x \sin x}$.

解:$\lim\limits_{x \to 0} \dfrac{x - \tan x}{x \sin x} = \lim\limits_{x \to 0} \dfrac{x - \tan x}{x^2} = \lim\limits_{x \to 0} \dfrac{1 - \sec^2 x}{2x} = \lim\limits_{x \to 0} \dfrac{-2 \sec^2 x \tan x}{2} = 0.$

第一个等式利用了等价无穷小代换,使得问题简化很多,希望以后读者也能将罗必塔法则和其他方法相结合使用.

例 2.5.8　求 $\lim\limits_{x \to 1} \dfrac{x^3 - 3x + 2}{x^4 - 4x + 3}$.

解:$\lim\limits_{x \to 1} \dfrac{x^3 - 3x + 2}{x^4 - 4x + 3} = \lim\limits_{x \to 1} \dfrac{3x^2 - 3}{4x^3 - 4} = \lim\limits_{x \to 1} \dfrac{6x}{12x^2} = \dfrac{1}{2}.$

这个例子若用以前的做法会非常麻烦,但使用罗必塔法则就很简单.

2. 求 $\frac{\infty}{\infty}$ 型未定式极限问题的罗必塔法则

定理 2.5.5　设 $f(x)$、$g(x)$ 满足

① 在点 x_0 的某去心邻域 $\mathring{U}(x_0, \delta)$ 内(或当 $|x|$ 大于某一充分大的正数 X 时)可导且 $g'(x) \neq 0$;

② $\lim\limits_{\substack{x \to x_0 \\ (x \to \infty)}} f(x) = \infty$, $\lim\limits_{\substack{x \to x_0 \\ (x \to \infty)}} g(x) = \infty$;

③ $\lim\limits_{\substack{x \to x_0 \\ (x \to \infty)}} \dfrac{f'(x)}{g'(x)}$ 存在或为无穷大,则 $\lim\limits_{\substack{x \to x_0 \\ (x \to \infty)}} \dfrac{f(x)}{g(x)} = \lim\limits_{\substack{x \to x_0 \\ (x \to \infty)}} \dfrac{f'(x)}{g'(x)}$.

该定理说明,当分子分母同时趋近于无穷大时,分子、分母要分别关于自变量 x 求导,然后再取极限.

例 2.5.9　求 $\lim\limits_{x \to +\infty} \dfrac{\ln x}{x^\alpha}$ $(\alpha > 0)$.

解:$\lim\limits_{x \to +\infty} \dfrac{\ln x}{x^\alpha} = \lim\limits_{x \to +\infty} \dfrac{\frac{1}{x}}{\alpha x^{\alpha - 1}} = \lim\limits_{x \to +\infty} \dfrac{1}{\alpha x^\alpha} = 0.$

例 2.5.10　求 $\lim\limits_{x \to +\infty} \dfrac{x^n}{\mathrm{e}^{\lambda x}}$ $(\lambda > 0, n$ 为正整数$)$.

解:$\lim\limits_{x \to +\infty} \dfrac{x^n}{\mathrm{e}^{\lambda x}} = \lim\limits_{x \to +\infty} \dfrac{nx^{n-1}}{\lambda \mathrm{e}^{\lambda x}} = \lim\limits_{x \to +\infty} \dfrac{n(n-1)x^{n-2}}{\lambda^2 \mathrm{e}^{\lambda x}} = \cdots = \lim\limits_{x \to +\infty} \dfrac{n!}{\lambda^n \mathrm{e}^{\lambda x}} = 0.$

实际上,如果 n 不是正整数而是一般的正数,上述结论仍成立.

3. 其他类型的未定式极限

其他类型的问题,如 $0 \cdot \infty, \infty - \infty, 0^0, 1^\infty, \infty^0, 0^\infty$ 等未定式均可转化成 $\frac{0}{0}$ 型和 $\frac{\infty}{\infty}$ 型的极限来解决.

例 2.5.11 求 $\lim\limits_{x\to+0} x^\alpha \ln x\,(\alpha>0)$.

解:这是 $\infty\cdot 0$ 型的未定式极限.

$$\lim_{x\to+0} x^\alpha \ln x = \lim_{x\to+0}\frac{\ln x}{x^{-\alpha}} = \lim_{x\to+0}\frac{\frac{1}{x}}{-\alpha x^{-\alpha-1}} = \lim_{x\to+0}\frac{-x^\alpha}{\alpha}=0.$$

例 2.5.12 求 $\lim\limits_{x\to 0}\left(\dfrac{1}{x}-\dfrac{1}{\sin x}\right)$.

解:这是 $\infty-\infty$ 型的未定式极限.

$$\lim_{x\to 0}\left(\frac{1}{x}-\frac{1}{\sin x}\right)=\lim_{x\to 0}\frac{\sin x-x}{x\sin x}=\lim_{x\to 0}\frac{\sin x-x}{x^2}=\lim_{x\to 0}\frac{\cos x-1}{2x}=\lim_{x\to 0}\frac{-\sin x}{2}=0.$$

例 2.5.13 求 $\lim\limits_{x\to 0^+}(\sin x)^x$.

解:解法一:这是 0^0 型的未定式极限.

$$\lim_{x\to 0^+}(\sin x)^x=\exp\left(\lim_{x\to 0^+}x\ln\sin x\right)=\exp\left(\lim_{x\to 0^+}\frac{\ln\sin x}{1/x}\right)=\exp\left(\lim_{x\to 0^+}\frac{\cos x}{-(1/x^2)\cdot\sin x}\right)$$

$$=\exp\left(\lim_{x\to 0^+}\frac{x^2\cos x}{-\sin x}\right)=e^0=1.$$

解法二:令 $y=(\sin x)^x$,则 $\ln y=x\ln\sin x$,

$$\lim_{x\to 0^+}\ln y=\lim_{x\to 0^+}\frac{\ln\sin x}{\frac{1}{x}}=\lim_{x\to 0^+}\frac{\cot x}{-\frac{1}{x^2}}=\lim_{x\to 0^+}-\frac{x^2\cos x}{\sin x}=0,$$

所以,

$$\lim_{x\to 0^+}(\sin x)^x=1.$$

注:(1)用罗必塔法则求极限时一定要先化成商的极限问题,再对分子、分母分别求导数.

(2)有些未定式有极限,但不能用罗必塔法则求.如 $\lim\limits_{x\to\infty}\dfrac{x+\cos^2 x}{x}=1$,但不能用罗必塔法则计算.

习 题 2.5

A. 基本题

1. 求下列极限.

(1) $\lim\limits_{x\to 0}\dfrac{x}{e^x-1}$

(2) $\lim\limits_{x\to 0}\dfrac{1-\cos x}{x^2}$

(3) $\lim\limits_{x\to-\infty}\dfrac{\pi+2\arctan x}{\dfrac{2}{x}}$

(4) $\lim\limits_{x\to 0}\dfrac{\sin x}{e^x-1}$

(5) $\lim\limits_{x\to+\infty}\dfrac{x^2}{e^x}$

(6) $\lim\limits_{x\to+\infty}\dfrac{\ln x}{x^4}$

B. 一般题

2. 把一个球抛向空中,它在时间间隔 $[0,4]$ 上的位移函数为 $s(t)=88t-16t^2$. 试找出该球达到它的平均速度的时刻 t.

3. 求下列极限.

(1) $\lim\limits_{x\to\infty}\dfrac{\dfrac{1}{x}}{e^{\frac{1}{x}}-1}$

(2) $\lim\limits_{x\to 0}\dfrac{x-\sin x}{x^3}$

(3) $\lim\limits_{x\to 0}\dfrac{x^2}{\sin x\tan\dfrac{\pi x}{2}}$

(4) $\lim\limits_{x\to 0^+}\left(\dfrac{1}{x}-\dfrac{1}{e^x-1}\right)$

(5) $\lim\limits_{x\to 0^+}x^{\sin x}$

(6) $\lim\limits_{x\to 0^+}(\sin x)^{\frac{1}{x}}$

C. 提高题

4. 设 $f(x)=(x-1)(x-2)(x-3)$,根据罗尔定理证明方程 $f'(x)=0$ 至少有两个实根.

5. 讨论函数 $f(x)=\begin{cases}0, & x\leqslant 0\\\left(\dfrac{2}{\pi}\arccos x\right)^{\frac{1}{x}}, & x>0\end{cases}$ 在点 $x=0$ 处的连续性.

6. 证明当 $x>0$ 时,$e^x>1+x$.

7. 求极限,说明为什么不能用罗必塔法则求下列极限?

(1) $\lim\limits_{x\to 0}\dfrac{x^2\sin\dfrac{1}{x}}{\tan x}$

(2) $\lim\limits_{x\to\infty}\dfrac{x-\sin x}{x}$

2.6　函数的极值
(the Extreme Value of Function)

本节提示：介绍用一阶导数研究函数单调区间、函数极值的方法及利用极值的概念求函数最大值、最小值的方法.

2.6.1　函数单调性的判别法

定理 2.6.1　设 $f(x)$ 在 $[a,b]$ 上连续，在 (a,b) 内可导.

① 若在 (a,b) 内 $f'(x)>0$，则 $f(x)$ 在 (a,b) 内单调递增；

② 若在 (a,b) 内 $f'(x)<0$，则 $f(x)$ 在 (a,b) 内单调递减.

证明：仅证情形①，类似地可证情形②. $\forall x_1$、$x_2\in(a,b)$，设 $x_1<x_2$. 对 $f(x)$ 在 $[x_1,x_2]$ 上应用拉格朗日中值定理，得存在 $\xi\in[x_1,x_2]$ 使

$$f(x_2)-f(x_1)=f'(\xi)(x_2-x_1)>0, \quad 即\ f(x_1)<f(x_2).$$

因此 $f(x)$ 在 (a,b) 内是单调递增的.

确定函数 $y=f(x)$ 单调区间的步骤如下：

(1) 确定 $f(x)$ 的定义域；

(2) 求出使得 $f'(x)=0$ 的全部点，称使得导数等于零的点为函数的驻点（critical point）；

(3) 用驻点或使导数不存在的点将函数的定义域分成若干个开区间，在每个开区间上根据导数的符号确定函数的单调性.

例 2.6.1　求函数 $f(x)=x^3-12x+2$ 的单调区间.

解：这是多项式函数，故其定义域为 **R**. 令

$$f'(x)=3x^2-12=3(x+2)(x-2)=0,$$

可得驻点 $x_1=-2, x_2=2$.

于是得 $f'(x)$ 在相应区间上的符号，列表讨论如下：

x	$(-\infty,-2)$	-2	$(-2,2)$	2	$(2,+\infty)$
$f'(x)$	+	0	−	0	+
$y=f(x)$	↗		↘		↗

所以，$f(x)$ 在 $(-\infty,-2)$ 和 $(2,+\infty)$ 上是单调递增的，在 $(-2,2)$ 内是单调递减的.

利用函数的单调性，可以很方便地证明一些不等式. 一般是先把不等式的非零内容移到不等号的一边，构造一个新函数，然后再研究该函数的单调性，进而得出所需结论.

例 2.6.2　证明：当 $x>0$ 时，$\dfrac{x}{1+x}<\ln(1+x)<x$.

证明：先证右边不等号：令 $f(x)=\ln(1+x)-x$，则 $f(0)=0$，$f'(x)=\dfrac{-x}{1+x}$. 于是

当 $x>0$ 时，$\dfrac{-x}{1+x}<0$，故 $f'(x)<0$，这时 $f(x)$ 单调递减，从而 $0=f(0)>f(x)$，即

$\ln(1+x)<x.$

再证左边不等号,令 $f(x)=\ln(1+x)-\dfrac{x}{1+x}$,则 $f(0)=0$,$f'(x)=\dfrac{x}{(1+x)^2}$. 于是

当 $x>0$ 时,$\dfrac{x}{(1+x)^2}>0$,故 $f'(x)>0$,这时 $f(x)$ 单调递增,从而 $0=f(0)<f(x)$,即

$\ln(1+x)>\dfrac{x}{1+x}.$

综合上述,当 $x>0$ 时,$\dfrac{x}{1+x}<\ln(1+x)<x.$

2.6.2 函数的极值及其求法

定义 2.6.1 设 $f(x)$ 在 $U(x_0,\delta)$ 内有定义. 在该邻域内,

① 当 $x\neq x_0$ 时,恒有 $f(x)<f(x_0)$,则称 $f(x_0)$ 为 $f(x)$ 的极大值(local maximum);

② 当 $x\neq x_0$ 时,恒有 $f(x)>f(x_0)$,则称 $f(x_0)$ 为 $f(x)$ 的极小值(local minimum).

极大值和极小值统称为函数的极值(extreme value),使函数取得极值的点 x_0 称为极值点(extreme point).

定理 2.6.2(极值存在的必要条件) 若 $f(x)$ 在 x_0 处可导且取得极值,则 $f'(x_0)=0$.

定理 2.6.3(极值存在的第一充分条件) 设 $f(x)$ 在 $U(x_0,\delta)$ 内可导且 $f'(x_0)=0$.

① 当 x 从左向右经过 x_0 时,$f'(x)$ 的符号由正变到负,则 $f(x)$ 在 x_0 处取得极大值;

② 当 x 从左向右经过 x_0 时,$f'(x)$ 的符号由负变到正,则 $f(x)$ 在 x_0 处取得极小值;

③ 当 x 从左向右经过 x_0 时,$f'(x)$ 的符号保持不变,则 $f(x)$ 在 x_0 处不取得极值.

注:(1) 不要把函数的极值点与函数的极值混为一谈,函数在它的极值点取得极值.

(2) 函数的极值是一个局部性的概念(其英文为 local maximum 和 local minimum),它只在 x_0 的一个邻域内比其他点($x\neq x_0$)处的函数值都大或都小,但并不能表明在整个定义域内也具有这样的特点.

(3) 驻点不一定是极值点,如 $y=x^3$ 在 $x=0$ 处的导数 $y'=3x^2$ 为零,$x=0$ 为函数的驻点,但当 $x\neq 0$ 时,该导数总大于零,因此 $y=x^3$ 在 $x=0$ 处不取得极值.

例 2.6.3 求函数 $f(x)=x^3-3x^2-9x+3$ 的极值.

解:这也是多项式函数,故其定义域为 **R**. 令
$$f'(x)=3x^2-6x-9=3(x+1)(x-3)=0,$$
得驻点 $x_1=-1$,$x_2=3$.

于是得 $f'(x)$ 在相应区间上的符号列表讨论如下:

x	$(-\infty,-1)$	-1	$(-1,3)$	3	$(3,+\infty)$
$f'(x)$	$+$	0	$-$	0	$+$
$y=f(x)$	↗	极大值 8	↘	极小值 -24	↗

所以,$f(x)$ 的极大值为 $f(-1)=8$,极小值为 $f(3)=-24$.

当 $f(x)$ 在 x_0 处不可导时,也可能存在极值. 例如,$f(x)=|x|$ 在 $x=0$ 处不可导,但取得极小值. 因此,求函数的极值时,如果发现使得导数不存在的点,则应把它们与函数的驻点一起讨论.

例 2.6.4　求 $y=1-(x-2)^{2/3}$ 的极值.

解：函数的定义域为 **R**.

当 $x\neq 2$ 时，$y'=-\dfrac{2}{3\sqrt[3]{x-2}}$，$y'$ 在 $x=2$ 不存在. 于是有

x	$(-\infty,2)$	2	$(2,+\infty)$
$f'(x)$	$+$	不存在	$-$
$y=f(x)$	↗	极大值 1	↘

所以，$f(x)$ 的极大值为 $f(2)=1$.

定理 2.6.4（极值存在的第二充分条件）　设函数 $f(x)$ 在点 x_0 处具有二阶导数且 $f'(x_0)=0,f''(x_0)\neq 0$，那么

①　当 $f''(x_0)<0$ 时，函数 $f(x)$ 在 x_0 处取得极大值；

②　当 $f''(x_0)>0$ 时，函数 $f(x)$ 在 x_0 处取得极小值.

2.6.3　函数最大值、最小值的求法

在工农业生产、工程技术及科学实验中，经常会遇到这样一些问题：在一定条件下，怎样使"产品最多"，"成本最低"，"用料最省"等问题，这类问题在数学上往往可以归结为求某一函数的最大值或最小值问题.

1. 求函数在给定区间上的最大值、最小值.

设 $y=f(x)$ 在 $[a,b]$ 上连续. 求 $y=f(x)$ 在 $[a,b]$ 上的最大值、最小值的方法为：

①　求出 $f(x)$ 在 (a,b) 内的全部驻点 $x_1,x_2,\cdots,x_n$ 以及使得 $f'(x)$ 不存在的点；

②　算出 $f(x_1),f(x_2),\cdots,f(x_n),f(a),f(b)$ 以及使得 $f'(x)$ 不存在的点处的函数值；

③　比较上述所有的函数值，找出最大值和最小值.

例 2.6.5　求 $f(x)=2x^3+3x^2-12x+1$ 在区间 $[-2,4]$ 上的最大值和最小值.

解：令 $f'(x)=6x^2+6x-12=6(x+2)(x-1)=0$，得驻点 $x_1=-2,x_2=1$.

计算相关点处的函数值：

$$f(-2)=21,\ f(1)=-6,\ f(4)=129.$$

于是可知，$f(x)$ 在 $[-2,4]$ 上的最大值为 $f(4)=129$，最小值为 $f(1)=-6$.

2. 实际问题中最大值、最小值的求法

在求实际问题的最大值、最小值时，一般是首先建立描述问题的函数关系（这一步是关键），然后求出该函数在其有意义的区间内的驻点和导数不存在的点，然后再去确定函数的最大值或最小值. 这里需要强调指出：函数在有意义的区间内可导，如只能得到唯一的驻点，当求最大值时，如该驻点对应的函数值是极大值，则它就是所要求的最大值；当求最小值时，如该驻点对应的函数值是极小值，则它就是所要求的最小值.

例 2.6.6　设某家工厂生产某种产品的每日总成本函数和每日总收入函数分别为

$$C(x)=1\ 200+30x+0.2x^2 (元),\ R(x)=80x+0.1x^2 (元)$$

其中，x 为日产量（单位为 kg）. 求取得最大利润时的日产量.

解：利润函数 $L(x)=R(x)-C(x)=50x-0.1x^2-1\ 200$，

令　　　　　　　　　　　　$L'(x)=50-0.2x=0$ 得 $x=250$.

又 $$L''(x) = -0.2 < 0,$$

故利润函数在 $x = 250$ 处取得极大值,且利润函数只有一个驻点,所以是最大值点.

即当日产量为 250 kg 时,利润最大,最大利润为:$L(250) = 5\,050$(元).

习题 2.6

A. 基本题

1. 确定下列函数的单调区间.

(1) $y = x^2 + 6x - 2$ （2) $y = x(1 - \sqrt{x})$

2. 求下列函数的极值.

(1) $y = 3x^3 - 3x^2 - 3x + 1$ （2) $y = 2x^3 - 3x^2 + 3$

3. 某车间要盖一间长方形的小屋,现有存砖只够砌 20 m 长的墙壁.问应围成怎样的长方形才能使这间小屋的面积最大?

B. 一般题

4. 确定下列函数的单调区间.

(1) $y = 2x + \dfrac{8}{x}(x > 0)$ （2) $y = \ln[x(x^2 + 1)]$

5. 求下列函数的极值.

(1) $y = x e^{-x^2}$ （2) $y = 3 - 2(x - 2)^{2/3}$

6. 试问 a 为何值时,函数 $f(x) = a\sin x + \dfrac{1}{2}\sin 2x$ 在 $x = \dfrac{\pi}{6}$ 处具有极值?它是极大值点还是极小值点?并求此极值.

C. 提高题

7. 求函数 $f(x) = \dfrac{x}{\ln x}$ 的极值.

8. 某房地产公司有 50 套公寓要出租,当每套租金为每月 2\,000 元时,公寓可以全部出租出去,当租金每月每增加 100 元时,就有一套公寓出租不出去,而租出去的房子每月需花费 200 元的整修维护费.试问房租为多少时可获得最大收入?

9. 在一半径为 R 的圆形广场中心挂一灯,问要挂多高,才能使广场周围的路上照得最亮?(灯光的亮度与光线投射角的余弦成正比,与光源距离的平方成反比,而投射角是经过灯所作垂直于地面的直线与光线所夹的角.)

2.7　曲线的凹凸性与作图
（the Concavity of Curves and Plot）

本节提示:介绍用二阶导数的符号确定函数凹、凸区间与拐点,以及利用函数的极值和曲线的凹凸性作图的方法.

2.7.1　函数凹凸性的定义及其判别法

函数的极值与单调性对于描述函数的图形有很大作用.但只有这些还不能准确地描绘函数的图形.如两条过同样两点并且都是上升的曲线弧因凹凸性不同而有明显的差异.

定义 2.7.1　设有连续曲线弧 $C:y=f(x)$ 定义在区间 I 上.

(1) 若 $f(x)$ 在区间 I 上连续且对区间 I 上任意两点 x_1,x_2 恒有

$$f\left(\frac{x_1+x_2}{2}\right)<\frac{f(x_1)+f(x_2)}{2}$$

成立,则称曲线 $y=f(x)$ 在区间 I 上的图形是上凹的(concave up)(或凹弧),如图 2-6 所示.

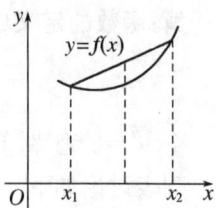

(2) 若 $f(x)$ 在区间 I 上连续且对区间 I 上任意两点 x_1,x_2 恒有

$$f\left(\frac{x_1+x_2}{2}\right)>\frac{f(x_1)+f(x_2)}{2}$$

成立,则称曲线 $y=f(x)$ 在区间 I 上是上凸的(concave down)(或凸弧),如图 2-7 所示.

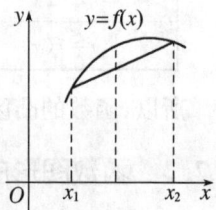

下面给出曲线凹凸性(concavity)的判别法.

定理 2.7.1　设 $f(x)$ 在 (a,b) 内有二阶导数 $f''(x)$,且

(1) 若 $\forall x\in(a,b)$ 有 $f''(x)>0$,则 $y=f(x)$ 的图形在 (a,b) 内是上凹的;

(2) 若 $\forall x\in(a,b)$ 有 $f''(x)<0$,则 $y=f(x)$ 的图形在 (a,b) 内是上凸的.

一般地,连续曲线弧上凹弧与凸弧的分界点 $(x_0,f(x_0))$ 称为曲线的拐点(inflection point).求曲线凹凸区间及拐点的步骤如下:

① 确定函数的定义域,求出 $f''(x)$;

② 求出使得 $f''(x)=0$ 的点以及二阶导数不存在的点 $x_1,x_2,\cdots,x_n$,用这些点把函数的定义域分割成若干个开区间;

③ 确定二阶导数 $f''(x)$ 在上述开区间内的符号,进而判定曲线的凹凸区间及拐点.

例 2.7.1　讨论曲线 $y=2x^3+3x^2-12x+1$ 的凹凸区间与拐点.

解:函数的定义域为 $(-\infty,+\infty)$.

$$y'=6x^2+6x-12,\ y''=12x+6=12\left(x+\frac{1}{2}\right),$$

令 $y''=0$ 得 $x_0=-\frac{1}{2}$.

列表讨论如下:

x	$\left(-\infty,-\dfrac{1}{2}\right)$	$-\dfrac{1}{2}$	$\left(-\dfrac{1}{2},+\infty\right)$
$f''(x)$	$-$	0	$+$
$y=f(x)$	凸	拐点$\left(-\dfrac{1}{2},7\dfrac{1}{2}\right)$	凹

所以,函数的凹区间为 $\left(-\dfrac{1}{2},+\infty\right)$,凸区间为 $\left(-\infty,-\dfrac{1}{2}\right)$,拐点为 $\left(-\dfrac{1}{2},7\dfrac{1}{2}\right)$.

注:(1) 以两阶导数等于零的 x_0 为横坐标的点不一定是拐点,如 $y=x^4$ 在 $x=0$ 处的二阶导数 $y''=12x^2$ 为零,但当 $x\neq 0$ 时,该二阶导数总大于零,因此$(0,0)$不是 $y=x^4$ 的拐点.

(2) 以两阶导数不存在的 x_0 为横坐标的点也有可能是拐点,

例 2.7.2 讨论曲线 $y=\sqrt[3]{x}$的凹凸区间与拐点.

解:函数的定义域为$(-\infty,+\infty)$.

$$y'=\frac{1}{3}x^{-\frac{2}{3}},\ y''=-\frac{2}{9}x^{-\frac{5}{3}}=-\frac{2}{9x\sqrt[3]{x^2}},$$

令 $y''=0$ 无解,但 $x_0=0$ 处二阶导数不存在.

列表讨论如下:

x	$(-\infty,0)$	0	$(0,+\infty)$
$f''(x)$	$+$	不存在	$-$
$y=f(x)$	凹	拐点$(0,0)$	凸

所以,函数的凸区间为$(0,+\infty)$,凹区间为$(-\infty,0)$,拐点为$(0,0)$.

2.7.2 函数图形的描绘

为了更好地描绘函数的图形,把握好函数图形的发展趋势,有时还需要研究函数的渐近线.

渐近线的具体求法如下:

(1) 若 $\lim\limits_{x\to\infty}f(x)=b$(或 $\lim\limits_{x\to-\infty}f(x)=b$ 或 $\lim\limits_{x\to+\infty}f(x)=b$),则称直线 $y=b$ 为曲线 $y=f(x)$ 的水平渐近线(horizontal asymptote).

(2) 若 $\lim\limits_{x\to a}f(x)=\infty$,则称直线 $x=a$ 为曲线 $y=f(x)$ 的铅直渐近线(vertical asymptote).

例 2.7.3 作出函数 $y=x^3-x^2-x+2$ 的图像.

解:函数的定义域为$(-\infty,+\infty)$,则

$y'=3x^2-2x-1$,令 $y'=0$ 得 $x_1=-\dfrac{1}{3}$和 $x_2=1$.

$y''=6x-2=6\left(x-\dfrac{1}{3}\right)$,令 $y''=0$ 得 $x_3=\dfrac{1}{3}$.

列表分析如下:

x	$\left(-\infty,-\dfrac{1}{3}\right)$	$-\dfrac{1}{3}$	$\left(-\dfrac{1}{3},\dfrac{1}{3}\right)$	$\dfrac{1}{3}$	$\left(\dfrac{1}{3},1\right)$	1	$(1,+\infty)$
$f'(x)$	$+$	0	$-$	$-$	$-$	0	$+$
$f''(x)$	$-$	$-$	$-$	0	$+$	$+$	$+$
$y=f(x)$ 的图形	凸↗	极大值 $\dfrac{59}{27}$	凸↘	拐点 $\left(\dfrac{1}{3},\dfrac{43}{27}\right)$	凹↘	极小值 1	凹↗

渐近线的情况是：

因为 $\lim\limits_{x\to+\infty}y=+\infty,\ \lim\limits_{x\to-\infty}y=-\infty$，所以函数图形无渐近线.

算出 $f\left(-\dfrac{1}{3}\right)=\dfrac{59}{27},f\left(\dfrac{1}{3}\right)=\dfrac{43}{27},f(1)=$

$1.$ 再补充 $f(-1)=1,f(0)=2,f\left(\dfrac{3}{2}\right)=\dfrac{13}{8}$，

于是得点 $\left(-\dfrac{1}{3},\dfrac{59}{27}\right)$，$\left(\dfrac{1}{3},\dfrac{43}{27}\right)$，$(1,1)$，

$(-1,1),(0,2),\left(\dfrac{3}{2},\dfrac{13}{8}\right)$.

结合上述信息，作图如图 2-8 所示.

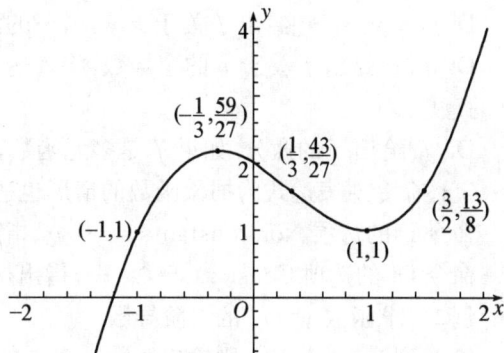

图 2-8

习题 2.7

A. 基本题

1. 求下列函数的凹凸区间和拐点.

(1) $y=x^3-6x^2-15x+1$　　　　　　(2) $y=(x+1)^3+2x$

2. 作出函数 $y=x^3-6x^2+9x-1$ 的图像.

B. 一般题

3. 求下列函数的凹凸区间和拐点.

(1) $y=\ln(1+x^2)$　　　　　　(2) $y=\dfrac{1}{x^2+3}$

4. 作出函数 $y=\dfrac{1}{\sqrt{2\pi}}e^{-\frac{x^2}{2}}$ 的图像.

C. 提高题

5. 利用函数的凹凸性证明 $\dfrac{e^x+e^y}{2}>e^{\frac{x+y}{2}}\ (x\neq y)$.

数学实验　导数及其应用

1. 求导数的命令 D 与求微分的命令 Dt

D[f,x] 给出 f 关于 x 的导数,而将表达式 f 中的其他变量看做常量. 因此,如果 f 是多元函数,则给出 f 关于 x 的偏导数.

D[$f,\{x,n\}$] 给出 f 关于 x 的 n 阶导数或者偏导数.

D[$f,x,y,z,\cdots$] 给出 f 关于 $x,y,z,\cdots$ 的混合偏导数.

Dt[f,x] 给出 f 关于 x 的全导数,将表达式 f 中的其他变量都看做 x 的函数,Dt[x] 是 dx 的意思.

Dt[f] 给出 f 的微分. 如果 f 是多元函数,则给出 f 的全微分.

上述命令对表达式为抽象函数的情形也适用,其结果也是一些抽象符号.

命令 D 的选项 NonConstants—>{$\cdots$} 指出{$\cdots$}内的字母是 x 的函数.

命令 Dt 的选项 Constants—>{$\cdots$} 指出{$\cdots$}内的字母是常数.

例 1　求函数 $y=x^n$ 的二阶导数.

输入 D[x^n,{x,2}],则输出函数 $y=x^n$ 的二阶导数 $(-1+n)nx^{-2+n}$

例 2　已知函数 $f(x)=\sin x\cos 2x$,求 $f'(0)$.

输入 D[Sin[x] * Cos[2x],x]/. x—>0,则输出 1

例 3　求函数 $y=(x+1)^{10}+2(x-10)^9$ 的一阶到四阶导数.

输入　　　Clear[f]

　　　　　f[x_]=(x+1)^10+2 * (x-10)^9　　　　　　　　/ * 定义函数 * /

　　　　　Do[Print[D[f[x],{x,n}]],{n,1,4}]

输出　　　$18(-10+x)^8+10(1+x)^9$

　　　　　$144(-10+x)^7+90(1+x)^8$

　　　　　$1008(-10+x)^6+720(1+x)^7$

　　　　　$6048(-10+x)^5+5040(1+x)^6$

例 4　求函数 $y=\sin 2x$ 的微分.

输入 Dt[Sin[2 * x]],则输出函数 $y=\sin 2x$ 的微分 2Cos[2x]Dt[x].

例 5　作函数 $f(x)=x^3-3x^2-12x+7$ 的图像和在 $x=-1$ 处的切线.

输入

　　Clear[f]

　　f[x_]=x^3-3x^2-12x+7

　　plotf=Plot[f[x],{x,-4,4},DisplayFunction—>Identity]

　　plot2=Plot[f '[-1] * (x+1)+f[-1],{x,-4,4},DisplayFunction—>Identity]

　　Show[plotf,plot2,DisplayFunction—> $DisplayFunction]

执行后便在同一个坐标系内作出了函数 $f(x)$ 的图形(图 2-9)和它在 $x=-1$ 处的切线.

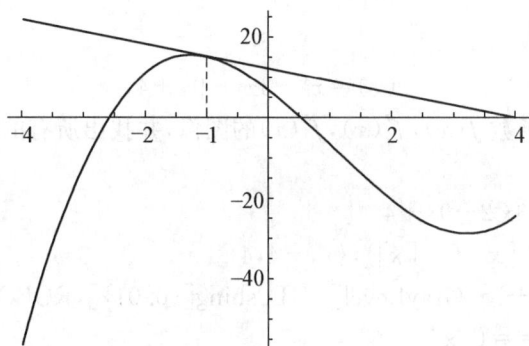

图 2 - 9

2. 求隐函数的导数及由参数方程定义的函数的导数

例 6　求由方程 $2x^2 - xy + 2y^2 = 0$ 确定的隐函数的导数

方法 1：输入

$$\text{deq1} = D[2\ x^2 - x * y[x] + 2y[x]^2 == 0, x]$$
$$\text{Solve}[\text{deq1}, y'[x]]$$

这里输入 y[x] 以表示 y 是 x 的函数.

$$\text{Solve}[\text{deq1}, y'[x]]$$

则输出所求结果

$$\left\{ \left\{ \text{Y}'(\text{x}) \rightarrow \frac{4\text{x} - \text{Y}[\text{x}]}{\text{x} - 4\text{Y}[\text{x}]} \right\} \right\}$$

方法 2：直接输入 $\text{Solve}[D[2\ x^2 - x * y[x] + 2y[x]^2 == 0, x], y'[x]]$

则输出所求结果

$$\left\{ \left\{ \text{Y}'(\text{x}) \rightarrow \frac{4\text{x} - \text{Y}[\text{x}]}{\text{x} - 4\text{Y}[\text{x}]} \right\} \right\}$$

例 7　求由参数方程 $x = \mathrm{e}^t \cos t, y = t \sin t$ 确定的函数的导数.

输入 $D[t * \text{Sin}[t], t] / D[E^t * \text{Cos}[t], t]$，则得到导数

$$\frac{t\text{Cos}[t] + \text{Sin}[t]}{\mathrm{e}^t \text{Cos}[t] - \mathrm{e}^t \text{Sin}[t]}$$

3. 中值定理

例 8　函数 $f(x) = 1/x^4$ 在区间 $[1,2]$ 上满足拉格朗日中值定理的条件,因此存在 $\xi \in (1,2)$ 使

$$f'(\xi) = (f(2) - f(1))/(2 - 1).$$

可以验证这个结论的正确性. 输入

$$\text{Clear}[f]; f[x\_] := 1/x^4$$
$$\text{Solve}[D[f[x], x] == f[2] - f[1], x]/N$$

输出中有 5 个解：

$\{\{\text{x} - > -1.081\ 37 - 0.785\ 663i\}, \{\text{x} - > 1.336\ 65\}, \{\text{x} - > 0.413\ 048 + 1.271\ 23i\},$
$\{\text{x} - > 0.413\ 048 - 1.271\ 23i\}, \{\text{x} - > -1.081\ 37 + 0.785\ 663i\}\}$

其中的实数解就是满足拉格朗日中值定理的 ξ,约为 1.336 65. 其中/N 表示输出数值解.

4. 导数的应用

例 9 已知函数

$$f(x)=x^3+3x^2-9x+4,$$

在区间 $[-4,4]$ 上画出函数 $f(x),f'(x),f''(x)$ 的图像,并找出所有的驻点和拐点的横坐标.

输入命令

    f[x_]= x^3+3x^2-9x+4

    Plot[{f[x],f ' [x],f '' [x]},{x,-4,4}

        PlotStyle->{GrayLevel[0],Dashing[{0.01}],RGBColor[1,0,0]}]

    Solve[f ' [x]==0,x]

Solve[f '' [x]==0,x]

输出为 $\{\{x\to-3\},\{x\to1\}\}\{\{x\to-1\}\}$.

函数 $f(x)$、$f'(x)$、$f''(x)$ 的图像如图 2-10 所示.

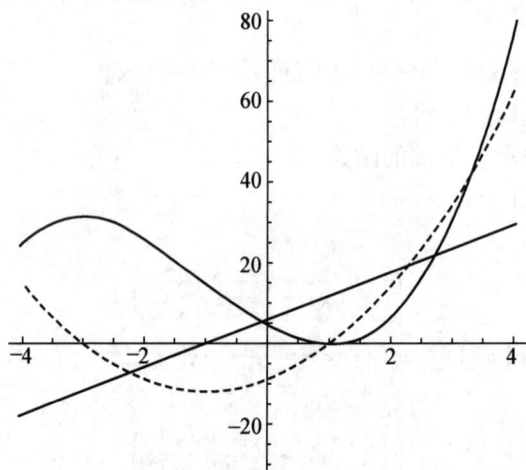

图 2-10

第3章 不定积分
（Indefinite Integral）

本章提示：前面学习了如何求一个函数的导数，本章学习它的反问题，即求一个可导函数，使它的导数等于已知函数．这是积分学的基本问题之一——不定积分．

3.1 不定积分的概念与性质
（the Concept of Indefinite Integral）

3.1.1 不定积分的概念

例 3.1.1 已知一曲线过点 $(0,1)$，且曲线上任意点处的切线斜率为 $2x$，求这条曲线的方程．

解：设曲线为 $y=f(x)$，依题意应有

$$f'(x)=2x,$$

我们知道，$(x^2)'=2x$，所以 $f(x)=x^2+C$．因为当 $x=0$ 时，$f(x)=1$，故所求曲线为

$$y=f(x)=x^2+1.$$

例 3.1.2 一个物体做自由落体运动，设 $t=0$ 时在原点开始下落，求任意时刻的速度及该物体的位移函数．

解：设任意时刻的速度为 $v(t)$，位移函数为 $s(t)$．

物体受重力作用，重力加速度为 g，速度函数对时间求导，便得物体在任意时刻的加速度，即 $v'(t)=g$．所以 $v(t)=gt+C_1$，因为 $v(0)=0$，所以，$C_1=0$，即

$$v(t)=gt.$$

另外，$s'(t)=v(t)=gt$，所以 $s(t)=\dfrac{1}{2}gt^2+C_2$．又因为 $s(0)=0$，所以

$$s(t)=\frac{1}{2}gt^2.$$

以上两例均是求一个函数，使其导数等于已知函数，所求的函数称为原函数．

定义 3.1.1 若有区间 I 上的可导函数 $F(x)$ 使对一切 $x\in I$ 都有

$$F'(x)=f(x)$$

成立，则称 $F(x)$ 为 $f(x)$ 在区间 I 上的原函数（antiderivative）．

那么，究竟函数满足什么条件才有原函数？

定理 3.1.1 如果 $f(x)$ 在区间 I 上连续，则在区间 I 上，一定存在可导函数 $F(x)$，使对一切 $x\in I$，都有 $F'(x)=f(x)$．

也就是说，连续函数一定有原函数. 如果 $f(x)$ 有原函数 $F(x)$，那么对任一常数 C，$F(x)+C$ 也是 $f(x)$ 的原函数. 就是说，如果 $f(x)$ 有原函数的话，则它一定有无穷多个原函数.

接下去的问题是：若 $F(x)$ 是 $f(x)$ 的原函数，是否所有的原函数都能表示成 $F(x)+C$ 呢？设 $G(x)$ 是 $f(x)$ 的另一个原函数，令 $\Phi(x)=G(x)-F(x)$，得

$$\Phi'(x)=G'(x)-F'(x)=f(x)-f(x)=0,$$

即 $\Phi(x)=C$ 为一常数，于是得

$$G(x)=F(x)+C.$$

综合以上分析可知，如果 $f(x)$ 有原函数，譬如说 $F(x)$ 是 $f(x)$ 的一个原函数，则 $f(x)$ 的所有原函数都可写成 $F(x)+C$，我们把 $F(x)+C$ 叫作 $f(x)$ 的不定积分（indefinite integral）.

定义 3.1.2　在区间 I 上，函数 $f(x)$ 的含有任意常数的原函数 $F(x)+C$ 叫作 $f(x)$ 的不定积分，记作

$$\int f(x)\mathrm{d}x = F(x)+C.$$

这里 $\int$ 叫作积分号，$f(x)$ 叫作被积函数，$f(x)\mathrm{d}x$ 叫作被积表达式，x 叫作积分变量，C 叫作积分常数（integration constant）. 求原函数或不定积分的运算称为积分法（integration method）.

因为 $(F(x)+C)'=f(x)$，所以

$$\frac{\mathrm{d}}{\mathrm{d}x}\int f(x)\mathrm{d}x = f(x). \quad \text{且} \int f'(x)\mathrm{d}x = f(x)+C.$$

因此，不定积分是在不计一个常数的情况下导数的逆运算.

例 3.1.3　求 $\int \sec^2 x\,\mathrm{d}x$.

解：根据前面所讲的概念，题目要求找出 $\sec^2 x$ 的全体原函数. 由于 $(\tan x)'=\sec^2 x$，故

$$\int \sec^2 x\,\mathrm{d}x = \tan x + C.$$

注：不定积分是 $f(x)$ 的所有原函数，一定不要漏写任意常数 C.

3.1.2　不定积分的性质

由上面叙述的概念不难得到不定积分的如下性质：

1. $\int kf(x)\mathrm{d}x = k\int f(x)\mathrm{d}x \quad$（$k$ 为常数）.

2. $\int [f(x)\pm g(x)]\mathrm{d}x = \int f(x)\mathrm{d}x \pm \int g(x)\mathrm{d}x$.

3.1.3　不定积分的几何意义

由 $f(x)$ 的原函数族所确定的无穷多条曲线 $y=F(x)+C$ 叫作 $f(x)$ 的积分曲线（integral curve）族. 在 $f(x)$ 的积分曲线族上，对应于同一个横坐标 x，所有曲线都有互相平行的切线，这就是不定积分的几何意义. 例如

$$\int 2x\mathrm{d}x = x^2 + C,$$

被积函数 $2x$ 的积分曲线族就是 $y = x^2 + C$，即一族抛物线. 对应于同一个 x，这些抛物线上的切线彼此平行且具有相同的斜率 $2x$.

3.1.4　基本积分表

既然求原函数是求导数的逆运算，那么把上一章中基本初等函数的导数公式反过来，就得到求原函数的基本公式：

(1) $\displaystyle\int k\mathrm{d}x = kx + C$　（k 为常数）
　　　(2) $\displaystyle\int x^\mu \mathrm{d}x = \frac{x^{\mu+1}}{\mu+1} + C$　（$\mu \neq -1$）

(3) $\displaystyle\int a^x \mathrm{d}x = \frac{1}{\ln a}a^x + C$　（$a>0, a\neq 1$）
　　　(4) $\displaystyle\int \mathrm{e}^x \mathrm{d}x = \mathrm{e}^x + C$

(5) $\displaystyle\int \frac{\mathrm{d}x}{x} = \ln|x| + C$
　　　(6) $\displaystyle\int \cos x\mathrm{d}x = \sin x + C$

(7) $\displaystyle\int \sin x\mathrm{d}x = -\cos x + C$
　　　(8) $\displaystyle\int \sec^2 x\mathrm{d}x = \tan x + C$

(9) $\displaystyle\int \csc^2 x\mathrm{d}x = -\cot x + C$
　　　(10) $\displaystyle\int \sec x\tan x\mathrm{d}x = \sec x + C$

(11) $\displaystyle\int \csc x\cot x\mathrm{d}x = -\csc x + C$
　　　(12) $\displaystyle\int \frac{\mathrm{d}x}{\sqrt{1-x^2}} = \arcsin x + C$

(13) $\displaystyle\int \frac{\mathrm{d}x}{1+x^2} = \arctan x + C$

利用基本积分表和不定积分的性质，可求一些简单的不定积分. 解题时可能要对被积函数做适当的变形、组合、三角恒等变形等，请读者注意不断总结求不定积分的方法.

例 3.1.4　求 $\displaystyle\int\left(x^3 + 2\sqrt{x} - \frac{1}{x^2}\right)\mathrm{d}x$.

解：根据基本积分表中的公式（2）和不定积分的性质 2 可得

$$\int\left(x^3 + 2\sqrt{x} - \frac{1}{x^2}\right)\mathrm{d}x = \int\left(x^3 + 2x^{\frac{1}{2}} - \frac{1}{x^2}\right)\mathrm{d}x$$

$$= \int x^3 \mathrm{d}x + 2\int x^{\frac{1}{2}}\mathrm{d}x + \int\left(-\frac{1}{x^2}\right)\mathrm{d}x$$

$$= \frac{x^4}{4} + \frac{4}{3}x^{\frac{3}{2}} + \frac{1}{x} + C.$$

尽管题目中出现了 3 个积分，但最后还是只写一个任意常数，因为 3 个任意常数加在一块仍是一个任意常数.

例 3.1.5　求 $\displaystyle\int (3^x \mathrm{e}^x)\mathrm{d}x$.

解：$\displaystyle\int (3^x \mathrm{e}^x)\mathrm{d}x = \int (3\mathrm{e})^x \mathrm{d}x = \frac{(3\mathrm{e})^x}{\ln(3\mathrm{e})} + C = \frac{3^x \mathrm{e}^x}{\ln 3 + 1} + C.$

例 3.1.6　求 $\displaystyle\int \frac{1}{1+x}\mathrm{d}x$　（$x > -1$）.

解：看到被积函数 $\dfrac{1}{1+x}$，应想到 $[\ln(1+x)]' = \dfrac{1}{1+x}$. 于是得

$$\int \frac{1}{1+x}\mathrm{d}x = \int [\ln(1+x)]'\mathrm{d}x = \ln(1+x)+C.$$

例 3.1.7 求 $\int \dfrac{x}{1+x}\mathrm{d}x$ $(x>-1)$.

解: $\int \dfrac{x}{1+x}\mathrm{d}x = \int \dfrac{x+1-1}{1+x}\mathrm{d}x = \int \left(1-\dfrac{1}{1+x}\right)\mathrm{d}x = x-\ln(1+x)+C$

例 3.1.8 求 $\int \tan^2 x\mathrm{d}x$.

解: $\int \tan^2 x\mathrm{d}x = \int (\sec^2 x-1)\mathrm{d}x = \int \sec^2 x\mathrm{d}x - \int \mathrm{d}x = \tan x-x+C.$

例 3.1.9 求 $\int \dfrac{1+2x+x^2}{x(1+x^2)}\mathrm{d}x$.

解: $\int \dfrac{1+2x+x^2}{x(1+x^2)}\mathrm{d}x = \int \left(\dfrac{2}{1+x^2}+\dfrac{1}{x}\right)\mathrm{d}x = 2\arctan x+\ln |x|+C.$

例 3.1.10 求 $\int \dfrac{\cos 2x}{\sin x+\cos x}\mathrm{d}x$.

解: $\int \dfrac{\cos 2x}{\sin x+\cos x}\mathrm{d}x = \int \dfrac{\cos^2 x-\sin^2 x}{\sin x+\cos x}\mathrm{d}x = \int (\cos x-\sin x)\mathrm{d}x = \sin x+\cos x+C.$

习题 3.1

A. 基本题

1. 求下列不定积分.

(1) $\int \left(x^2+\dfrac{1}{\sqrt{x}}-1\right)\mathrm{d}x$

(2) $\int x^2\sqrt{x}\mathrm{d}x$

(3) $\int \dfrac{1}{x^{1/n}}\mathrm{d}x(n>1)$

(4) $\int \left(\dfrac{1}{x^2}-\dfrac{2}{x^4}\right)\mathrm{d}x$

(5) $\int (2\sin x+3\cos x)\mathrm{d}x$

(6) $\int \sqrt{2x}\mathrm{d}x$

2. 有一条曲线过点 $\left(\dfrac{\pi}{6},2\right)$,且在任一点的切线斜率为 $\cos x$,求该曲线的方程.

B. 一般题

3. 求下列不定积分.

(1) $\int 2^x \mathrm{e}^x\mathrm{d}x$

(2) $\int \dfrac{x^2}{x-1}\mathrm{d}x(x>1)$

(3) $\int \dfrac{x^2+2}{1+x^2}\mathrm{d}x$

(4) $\int \cot^2 x\mathrm{d}x$

(5) $\int \dfrac{1+2x^2}{x^2(1+x^2)}\mathrm{d}x$

(6) $\int \sin \dfrac{x}{2}\cos \dfrac{x}{2}\mathrm{d}x$

4. 一辆摩托车准备腾空飞越某障碍物,要求起跑 5 s 车速达到 25 m/s. 请用不定积分计算需要多大的起跑加速度,该摩托车才能按时达到所要求的速度?

C. 提高题

5. 一名跳伞运动员在打开降落伞以前做自由落体运动. 已知降落的加速度为 $a=g$ ($g \approx 9.8 \text{ m/s}^2$),若他从 2 000 m 的高空起跳,为了让地面观众能够清楚地看到他的表演,预定让他在离地面 500 m 处的高度打开降落伞. 问他在空中做自由落体运动的时间有多长?

3.2 凑微分法
(Observation Method)

本节提示：从本节开始，将集中研究求不定积分的几种主要方法．这些方法的最终目的都是要通过一定的途径，把难以得到原函数的函数变成在基本积分表里能够找到的函数，从而求出较为复杂的函数的原函数．

3.2.1 凑微分法的概念

凑微分法能解决的问题是：在积分

$$\int f[\varphi(x)]\varphi'(x)\mathrm{d}x$$

中，被积函数 $f[\varphi(x)]\varphi'(x)$ 的原函数在基本积分表里找不到，但积分 $\int f(u)\mathrm{d}u$ 中的被积函数 $f(u)$ 的原函数却很容易找到，比如说是 $F(u)$．于是，把被积表达式中的因子 $\varphi'(x)$ 放到微分号 $\mathrm{d}(\ )$ 里面去，把积分变成

$$\int f[\varphi(x)]\mathrm{d}\varphi(x),$$

然后作变量代换 $u=\varphi(x)$，从而求出该不定积分：

$$\int f[\varphi(x)]\varphi'(x)\mathrm{d}x = \int f(u)\mathrm{d}u = F(u)+C = F[\varphi(x)]+C.$$

定理 3.2.1 设 $f(u)$ 存在原函数，$\varphi(x)$ 可导且 $u=\varphi(x)$ 的值域在 $f(u)$ 的定义域中．则有不定积分的凑微分法（observation method）．

$$\int f[\varphi(x)]\varphi'(x)\mathrm{d}x = \left(\int f(u)\mathrm{d}u\right)\Bigg|_{u=\varphi(x)}.$$

凑微分法也叫做第一类换元法．解题过程中一般不需要做出变量替换 $u=\varphi(x)$，而是把因子 $\varphi(x)$ 默记成 u．

3.2.2 凑微分法举例

例 3.2.1 求 $\int \sin 2x\mathrm{d}x$．

解：我们可以把 $2x$ 看成 u，

$$\int \sin 2x\mathrm{d}x = \frac{1}{2}\int \sin 2x\mathrm{d}(2x) = -\frac{1}{2}\cos 2x + C.$$

例 3.2.2 求 $\int x\mathrm{e}^{x^2}\mathrm{d}x$．

解：显然，应把因子 x 凑到微分号里面去：

$$\int x\mathrm{e}^{x^2}\mathrm{d}x = \frac{1}{2}\int \mathrm{e}^{x^2}\mathrm{d}(x^2) = \frac{1}{2}\mathrm{e}^{x^2} + C.$$

例 3.2.3 求 $\int \dfrac{1}{3+2x}\mathrm{d}x$．

解：$\int \dfrac{1}{3+2x}\mathrm{d}x = \dfrac{1}{2}\int \dfrac{\mathrm{d}(3+2x)}{3+2x} = \dfrac{1}{2}\ln\mid 3+2x\mid + C.$

例 3.2.4　求$\int \mathrm{e}^{\cos^2 x}\sin 2x\mathrm{d}x.$

解：这里应研究因子$\cos^2 x$ 与 $\sin 2x$ 之间的关系：$(\cos^2 x)' = -2\sin x\cos x = -\sin 2x,$
所以

$$\int \mathrm{e}^{\cos^2 x}\sin 2x\mathrm{d}x = -\int \mathrm{e}^{\cos^2 x}\mathrm{d}\cos^2 x = -\mathrm{e}^{\cos^2 x} + C.$$

例 3.2.5　求$\int \tan x\mathrm{d}x.$

解：$\int \tan x\mathrm{d}x = \int \dfrac{\sin x}{\cos x}\mathrm{d}x = -\int \dfrac{\mathrm{d}(\cos x)}{\cos x} = -\ln\mid\cos x\mid + C.$
类似地可得

$$\int \cot x\mathrm{d}x = \ln\mid\sin x\mid + C.$$

下面举几个与反三角函数有关的例子.

例 3.2.6　求$\int \dfrac{1}{\sqrt{a^2-x^2}}\mathrm{d}x(a>0).$

解：$\int \dfrac{1}{\sqrt{a^2-x^2}}\mathrm{d}x = \int \dfrac{\mathrm{d}\left(\dfrac{x}{a}\right)}{\sqrt{1-\left(\dfrac{x}{a}\right)^2}} = \arcsin\dfrac{x}{a} + C.$

例 3.2.7　求$\int \dfrac{1}{a^2+x^2}\mathrm{d}x.$

解：$\int \dfrac{1}{a^2+x^2}\mathrm{d}x = \dfrac{1}{a}\int \dfrac{\mathrm{d}\left(\dfrac{x}{a}\right)}{1+\left(\dfrac{x}{a}\right)^2} = \dfrac{1}{a}\arctan\dfrac{x}{a} + C.$

以上这两个结论是常用的公式,请大家熟记.

例 3.2.8　求$\int \dfrac{\arcsin x}{\sqrt{1-x^2}}\mathrm{d}x.$

解：$\int \dfrac{\arcsin x}{\sqrt{1-x^2}}\mathrm{d}x = \int \arcsin x\mathrm{d}\arcsin x = \dfrac{1}{2}(\arcsin x)^2 + C.$

例 3.2.9　求$\int \dfrac{\sqrt{\arctan x}}{1+x^2}\mathrm{d}x.$

解：$\int \dfrac{\sqrt{\arctan x}}{1+x^2}\mathrm{d}x = \int \sqrt{\arctan x}\mathrm{d}\arctan x = \dfrac{2}{3}\sqrt{(\arctan x)^3} + C.$

对于被积函数中有 $\sin x$、$\cos x$ 乘幂的形式,在有奇数次幂的情况下,把奇次幂的一个因子 $\sin x$ 或 $\cos x$ 凑到微分号里面去.

例 3.2.10　求$\int \sin^4 x\cos x\mathrm{d}x.$

解：$\int \sin^4 x\cos x\mathrm{d}x = \int \sin^4 x\mathrm{d}\sin x = \dfrac{1}{5}\sin^5 x + C.$

对于只含偶次幂的正弦或余弦函数,一般需做三角恒等变形.

例 3.2.11 求 $\int \cos^2 x \mathrm{d}x$.

解:利用三角恒等变形

$$\int \cos^2 x \mathrm{d}x = \int \frac{1+\cos 2x}{2} \mathrm{d}x = \int \frac{1}{2} \mathrm{d}x + \frac{1}{2} \int \cos 2x \mathrm{d}x$$

$$= \frac{x}{2} + \frac{1}{4} \int \cos 2x \mathrm{d}(2x) = \frac{x}{2} + \frac{\sin 2x}{4} + C.$$

类似地可得

$$\int \sin^2 x \mathrm{d}x = \frac{x}{2} - \frac{\sin 2x}{4} + C.$$

对于被积函数中有 $\tan x$、$\sec x$ 乘幂的形式,在有 $\tan x$ 奇数次幂的情况下,把 $\tan x \sec x$ 凑到微分号里面去,若有 $\sec x$ 的偶次幂,则将 $\sec^2 x$ 凑到微分号里面去.

例 3.2.12 求 $\int \sec^4 x \mathrm{d}x$.

解:$\int \sec^4 x \mathrm{d}x = \int (\tan^2 x + 1) \mathrm{d}\tan x = \frac{1}{3} \tan^3 x + \tan x + C.$

有些题虽然初看起来难,但如果仔细分析或适当变形,仍能用凑微分法解出.

例 3.2.13 求 $\int \tan^3 x \sec^2 x \mathrm{d}x$.

解:解法一 $\int \tan^3 x \sec^2 x \mathrm{d}x = \int (\sec^2 x - 1) \sec x \mathrm{d}\sec x = \int (\sec^3 x - \sec x) \mathrm{d}\sec x =$

$\frac{1}{4} \sec^4 x - \frac{1}{2} \sec^2 x + C.$

解法二 $\int \tan^3 x \sec^2 x \mathrm{d}x = \int \tan^3 x \mathrm{d}\tan x = \frac{1}{4} \tan^4 x + C$

例 3.2.14 求 $\int \sec x \mathrm{d}x$.

解:$\int \sec x \mathrm{d}x = \int \frac{\sec x(\sec x + \tan x)}{\sec x + \tan x} \mathrm{d}x = \int \frac{\mathrm{d}(\sec x + \tan x)}{\sec x + \tan x} = \ln|\sec x + \tan x| + C.$

同理 $\int \csc x \mathrm{d}x = -\ln|\csc x + \cot x| + C.$

这两个公式需要大家熟记,以后会经常用到.

习 题 3.2

A. 基本题

1. 计算下列不定积分.

(1) $\int \dfrac{1}{(4x+3)^2} \mathrm{d}x$ 　　　　　　(2) $\int \dfrac{1}{\sqrt{1+4x}} \mathrm{d}x$

(3) $\int \dfrac{x^3 + x^2 + 1}{x^3(x^2+1)} \mathrm{d}x$ 　　　　(4) $\int \dfrac{\mathrm{d}x}{1+9x^2}$

(5) $\displaystyle\int \frac{1}{\sqrt{4-x^2}}\mathrm{d}x$ (6) $\displaystyle\int \sin^2 2x\,\mathrm{d}x$

(7) $\displaystyle\int \mathrm{e}^{2x}\,\mathrm{d}x$ (8) $\displaystyle\int \frac{\mathrm{d}x}{x\ln x}$

B. 一般题

2. 计算下列不定积分.

(1) $\displaystyle\int \frac{\mathrm{e}^x}{1+4\mathrm{e}^{2x}}\mathrm{d}x$ (2) $\displaystyle\int f'(2x)\,\mathrm{d}x$

(3) $\displaystyle\int \tan^3 x\sec^3 x\,\mathrm{d}x$ (4) $\displaystyle\int \cos^3 x\sin x\,\mathrm{d}x$

(5) $\displaystyle\int \mathrm{e}^x(1+\mathrm{e}^x)^3\,\mathrm{d}x$ (6) $\displaystyle\int \frac{\cos\sqrt{x+1}}{\sqrt{x+1}}\mathrm{d}x$

(7) $\displaystyle\int \frac{\cos\dfrac{1}{x}}{x^2}\mathrm{d}x$ (8) $\displaystyle\int \frac{\sqrt{\arcsin x}}{\sqrt{1-x^2}}\mathrm{d}x$

C. 提高题

3. 计算下列不定积分.

(1) $\displaystyle\int \frac{\arctan\sqrt{x}}{\sqrt{x}\,(1+x)}$ (2) $\displaystyle\int \frac{1}{\sqrt{x}\cdot\sqrt{2+\sqrt{x}}}\mathrm{d}x$

(3) $\displaystyle\int \frac{\arctan\dfrac{x}{2}}{4+x^2}\mathrm{d}x$ (4) $\displaystyle\int \frac{1}{\cos x-1}\mathrm{d}x$

3.3 变量代换法
(Integration by Substitution)

本节提示:研究求无理函数的积分方法,其要点是"见根号,去根号".读者应注意不断学习总结各种有用的代换方法.

3.3.1 变量代换法的概念

定理 3.3.1 设 $x=\psi(t)$ 单调、可导且 $\psi'(t)\neq 0$,又设 $f[\psi(t)]\psi'(t)$ 具有原函数,则有换元公式

$$\int f(x)\mathrm{d}x = \left(\int f[\psi(t)]\psi'(t)\mathrm{d}t\right)\Big|_{t=\psi^{-1}(x)}$$

其中,$\psi^{-1}(x)$ 是 $x=\psi(t)$ 的反函数.

证明从略.

3.3.2 简单无理函数的积分

当被积函数为非"平方和、差再开方"的无理函数时,积分方法是"见根号,去根号".

例 3.3.1 求 $\displaystyle\int\frac{1}{1+\sqrt{x}}\mathrm{d}x$.

解:为了去掉根号,令 $t=\sqrt{x}$,则 $\mathrm{d}x=2t\mathrm{d}t$,于是

$$\int\frac{1}{1+\sqrt{x}}\mathrm{d}x = \int\frac{2t\mathrm{d}t}{1+t} = 2\int\frac{t+1-1}{t+1}\mathrm{d}t = 2\int\left(1-\frac{1}{1+t}\right)\mathrm{d}t$$

$$=2t-2\ln(1+t)+C=2\sqrt{x}-2\ln(1+\sqrt{x})+C.$$

例 3.3.2 求 $\displaystyle\int\frac{1}{\sqrt{x}(1+\sqrt[3]{x})}\mathrm{d}x$.

解:为了去掉根号,令 $t=\sqrt[6]{x}$,则 $\mathrm{d}x=6t^5\mathrm{d}t$,于是

$$\int\frac{\mathrm{d}x}{\sqrt{x}(1+\sqrt[3]{x})}\mathrm{d}x = \int\frac{6t^5\mathrm{d}t}{t^3(1+t^2)} = 6\int\frac{t^2}{1+t^2}\mathrm{d}t = 6\int\left(1-\frac{1}{1+t^2}\right)\mathrm{d}t$$

$$=6(t-\arctan t)+C=6(\sqrt[6]{x}-\arctan\sqrt[6]{x})+C$$

例 3.3.3 求 $\displaystyle\int\frac{1}{x}\sqrt{\frac{x}{1+x}}\mathrm{d}x$.

解:为了去掉根号,令 $t=\sqrt{\dfrac{x}{1+x}}$,则 $x=\dfrac{t^2}{1-t^2}$,$\mathrm{d}x=\dfrac{2t\mathrm{d}t}{(1-t^2)^2}$

所以,$\displaystyle\int\frac{1}{x}\sqrt{\frac{x}{1+x}}\mathrm{d}x = \int\frac{1-t^2}{t^2}\cdot t\cdot\frac{2t}{(1-t^2)^2}\mathrm{d}t = \int\left(\frac{1}{1-t}+\frac{1}{1+t}\right)\mathrm{d}t$

$$=\ln|1+t|-\ln|1-t|+C=\ln\left|1+\sqrt{\frac{x}{1+x}}\right|-\ln\left|1-\sqrt{\frac{x}{1+x}}\right|+C$$

$$=2\ln|\sqrt{1+x}+\sqrt{x}|+C$$

3.3.3 三角代换

例 3.3.4 求 $\int \sqrt{a^2-x^2}\,\mathrm{d}x$ $(a>0)$.

解：为了去掉根号，可令 $x=a\sin t, t\in\left(-\dfrac{\pi}{2},\dfrac{\pi}{2}\right)$，则 $\mathrm{d}x=a\cos t\mathrm{d}t$ 且

$$\sqrt{a^2-x^2}=\sqrt{a^2-a^2\sin^2 t}=a\cos t,$$

于是

$$\int \sqrt{a^2-x^2}\,\mathrm{d}x = \int (a\cos t)(a\cos t)\mathrm{d}t = a^2\int \cos^2 t\mathrm{d}t$$

$$=a^2\left(\frac{t}{2}+\frac{1}{4}\sin 2t\right)+C$$

$$=a^2\left(\frac{1}{2}\arcsin\frac{x}{a}+\frac{1}{2}\frac{x}{a}\frac{\sqrt{a^2-x^2}}{a}\right)+C$$

$$=\frac{a^2}{2}\arcsin\frac{x}{a}+\frac{x\sqrt{a^2-x^2}}{2}+C.$$

其中，$\sin 2t=2\sin t\cos t, \sin t=\dfrac{x}{a}, t=\arcsin\dfrac{x}{a}, \cos t=\dfrac{\sqrt{a^2-x^2}}{a}$. 用变量代换法求不定积分时，最后一定要换回原来的变量. 在凑微分法中，由于我们没有真正引入新的变量，所以最后就没有这一步.

例 3.3.5 求 $\int \dfrac{\mathrm{d}x}{\sqrt{x^2+a^2}}$ $(a>0)$.

解：为了去掉根号，令 $x=a\tan t, t\in\left(-\dfrac{\pi}{2},\dfrac{\pi}{2}\right)$，则 $\mathrm{d}x=a\sec^2 t\mathrm{d}t$，于是

$$\int \frac{\mathrm{d}x}{\sqrt{x^2+a^2}} = \int \frac{a\sec^2 t}{\sqrt{a^2\tan^2 t+a^2}}\mathrm{d}t = \int \sec t\mathrm{d}t$$

$$=\ln|\sec t+\tan t|+C_1=\ln\left|\frac{x}{a}+\sqrt{1+\frac{x^2}{a^2}}\right|+C_1$$

$$=\ln(x+\sqrt{a^2+x^2})+C. \quad (C=C_1-\ln a).$$

例 3.3.6 求 $\int \dfrac{\mathrm{d}x}{\sqrt{x^2-a^2}}$ $(a>0)$.

解：当 $x>a$ 时，令 $x=a\sec t, t\in\left(0,\dfrac{\pi}{2}\right)$，有

$$\int \frac{\mathrm{d}x}{\sqrt{x^2-a^2}} = \int \frac{a\sec t\tan t}{\sqrt{a^2\sec^2 t-a^2}}\mathrm{d}t = \int \sec t\mathrm{d}t$$

$$=\ln|\sec t+\tan t|+C_1$$

$$=\ln|x+\sqrt{x^2-a^2}|+C,$$

其中，$\sec t=\dfrac{x}{a}, \tan t=\sqrt{\sec^2 t-1}=\dfrac{\sqrt{x^2-a^2}}{a}, (C=C_1-\ln a)$.

当 $x<-a$ 时，令 $x=a\sec t, t\in\left(\pi,\dfrac{3\pi}{2}\right)$，可得相同形式的结果.

3.3.4 倒代换(reciprocal)

倒代换的作用是能消掉或简化被积函数分母中的因子.

例 3.3.7 求 $\displaystyle\int \frac{1}{x^2\sqrt{x^2-4}}\mathrm{d}x$ $(x>2)$.

解: 作代换 $x=\dfrac{1}{t}$,则 $\mathrm{d}x=-\dfrac{1}{t^2}\mathrm{d}t$,于是

$$\int \frac{1}{x^2\sqrt{x^2-4}}\mathrm{d}x = \int \frac{1}{\dfrac{1}{t^2}\sqrt{\dfrac{1}{t^2}-4}}\left(-\frac{1}{t^2}\right)\mathrm{d}t = -\int \frac{t\mathrm{d}t}{\sqrt{1-4t^2}}$$

$$= \frac{1}{8}\int \frac{\mathrm{d}(1-4t^2)}{\sqrt{1-4t^2}} = \frac{1}{4}\sqrt{1-4t^2}+C$$

$$= \frac{\sqrt{x^2-4}}{4x}+C.$$

例 3.3.8 求 $\displaystyle\int \frac{\sqrt{a^2-x^2}}{x^4}\mathrm{d}x$ $(a>x>0)$.

解: 设 $x=\dfrac{1}{t}$,则 $\mathrm{d}x=-\dfrac{1}{t^2}\mathrm{d}t$,于是

$$\int \frac{\sqrt{a^2-x^2}}{x^4}\mathrm{d}x = \int \frac{\sqrt{a^2-\dfrac{1}{t^2}}}{\dfrac{1}{t^4}}\left(-\frac{1}{t^2}\right)\mathrm{d}t = -\int \sqrt{a^2t^2-1}\cdot t\cdot\mathrm{d}t$$

$$= -\frac{1}{2a^2}\int (a^2t^2-1)^{\frac{1}{2}}\mathrm{d}(a^2t^2-1)$$

$$= -\frac{(a^2t^2-1)^{\frac{3}{2}}}{3a^2}+C = -\frac{(a^2-x^2)^{\frac{3}{2}}}{3a^2x^3}+C.$$

习 题 3.3

A. 基本题

1. 求下列不定积分.

(1) $\displaystyle\int \frac{\mathrm{d}x}{1+\sqrt{x+2}}$

(2) $\displaystyle\int \frac{\mathrm{d}x}{\sqrt{x}+\sqrt[4]{x}}$

(3) $\displaystyle\int \sqrt{4-x^2}\mathrm{d}x$

(4) $\displaystyle\int x^2\sqrt{1-x^2}\mathrm{d}x$

(5) $\displaystyle\int \frac{1}{\sqrt{9+x^2}}\mathrm{d}x$

(6) $\displaystyle\int \frac{\sqrt{x^2-1}}{x}\mathrm{d}x$ $(x>1)$

B. 一般题

2. 求下列不定积分.

(1) $\displaystyle\int \frac{1}{(4+x^2)^{3/2}}\mathrm{d}x$

(2) $\displaystyle\int \frac{1}{\sqrt{x^2-2x+2}}\mathrm{d}x$

(3) $\displaystyle\int \frac{\sqrt{4-x^2}\mathrm{d}x}{x^2}$

(4) $\displaystyle\int \frac{\mathrm{d}x}{x\sqrt{x^2-1}}$ $(x>1)$

C. 提高题

3. 计算下列不定积分.

(1) $\displaystyle\int \frac{x^2\mathrm{d}x}{(1+x^2)^2}$

(2) $\displaystyle\int \frac{\sqrt{(9-x^2)^3}}{x^6}\mathrm{d}x$

(3) $\displaystyle\int x^2\sqrt{4-x^2}\mathrm{d}x$

(4) $\displaystyle\int \frac{x^5}{\sqrt{1-x^2}}\mathrm{d}x$

3.4 分部积分法
(Integration by Parts)

本节提示: 分部积分法是乘积的求导公式在不定积分中的应用. 在后继课程,特别是傅里叶级数中,会经常用到这种积分方法.

3.4.1 分部积分公式

设 $u=u(x)$、$v=v(x)$ 有连续的导函数. 根据积的求导法则得

$$(uv)'=u'v+uv',$$

于是

$$u'v=(uv)'-uv'.$$

上式两边求不定积分

$$\int u'v\,\mathrm{d}x=\int(uv)'\,\mathrm{d}x-\int uv'\,\mathrm{d}x$$

亦即

$$\int v\,\mathrm{d}u=uv-\int u\,\mathrm{d}v.$$

这就是分部积分公式.

例 3.4.1 求 $\int x\mathrm{e}^x\,\mathrm{d}x$.

解: 令 $v=x$, $\mathrm{d}u=\mathrm{e}^x\mathrm{d}x=\mathrm{d}\mathrm{e}^x$, 即 $u=\mathrm{e}^x$, 由分部积分公式得

$$\int x\mathrm{e}^x\,\mathrm{d}x=x\mathrm{e}^x-\int \mathrm{e}^x\,\mathrm{d}x=x\mathrm{e}^x-\mathrm{e}^x+C.$$

但是,如果选取 $v=\mathrm{e}^x$, $\mathrm{d}u=x\mathrm{d}x=\mathrm{d}\left(\dfrac{x^2}{2}\right)$, 即 $u=\dfrac{x^2}{2}$, 则有

$$\int x\mathrm{e}^x\,\mathrm{d}x=\frac{x^2}{2}\mathrm{e}^x-\int\frac{x^2}{2}\mathrm{d}\mathrm{e}^x=\frac{x^2}{2}\mathrm{e}^x-\frac{1}{2}\int x^2\mathrm{e}^x\,\mathrm{d}x$$

显然新得到的积分比原来的积分更为复杂. 这说明利用分部积分法求解不定积分问题时,要正确选取 u 和 v. 下面我们就分别研究几种不同类型的不定积分中 u 和 v 的取法.

3.4.2 被积函数为多项式 $P_n(x)$ 与指数、正弦、余弦之积时,应选 $P_n(x)$ 为 v,被积表达式的其余部分为 du.

例 3.4.2 求 $\int x^2\mathrm{e}^x\,\mathrm{d}x$.

解: 设 $v=x^2$, 则 $u=\mathrm{e}^x$, 于是

$$\int x^2\mathrm{e}^x\,\mathrm{d}x=x^2\mathrm{e}^x-\int \mathrm{e}^x(2x)\,\mathrm{d}x.$$

对于新得到的积分,再次利用分部积分公式,这时仍要选多项式为 v

$$\int x\mathrm{e}^x\,\mathrm{d}x=x\mathrm{e}^x-\int \mathrm{e}^x\,\mathrm{d}x=x\mathrm{e}^x-\mathrm{e}^x+C_1,$$

所以

$$\int x^2 \mathrm{e}^x \mathrm{d}x = x^2 \mathrm{e}^x - 2x\mathrm{e}^x + 2\mathrm{e}^x + C, (C = -2C_1).$$

该例说明,每做一次分部积分,就能把多项式的幂降低一次. 如果选取指数函数或正弦、余弦为 v,应用分部积分法时,每次都会升高幂次.

例 3.4.3 求 $\int (x^2 + 1)\sin x \mathrm{d}x$.

解:

$$\int (x^2 + 1)\sin x \mathrm{d}x = -\int (x^2 + 1)\mathrm{d}\cos x$$

$$= -(x^2 + 1)\cos x + 2\int x\cos x \mathrm{d}x$$

$$= -(x^2 + 1)\cos x + 2\int x\mathrm{d}\sin x$$

$$= -(x^2 + 1)\cos x + 2(x\sin x - \int \sin x \mathrm{d}x)$$

$$= -(x^2 + 1)\cos x + 2(x\sin x + \cos x) + C$$

$$= -(x^2 - 1)\cos x + 2x\sin x + C.$$

3.4.3 被积函数为多项式 $P_n(x)$ 与对数函数、反三角函数之积时,应选对数函数、反三角函数为 v,被积表达式的其余部分为 $\mathrm{d}u$.

例 3.4.4 求 $\int x^2 \ln x \mathrm{d}x$.

解: 设 $v = \ln x$,则 $u = \dfrac{x^3}{3}$,于是

$$\int x^2 \ln x \mathrm{d}x = \frac{x^3}{3}\ln x - \int \frac{x^3}{3}\frac{1}{x}\mathrm{d}x = \frac{x^3}{3}\ln x - \frac{x^3}{9} + C = \frac{x^3}{3}(\ln x - \frac{1}{3}) + C.$$

例 3.4.5 求 $\int \arcsin x \mathrm{d}x$.

解:

$$\int \arcsin x \mathrm{d}x = x\arcsin x - \int x \frac{1}{\sqrt{1-x^2}}\mathrm{d}x$$

$$= x\arcsin x + \int \frac{1}{2}\frac{1}{\sqrt{1-x^2}}\mathrm{d}(1-x^2)$$

$$= x\arcsin x + \sqrt{1-x^2} + C.$$

例 3.4.6 求 $\int \arctan x \mathrm{d}x$.

解: 令 $v = \arctan x, u = x$,则有

$$\int \arctan x \mathrm{d}x = x\arctan x - \int x \frac{1}{1+x^2}\mathrm{d}x$$

$$= x\arctan x - \frac{1}{2}\int \frac{\mathrm{d}(1+x^2)}{1+x^2}$$

$$= x\arctan x - \frac{1}{2}\ln(1+x^2) + C.$$

3.4.4 对于形如 $\int e^{\alpha x}\sin\beta x\,dx$、$\int e^{\alpha x}\cos\beta x\,dx$ 的积分,可选指数函数为 u,也可选三角函数为 u,一般需经一个循环过程才能积分出来,两种做法难易程度一样.

例 3.4.7 求 $\int e^x\cos x\,dx$.

解:令 $v=e^x,u=\sin x$,则有

$$\int e^x\cos x\,dx = e^x\sin x - \int e^x\sin x\,dx$$
$$= e^x\sin x + \int e^x\,d\cos x$$
$$= e^x\sin x + e^x\cos x - \int e^x\cos x\,dx$$

整理得

$$\int e^x\cos x\,dx = \frac{1}{2}e^x(\sin x + \cos x) + C.$$

例 3.4.8 求 $\int e^{2x}\sin x\,dx$.

解:若选 $v=\sin x$,则 $u=\frac{1}{2}e^{2x}$,于是

$$\int e^{2x}\sin x\,dx = \frac{1}{2}e^{2x}\sin x - \frac{1}{2}\int e^{2x}\cos x\,dx,$$

这时一定要(坚持一条道走到黑的原则)选三角函数为 v,否则就积不出来.

$$\int e^{2x}\sin x\,dx = \frac{1}{2}e^{2x}\sin x - \frac{1}{2}\left[\frac{1}{2}e^{2x}\cos x - \frac{1}{2}\int e^{2x}(-\sin x)\,dx\right]$$
$$= \frac{1}{2}e^{2x}\sin x - \frac{1}{4}e^{2x}\cos x - \frac{1}{4}\int e^{2x}\sin x\,dx$$

移项得

$$\int e^{2x}\sin x\,dx = \frac{2}{5}e^{2x}\left(\sin x - \frac{1}{2}\cos x\right) + C.$$

3.4.5 对于由三角函数、反三角函数、对数函数等函数所构成的复合函数为被积函数的情形,可选被积函数为 v.

例 3.4.9 求 $\int\cos\ln x\,dx$.

解:对于这种很"麻烦"的被积函数,尤其里面含有对数,就取被积函数为 v. 设 $v=\cos\ln x$,则 $u=x$,

$$\int\cos\ln x\,dx = x\cos\ln x + \int x(\sin\ln x)\frac{1}{x}\,dx$$
$$= x\cos\ln x + \int\sin\ln x\,dx$$
$$= x\cos\ln x + \left(x\sin\ln x - \int x(\cos\ln x)\frac{1}{x}\,dx\right)$$

$$= x\mathrm{cosln}\,x + x\mathrm{sinln}\,x - \int \mathrm{cosln}\,x\mathrm{d}x$$

移项得

$$\int \mathrm{cosln}\,x\mathrm{d}x = \frac{1}{2}x(\mathrm{sinln}\,x + \mathrm{cosln}\,x) + C.$$

例 3.4.10 求 $\int \ln(1+x^2)\mathrm{d}x$.

解： 类似于上例的办法，选被积函数为 v：

$$\begin{aligned}
\int \ln(1+x^2)\mathrm{d}x &= x\ln(1+x^2) - \int x\frac{2x}{1+x^2}\mathrm{d}x \\
&= x\ln(1+x^2) - 2\int \frac{x^2+1-1}{1+x^2}\mathrm{d}x \\
&= x\ln(1+x^2) - 2x + 2\arctan x + C.
\end{aligned}$$

习 题 3.4

A. 基本题

1. 求下列不定积分.

(1) $\int x\mathrm{e}^{2x}\mathrm{d}x$

(2) $\int (x+1)\mathrm{e}^x\mathrm{d}x$

(3) $\int x\ln x\mathrm{d}x$

(4) $\int x\arctan x\mathrm{d}x$

B. 一般题

2. 求下列不定积分.

(1) $\int x\sin x\cos x\mathrm{d}x$

(2) $\int x^2\sin x\mathrm{d}x$

(3) $\int \mathrm{e}^{\sqrt{x}}\mathrm{d}x$

(4) $\int \frac{x+2}{\mathrm{e}^x}\mathrm{d}x$

C. 提高题

3. 计算下列不定积分.

(1) $\int x\arccos x\mathrm{d}x$

(2) $\int \ln(x+\sqrt{1+x^2})\mathrm{d}x$

(3) $\int (\arcsin x)^2\mathrm{d}x$

(4) $\int x^2\ln(1+x)\mathrm{d}x$

*3.5 积分方法小结
(Summary for Indefinite Integration)

本节提示:前面将求导公式应用到求不定积分,并介绍了几种求积分的基本方法,除此之外,还有一些求不定积分的常见方法,在这里也介绍给大家.但还有一些连续的初等函数的原函数不能用初等函数表达,称之为"积不出来",例如

$$\int \frac{\sin x}{x} dx, \int \frac{1}{\ln x} dx, \int e^{-x^2} dx, \int \frac{dx}{\sqrt{1+x^4}}$$

等都是积分不出来的不定积分.同时,对于能积分出来的积分,为了使用方便,人们把常用的一些积分编成积分表(附录Ⅰ),以供大家查阅.

3.5.1 简单有理分式函数的积分

有理函数是指由两个多项式的商所表示的函数,具体形式为

$$\frac{P(x)}{Q(x)} = \frac{a_0 x^m + a_1 x^{m-1} + \cdots + a_m}{b_0 x^n + b_1 x^{n-1} + \cdots + b_n}$$

其中,m 和 n 都是非负整数;$a_0, a_1, a_2, \cdots, a_m$ 及 $b_0, b_1, b_2, \cdots, b_n$ 都是实数,且 $a_0 \neq 0, b_0 \neq 0$.

我们假设 $P(x)$ 与 $Q(x)$ 之间没有公因子.如果 $m \geqslant n$,利用多项式除法将其化为一个多项式与一个真分式($m < n$)的和的形式.如

$$\frac{x^3 + 2x + 2}{x^2 + 1} = x + \frac{x+2}{x^2+1}$$

多项式容易积分,关键是后边分式的积分.以下假设 $\frac{P(x)}{Q(x)}$ 是真分式.

如果多项式 $Q(x)$ 在实数范围内能分解成一次因式和二次质因式的乘积,如

$$Q(x) = C (x-a)^\alpha \cdots (x-b)^\beta (x^2+px+q)^\lambda \cdots (x^2+rx+s)^\mu$$

(其中,$p^2 - 4q < 0, \cdots, r^2 - 4s < 0$),那么 $\frac{P(x)}{Q(x)}$ 可以分解成如下形式:

$$\frac{P(x)}{Q(x)} = \frac{A_1}{x-a} + \frac{A_2}{(x-a)^2} + \cdots + \frac{A_\alpha}{(x-a)^\alpha} +$$

$$\cdots + \frac{B_1}{x-b} + \frac{B_2}{(x-b)^2} + \cdots + \frac{B_\beta}{(x-b)^\beta} +$$

$$\cdots + \frac{M_1 x + N_1}{x^2+px+q} + \frac{M_2 x + N_2}{(x^2+px+q)^2} + \cdots + \frac{M_\lambda x + N_\lambda}{(x^2+px+q)^\lambda} +$$

$$\cdots + \frac{R_1 x + S_1}{x^2+rx+s} + \frac{R_2 x + S_2}{(x^2+rx+s)^2} + \cdots + \frac{R_\mu x + S_\mu}{(x^2+rx+s)^\mu}$$

其中,$A_i, \cdots, B_i, \cdots, M_i, \cdots, N_i, \cdots, R_i, \cdots, S_i$ 等都是常数,然后求出各部分的积分.

例 3.5.1 求 $\int \frac{x+2}{x^2-5x+6} dx$.

解:我们用待定系数法先把被积函数分解成最简分式之和,再求其积分.设

$$\frac{x+2}{x^2-5x+6} = \frac{A}{x-2} + \frac{B}{x-3},$$

两边去分母

$$x+2=A(x-3)+B(x-2),$$

分别令 $x=2$，$x=3$ 得 $A=-4$，$B=5$. 于是

$$\frac{x+2}{x^2-5x+6}=\frac{5}{x-3}-\frac{4}{x-2}$$

所以 $\displaystyle\int \frac{x+2}{x^2-5x+6}\mathrm{d}x=\int \frac{5}{x-3}\mathrm{d}x-\int \frac{4}{x-2}\mathrm{d}x=5\ln\mid x-3\mid-4\ln\mid x-2\mid+C.$

例 3.5.2　求 $\displaystyle\int \frac{x+2}{x^2+2x+2}\mathrm{d}x.$

解： $\displaystyle\int \frac{x+2}{x^2+2x+2}\mathrm{d}x=\frac{1}{2}\int \frac{\mathrm{d}(x^2+2x+2)}{x^2+2x+2}+\int \frac{\mathrm{d}x}{(x+1)^2+1}$

$$=\frac{1}{2}\ln(x^2+2x+2)+\arctan(x+1)+C.$$

例 3.5.3　求 $\displaystyle\int \frac{2x+1}{(1+x)(x^2+1)}\mathrm{d}x.$

解： $\displaystyle\int \frac{2x+1}{(1+x)(x^2+1)}\mathrm{d}x=\frac{1}{2}\int \left(\frac{x+3}{1+x^2}-\frac{1}{1+x}\right)\mathrm{d}x$

$$=\frac{1}{4}\left[\int \frac{\mathrm{d}(1+x^2)}{1+x^2}+\int \frac{6\mathrm{d}x}{1+x^2}-\int \frac{2\mathrm{d}x}{1+x}\right]$$

$$=\frac{1}{4}\left[\ln(1+x^2)+6\arctan x-2\ln\mid 1+x\mid\right]+C.$$

3.5.2　三角函数有理式的积分

由三角函数和常数经有限次四则运算所构成的函数叫作三角函数的有理式. 因为 $\sin x$、$\cos x$ 都可以用 $\tan \dfrac{x}{2}$ 表示. 所以用 $u=\tan \dfrac{x}{2}$ 表示其他的三角函数，就将三角函数的有理式化为 u 的有理式进行积分. 其中

$$\sin x=\frac{2u}{1+u^2}, \quad \cos x=\frac{1-u^2}{1+u^2}, \quad \mathrm{d}x=\frac{2}{1+u^2}\mathrm{d}u.$$

这种求积分的方法叫作万能代换法.

例 3.5.4　求 $\displaystyle\int \frac{1+\sin x}{\sin x(1+\cos x)}\mathrm{d}x.$

解： $\displaystyle\int \frac{1+\sin x}{\sin x(1+\cos x)}\mathrm{d}x=\int \frac{\left(1+\dfrac{2u}{1+u^2}\right)\dfrac{2\mathrm{d}u}{1+u^2}}{\dfrac{2u}{1+u^2}\left(1+\dfrac{1-u^2}{1+u^2}\right)}=\frac{1}{2}\int \left(u+2+\frac{1}{u}\right)\mathrm{d}u$

$$=\frac{1}{2}\left(\frac{u^2}{2}+2u+\ln\mid u\mid\right)+C$$

$$=\frac{1}{4}\tan^2 \frac{x}{2}+\tan \frac{x}{2}+\frac{1}{2}\ln\mid \tan \frac{x}{2}\mid+C.$$

习题 3.5

A. 基本题

1. 求下列不定积分.

(1) $\displaystyle\int \frac{1}{(x+2)(x+3)}\mathrm{d}x$

(2) $\displaystyle\int \frac{2x+5}{x^2+2x+3}\mathrm{d}x$

(3) $\displaystyle\int \frac{x+3}{x^2-2x-3}\mathrm{d}x$

(4) $\displaystyle\int \frac{x-2}{x^2-2x+5}\mathrm{d}x$

2. 求下列不定积分.

(1) $\displaystyle\int \frac{\mathrm{d}x}{1+\cos x}$

(2) $\displaystyle\int \frac{1}{\sin x+\tan x}\mathrm{d}x$

数 学 实 验　不 定 积 分

用 Mathematica 求不定积分特别简单,求不定积分的格式为 Integrate[f[x],x],或用工具栏中的符号 $\int\square\mathrm{d}\square$. 输出结果略掉任意常数 C.

例 1　求函数 $y=x^n$ 的不定积分.

输入 Integrate[x^n,x],则输出函数 $y=x^n$ 的不定积分 $\dfrac{x^{n+1}}{n+1}$.

例 2　已知函数 $f(x)=\sin^2 x$,求 $f(x)$ 的不定积分.

输入 $\int$Sin[x]^2dx

输出 $\dfrac{x}{2}-\dfrac{1}{4}$Sin[2x]

第4章　定积分
（Definite Integral）

本章提示：微积分的产生大致经历了 3 个阶段：极限概念；求积的无限小方法；微分与积分的互逆关系。14 世纪前的中国对前两个阶段的工作做出了杰出的贡献。从有限分割到无限分割，是中国古代传统求积方法的自然发展。例如，刘徽于公元 263 年首创割圆术求圆面积和方锥体积。牛顿（Newton）从研究物体运动的速度得到导数，创建了（流数术）微积分。而莱布尼兹（Leibniz，1646—1716，德国）则与牛顿相反，从切线入手，把求和问题归并到反微分，从而得到微积分关键的思想：微分与积分的互逆。本章学习一元函数微积分的最后一部分内容——定积分。

4.1　定积分的定义
（the Definition of Definite Integral）

4.1.1　定积分问题举例

例 4.1.1　（曲边梯形的面积）设 $y=f(x)$ 在闭区间 $[a,b]$ 上连续且 $f(x)>0$。由曲线 $y=f(x)$、直线 $x=a$、$x=b$ 以及 x 轴（即 $y=0$）所围成的平面图形（图 4-1）称为曲边梯形（curved side trapezoid），求它的面积 A。

解：该曲边梯形有一条曲线边 $y=f(x)$。如果这条边是直线，则按梯形公式求出它的面积。那么如何计算曲边梯形的面积？考虑到 $f(x)$ 的连续性，当自变量变化很小时，函数的变化也很小。于是把曲边梯形分成许多小块，在每一小块上函数的高变化很小，可以近似地看做不变，即用一系列小矩形的面积近似代替小曲边梯形的面积，得到小曲边梯形面积的近似值，再将这

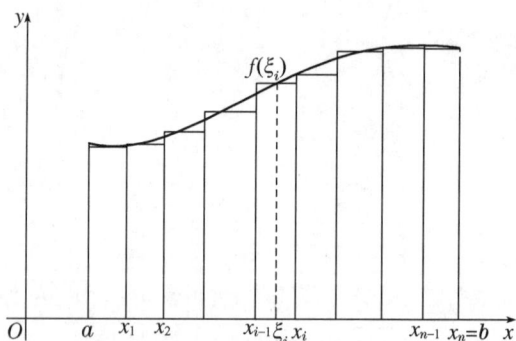

图 4-1

些小曲边梯形面积的近似值相加，得到整个曲边梯形面积的近似值。如果分得越细，面积的近似程度就越高。这样无限细分下去，使每一个小曲边梯形的底边长度都趋于零，这时所有小矩形面积和的极限就是所求曲边梯形的面积。上述求曲边梯形面积的思想可用数学术语表达如下：

（1）分割。在 $[a,b]$ 中任意插入 $n-1$ 个分点

$$a = x_0 \leqslant x_1 \leqslant x_2 \leqslant \cdots \leqslant x_{n-1} \leqslant x_n = b$$

把区间 $[a,b]$ 分成 n 个小区间 $[x_0,x_1], [x_1,x_2], \cdots, [x_{n-1},x_n]$，记第 i 个小区间的长度为 Δx_i. 相应地把曲边梯形分成 n 个小曲边梯形，其面积分别记为 ΔA_i；

(2) 取近似. 在每个小区间 $[x_{i-1},x_i]$ 上任取一点 ξ_i，作乘积 $f(\xi_i)\Delta x_i$，得各小矩形面积即小曲边梯形面积的近似值，即 $\Delta A_i \approx f(\xi_i)\Delta x_i$；

(3) 求和. 将各个小矩形面积相加就得到所求曲边梯形面积的近似值

$$A = \sum_{i=1}^{n} \Delta A_i \approx \sum_{i=1}^{n} f(\xi_i)\Delta x_i;$$

(4) 取极限. 记所有小区间长度的最大值为 λ，则当 λ 趋近于零（也就是无限细分区间 $[a,b]$）时，上述和式的极限就是所求曲边梯形的面积的精确值，即

$$A = \lim_{\lambda \to 0} \sum_{i=1}^{n} f(\xi_i)\Delta x_i.$$

图 4-2 是就 $y = x^2$，x 轴与 $x = 1$ 围成的图形的面积的计算机模拟示例.

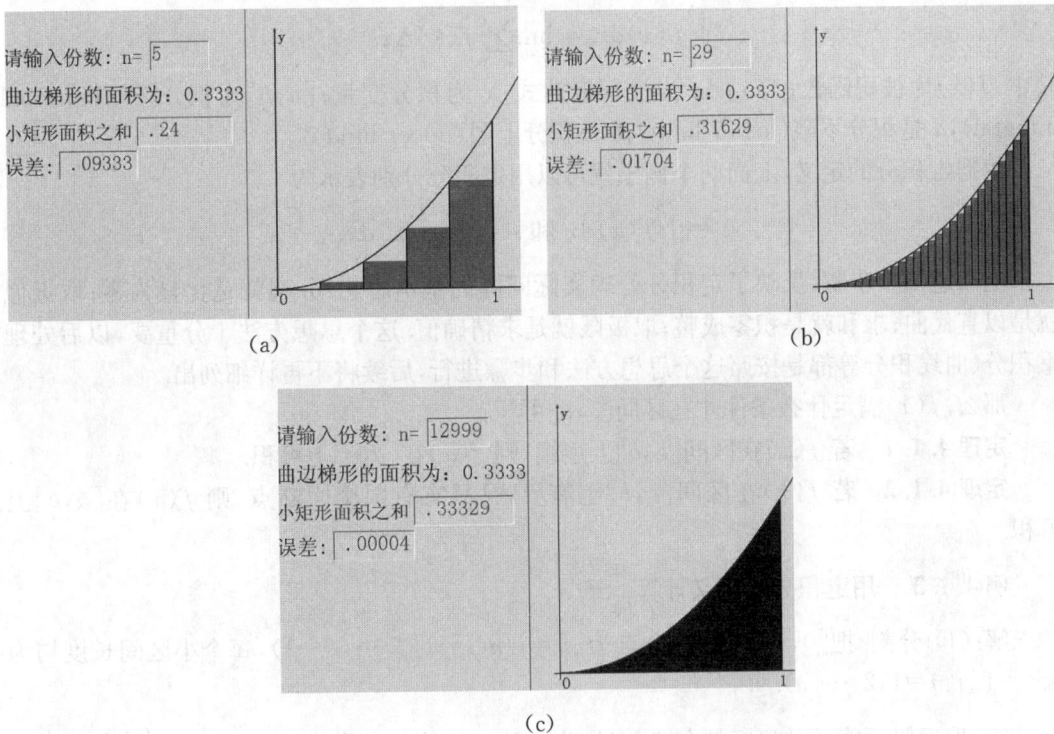

(a)

(b)

(c)

图 4-2

例 4.1.2　（变速直线运动的路程）设某物体做直线运动，已知速度 $v = v(t)$ 是时间间隔 $[T_1,T_2]$ 上 t 的一个连续函数，且 $v(t) \geqslant 0$，求物体在这段时间内所经过的路程.

解：模仿上例的做法，先把 $[T_1,T_2]$ 分成若干个小区间，第 i 个小区间和小区间长度均记为 Δt_i，在每个小区间上任取一点 τ_i，用这一点的速度代替整个小区间上的速度算出物体在时间区间 Δt_i 上走过的路程的近似值 $v(\tau_i)\Delta t_i$，然后再把这些近似值加起来，并令每个小区间长度的最大值 λ 趋近于零，就得到时间间隔 $[T_1,T_2]$ 上物体所经过的路程

$$s = \lim_{\lambda \to 0} \sum_{i=1}^{n} v(\tau_i) \Delta t_i.$$

4.1.2 定积分的定义

定义 4.1.1 设函数 $f(x)$ 在 $[a,b]$ 上有界. 在 $[a,b]$ 内任意插入若干分点

$$a = x_0 \leqslant x_1 \leqslant x_2 \leqslant \cdots \leqslant x_{n-1} \leqslant x_n = b,$$

把区间 $[a,b]$ 分成 n 个小区间. 各个小区间的长度记为 Δx_i, 在每个小区间 $[x_{i-1}, x_i]$ 上任取一点 ξ_i, 作乘积 $f(\xi_i)\Delta x_i$, 并作和 $\sum_{i=1}^{n} f(\xi_i)\Delta x_i$. 记 $\lambda = \max\{\Delta x_1, \Delta x_2, \cdots, \Delta x_n\}$, 如果不论对 $[a,b]$ 怎么分, 以及点 ξ_i 怎么取, 只要当 $\lambda \to 0$ 时, 和 $\sum_{i=1}^{n} f(\xi_i)\Delta x_i$ 总趋于确定的极限 I, 则称极限 I 为函数 $f(x)$ 在区间 $[a,b]$ 上的定积分 (这时也说 $f(x)$ 在区间 $[a,b]$ 上是可积的 (integrable)), 记作 $\int_a^b f(x)\mathrm{d}x$, 即

$$\int_a^b f(x)\mathrm{d}x = \lim_{\lambda \to 0} \sum_{i=1}^{n} f(\xi_i)\Delta x_i.$$

其中, $f(x)$ 为被积函数; $f(x)\mathrm{d}x$ 为被积表达式; x 为积分变量; $[a,b]$ 为积分区间 (interval integral), a 是积分下限 (lower limit), b 是积分上限 (upper limit).

根据定积分的定义, 上面两个例子就可以用定积分分别表示为

$$A = \int_a^b f(x)\mathrm{d}x \text{ 和 } s = \int_{T_1}^{T_2} v(x)\mathrm{d}x.$$

上面这 4 个步骤, 反映了定积分处理实际问题的基本思想: 分割就是化整为零; 取近似就是以直代曲; 求和就是积零成整; 取极限就是求精确值. 这个思想方法十分重要, 以后处理重积分、曲线积分等都是按照这个思想方法和步骤进行, 后续将不再详细列出.

那么, $f(x)$ 满足什么条件才在区间 $[a,b]$ 可积?

定理 4.1.1 若 $f(x)$ 在区间 $[a,b]$ 上连续, 则 $f(x)$ 在 $[a,b]$ 上可积.

定理 4.1.2 若 $f(x)$ 在区间 $[a,b]$ 上有界, 且只有有限个间断点, 则 $f(x)$ 在 $[a,b]$ 上可积.

例 4.1.3 用定积分的定义计算 $\int_0^1 x^2 \mathrm{d}x$.

解: (1) 分割. 把 $[0,1]$ n 等分, 分点为 $x_i = i/n (i = 1, 2, \cdots, n-1)$, 每个小区间长度均为 $\Delta x_i = 1/n (n = 1, 2, \cdots, n)$.

(2) 取近似. 取每个小区间的右端点 i/n 为 $\xi_i (i = 1, 2, \cdots, n)$, 作乘积 $f(\xi_i)\Delta x_i = \left(\dfrac{i}{n}\right)^2 \cdot \dfrac{1}{n}$.

(3) 求和.

$$\sum_{i=1}^{n} f(\xi_i)\Delta x_i = \sum_{i=1}^{n} \left(\frac{i}{n}\right)^2 \cdot \frac{1}{n} = \sum_{i=1}^{n} \frac{i^2}{n^3} = \frac{1}{n^3}(1^2 + 2^2 + \cdots + n^2)$$

$$= \frac{1}{n^3} \cdot \frac{1}{6} n(n+1)(2n+1) = \frac{1}{6}\left(1 + \frac{1}{n}\right)\left(2 + \frac{1}{n}\right)$$

(4) 取极限.

$$\int_0^1 x^2 \mathrm{d}x = \lim_{n \to \infty} \frac{1}{6}\left(1 + \frac{1}{n}\right)\left(2 + \frac{1}{n}\right) = \frac{1}{3}.$$

4.1.3 定积分的几何意义

由例 4.1.1 知,在 $[a,b]$ 上,当 $f(x) \geqslant 0$ 时,定积分 $\int_a^b f(x)\mathrm{d}x$ 在几何上表示由曲线 $y = f(x)$ 和直线 $x=a,x=b$ 及 x 轴所围成的曲边梯形的面积;在 $[a,b]$ 上,当 $f(x) \leqslant 0$ 时,曲线 $y=f(x)$ 和直线 $x=a,x=b$ 及 x 轴所围成的曲边梯形在 x 轴的下方,定积分 $\int_a^b f(x)\mathrm{d}x$ 在几何上表示上述曲边梯形的面积的负值;在 $[a,b]$ 上 $f(x)$ 既取正值又取负值时,函数 $f(x)$ 图形的某些部分在 x 轴的下方,其他部分在 x 轴的上方. 如果对面积赋予正负号,x 轴的上方的图形面积赋予正号,x 轴的下方的图形面积赋予负号,则一般情形下,定积分 $\int_a^b f(x)\mathrm{d}x$ 是介于 x 轴、函数 $f(x)$ 的图形及两条直线 $x=a,x=b$ 之间的各个部分面积的代数和(图 4-3).

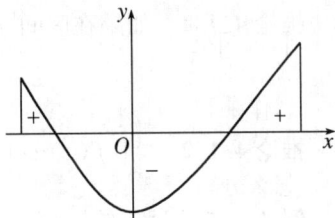

图 4-3

例 4.1.4 用定积分的几何意义计算 $\int_0^1 x\mathrm{d}x$.

解:由定积分的几何意义知 $\int_0^1 x\mathrm{d}x$ 表示以 $(0,0)$ 和 $(1,0)$ 为端点的线段为直角边,以 $(0,0)$ 和 $(1,1)$ 为端点的线段为斜边的直角三角形的面积,其面积为 $\dfrac{1}{2}$,所以 $\int_0^1 x\mathrm{d}x = \dfrac{1}{2}$.

4.1.4 特别规定

我们规定:当 $a=b$ 时,$\int_a^b f(x)\mathrm{d}x = 0$;当 $a>b$ 时,$\int_a^b f(x)\mathrm{d}x = -\int_b^a f(x)\mathrm{d}x$.

另外,从定积分的定义不难发现,它的值只与积分区间和被积函数有关,而与积分变量的记号无关,即

$$\int_a^b f(x)\mathrm{d}x = \int_a^b f(u)\mathrm{d}u = \int_a^b f(v)\mathrm{d}v = \cdots.$$

4.1.5 定积分的性质

定积分具有以下性质.

性质 4.1.1 函数的和、差的定积分等于它们定积分的和、差:

$$\int_a^b [f(x) \pm g(x)]\mathrm{d}x = \int_a^b f(x)\mathrm{d}x \pm \int_a^b g(x)\mathrm{d}x$$

性质 4.1.2 被积函数中的常数因子可以提到积分号的前面,即

$$\int_a^b kf(x)\mathrm{d}x = k\int_a^b f(x)\mathrm{d}x \quad (k \text{ 为常数})$$

性质 4.1.3 定积分对于积分区间具有可加性,即如果 $a<c<b$,则

$$\int_a^b f(x)\mathrm{d}x = \int_a^c f(x)\mathrm{d}x + \int_c^b f(x)\mathrm{d}x.$$

不仅如此,当 $c<a<b$ 或 $a<b<c$ 时,上式仍然成立.

性质 4.1.4 如果在区间 $[a,b]$ 上 $f(x) \equiv 1$,则

$$\int_a^b 1 dx = \int_a^b dx = b - a.$$

性质 4.1.5 如果在区间 $[a,b]$ 上恒有 $f(x) \geqslant 0$,则

$$\int_a^b f(x) dx \geqslant 0.$$

推论 4.1.1 如果在区间 $[a,b]$ 上恒有 $f(x) \leqslant g(x)$,

$$\int_a^b f(x) dx \leqslant \int_a^b g(x) dx.$$

推论 4.1.2 $\left| \int_a^b f(x) dx \right| \leqslant \int_a^b |f(x)| dx (a < b).$

例 4.1.5 试比较 $\int_0^1 x dx$ 与 $\int_0^1 x^3 dx$ 的大小.

解: 因为当 $0 \leqslant x \leqslant 1$ 时,$x \geqslant x^3$,所以,由推论 1 知 $\int_0^1 x dx \geqslant \int_0^1 x^3 dx$.

性质 4.1.6 (定积分估值定理)设 m、M 分别是 $f(x)$ 在区间 $[a,b]$ 上的最小值和最大值,则

$$m(b-a) \leqslant \int_a^b f(x) dx \leqslant M(b-a).$$

性质 4.1.7 (定积分中值定理)如果函数 $f(x)$ 在闭区间 $[a,b]$ 上连续,则在 $[a,b]$ 上至少存在一点 ξ,使 $\int_a^b f(x) dx = f(\xi)(b-a)$ (图 4-4).

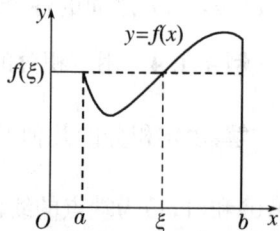

图 4-4

习题 4.1

A. 基本题

1. 说明下列等式的几何意义.

(1) $\int_{-1}^0 x dx = -\dfrac{1}{2}$

(2) $\int_0^1 \sqrt{1-x^2} dx = \dfrac{\pi}{4}$

B. 一般题

2. 试比较定积分的大小.

(1) $\int_1^2 x^3 dx$ 与 $\int_1^2 x^2 dx$

(2) $\int_3^4 \ln x dx$ 与 $\int_3^4 (\ln x)^2 dx$

3. 估计下列定积分的值

(1) $\int_1^2 e^x dx$

(2) $\int_0^\pi \sin x dx$

C. 提高题

4. 水利工程中要计算拦水闸门所受的水压力. 已知液体的压强 p(单位面积上压力的大小)是液体深度 h 的函数,且有 $p = 9.8\rho h$(kN/m²)(ρ 为液体的密度,kN 是千牛). 若闸门高 $H = 3$ m,宽 $L = 2$ m,求水面与闸门顶相齐时闸门所受的水压力 F(已知水的密度为 1 g/cm³).

4.2　微积分基本定理
(Fundamental Theorem of Calculus)

本节提示：用定积分的定义计算定积分十分困难. 在数学研究进程中, 人们自然会去寻求简单的方法. 在 17、18 世纪, 牛顿(Newton)和莱布尼兹(Leibnizs)就知道并使用了微积分基本定理解决定积分的计算问题. 随后, 大约在一个半世纪后, 法国数学家柯西(Cauchy)才给出微积分基本定理的精确叙述和严密的证明.

4.2.1　原函数存在定理

定理 4.2.1　(原函数存在定理)设 $f(x)$ 在闭区间 $[a,b]$ 上连续. 在区间 $[a,b]$ 上定义一个函数, 称为积分上限的函数(或变上限的定积分)(图 4-5),

$$\Phi(x) = \int_a^x f(t)\mathrm{d}t, \quad (x \in [a,b]) \tag{4-1}$$

则 $\Phi(x)$ 是 $f(x)$ 在区间 $[a,b]$ 上的一个原函数, 即

$$\Phi'(x) = \frac{\mathrm{d}}{\mathrm{d}x}\left[\int_a^x f(t)\mathrm{d}t\right] = f(x). \tag{4-2}$$

证明：设 $x \in [a,b]$, $\Delta x \neq 0$ 且 $x + \Delta x \in [a,b]$, 则

$$\begin{aligned}
\Delta\Phi(x) &= \Phi(x+\Delta x) - \Phi(x) \\
&= \int_a^{x+\Delta x} f(t)\mathrm{d}t - \int_a^x f(t)\mathrm{d}t \\
&= \int_a^x f(t)\mathrm{d}t + \int_x^{x+\Delta x} f(t)\mathrm{d}t - \int_a^x f(t)\mathrm{d}t \\
&= \int_x^{x+\Delta x} f(t)\mathrm{d}t.
\end{aligned}$$

对 $f(x)$ 在 $[x, x+\Delta x]$ 上应用定积分中值定理得

$$\int_x^{x+\Delta x} f(t)\mathrm{d}t = f(\xi)\Delta x \quad (\xi \text{ 介于 } x \text{ 和 } x+\Delta x \text{ 之间}),$$

于是

$$\Phi'(x) = \lim_{\Delta x \to 0}\frac{\Delta\Phi(x)}{\Delta x} = \lim_{\xi \to x} f(\xi) = f(x).$$

该定理揭示了定积分与原函数之间的内在联系, 利用这个定理可求有关变上限积分的导数问题.

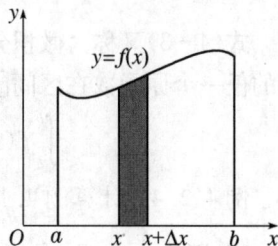

图 4-5

例 4.2.1　求 $\dfrac{\mathrm{d}}{\mathrm{d}x}\int_0^x \mathrm{e}^{-t^2}\mathrm{d}t$.

解：根据定理 4.2.1, $f(t) = \mathrm{e}^{-t^2}$, 则

$$\frac{\mathrm{d}}{\mathrm{d}x}\int_0^x \mathrm{e}^{-t^2}\mathrm{d}t = \mathrm{e}^{-x^2}.$$

例 4.2.2　求 $\dfrac{\mathrm{d}}{\mathrm{d}x}\int_x^{x^2} \sin t\,\mathrm{d}t$.

解：先利用定积分的性质把所给积分变成两个变上限的积分, 然后再按式(4-2)求导

$$\frac{\mathrm{d}}{\mathrm{d}x}\int_x^{x^2}\sin t\mathrm{d}t = \frac{\mathrm{d}}{\mathrm{d}x}\left(\int_x^0\sin t\mathrm{d}t + \int_0^{x^2}\sin t\mathrm{d}t\right)$$
$$= \frac{\mathrm{d}}{\mathrm{d}x}\left(\int_0^{x^2}\sin t\mathrm{d}t - \int_0^x\sin t\mathrm{d}t\right)$$
$$= 2x\sin x^2 - \sin x.$$

例 4.2.3　求 $\lim\limits_{x\to 0}\dfrac{\displaystyle\int_0^x\cos t^2\mathrm{d}t}{x}$.

解：该极限的分子、分母都趋于零,故可用罗必塔法则做:

$$\lim_{x\to 0}\frac{\displaystyle\int_0^x\cos t^2\mathrm{d}t}{x} = \lim_{x\to 0}\frac{\cos x^2}{1} = 1.$$

4.2.2　微积分基本定理

定理 4.2.2　(微积分基本定理)设 $f(x)$ 在闭区间 $[a,b]$ 上连续. 如果 $F(x)$ 是 $f(x)$ 在 $[a,b]$ 上的一个原函数,则

$$\int_a^b f(x)\mathrm{d}x = F(b) - F(a).$$

证：由定理 4.2.1 知, $\Phi(x) = \displaystyle\int_a^x f(t)\mathrm{d}t$ 也是 $f(x)$ 在 $[a,b]$ 上的一个原函数,而且这两个原函数之间只差一个常数:

$$\Phi(x) - F(x) = C$$

即

$$\int_a^x f(t)\mathrm{d}t = F(x) + C.$$

在上式中令 $x=a$ 得 $C = -F(a)$,再令 $x=b$ 得

$$\int_a^b f(x)\mathrm{d}x = F(b) - F(a). \tag{4-3}$$

式(4-3)又称为微积分基本公式. 它表明:一个连续函数在区间 $[a,b]$ 上的定积分等于它的任一个原函数在区间 $[a,b]$ 上的增量. 此外,式(4-3)还可以写成

$$\int_a^b f(x)\mathrm{d}x = F(x)\Big|_a^b \quad \text{或} \int_a^b f(x)\mathrm{d}x = [F(x)]_a^b.$$

例 4.2.4　计算例 4.1.3 中的定积分.

解：因为 $\dfrac{1}{3}x^3$ 是 x^2 的一个原函数,由微积分基本公式(4-3)得:

$$\int_0^1 x^2\mathrm{d}x = \left[\frac{1}{3}x^3\right]_0^1 = \frac{1}{3}.$$

例 4.2.5　求定积分 $\displaystyle\int_0^1\dfrac{\mathrm{d}x}{1+x^2}$.

解：$\displaystyle\int_0^1\dfrac{\mathrm{d}x}{1+x^2} = \arctan x\Big|_0^1 = \dfrac{\pi}{4} - 0 = \dfrac{\pi}{4}$.

例 4.2.6　求 $\displaystyle\int_{-1}^1 |x|\mathrm{d}x$.

解：因为 $|x| = \begin{cases} -x, & x < 0, \\ x, & x \geqslant 0. \end{cases}$

所以 $\displaystyle\int_{-1}^{1} |x|\, \mathrm{d}x = \int_{-1}^{0} -x\, \mathrm{d}x + \int_{0}^{1} x\, \mathrm{d}x$

$$= -\frac{x^2}{2}\Big|_{-1}^{0} + \frac{x^2}{2}\Big|_{0}^{1}$$

$$= \frac{1}{2} + \frac{1}{2} = 1.$$

例 4.2.7　设直线形金属丝占据数轴上位置 $[0, 2]$，任意一点 x 处的线密度为 kx，求该金属丝的质量 m.

解：因为金属丝的质量可表示为 $\displaystyle\int_{0}^{2} kx\, \mathrm{d}x$，而 $\dfrac{k}{2}x^2$ 是 kx 的一个原函数，所以金属丝的质量为：

$$m = \int_{0}^{2} kx\, \mathrm{d}x = \left[\frac{k}{2}x^2\right]_{0}^{2} = 2k.$$

习 题 4.2

A. 基本题

1. 计算定积分.

(1) $\displaystyle\int_{0}^{2} (x^2 + 4)\, \mathrm{d}x$

(2) $\displaystyle\int_{0}^{1} x(x + \sqrt{x})\, \mathrm{d}x$

(3) $\displaystyle\int_{0}^{1} \mathrm{e}^{2x}\, \mathrm{d}x$

(4) $\displaystyle\int_{0}^{\pi} (2\cos x + \sin x)\, \mathrm{d}x$

B. 一般题

2. 计算下列定积分.

(1) $\displaystyle\int_{-2}^{2} |x|\, \mathrm{d}x$

(2) $\displaystyle\int_{-\pi}^{\pi} \sin^2 x\, \mathrm{d}x$

3. 求下列函数的导数.

(1) $y = \displaystyle\int_{1}^{x} \sqrt{1 + t^2}\, \mathrm{d}t$

(2) $y = \displaystyle\int_{-1}^{x^2} \arctan t\, \mathrm{d}t$

(3) $y = \displaystyle\int_{x}^{0} \mathrm{e}^{-t}\, \mathrm{d}x$

(4) $y = \displaystyle\int_{0}^{x^2} \tan t\, \mathrm{d}t$

C. 提高题

4. 设 $f(x) = \begin{cases} x^2, & x \leqslant 0 \\ \sin x, & x > 0 \end{cases}$ 求 $\displaystyle\int_{-1}^{\pi} f(x)\, \mathrm{d}x$.

5. 求 $\displaystyle\lim_{x \to 0} \frac{\displaystyle\int_{0}^{x} \ln(\cos t)\, \mathrm{d}t}{x}$.

6. 求函数 $f(x) = \displaystyle\int_{-1}^{x^2} (t - 9)\mathrm{e}^t\, \mathrm{d}t$ 的极值点，并指出是极大值点还是极小值点.

4.3　定积分的换元积分法与分部积分法
（Integration by Substitution and Integration by Parts）

本节提示：由微积分基本公式知，计算定积分的关键仍然是求被积函数的原函数．求不定积分的方法可以直接用到求定积分上来．还讨论了在求定积分时换元积分法的一些新特点，读者要注意这些方法与不定积分的不同之处．

4.3.1　换元积分法

我们知道计算定积分的简便方法是将定积分问题转化为求原函数，于是想到将求原函数的方法用到定积分的计算上来，如换元积分法和分部积分法．

定理 4.3.1　假设函数 $f(x)$ 在区间 $[a,b]$ 上连续，函数 $x=\varphi(t)$ 满足：

(1) $\varphi(\alpha)=a, \varphi(\beta)=b$；

(2) $\varphi(t)$ 在 $[\alpha,\beta]$（或 $[\beta,\alpha]$）上具有连续导数，且其值域不越出 $[a,b]$，则有

$$\int_a^b f(x)\mathrm{d}x = \int_\alpha^\beta f[\varphi(t)]\varphi'(t)\mathrm{d}t. \tag{4-4}$$

式（4-4）叫作定积分的换元积分公式．

例 4.3.1　计算 $\int_1^{e^2} \dfrac{\ln x}{x}\mathrm{d}x$．

解：$\int_1^{e^2} \dfrac{\ln x}{x}\mathrm{d}x = \int_1^{e^2} \ln x \mathrm{d}\ln x = \dfrac{1}{2}(\ln x)^2 \Big|_1^{e^2} = 2.$

例 4.3.2　计算 $\int_1^9 \dfrac{\mathrm{d}x}{1+\sqrt{x}}$．

解：令 $\sqrt{x}=t$，当 x 分别取上、下限为 9、1 时，则 t 分别取 3、1，于是

$$\int_1^9 \frac{\mathrm{d}x}{1+\sqrt{x}} = \int_1^3 \frac{2t\mathrm{d}t}{1+t} = 2\int_1^3 \frac{1+t-1}{1+t}\mathrm{d}t = 2\int_1^3 \left(1-\frac{1}{1+t}\right)\mathrm{d}t$$

$$= 2(t-\ln(1+t))\Big|_1^3 = 2[(3-\ln 4)-(1-\ln 2)] = 4-2\ln 2.$$

例 4.3.3　计算 $\int_0^{\frac{1}{2}} \dfrac{x\mathrm{d}x}{\sqrt{1-x^2}}$．

解：令 $x=\sin t$，得

$$\int_0^{\frac{1}{2}} \frac{x\mathrm{d}x}{\sqrt{1-x^2}} = \int_0^{\frac{\pi}{6}} \frac{\sin t}{\cos t}\cos t\mathrm{d}t = -\cos t\Big|_0^{\frac{\pi}{6}} = 1-\frac{\sqrt{3}}{2}.$$

注意：在用换元积分法计算定积分时如果引入了新的变量一定要注意改变积分上、下限．

例 4.3.4　证明：若 $f(x)$ 在 $[-a,a]$ 上连续，则当 $f(x)$ 为奇函数时，$\int_{-a}^a f(x)\mathrm{d}x = 0$；当 $f(x)$ 为偶函数时，$\int_{-a}^a f(x)\mathrm{d}x = 2\int_0^a f(x)\mathrm{d}x$．

证明：$\int_{-a}^a f(x)\mathrm{d}x = \int_{-a}^0 f(x)\mathrm{d}x + \int_0^a f(x)\mathrm{d}x.$

令 $x=-t$ 得

$$\int_{-a}^{0}f(x)\mathrm{d}x=-\int_{a}^{0}f(-t)\mathrm{d}t=\int_{0}^{a}f(-t)\mathrm{d}t=\int_{0}^{a}f(-x)\mathrm{d}x.$$

所以

$$\int_{-a}^{a}f(x)\mathrm{d}x=\int_{0}^{a}(f(-x)+f(x))\mathrm{d}x$$

$$=\begin{cases}0,&f(-x)=-f(x),\\2\int_{0}^{a}f(x)\mathrm{d}x,&f(-x)=f(x).\end{cases}$$

例 4.3.5　求 $\int_{-1}^{1}\dfrac{x\sin^{2}x\cos x}{x^{4}+2x^{2}+1}\mathrm{d}x.$

解: 因为被积函数在 $[-1,1]$ 连续且为奇函数,故

$$\int_{-1}^{1}\frac{x\sin^{2}x\cos x}{x^{4}+2x^{2}+1}\mathrm{d}x=0.$$

4.3.2　分部积分法

定积分的分部积分法就是将不定积分的分部积分法带上积分上、下限

$$\int_{a}^{b}v\mathrm{d}u=uv\Big|_{a}^{b}-\int_{a}^{b}u\mathrm{d}v. \tag{4-5}$$

式(4-5)叫作定积分的分部积分公式.

例 4.3.6　求 $\int_{0}^{1}x\mathrm{e}^{x}\mathrm{d}x.$

解: $\displaystyle\int_{0}^{1}x\mathrm{e}^{x}\mathrm{d}x=x\mathrm{e}^{x}\Big|_{0}^{1}-\int_{0}^{1}\mathrm{e}^{x}\mathrm{d}x=\mathrm{e}-\mathrm{e}^{x}\Big|_{0}^{1}=\mathrm{e}-(\mathrm{e}-1)=1.$

例 4.3.7　求 $\int_{0}^{\frac{\pi}{2}}\mathrm{e}^{x}\cos x\mathrm{d}x.$

解: $\displaystyle\int_{0}^{\frac{\pi}{2}}\mathrm{e}^{x}\cos x\mathrm{d}x=\mathrm{e}^{x}\sin x\Big|_{0}^{\frac{\pi}{2}}-\int_{0}^{\frac{\pi}{2}}\mathrm{e}^{x}\sin x\mathrm{d}x$

$$=\left[\mathrm{e}^{x}\sin x+\mathrm{e}^{x}\cos x\right]_{0}^{\frac{\pi}{2}}-\int_{0}^{\frac{\pi}{2}}\mathrm{e}^{x}\cos x\mathrm{d}x,$$

$$=\mathrm{e}^{\frac{\pi}{2}}-1-\int_{0}^{\frac{\pi}{2}}\mathrm{e}^{x}\cos x\mathrm{d}x$$

所以

$$\int_{0}^{\frac{\pi}{2}}\mathrm{e}^{x}\cos x\mathrm{d}x=\frac{1}{2}(\mathrm{e}^{\frac{\pi}{2}}-1).$$

注意: 用分部积分法做定积分的题目时,积出来的部分一定要及时代入上、下限.

习 题 4.3

A. 基本题

1. 计算下列定积分.

(1) $\displaystyle\int_0^1 (x+1)^2 \mathrm{d}x$ (2) $\displaystyle\int_0^{\frac{\pi}{2}} \sin^2 x\cos x\,\mathrm{d}x$

B. 一般题

2. 计算下列定积分.

(1) $\displaystyle\int_4^9 \frac{\sqrt{x}}{\sqrt{x}+1}\mathrm{d}x$ (2) $\displaystyle\int_0^1 \frac{1}{\sqrt{1+x^2}}\mathrm{d}x$

(3) $\displaystyle\int_1^2 x\ln x\,\mathrm{d}x$ (4) $\displaystyle\int_0^{\pi} x\sin x\,\mathrm{d}x$

C. 提高题

3. 证明 $\displaystyle\int_x^1 \frac{1}{1+x^2}\mathrm{d}x = \int_1^{\frac{1}{x}} \frac{1}{1+x^2}\mathrm{d}x\,(x>0)$.

4. 若 $f(x)$ 在 $\left[0,\dfrac{\pi}{2}\right]$ 上连续,证明 $\displaystyle\int_0^{\frac{\pi}{2}} f(\sin x)\mathrm{d}x = \int_0^{\frac{\pi}{2}} f(\cos x)\mathrm{d}x$. (提示:令 $x=\dfrac{\pi}{2}-t$).

5. 若 $f(t)$ 是连续函数且为奇函数,证明 $\displaystyle\int_0^x f(t)\mathrm{d}t$ 是偶函数;若 $f(t)$ 是连续函数且为偶函数,证明 $\displaystyle\int_0^x f(t)\mathrm{d}t$ 是奇函数.

4.4　广义积分
（Improper Integral）

本节提示：在定积分的定义中，要求积分区间是有限区间，而且被积函数在积分区间上是有界的。那么当积分区间是无限区间或被积函数在积分区间上无界时会发生什么情况？这就引出了广义积分的概念.

4.4.1　无穷限的广义积分

定义 4.4.1　设函数 $f(x)$ 在区间 $[a, +\infty)$ 上连续.$b > a$，如果极限 $\lim\limits_{b \to +\infty} \int_a^b f(x)\mathrm{d}x$ 存在，则称此极限为函数 $f(x)$ 在无穷区间 $[a, +\infty)$ 上的广义积分，记作 $\int_a^{+\infty} f(x)\mathrm{d}x$，即

$$\int_a^{+\infty} f(x)\mathrm{d}x = \lim_{b \to +\infty} \int_a^b f(x)\mathrm{d}x. \tag{4-6}$$

这时也称该广义积分收敛；如果上述极限不存在，就称广义积分 $\int_a^{+\infty} f(x)\mathrm{d}x$ 发散.

类似地，可定义函数 $f(x)$ 在区间 $(-\infty, b]$ 的广义积分

$$\int_{-\infty}^b f(x)\mathrm{d}x = \lim_{a \to -\infty} \int_a^b f(x)\mathrm{d}x \tag{4-7}$$

以及在区间 $(-\infty, +\infty)$ 上的广义积分

$$\int_{-\infty}^{+\infty} f(x)\mathrm{d}x = \int_{-\infty}^0 f(x)\mathrm{d}x + \int_0^{+\infty} f(x)\mathrm{d}x. \tag{4-8}$$

当式 (4-8) 右端两个广义积分都收敛时，才称广义积分 $\int_{-\infty}^{+\infty} f(x)\mathrm{d}x$ 收敛，否则，称之为发散.

上述三类广义积分统称为无穷限的广义积分 (improper integral with infinite interval).

例 4.4.1　计算广义积分 $\int_0^{+\infty} \mathrm{e}^{-x}\mathrm{d}x$.

解：$\int_0^{+\infty} \mathrm{e}^{-x}\mathrm{d}x = \lim\limits_{b \to +\infty} \int_0^b \mathrm{e}^{-x}\mathrm{d}x = -\lim\limits_{b \to +\infty} \left[\mathrm{e}^{-x}\right]_0^b = -\lim\limits_{b \to +\infty} \left[\mathrm{e}^{-b} - \mathrm{e}^0\right] = 1$.

例 4.4.2　讨论广义积分 $\int_a^{+\infty} \dfrac{\mathrm{d}x}{x^p} (a > 0)$ 的敛散性.

解：当 $p = 1$ 时，

$$\int_a^{+\infty} \frac{\mathrm{d}x}{x} = \lim_{b \to +\infty} \int_a^b \frac{\mathrm{d}x}{x} = \lim_{b \to +\infty} \left[\ln x\right]_a^b = \lim_{b \to +\infty} \ln \frac{b}{a} = +\infty,$$

当 $p \neq 1$ 时，

$$\int_a^{+\infty} \frac{\mathrm{d}x}{x^p} = \lim_{b \to +\infty} \int_a^b \frac{\mathrm{d}x}{x^p} = \lim_{b \to +\infty} \left[\frac{x^{1-p}}{1-p}\right]_a^b = \begin{cases} +\infty, & p < 1 \\ \dfrac{a^{1-p}}{p-1}. & p > 1 \end{cases}$$

所以，当 $p > 1$ 时，该广义积分收敛，当 $p \leqslant 1$ 时，该广义积分发散.

4.4.2 无界函数的广义积分(improper integral with unbounded functions)

定义 4.4.2 设函数 $f(x)$ 在区间 $(a,b]$ 上连续且 $\lim\limits_{x \to a^+} f(x) = \infty$. 取 $\varepsilon > 0$,如果

$$\lim_{\varepsilon \to 0^+} \int_{a+\varepsilon}^{b} f(x)\mathrm{d}x$$

存在,则称此极限为 $f(x)$ 在区间 $(a,b]$ 上的广义积分,记作 $\int_a^b f(x)\mathrm{d}x$, 即

$$\int_a^b f(x)\mathrm{d}x = \lim_{\varepsilon \to 0^+} \int_{a+\varepsilon}^{b} f(x)\mathrm{d}x. \tag{4-9}$$

此时也称该广义积分收敛.若上述极限不存在,则称广义积分 $\int_a^b f(x)\mathrm{d}x$ 发散. 如果 $f(x)$ 在区间 $[a,b)$ 上连续且 $\lim\limits_{x \to b^-} f(x) = \infty$,类似地可定义

$$\int_a^b f(x)\mathrm{d}x = \lim_{\varepsilon \to 0^+} \int_{a}^{b-\varepsilon} f(x)\mathrm{d}x \tag{4-10}$$

以及当 $a < c < b$,且 $\lim\limits_{x \to c} f(x) = \infty$ 时定义

$$\int_a^b f(x)\mathrm{d}x = \int_a^c f(x)\mathrm{d}x + \int_c^b f(x)\mathrm{d}x \tag{4-11}$$

$$= \lim_{\varepsilon \to 0^+} \int_{a}^{c-\varepsilon} f(x)\mathrm{d}x + \lim_{\varepsilon' \to 0^+} \int_{c+\varepsilon}^{b} f(x)\mathrm{d}x.$$

在式(4-11)中,只要右边的两个广义积分有一个发散,就认为左边的广义积分发散.

对于被积函数在积分区间上有无穷间断点的情形,初学的同学容易忽略,把广义积分当作定积分去做.这样一来,有时解题者挺"幸运",居然得到了正确的结果,请看下例.

例 4.4.3 计算 $\int_0^1 \dfrac{1}{\sqrt{1-x}}\mathrm{d}x$.

解: 假定我们没有看出这是一个广义积分,而是按定积分做,则有

$$\int_0^1 \frac{1}{\sqrt{1-x}}\mathrm{d}x = -2\int_0^1 \frac{1}{2\sqrt{1-x}}\mathrm{d}(1-x) = \left[-2\sqrt{1-x}\right]_0^1 = 2.$$

因为 $\lim\limits_{x \to 1^-} \dfrac{1}{\sqrt{1-x}} = +\infty$,故所给积分是一个广义积分.按广义积分的做法,仍然得到

$$\int_0^1 \frac{1}{\sqrt{1-x}}\mathrm{d}x = \lim_{\varepsilon \to 0^+} \int_{0}^{1-\varepsilon} \frac{\mathrm{d}x}{\sqrt{1-x}} = -2\lim_{\varepsilon \to 0^+}\left[\sqrt{1-x}\right]_0^{1-\varepsilon}$$

$$= -2\lim_{\varepsilon \to 0^+}(\sqrt{\varepsilon}-1) = 2.$$

虽然按定积分的方法做也得到正确答案,但是这种做法是错误的,多数情况是得不到正确结果的.请看下例.

例 4.4.4 讨论广义积分 $\int_{-1}^1 \dfrac{1}{x^2}\mathrm{d}x$ 的敛散性.

解: 若当成定积分做,则有

$$\int_{-1}^1 \frac{1}{x^2}\mathrm{d}x = \left[-\frac{1}{x}\right]_{-1}^1 = -1-1 = -2.$$

因为积分区间包含 $x=0$,这是被积函数的无穷间断点.所以用以下方法判断该广义积分的

敛散性.

$$\int_{-1}^{1} \frac{1}{x^2} dx = \int_{-1}^{0} \frac{1}{x^2} dx + \int_{0}^{1} \frac{1}{x^2} dx,$$

而

$$\int_{-1}^{0} \frac{1}{x^2} dx = \lim_{\varepsilon \to 0^+} \int_{-1}^{-\varepsilon} \frac{1}{x^2} dx = \lim_{\varepsilon \to 0^+} \left(-\frac{1}{x} \right) \Big|_{-1}^{-\varepsilon}$$

$$= \lim_{\varepsilon \to 0^+} \left(\frac{1}{\varepsilon} - 1 \right) = +\infty,$$

故所给广义积分发散.

例 4.4.5 讨论广义积分 $\int_{0}^{1} \frac{1}{x^q} dx$ 的敛散性.

解：当 $q = 1$ 时，

$$\int_{0}^{1} \frac{dx}{x} = \lim_{\varepsilon \to 0^+} \int_{\varepsilon}^{1} \frac{dx}{x} = \lim_{\varepsilon \to 0^+} \left[\ln x \right]_{\varepsilon}^{1} = -\lim_{\varepsilon \to 0^+} \ln \varepsilon = +\infty,$$

当 $q \neq 1$ 时，

$$\int_{0}^{1} \frac{dx}{x^q} = \lim_{\varepsilon \to 0^+} \int_{\varepsilon}^{1} \frac{dx}{x^q} = \lim_{\varepsilon \to 0^+} \left[\frac{x^{1-q}}{1-q} \right]_{\varepsilon}^{1} = \begin{cases} +\infty, & q > 1 \\ \dfrac{1}{1-q}, & q < 1 \end{cases}$$

所以，当 $q < 1$ 时，该广义积分收敛；当 $q \geqslant 1$ 时，该广义积分发散.

综上所述，只要是广义积分，就不能用定积分的方法解答，不管结果是否正确. 这里强调，解决问题必须要有正确的方法，希望读者有意识地培养自己严谨、科学的（也就是按照自然规律行事的）学习、工作态度，并在生活、学习、工作中不断寻求解决问题的正确途径.

习题 4.4

A. 基本题

1. 判断下列广义积分的敛散性，若收敛，求广义积分的值.

(1) $\int_{-1}^{1} \frac{1}{x^3} dx$ 　　　　　　(2) $\int_{1}^{+\infty} \frac{1}{x^4} dx$

(3) $\int_{-\infty}^{+\infty} e^{-x} dx$ 　　　　　(4) $\int_{0}^{1} \frac{1}{\sqrt{x}} dx$

B. 一般题

2. 判断下列广义积分的敛散性，若收敛，求广义积分的值.

(1) $\int_{2}^{+\infty} \frac{1}{\sqrt{x^3}} dx$ 　　　　　(2) $\int_{0}^{\frac{1}{2}} \frac{1}{\sqrt[3]{x}} dx$

(3) $\int_{0}^{+\infty} x e^{-x^2} dx$ 　　　　(4) $\int_{1}^{e} \frac{1}{x \ln x} dx$

C. 提高题

3. 有一平面区域介于 $y = e^{-x}$、y 轴和 x 正半轴之间. 求该平面区域的面积.

4.5 定积分在几何上的应用
（Applications of Definite Integral in Geometry）

本节提示：通过求曲边梯形的面积可以看出，定积分能够解决诸如平面图形的面积、立体的体积、曲线的弧长等几何问题．这里将介绍利用"微元法"来建立解决有关问题的积分模型，进而求得相应的几何量的方法．

4.5.1 平面图形的面积

1. 直角坐标的情形

例 4.5.1 求由 $y=x^2,y^2=x$ 所围图形的面积（area）．

解：如图 4-6 所示，两条抛物线的交点为 $(0,0)$ 和 $(1,1)$．选 x 为积分变量，在 $[0,1]$ 内任取一点 x．过点 x 作平行于 y 轴的直线，该直线介于图形部分的长度为 $\sqrt{x}-x^2$．在点 x 处给自变量一个增量 $\mathrm{d}x$，相应地，介于图形部分的直线段沿 x 轴方向平行移动 $\mathrm{d}x$ 形成了一个竖起来的窄矩形，它的面积是 $(\sqrt{x}-x^2)\mathrm{d}x$，这就是我们要寻求的面积元素（areal element），记为

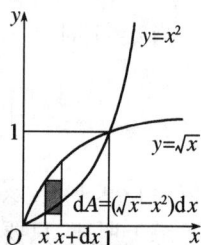

图 4-6

$$\mathrm{d}A=(\sqrt{x}-x^2)\mathrm{d}x.$$

以面积元素为被积表达式，在 $[0,1]$ 上作一个定积分，就得到所求平面图形的面积：

$$A=\int_0^1\mathrm{d}A=\int_0^1(\sqrt{x}-x^2)\mathrm{d}x=\left[\frac{2}{3}x^{\frac{3}{2}}-\frac{1}{3}x^3\right]_0^1=\frac{1}{3}.$$

在上例中，寻求面积元素的方法就叫做微元法．

当所求量 U 符合下列条件时，就可以考虑用定积分表达 U：

(1) U 是与一个变量 x 的变化区间 $[a,b]$ 有关的量；

(2) U 对于区间 $[a,b]$ 具有可加性，就是说，如果把区间 $[a,b]$ 分成许多部分区间，则 U 相应地分成许多部分量，而 U 等于所有部分量之和；

(3) 部分量 ΔU_i 的近似值可表示为 $f(\xi_i)\Delta x_i$．

用微元法求 U 的一般步骤：

(1) 根据问题的具体情况，选取一个变量，如 x 为积分变量，并确定它的变化区间 $[a,b]$；

(2) 设想把区间 $[a,b]$ 分成 n 个小区间，取其中任一小区间并记为 $[x,x+\mathrm{d}x]$，求出相应于这小区间的部分量 ΔU 的近似值．如果 ΔU 能近似地表示为 $[a,b]$ 上的一个连续函数在 x 处的值 $f(x)$ 与 $\mathrm{d}x$ 的乘积，就把 $f(x)\mathrm{d}x$ 称为量 U 的元素且记作 $\mathrm{d}U$，即 $\mathrm{d}U=f(x)\mathrm{d}x$；

(3) 以所求量 U 的元素 $f(x)\mathrm{d}x$ 为被积表达式，在区间 $[a,b]$ 上做定积分，得 $U=\int_a^b f(x)\mathrm{d}x$ 就是 U 的积分表达式．

例 4.5.2 求由 $y=x-4,y^2=2x$ 所围图形的面积．

解：如图 4-7 所示，$y=x-4,y^2=2x$ 的交点为 $(2,-2)$ 和 $(8,4)$．如果选择 x 为积分变量，

$$A = \int_0^2 (\sqrt{2x} - (-\sqrt{2x})) dx + \int_2^8 (\sqrt{2x} - (x-4)) dx$$

$$= \int_0^2 2\sqrt{2x} dx + \int_2^8 (\sqrt{2x} - (x-4)) dx.$$

$$= \left[\frac{4\sqrt{2}}{3} x^{\frac{3}{2}} \right]_0^2 + \left[\frac{2\sqrt{2}}{3} x^{\frac{3}{2}} - \frac{x^2}{2} + 4x \right]_2^8 = 18.$$

也可以选择 y 为积分变量,如图 4-8 所示,在 $[-2,4]$ 内任取一点 y,过点 y 作平行于 x 轴的直线,该直线介于图形部分的长度为 $y + 4 - \dfrac{y^2}{2}$. 在点 y 处给自变量一个增量 dy,相应地,介于图形部分的直线段沿 y 轴方向平行移动 dy 形成了一个横的窄矩形,它的面积是 $\left(y + 4 - \dfrac{y^2}{2} \right) dy$,这就是我们要寻求的面积元素,$dA = \left(y + 4 - \dfrac{y^2}{2} \right) dy$.

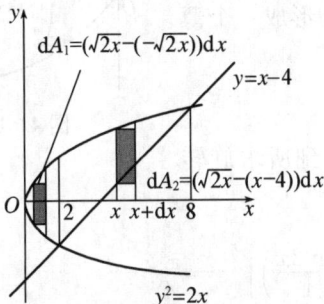

图 4-7

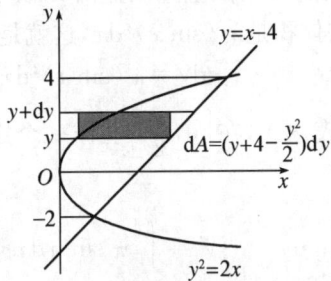

图 4-8

以面积元素为被积表达式,在 $[-2,4]$ 上作一个定积分,就得到所求平面图形的面积:

$$A = \int_{-2}^4 dA = \int_{-2}^4 \left(y + 4 - \frac{y^2}{2} \right) dy = \left[\frac{1}{2} y^2 + 4y - \frac{1}{6} y^3 \right]_{-2}^4 = 18.$$

从此例可以看出,选择适当的积分变量非常重要,选择得好就可以取到事半功倍的效果.

2. 极坐标(polar coordinates)的情形

如图 4-9 所示,设由曲线 $r = r(\theta)$ 及射线 $\theta = \alpha$,$\theta = \beta$ 围成一平面图形(称为曲边扇形),这里 $r(\theta)$ 连续且 $r(\theta) \geqslant 0$,求它的面积. 在区间 $[\alpha, \beta]$ 上任取一点 θ,做极角为 θ 的射线,交图形边界于点 P,则得从极点 O 到 P 的一条长为 $r(\theta)$ 的直线段 OP,给 θ 一个增量 $d\theta$,于是该直线段转动形成一个扇形,它的面积为 $\dfrac{1}{2} [r(\theta)]^2 d\theta$,这就是极坐标系下的面积元素:

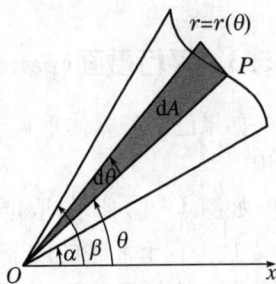

图 4-9

$$dA = \frac{1}{2} [r(\theta)]^2 d\theta.$$

故所求曲边扇形的面积为

$$A = \int_\alpha^\beta \frac{1}{2} [r(\theta)]^2 d\theta.$$

例 4.5.3 求阿基米德螺线(Archimedes' spiral) $r = a\theta (a > 0)$ 上相应于从 0 到 2π 的一段弧与极轴所围成的图形(图 4-10)的面积.

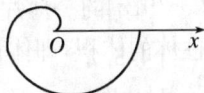

图 4-10

解:由上面的推导过程得

$$A = \int_0^{2\pi} \frac{1}{2} (a\theta)^2 \mathrm{d}\theta = \frac{a^2}{6} \theta^3 \Big|_0^{2\pi} = \frac{4}{3} a^2 \pi^3.$$

4.5.2 旋转体的体积(volume of a solid of rotation)

例 4.5.4 求 $y = \sin x$ 在 $\left[0, \frac{\pi}{2}\right]$ 上的一段弧与 x 轴和 $x = \frac{\pi}{2}$ 所围图形绕 x 轴旋转一周所生成的立体体积.

解:如图 4-11 所示,在 $\left[0, \frac{\pi}{2}\right]$ 上任选一点 x,过点 x 作平行于 y 轴的直线,直线介于图形内的一段长度为 $\sin x$. 让该直线段绕 x 轴选转一周形成一个圆盘,它的面积是 $\pi (\sin x)^2$. 在点 x 给自变量一个增量 $\mathrm{d}x$,则上述圆盘沿 x 轴方向平行移动形成一个薄圆柱体,它的体积是 $\pi (\sin x)^2 \mathrm{d}x$,这就是体积元素:

$$\mathrm{d}V = \pi (\sin x)^2 \mathrm{d}x,$$

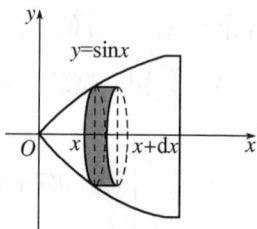

图 4-11

以它为被积表达式,在 $\left[0, \frac{\pi}{2}\right]$ 上作一个定积分,就得到所求旋转体的体积:

$$V = \int_0^{\frac{\pi}{2}} \pi \sin^2 x \mathrm{d}x = \pi \left(\frac{x}{2} - \frac{\sin 2x}{4} \right) \Big|_0^{\frac{\pi}{2}} = \frac{\pi^2}{4}.$$

例 4.5.5 证明半径为 R 的球体体积为 $V = \frac{4}{3} \pi R^3$.

证明:如图 4-12 所示,仿照上例求出体积元素为

$$\mathrm{d}V = \pi y^2 \mathrm{d}x = \pi (R^2 - x^2) \mathrm{d}x.$$

于是得

$$V = 2 \int_0^R \pi (R^2 - x^2) \mathrm{d}x = 2\pi \left(R^2 x - \frac{x^3}{3} \right) \Big|_0^R$$

$$= 2\pi \frac{2R^3}{3} = \frac{4}{3} \pi R^3.$$

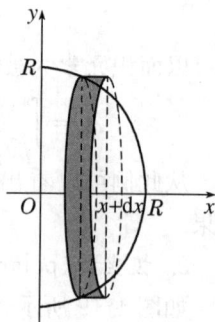

图 4-12

4.5.3 平行截面(parallel section)面积已知的立体体积

如果已知某立体垂直于一定轴的各个截面的面积,也可以利用定积分计算出该立体的体积.

如图 4-13 所示,取定轴为 x 轴,并设该立体在过点 $x = a$、$x = b$ 且垂直于 x 轴的两个平面之间. 用 $A(x)$ 表示过点 x 且垂直于 x 轴的截面面积,并假定 $A(x)$ 是 x 的连续函数. 取 x 为积分变量,积分区间为 $[a, b]$. 立体中相应于 $[a, b]$ 上任一小区间 $[x, x+\mathrm{d}x]$ 的一薄片的体积近似于底面积为 $A(x)$、高为 $\mathrm{d}x$ 的扁柱体的体积,即体积元素

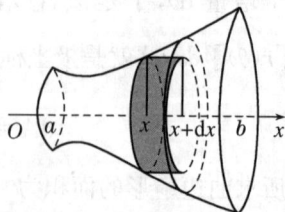

图 4-13

$$\mathrm{d}V = A(x) \mathrm{d}x.$$

则
$$V = \int_a^b A(x)\mathrm{d}x.$$

例 4.5.6　一平面经过半径为 R 的圆柱体的底圆中心,并与底面交成角 α. 计算这平面截圆柱体所得立体的体积.

解: 如图 4-14 所示,取这平面与圆柱体的底面的交线为 x 轴,底面上过圆中心、且垂直于 x 轴的直线为 y 轴.则底圆方程为 $x^2+y^2=R^2$. 立体中过点 x 且垂直于 x 轴的截面是一个直角三角形,截面面积为 $A(x)=\dfrac{1}{2}(R^2-x^2)\tan\alpha$,于是

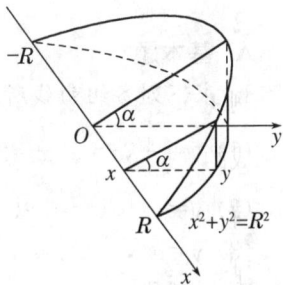

$$V = \int_{-R}^{R}\frac{1}{2}(R^2-x^2)\tan\alpha\mathrm{d}x = \frac{1}{2}\tan\alpha\left[R^2x-\frac{1}{3}x^3\right]_{-R}^{R}$$
$$= \frac{2}{3}R^3\tan\alpha.$$

图 4-14

4.5.4　曲线的弧长(arc length)

设函数 $f(x)$ 在区间 $[a,b]$ 上具有一阶连续的导数. 现计算曲线 $y=f(x)$ 上相应于 $x=a,x=b$ 的一段弧(图 4-15)的长度.

在 $[a,b]$ 上任取一点 x,在曲线上点 $P(x,f(x))$ 处作曲线的切线. 在点 x 给自变量一个增量 $\mathrm{d}x$,则点 P 沿曲线移动到点 Q. 根据微分的几何意义,相应地切线的纵坐标的增量为 $\mathrm{d}y$. 我们就以直角三角形 ΔPST 的斜边(即切线上的一段)的长度近似代替曲线弧 PQ 的长度,得到弧微分

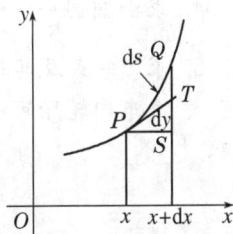

图 4-15

$$\mathrm{d}s = \sqrt{(\mathrm{d}x)^2+(\mathrm{d}y)^2} = \sqrt{1+\left(\frac{\mathrm{d}y}{\mathrm{d}x}\right)^2}\mathrm{d}x = \sqrt{1+y'^2}\mathrm{d}x.$$

这就是弧长元素. 于是,所求曲线的弧长为
$$s = \int_a^b \sqrt{1+y'^2}\mathrm{d}x.$$

例 4.5.7　计算曲线 $y=\ln(\cos x)$ 在 $[0,\frac{\pi}{4}]$ 上一段弧的弧长.

解: $y'=-\tan x$,弧长元素为
$$\mathrm{d}s = \sqrt{1+(-\tan x)^2}\mathrm{d}x = \sec x\mathrm{d}x,$$
故所求弧长为
$$s = \int_0^{\frac{\pi}{4}}\sec x\mathrm{d}x = \left[\ln(\sec x+\tan x)\right]_0^{\frac{\pi}{4}}$$
$$= \ln(\sqrt{2}+1)-\ln 1 = \ln(\sqrt{2}+1).$$

习题 4.5

A. 基本题

1. 求下列各组曲线所围平面图形的面积.

(1) $y=\dfrac{1}{x}$，$x=1$，$x=2$ 以及 x 轴；

(2) $y=\mathrm{e}^{-x}$，$y=\mathrm{e}^{x}$ 以及 $x=1$；

(3) $y=x^{2}$，$y=x$.

B. 一般题

2. 求抛物线 $x=1+y^{2}$ 与直线 $2y=x$ 以及 x 轴所围图形的面积.

3. 求心形线 $r=2a(1+\cos\theta)(a>0)$ 所围平面图形的面积.

C. 提高题

4. 求由椭圆 $\dfrac{x^{2}}{a^{2}}+\dfrac{y^{2}}{b^{2}}=1$ 围成的图形绕 x 轴旋转而成的旋转椭球体的体积.

5. 求 $y=\mathrm{e}^{x}$ 及其在点 $(0,1)$ 处的切线以及 $x=1$ 所围成的图形的面积.

6. 汽车内轮胎可视为圆 $(x-a)^{2}+y^{2}=R^{2}(a>R>0)$ 绕 y 轴旋转而成的旋转体，试求其体积.

数学实验 定积分及其应用

1. 求定积分

求定积分时,其基本格式为

$$\text{Integrate}[f[x],\{x,a,b\}]$$

其中,a 是积分下限,b 是积分上限. 或在工具面板中点击 $\int_{\Box}^{\Box}\Box d\Box$,输入被积表达式和积分上、下限.

例 1 计算 $\int_0^2 \mid x - 2 \mid dx$.

输入 Integrate[Abs[x−2],{x,0,2}],或 $\int_0^2 \text{Abs}[x-2]dx$,则输出 2.

以下各题均可用工具面板中定积分工具表示定积分,不再复述.

例 2 求 $\int_0^1 \mathrm{e}^{-x^2} dx$.

输入 Integrate[Exp[−x^2],{x,0,1}],则输出 $\frac{1}{2}\sqrt{\pi}\text{Erf}[1]$.

其中,Erf 是误差函数,它不是初等函数,应改为求数值积分,输入 NIntegrate[Exp[−x^2], {x,0,1}],则有结果 0.746 824.

2. 变上限的定积分及其导数

例 3 画出变上限函数 $\int_0^x t\cos t^2 dt$ 及其导函数的图形.

输入 f1[x_]:=Integrate[t * Cos[t^2],{t,0,x}]   /* 定义函数 */

　　f2[x_]:=Evaluate[D[f1[x],x]]   /* 数值化 */

　　g1=Plot[f1[x],{x,0,3},DisplayFunction−>Identity,PlotStyle−>RGBColor[1,0,0]]

　　g2=Plot[f2[x],{x,0,3},DisplayFunction−>Identity,PlotStyle−>RGBColor[0,0,1]]

　　Show[g1,g2,DisplayFunction−>＄DisplayFunction]

输出图形如图 4 − 16 所示.

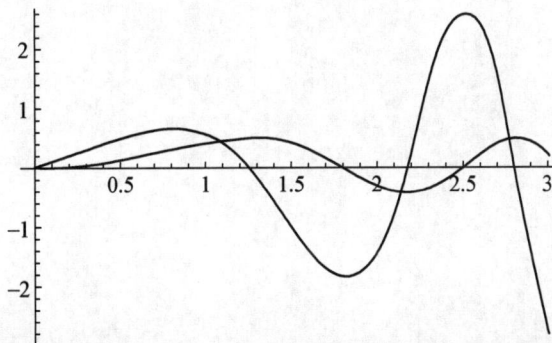

图 4 − 16

3. 求平面图形的面积

例 4 设 $f(x)=x^2$ 和 $g(x)=3-2x$,计算两曲线所围成的平面图形的面积.

方法一:输入Clear[f,g];f[x_]=x^2;g[x_]=-2x+3

Plot[{f[x],g[x]},{x,-4,4},PlotStyle->{RGBColor[1,0,0]

RGBColor[0,0,1]}]

Solve[f[x]==g[x]]

观察出两条曲线的相对位置,相交部分直线在上,得出两曲线的交点横坐标-3和1,

再输入 Integrate[g[x]-f[x],{x,-3,1}],输出两曲线围成的图形面积为 $\frac{32}{3}$.

类似地应用到其他的定积分应用问题上.

方法二:若已知哪条曲线在上.

输入　Clear[f,g];f[x_]=x^2;g[x_]=-2x+3;

Plot[{f[x],g[x]},{x,-4,4},PlotStyle->{RGBColor[1,0,0],

RGBColor[0,0,1]}]

valuex=Solve[f[x]==g[x]]

data={x}/. valuex

Integrate[g[x]-f[x],{x,data[[1]],data[[2]]}]

输出　$\frac{32}{3}$

第5章　空间解析几何
（Space Analytic Geometry）

本章提示：不论是平面解析几何还是空间解析几何，都是用代数的方法研究几何问题. 坐标是实现数与形结合的桥梁，而向量代数则是解决空间解析几何的有力工具. 因此，本章将讨论空间直角坐标系、向量代数、空间的平面与直线方程以及空间曲面与曲线方程.

5.1　空间直角坐标系与向量的概念
（the Space Right Angle Coordinate System and the Concept of Vector）

5.1.1　空间直角坐标系

过空间定点 O 作 3 条互相垂直的（mutually perpendicular）数轴，它们都以 O 为原点（origin）且具有相同的长度单位. 这 3 条互相垂直的数轴叫做 x 轴、y 轴和 z 轴，统称为坐标轴（coordinate axis）. 3 个坐标轴的正向符合右手规则（right-handed rule）（图 5-1）：即以右手握住 z 轴，让拇指指向 z 轴正向（铅直向上），则其余四指从 x 轴的正向旋转 $\frac{\pi}{2}$ 角度正好转到 y 轴的正向. 这样就构成了一个空间直角坐标系（the space right angle coordinate system）.

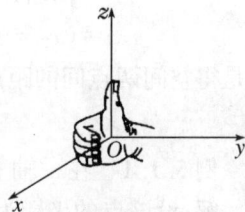

图 5-1

3 条坐标轴中任意 2 条都可以确定一个平面，叫作坐标面（coordinate planes），它们分别是 xOy 面、yOz 面和 zOx 面. 3 个坐标面把空间分成 8 个部分，每一个部分叫作一个卦限（octant），如图 5-2 所示.

设 M 为空间任意一点，过 M 分别作垂直于 3 个坐标轴的平面，与 3 个坐标轴分别相交于点 P,Q 和 R，这 3 点在 3 个坐标轴上的坐标分别为 x,y 和 z，则点 M 唯一确定了有序数组 (x,y,z). 反过来，设给定一个有序数组 (x,y,z)，它们分别对应 x 轴、y 轴和 z 轴上的点 P,Q 和 R，过这 3 点分别作 3 个坐标轴的垂面，则这 3 个平面相交于唯一点 M，这样就在空间的点与有序数组之间建立起了一一对应的关系，如图 5-3 所示. x,y 和 z 叫做点 M 的坐标，记为 $M(x,y,z)$，分别称为点 M 的横坐标、纵坐标和竖坐标. 原点的坐标为 $(0,0,0)$，x 轴、y 轴和 z 轴上点的坐标分别为 $(x,0,0)$、$(0,y,0)$ 和 $(0,0,z)$；xOy、yOz 和 zOx 平面上的点的坐标分别为 $(x,y,0)$、$(0,y,z)$ 和 $(x,0,z)$.

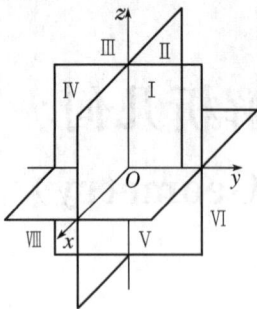

图 5-2

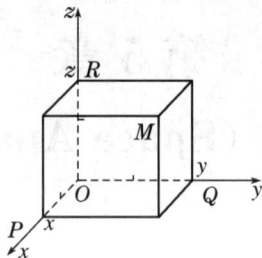

图 5-3

5.1.2　空间两点间的距离

设 $M_1(x_1,y_1,z_1)$ 和 $M_2(x_2,y_2,z_2)$ 是空间 2 个已知点,过 M_1 和 M_2 作平行于 3 个坐标面的平面,这 6 个平面围成一个以 M_1M_2 为对角线的长方体(图 5-4).记 M_1,M_2 之间的距离为 $d=|M_1M_2|$,因为 $\triangle M_1QM_2$ 和 $\triangle M_1PQ$ 都是直角三角形,所以

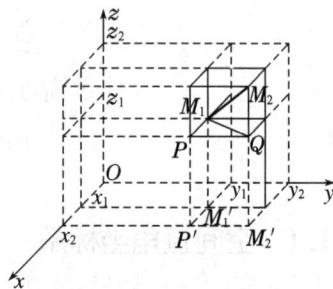

图 5-4

$$d^2=|M_1M_2|^2=|M_1Q|^2+|QM_2|^2$$
$$=|M_1P|^2+|PQ|^2+|QM_2|^2$$
$$=|M_1'P'|^2+|P'M_2'|^2+|QM_2|^2$$
$$=(x_2-x_1)^2+(y_2-y_1)^2+(z_2-z_1)^2,$$

于是得空间两点间的距离公式

$$d=\sqrt{(x_2-x_1)^2+(y_2-y_1)^2+(z_2-z_1)^2}.$$

例 5.1.1　在 x 轴上求与点 $M_1(-4,1,0)$ 和 $M_2(2,0,1)$ 距离相等的点.

解:设该点的坐标为 $A(x,0,0)$,则 $|AM_1|=|AM_2|$.由两点间的距离公式得

$$\sqrt{(x+4)^2+(0-1)^2+(0-0)^2}=\sqrt{(x-2)^2+(0-0)^2+(0-1)^2},$$

即

$$x^2+8x+16=x^2-4x+4,\ x=-1.$$

故所求点为 $A(-1,0,0)$.

5.1.3　向量的概念

通常我们研究的参量都是只有大小的量,称为数量或标量(scalar),如质量、密度等.而在中学物理课程中学习过的力,就是一个既有大小、又有方向的量,称为向量(vector)或矢量,如速度、加速度、力矩等.我们用一条有向线段来表示向量,有向线段的长度表示向量的大小,有向线段的方向表示向量的方向.以 A 为起点,B 为终点的有向线段表示的向量记作 $\overrightarrow{AB}$(图 5-5).向量也可用一个黑体字母(印刷用)或一个上面加箭头的字母(手写用)来表示,如 $\boldsymbol{a},\boldsymbol{i},\boldsymbol{v},\boldsymbol{F}$ 或 $\vec{a},\vec{i},\vec{v},\vec{F}$ 等.

向量的大小称为向量的模(module),向量 $\overrightarrow{AB},\vec{v}$ 和 $\vec{a}$ 的模依次记为 $|\overrightarrow{AB}|$、$|\vec{v}|$ 和 $|\vec{a}|$.模等于 1 的向量叫作单位向量(unit vector).模等于 0 的向量叫作

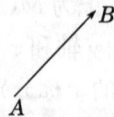

图 5-5

零向量,记作 **0** 或 $\vec{0}$,零向量的起点与终点重合,它的方向可以看做是任意的. 与向量 **a** 大小相等方向相反的向量称为 **a** 的负向量,记为 -**a**.

在空间直角坐标系中,以坐标原点 O 为起点,以点 M 为终点的向量叫作点 M 对于点 O 的向径(radius vector),记为 $\vec{r}=\overrightarrow{OM}$. 与起点无关的向量称为自由向量,本书所研究的向量均为自由向量,也简称为向量. 对于两个向量 **a** 和 **b**,不论它们的起点是否一样,只要它们的大小相等、方向相同,就称它们是相等的,记为 **a**=**b**. 对于自由向量,经过平行移动能位于同一直线的向量称为平行向量或共线(collinear)向量,平行于同一平面的向量称为共面(coplanar)向量.

5.1.4　向量的线性运算

1. 向量的加法

与中学物理中两个力的合力的定义相类似,有以下定义:

定义 5.1.1　设有两个以某一定点为起点的向量 **a** 和 **b**. 以 **a**、**b**,为邻边的以此定点为起点的平行四边形的对角线所表示的向量(图 5-6),称为向量 **a** 与 **b** 的和,记为 **a**+**b**.

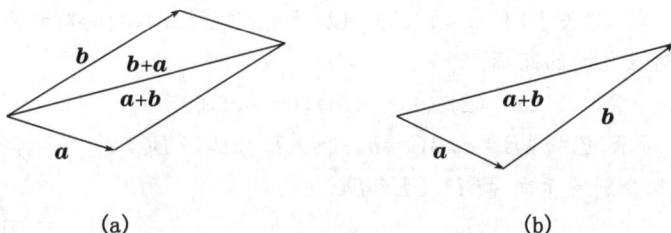

(a)　　　　　　　　　　　　　　(b)

图 5-6

这样定义向量加法的规则叫作向量加法的平行四边形(parallelogram)法则. 如果把向量 **b** 的起点放在向量 **a** 的终点上,则以 **a** 的起点为起点,以 **b** 的终点为终点所得到的向量定义为 **a**+**b**,称这种定义向量加法的规则为向量加法的三角形(triangular)法则.

向量的加法满足交换律和结合律:

① **a**+**b**=**b**+**a**;

② (**a**+**b**)+**c**=**a**+(**b**+**c**).

2. 向量的减法

称向量 **a** 与 -**b** 的和为 **a** 与 **b** 的差,记为 **a**-**b**,即 **a**-**b**=**a**+(-**b**).

3. 向量与数量的乘积

定义 5.1.2　设 **a** 是一个向量,λ 是一个实数. 则 **a** 与 λ 的乘积 λ**a** 仍是一个向量,叫作数乘向量,它的模规定为:$|\lambda \boldsymbol{a}|=|\lambda||\boldsymbol{a}|$,它的方向为:当 $\lambda>0$ 时,λ**a** 与 **a** 的方向一致;当 $\lambda<0$ 时,λ**a** 与 **a** 的方向相反;当 $\lambda=0$ 或 **a**=**0** 时,规定 λ**a**=**0**.

定理 5.1.1　两个非零向量共线的充分必要条件为存在实数 λ,使 **b**=λ**a**.

与非零向量 **a** 同方向的单位向量记为 $\boldsymbol{a}^{\circ}$. 于是有 $\boldsymbol{a}=|\boldsymbol{a}|\boldsymbol{a}^{\circ}$ 或 $\boldsymbol{a}^{\circ}=\dfrac{\boldsymbol{a}}{|\boldsymbol{a}|}$. 数乘向量满足结合律与分配律:

③ $\lambda(\mu \boldsymbol{a})=(\lambda \mu)\boldsymbol{a}$;

④ $(\lambda+\mu)\boldsymbol{a}=\lambda\boldsymbol{a}+\mu\boldsymbol{a}$;

⑤ $\lambda(\boldsymbol{a}+\boldsymbol{b})=\lambda\boldsymbol{a}+\lambda\boldsymbol{b}$.

例 5.1.2 平行四边形 $ABCD$ 的对角线相交于 M (图 5-7),设 $\overrightarrow{AB}=\boldsymbol{a}$,$\overrightarrow{AD}=\boldsymbol{b}$,试用 $\boldsymbol{a}$ 与 $\boldsymbol{b}$ 表示向量 $\overrightarrow{MA}$ 和 $\overrightarrow{MB}$.

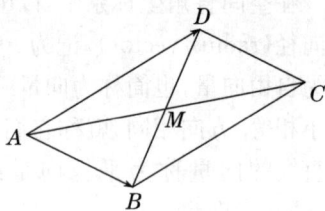

解:由于平行四边形的对角线互相平分,所以

$$\boldsymbol{a}+\boldsymbol{b}=\overrightarrow{AC}=2\overrightarrow{AM},\text{故}\overrightarrow{MA}=-\frac{1}{2}(\boldsymbol{a}+\boldsymbol{b}).$$

又

$$\boldsymbol{a}-\boldsymbol{b}=\boldsymbol{a}+(-\boldsymbol{b})=2\overrightarrow{MB},\text{故}\overrightarrow{MB}=\frac{1}{2}(\boldsymbol{a}-\boldsymbol{b}).$$

图 5-7

习题 5.1

A. 基本题

1. 求点 $A(-1,2,3)$ 关于(1) x 轴;(2) yOz 面;(3) $O(0,0,0)$ 的对称点.

2. 求下列各对点之间的距离.

(1) $(1,0,2),(-2,0,-2)$ (2) $(1,-2,3),(-2,1,0)$

3. 如图 5-8 所示,已知 $\overrightarrow{AB}=\boldsymbol{a}$,$\overrightarrow{AC}=\boldsymbol{b}$,点 D,E 分线段 BC 为三等分,用 $\boldsymbol{a}$ 与 $\boldsymbol{b}$ 分别表示向量 $\overrightarrow{BD}$、$\overrightarrow{CE}$ 和 $\overrightarrow{DC}$.

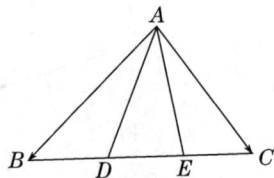

B. 一般题

4. 在 zOx 面上求与 3 个已知点 $A(3,5,2)$,$B(3,-3,-2)$,$C(0,4,-2)$ 等距离的点.

图 5-8

5. 求点 $(3,4,5)$ 到各坐标轴之间的距离.

C. 提高题

6. 用向量证明:三角形两边中点的连线平行于第三边且等于第三边的一半.

5.2　向量的坐标表示式与向量运算

(Coordinate Representation of Vector and Vector Operations)

本节提示:在这一节中,介绍向量的坐标表示式及向量的模与方向余弦的概念.向量的数量积和向量积是向量代数中的重要概念,我们将研究用向量的坐标表示这两种新运算的方法.

5.2.1　向量的坐标表示式

在空间直角坐标系中,与 x 轴、y 轴和 z 轴正向同向的单位向量 $\boldsymbol{i}$、$\boldsymbol{j}$、$\boldsymbol{k}$ 分别叫做基本单位向量.把任一向量 $\boldsymbol{a}$ 平行移动,使它的起点在坐标原点 O,设终点为 $P(x,y,z)$.过 P 作垂直于 3 个坐标轴的平面,记这 3 个平面与 3 个坐标轴的交点为 A、B 和 C(图 5 - 9),则有

$$\overrightarrow{OA}=x\boldsymbol{i},\ \overrightarrow{OB}=y\boldsymbol{j},\ \overrightarrow{OC}=z\boldsymbol{k},$$

于是得

$$\boldsymbol{a}=x\boldsymbol{i}+y\boldsymbol{j}+z\boldsymbol{k}\ 或\ \boldsymbol{a}=\{x,y,z\},$$

叫作向量 $\boldsymbol{a}$ 的坐标表示式(coordinate representation of vector),其中,x,y,z 称为向量 $\boldsymbol{a}$ 的坐标;$x\boldsymbol{i},y\boldsymbol{j},z\boldsymbol{k}$ 分别是向量 $\boldsymbol{a}$ 在 3 个坐标轴上的分量.

下面利用向量的坐标表示式来表达两个向量的和、差以及数乘向量.

设

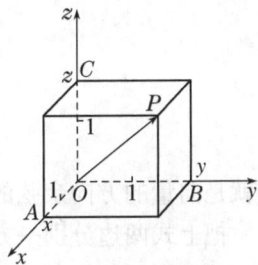

图 5 - 9

$$\boldsymbol{a}=\{a_x,a_y,a_z\}=a_x\boldsymbol{i}+a_y\boldsymbol{j}+a_z\boldsymbol{k},$$
$$\boldsymbol{b}=\{b_x,b_y,b_z\}=b_x\boldsymbol{i}+b_y\boldsymbol{j}+b_z\boldsymbol{k},$$

根据向量的运算法则,得

$$\boldsymbol{a}\pm\boldsymbol{b}=(a_x\boldsymbol{i}+a_y\boldsymbol{j}+a_z\boldsymbol{k})\pm(b_x\boldsymbol{i}+b_y\boldsymbol{j}+b_z\boldsymbol{k})$$
$$=(a_x\pm b_x)\boldsymbol{i}+(a_y\pm b_y)\boldsymbol{j}+(a_z\pm b_z)\boldsymbol{k}$$
$$=\{a_x\pm b_x,a_y\pm b_y,a_z\pm b_z\},$$
$$\lambda\boldsymbol{a}=\lambda(a_x\boldsymbol{i}+a_y\boldsymbol{j}+a_z\boldsymbol{k})=\lambda a_x\boldsymbol{i}+\lambda a_y\boldsymbol{j}+\lambda a_z\boldsymbol{k}=\{\lambda a_x,\lambda a_y,\lambda a_z\}.$$

如果 $\boldsymbol{a}=\overrightarrow{AB}$ 的起点为 $A(x_1,y_1,z_1)$,终点为 $B(x_2,y_2,z_2)$,则它的坐标表示式为

$$\boldsymbol{a}=\overrightarrow{AB}=\overrightarrow{OB}+(-\overrightarrow{OA})=\{x_2,y_2,z_2\}+\{-x_1,-y_1,-z_1\}$$
$$=\{x_2-x_1,y_2-y_1,z_2-z_1\}.$$

例 5.2.1　已知 $\boldsymbol{a}=\{2,0,1\},\boldsymbol{b}=\{1,2,2\}$,求 $\boldsymbol{a}+\boldsymbol{b}$ 和 $2\boldsymbol{a}+\boldsymbol{b}$.

解:$\boldsymbol{a}+\boldsymbol{b}=\{2+1,0+2,1+2\}=\{3,2,3\}$,
$2\boldsymbol{a}+\boldsymbol{b}=\{4,0,2\}+\{1,2,2\}=\{5,2,4\}$.

5.2.2　向量的模与方向余弦

向量是即有大小又有方向的量,而向量可以由坐标表示,那么它的模(module)和方向也应能用坐标表示.下面我们就给出用坐标表示向量的模和方向的方法.

设 a 的起点是 $M_1(x_1, y_1, z_1)$，终点是 $M_2(x_2, y_2, z_2)$. 则它的模就是 M_1 到 M_2 的距离. 所以

$$|a| = |\overrightarrow{M_1M_2}| = \sqrt{(x_2-x_1)^2 + (y_2-y_1)^2 + (z_2-z_1)^2} = \sqrt{a_x^2 + a_y^2 + a_z^2}.$$

一般地，对于非零向量 a，可以用它与 3 个坐标轴的夹角 α、β、γ（$0 \leqslant \alpha \leqslant \pi, 0 \leqslant \beta \leqslant \pi, 0 \leqslant \gamma \leqslant \pi$）来表示它的方向，称 α、β、γ 为 a 的方向角（direction angle），如图 5-10 所示.

$$a_x = |\overrightarrow{M_1M_2}| \cos\alpha,$$
$$a_y = |\overrightarrow{M_1M_2}| \cos\beta,$$
$$a_z = |\overrightarrow{M_1M_2}| \cos\gamma.$$

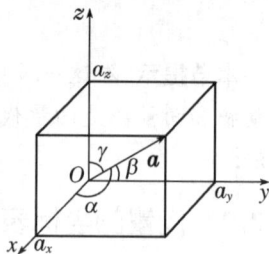

图 5-10

上述式中出现的 $\cos\alpha, \cos\beta, \cos\gamma$ 叫作向量 a 的方向余弦（direction cosine），通常也用向量的方向余弦表示向量的方向.

$$\cos\alpha = \frac{a_x}{\sqrt{a_x^2 + a_y^2 + a_z^2}},$$

$$\cos\beta = \frac{a_y}{\sqrt{a_x^2 + a_y^2 + a_z^2}},$$

$$\cos\gamma = \frac{a_z}{\sqrt{a_x^2 + a_y^2 + a_z^2}}.$$

这就是向量的方向余弦的坐标表示式.

把上式两边分别平方后相加，得

$$\cos^2\alpha + \cos^2\beta + \cos^2\gamma = 1.$$

若 $|a| = 1$，则 $\cos\alpha = a_x, \cos\beta = a_y, \cos\gamma = a_z$，所以单位向量

$$a^o = \{\cos\alpha, \cos\beta, \cos\gamma\}.$$

例 5.2.2 已知力 $F_1 = \{2,3,1\}, F_2 = \{1,3,-2\}, F_3 = \{5,0,1\}$，求它们的合力 F 的大小与方向余弦.

解：$F_1 + F_2 + F_3 = \{2+1+5, 3+3+0, 1-2+1\} = \{8,6,0\}$，

所以合力的大小为 $|F| = \sqrt{8^2 + 6^2 + 0} = 10$.

合力的方向余弦为 $\cos\alpha = \dfrac{8}{10} = \dfrac{4}{5}, \cos\beta = \dfrac{6}{10} = \dfrac{3}{5}, \cos\gamma = \dfrac{0}{10} = 0$.

5.2.3 两向量的数量积

设有两个非零向量 a 和 b，平移其中一个向量，让它们的起点重合，规定该两向量正方向之间不超过 $180°$ 的夹角为它们之间的夹角，记作 $\langle \hat{a, b} \rangle$ 或 $\langle \hat{b, a} \rangle$.

设一物体在力 F 的作用下产生直线位移 S，则力 F 所做的功 W 可表示为（图 5-11）

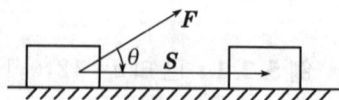

图 5-11

$$W = |F| |S| \cos \langle \hat{F, S} \rangle.$$

把这种由两个向量确定一个数量的运算抽象出来就是数量积的概念.

定义 5.2.1 设 a 和 b 为两个向量，称数量

$$|a||b|\cos \langle \hat{a,b} \rangle$$

为向量 a 和 b 的数量积(scalar product)(或点积(dot product)),记作 $a \cdot b$,即

$$a \cdot b=|a||b|\cos \langle \hat{a,b} \rangle.$$

而数 $|a|\cos \langle \hat{a,b} \rangle$ 称为 a 在 b 上的投影,记作 $\mathrm{Prj}_b a$,即

$$\mathrm{Prj}_b a=|a|\cos \langle \hat{a,b} \rangle.$$

数量积满足如下运算规律:

① 交换律　$a \cdot b=b \cdot a$

② 结合律　$\lambda(a \cdot b)=(\lambda a) \cdot b=a \cdot (\lambda b)$($\lambda$ 为数量);

③ 分配律　$a \cdot (b+c)=a \cdot b+a \cdot c$.

由数量积的定义可知:

① $a \cdot a=|a||a|\cos \langle \hat{a,a} \rangle=|a|^2$,所以 $i \cdot i=j \cdot j=k \cdot k=1$,

② $a \perp b \Leftrightarrow a \cdot b=0$,所以 $i \cdot j=j \cdot k=k \cdot i=0$.

设 $a=\{a_x,a_y,a_z\}=a_x i+a_y j+a_z k$,$b=\{b_x,b_y,b_z\}=b_x i+b_y j+b_z k$,则

$$a \cdot b=\{a_x i+a_y j+a_z k\}\{b_x i+b_y j+b_z k\}=a_x b_x+a_y b_y+a_z b_z,$$

于是

$$a \perp b \Leftrightarrow a_x b_x+a_y b_y+a_z b_z=0,$$

即两向量垂直的充要条件是它们的对应坐标乘积之和等于零.

两向量夹角余弦的坐标表示式为:

$$\cos \langle \hat{a,b} \rangle=\frac{a \cdot b}{|a||b|}=\frac{a_x b_x+a_y b_y+a_z b_z}{\sqrt{a_x^2+a_y^2+a_z^2}\sqrt{b_x^2+b_y^2+b_z^2}}.$$

例 5.2.3　设力 $F=\{2,3,-1\}$ 作用在一质点上,质点由 $A(1,2,-1)$ 沿直线移动到 $B(2,1,-1)$,求力 F 所做的功.

解:$\overrightarrow{AB}=\{2-1,1-2,-1-(-1)\}=\{1,-1,0\}$,

所以力所做的功为:

$$W=F \cdot \overrightarrow{AB}=2\times 1+3\times(-1)+(-1)\times 0=-1.$$

5.2.4　两向量的向量积

定义 5.2.2　如图 5-12 所示,设 a 和 b 为两个向量,若向量 c 满足:

① $|c|=|a||b|\sin \langle \hat{a,b} \rangle$;

② c 垂直于 a、b 所在的平面,它的方向符合右手法则,即右手四指指向 a 的方向,以小于等于 $180°$ 的角度握拳转到 b 的方向时,拇指所指方向为 c 的方向,则向量 c 称为向量 a 与 b 的向量积(或叉积(cross product),记作 $a\times b$,即

$$c=a\times b.$$

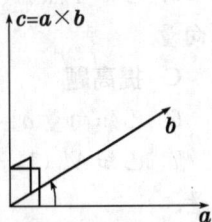

图 5-12

由向量积的定义可以推得:

① $a\times a=0$.

② 如果 a,b 是两个非零向量,则 $a//b \Leftrightarrow a\times b=0$.

向量的向量积满足下列运算律:

① 反交换律　$a\times b=-b\times a$,

② 分配律 $a\times(b+c)=a\times b+a\times c,(a+b)\times c=a\times c+b\times c,$

③ 结合律 $(\lambda a)\times b=a\times(\lambda b)=\lambda(a\times b)(\lambda$ 为数量$).$

向量的向量积也可以用坐标表示. 设

$$a=\{a_x,a_y,a_z\}=a_x i+a_y j+a_z k,$$
$$b=\{b_x,b_y,b_z\}=b_x i+b_y j+b_z k,$$

因为

$$i\times i=j\times j=k\times k=0,$$
$$i\times j=k,\ j\times k=i,\ k\times i=j,\ j\times i=-k,\ k\times j=-i,\ i\times k=-j.$$

所以

$$\begin{aligned}a\times b&=(a_x i+a_y j+a_z k)\times(b_x i+b_y j+b_z k)\\&=(a_y b_z-a_z b_y)i+(a_z b_x-a_x b_z)j+(a_x b_y-a_y b_x)k\\&=\begin{vmatrix}i&j&k\\a_x&a_y&a_z\\b_x&b_y&b_z\end{vmatrix},(\text{这叫作三阶行列式},其定义参见定义 10.1.2).\end{aligned}$$

于是得,向量 a 与 b 平行的充要条件为$(a\times b=0)$对应坐标成比例:$\dfrac{a_x}{b_x}=\dfrac{a_y}{b_y}=\dfrac{a_z}{b_z}.$

例 5.2.4 设 $a=\{2,1,-1\},b=\{1,-1,2\}$,求 $a\times b.$

解:$a\times b=\{1\times2-(-1)\times(-1),1\times(-1)-2\times2,2\times(-1)-1\times1\}=\{1,-5,-3\}.$

习题 5.2

A. 基本题

1. 已知向量 $\overrightarrow{AB}=\{3,-2,4\}$,其终点坐标为 $B(2,-3,1)$,求起点 A 的坐标.

2. 求向量 $a=\{2,1,-2\}$ 的模、方向余弦和同方向的一个单位向量.

3. 已知 $a=\{-2,-1,2\},b=\{1,-2,2\}$,求 a 与 b 夹角的余弦.

B. 一般题

4. 已知两向量 $a=\{m,3,4\},b=\{3,m,-9\}$,问 m 取何值时它们垂直?

5. 已知 4 点 $A(1,1,3),B(3,-1,2),C(1,1,3),D(3,3,2)$,求与$\overrightarrow{AB},\overrightarrow{CD}$同时垂直的单位向量.

C. 提高题

6. 已知向量 $a=\{m,-3,-1\},b=\{2,-1,-n\},a\mathbin{/\!/}b$,求数 m 和 $n.$

7. 已知 $M_1(1,-1,2),M_2(3,2,1),M_3(3,1,2)$,求与$\overrightarrow{M_1M_2}$、$\overrightarrow{M_2M_3}$同时垂直的单位向量.

5.3　平面与直线方程
(Planar and Linear Equation)

本节提示：在空间解析几何中，平面和直线方程占有特殊的地位．例如，在下一章偏导数的几何应用中，有关曲面的切平面和法线、曲线的切线和法平面都要用到平面和直线方程的概念．本节着重讨论平面的点法式方程和直线的对称式方程．

5.3.1　平面方程

1. 平面的点法式方程

垂直于平面 π 的任何非零向量 $\boldsymbol{n}$ 都称为该平面的法向量（normal vector）．显然平面上的任一向量均垂直于该平面的法向量．

设平面 π 过点 $M_0(x_0, y_0, z_0)$，$\boldsymbol{n} = \{A, B, C\}$（$A, B, C$ 不全为零）是它的法向量．设 $M(x, y, z)$ 是平面 π 上不同于 M_0 的任一点（图 5-13），那么向量

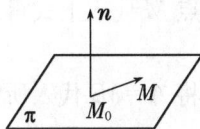

图 5-13

$$\overrightarrow{M_0 M} = \{x - x_0, y - y_0, z - z_0\}$$

垂直于 π 的法向量 $\boldsymbol{n}$，于是它们的数量积等于零

$$\boldsymbol{n} \cdot \overrightarrow{M_0 M} = 0,$$

所以有

$$A(x - x_0) + B(y - y_0) + C(z - z_0) = 0. \tag{5-1}$$

式（5-1）就是平面 π 的方程．因为式（5-1）是由平面上的一个已知点和法向量所确定的，所以称式（5-1）为平面的点法式方程（normal form equation）．

例 5.3.1　求过点 $(2, 1, -1)$ 且以 $\boldsymbol{n} = \{1, 2, 3\}$ 为法向量的平面的点法式方程．

解：由式（5-1）得

$$(x - 2) + 2(y - 1) + 3(z + 1) = 0.$$

2. 平面的一般方程

把式（5-1）整理成

$$Ax + By + Cz + (-Ax_0 - By_0 - Cz_0) = 0,$$

令 $D = -Ax_0 - By_0 - Cz_0$，则得三元一次方程

$$Ax + By + Cz + D = 0. \tag{5-2}$$

称式（5-2）为平面的一般方程．容易看出，当 $D = 0$ 时，平面过原点；当 $C = 0$ 时，平面平行于 z 轴；当 $B = 0$ 时，平面平行于 y 轴；当 $A = 0$ 时，平面平行于 x 轴．

例 5.3.2　设一平面与 x, y, z 轴分别交于 $P(a, 0, 0)$，$Q(0, b, 0)$，$R(0, 0, c)$ 3 点（$abc \neq 0$）（图 5-14），求该平面的方程．

解：把 $P(a, 0, 0)$，$Q(0, b, 0)$，$R(0, 0, c)$ 这 3 点代入式（5-2）得

$$Aa + D = 0, Bb + D = 0, Cc + D = 0,$$

即

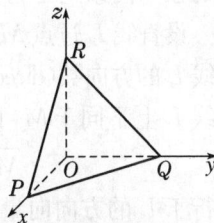

图 5-14

$$A=-\frac{D}{a},\ B=-\frac{D}{b},\ C=-\frac{D}{c}.$$

再把 A,B,C 代入式(5-2)得

$$-\frac{D}{a}x-\frac{D}{b}y-\frac{D}{c}z+D=0,$$

因为所求平面不通过原点,故 $D\neq0$. 上式两边同除以 $-D$ 得

$$\frac{x}{a}+\frac{y}{b}+\frac{z}{c}=1. \tag{5-3}$$

式(5-3)称为平面的截距式(intercept form)方程.

例 5.3.3 求通过 z 轴和点 $M(-1,3,-2)$ 的平面方程.

解: 因为平面通过 z 轴,所以 $C=0,D=0$. 设平面方程为

$$Ax+By=0.$$

把点 M 代入上式得

$$-A+3B=0,\ \text{即}\ A=3B.$$

再将 $A=3B$ 代入所设方程并消去 B,得所求方程

$$3x+y=0.$$

也可以先求出所求平面的一个法向量. 因为 $\boldsymbol{k}=\{0,0,1\}$, $\overrightarrow{OM}=\{-1,3,-2\}$ 在所求平面上,故取它的法向量

$$\boldsymbol{n}=\boldsymbol{k}\times\overrightarrow{OM}=\begin{vmatrix} \boldsymbol{i} & \boldsymbol{j} & \boldsymbol{k} \\ 0 & 0 & 1 \\ -1 & 3 & -2 \end{vmatrix}=\{-3,-1,0\},$$

代入点法式方程得

$$-3(x+1)+(-1)(y-3)+0(z+2)=0,\ \text{即}\ 3x+y=0.$$

最后定义:两平面的法向量的夹角(通常指锐角)为两平面的夹角.

5.3.2 直线方程

1. 直线的一般方程

由于一个三元一次方程代表空间中的一个平面. 如果把空间直线看成是两个平面的交线,则得空间直线的一般方程:

$$\begin{cases} A_1x+B_1y+C_1z+D_1=0, \\ A_2x+B_2y+C_2z+D_2=0. \end{cases} \tag{5-4}$$

2. 直线的对称式方程

平行于直线 L 的任何非零向量 $\boldsymbol{s}$ 都称为该直线的方向向量(direction vector). 显然直线上的任一向量均平行于该直线的方向向量.

设直线 L 过点 $M_0(x_0,y_0,z_0)$, $\boldsymbol{s}=\{m,n,p\}$(m,n,p 不全为零,称为直线 L 的方向数(direction number))是它的方向向量. 设 $M(x,y,z)$ 是直线 L 上不同于 M_0 的任一点(图 5-15),那么向量

$$\overrightarrow{M_0M}=\{x-x_0,y-y_0,z-z_0\}$$

平行于 L 的方向向量 $\boldsymbol{s}$,于是它们的对应坐标成比例:

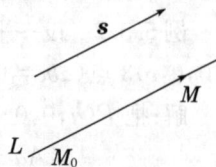

图 5-15

$$\frac{x-x_0}{m}=\frac{y-y_0}{n}=\frac{z-z_0}{p}. \tag{5-5}$$

式(5-5)就是直线 L 的方程,称为直线的对称式方程(symmetric equation).

例 5.3.4　求过点 $M_0(-1,0,3)$ 且垂直于平面 $3x-2y+2z+1=0$ 的直线方程.

解:由于所求直线垂直于平面,故可取平面的法向量为直线的方向向量:

$$\boldsymbol{s}=\boldsymbol{n}=\{3,-2,2\}.$$

于是所求直线的方程为

$$\frac{x+1}{3}=\frac{y-0}{-2}=\frac{z-3}{2}.$$

例 5.3.5　求过点 $M_1(x_1,y_1,z_1)$、$M_2(x_2,y_2,z_2)$ 的直线方程.

解:取 $\boldsymbol{s}=\overrightarrow{M_1M_2}=\{x_2-x_1,y_2-y_1,z_2-z_1\}$,故所求的直线方程为

$$\frac{x-x_1}{x_2-x_1}=\frac{y-y_1}{y_2-y_1}=\frac{z-z_1}{z_2-z_1}. \tag{5-6}$$

式(5-6)即直线的两点式方程.

3. 直线的参数方程

在式(5-5)中,令

$$\frac{x-x_0}{m}=\frac{y-y_0}{n}=\frac{z-z_0}{p}=t,$$

得

$$\begin{cases} x=x_0+mt, \\ y=y_0+nt, \\ z=z_0+pt. \end{cases} \tag{5-7}$$

式(5-7)即是直线的参数方程(parametric equation),其中 t 为参数(parameter).

例 5.3.6　将直线方程

$$\begin{cases} 2x-y+3z+4=0, \\ x+y+z+1=0 \end{cases}$$

化为对称式方程和参数方程.

　解:先求直线上的一个点.令 $y=0$(几何意义为:用 zOx 面截直线,得直线与 zOx 面的交点)得

$$\begin{cases} 2x+3z=-4, \\ x+z=-1, \end{cases}$$

解得 $x=1,z=-2$,故直线上的一个点为 $M_0(1,0,-2)$. 再求直线的一个方向向量. 在直线的一般方程中,两个平面的法向量 $\boldsymbol{n}_1=\{2,-1,3\}$、$\boldsymbol{n}_2=\{1,1,1\}$ 的向量积一定平行于这两个平面的交线,故取该向量积为直线的方向向量:

$$\boldsymbol{s}=\boldsymbol{n}_1\times\boldsymbol{n}_2=\begin{vmatrix} \boldsymbol{i} & \boldsymbol{j} & \boldsymbol{k} \\ 2 & -1 & 3 \\ 1 & 1 & 1 \end{vmatrix}=\{-4,1,3\}.$$

于是直线的对称式方程为

$$\frac{x-1}{-4}=\frac{y}{1}=\frac{z+2}{3}.$$

令 $\dfrac{x-1}{-4}=\dfrac{y}{1}=\dfrac{z+2}{3}=t$ 可得参数方程

$$\begin{cases} x=1-4t, \\ y=t, \\ z=-2+3t. \end{cases}$$

5.3.3 点到平面的距离公式

已知平面 $\pi:Ax+By+Cz+D=0$,且点 $M_0(x_0,y_0,z_0)$ 是平面 π 外的一点,求点 M_0 到平面 π 的距离 d.

如图 5-16 所示,从点 M_0 向平面 π 作垂线,设垂足为 $M(x,y,z)$,则 $\overrightarrow{M_0M}$ 平行于平面 π 的法向量,即 $\dfrac{x-x_0}{A}=\dfrac{y-y_0}{B}=\dfrac{z-z_0}{C}$,设公比为 t,则得

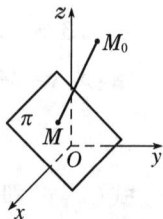

$$\begin{cases} x=x_0+tA, \\ y=y_0+tB, \\ z=z_0+tC, \end{cases}$$ 代入平面方程得

$$t=-\frac{Ax_0+By_0+Cz_0+D}{A^2+B^2+C^2}.$$

$$d=\sqrt{(x-x_0)^2+(y-y_0)^2+(z-z_0)^2}=\sqrt{(At)^2+(Bt)^2+(Ct)^2}$$
$$=\left|\frac{Ax_0+By_0+Cz_0+D}{\sqrt{A^2+B^2+C^2}}\right|.$$

图 5-16

习题 5.3

A. 基本题

1. 求过点 $(2,1,-2)$ 且以 $\boldsymbol{n}=\{1,-3,4\}$ 为法向量的平面方程.

2. 求过点 $(1,0,-1)$ 且与平面 $2x-3y+2z-1=0$ 平行的平面方程.

3. 已知两点 $A(1,-1,1)$ 和 $B(3,-1,0)$,求通过点 $C(1,2,0)$ 且垂直于 $\overrightarrow{AB}$ 的平面方程.

4. 求过点 $A(1,-4,2)$ 且与平面 $2x+y-z=0$ 垂直的直线方程.

5. 求直线 $\dfrac{x-2}{1}=\dfrac{y-3}{1}=\dfrac{z-4}{2}$ 与平面 $2x+y+z-6=0$ 的交点坐标.

B. 一般题

6. 将直线的一般式 $\begin{cases} x-5y+2z-1=0 \\ 5y-z+2=0 \end{cases}$ 化成对称式方程.

7. 求过点 $M(1,2,3)$ 且与平面 $x+2z=1$ 和 $y-3z=2$ 平行的直线方程.

8. 求过点 $(1,2,-1)$ 且平行于向量 $\boldsymbol{a}=\{2,1,1\}$,$\boldsymbol{b}=\{1,-1,0\}$ 的平面方程.

C. 提高题

9. 求点 $(1,2,1)$ 到平面 $x+2y+2z-10=0$ 的距离.

10. 一动点与两平面 $x+y-z-1=0$ 和 $x+y+z+1=0$ 距离的平方和等于 1,试求其轨迹.

5.4　二次曲面与空间曲线
（the Quadric and Space Curve）

本节提示： 二次曲面及空间曲线的概念是学习多元函数微积分的基础. 在学习过程中，要注意学习用"截痕法"去研究有关曲面的特点，进而更好地理解几类特殊的空间曲面.

5.4.1　二次曲面及其方程

我们知道，任何一个三元一次方程都表示空间的一个平面. 如果在空间直角坐标系中，空间曲面 Σ 上的点的坐标都满足三元方程

$$F(x,y,z)=0 \quad \text{或} \quad z=f(x,y), \tag{5-8}$$

而不在曲面 Σ 上的点的坐标都不满足式(5-8)，则称式(5-8)为曲面 Σ 的方程，称曲面 Σ 是方程式(5-8)的图形. 这里将研究含有 x^2, y^2, z^2, x, y, z 的方程所表示的曲面，统称为二次曲面(quadric).

1. 柱面(cylinder)

平行于定直线 l 且沿定曲线 C 移动的直线 L 所形成的曲面称为柱面，L 为母线，曲线 C 为准线.

设柱面的母线平行于 z 轴，准线是 xOy 面上的曲线 $C: f(x,y)=0$. 过柱面上的点 $M(x, y, z)$ 作平行于 z 轴的直线，该直线一定在柱面上，它与 xOy 面的交点是 $M_0(x,y,0)$，称为空间点 M 在 xOy 面上的投影，该投影一定在曲线 C 上，所以 M_0 的坐标必然满足方程 $f(x,y)=0$. 而 $f(x,y)=0$ 不含变量 z，所以点 M 的坐标也满足该方程. 反之，不在柱面上的点在 xOy 面上的投影也必然不会落在曲线 C 上，即不满足方程 $f(x,y)=0$. 因此，不含变量 z 的方程

$$f(x,y)=0 \tag{5-9}$$

是柱面方程(right cylinder equation)，它表示空间以 xOy 面上的曲线 $f(x,y)=0$ 为准线，平行于 z 轴的直线为母线的柱面.

例 5.4.1　方程 $y=x^2$ 在空间代表以 xOy 面上的抛物线 $y=x^2$ 为准线，平行于 z 轴的直线为母线的柱面，叫做抛物柱面(parabolic cylinder). 如图 5-17 所示.

类似地，方程 $x^2+y^2=R^2$、$\dfrac{x^2}{a^2}+\dfrac{y^2}{b^2}=1$、$\dfrac{x^2}{a^2}-\dfrac{y^2}{b^2}=1$ 分别表示空间的圆柱面(cylindrical surface)、椭圆柱面(elliptic cylinder)、双曲柱面(hyperbolic cylinder).

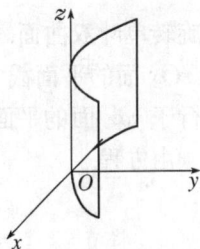

图 5-17

2. 二次锥面(quadric cone)

例 5.4.2　求 yOz 坐标面上的直线 $z=ay(a\neq0)$ 绕 z 轴旋转一周所形成的曲面方程(图 5-18).

解： 在曲面上，点 $M(x,y,z)$ 到 z 轴的距离始终为

$$\sqrt{x^2+y^2},$$

在方程 $z=ay$ 中将 y 换成 $\pm\sqrt{x^2+y^2}$：

$$z=a(\pm\sqrt{x^2+y^2}),$$

得所求曲面方程

$$z^2=a^2(x^2+y^2). \tag{5-10}$$

式(5-10)所表示的曲面叫作圆锥面.它的图形特点是用平行于

xOy 面的平面 $z=z_0$ 截圆锥面,其交线为圆: $(x^2+y^2)=\left(\dfrac{z_0}{a}\right)^2$.

类似地有椭圆锥面

$$\frac{x^2}{a^2}+\frac{y^2}{b^2}-\frac{z^2}{c^2}=0. \tag{5-11}$$

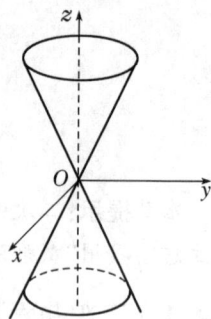

图 5-18

3. 椭球面

由方程

$$\frac{x^2}{a^2}+\frac{y^2}{b^2}+\frac{z^2}{c^2}=1 \tag{5-12}$$

所表示的曲面为椭球面(ellipsoid),它的图形特点是用平行于坐标面的平面截曲面,其截痕是椭圆(图 5-19).

在式(5-12)中,当常数 a,b,c 有两个相等时,则称曲面是旋转椭球面,例如,

$$\frac{x^2}{a^2}+\frac{y^2}{a^2}+\frac{z^2}{c^2}=1$$

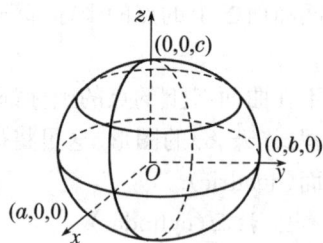

图 5-19

就是用平行于 xOy 面的平面截它时,截痕是圆.当 $a=b=c$ 时,椭球面就是球面.

4. 双曲面

由方程

$$\frac{x^2}{a^2}+\frac{y^2}{b^2}-\frac{z^2}{c^2}=1 \tag{5-13}$$

所表示的曲面是单叶双曲面(hyperboloid of one sheet),如图 5-20 所示.当 $a=b$ 时,称

$$\frac{x^2}{a^2}+\frac{y^2}{a^2}-\frac{z^2}{c^2}=1 \tag{5-14}$$

为旋转单叶双曲面.式(5-13)和式(5-14)的图形特点是,用平行于 xOy 面的平面截它们时,截痕是椭圆或圆;用平行于 zox 面和平行于 yoz 面的平面截它们时,截痕是双曲线.

由方程

$$\frac{x^2}{a^2}+\frac{y^2}{b^2}-\frac{z^2}{c^2}=-1 \tag{5-15}$$

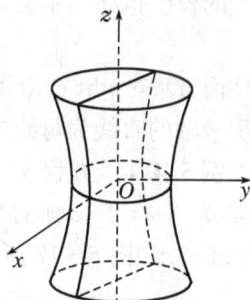

图 5-20

所表示的曲面是双叶双曲面(hyperboloid of two sheets),如图 5-21 所示.当 $a=b$ 时,该曲面称为旋转双叶双曲面.

5. 抛物面

由方程

$$z=\frac{x^2}{2p}+\frac{y^2}{2q} \quad (p,q \text{ 同号}) \tag{5-16}$$

所表示的曲面为椭圆抛物面(elliptic paraboloid),原点为椭圆抛物面的

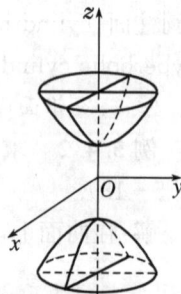

图 5-21

顶点. 若用平行于 z 轴的平面截它, 其截痕是抛物线. 当 $p=q$ 时,

$$z=\frac{x^2+y^2}{2p} \tag{5-17}$$

是旋转抛物面(图 5-22).

由方程

$$z=-\frac{x^2}{2p}+\frac{y^2}{2q} \quad (p>0,q>0) \tag{5-18}$$

所表示的曲面为双曲抛物面(hyperbolic paraboloid)或鞍面. 如图 5-23 所示, 它的图形特点为: 用 $x=x_0$ 截曲面, 得到平面 $x=x_0$(平行于 yOz 面)上的开口向上的抛物线, $z=-\frac{x_0^2}{2p}+\frac{y^2}{2q}$; 用 $y=y_0$ 截曲面, 得到平面 $y=y_0$(平行于 zOx 面)上的开口向下的抛物线, $z=-\frac{x^2}{2p}+\frac{y_0^2}{2q}$; 用 $z=z_0$ 截曲面, 得到平面 $z=z_0$(平行于 xOy 面)上的双曲线, $\frac{x^2}{2p}-\frac{y^2}{2q}=-z_0$.

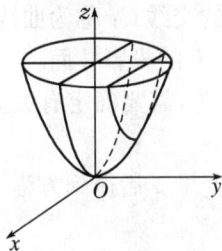

图 5-22

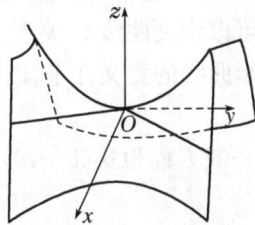

图 5-23

5.4.2 空间曲线及其方程

1. 空间曲线的一般方程

空间直线可以看成两个平面的交线, 空间曲线(space curve)当然也可以看成两个曲面的交线. 设有两个空间曲面 $\Sigma_1:F_1(x,y,z)=0$ 和 $\Sigma_2:F_2(x,y,z)=0$, 称它们的交线 C 的方程

$$C:\begin{cases}F_1(x,y,z)=0,\\ F_2(x,y,z)=0.\end{cases} \tag{5-19}$$

为空间曲线的一般方程. 因为过一条曲线的曲面有无穷多个, 故可以用不同的方程表示同一条曲线.

例 5.4.3 下列方程组

$$① \begin{cases}x^2+y^2+z^2=1,\\ z=0.\end{cases} \quad ② \begin{cases}x^2+y^2=1,\\ z=0.\end{cases} \quad ③ \begin{cases}x^2+y^2+z^2=1,\\ x^2+y^2=1.\end{cases}$$

都表示 xOy 面上以原点为圆心, 半径为 1 的圆.

2. 空间曲线的参数方程

如果空间曲线 C 上点的坐标 x,y,z 可用变量 t 的函数表示:

$$C:\begin{cases}x=\varphi(t),\\ y=\psi(t),\\ z=\omega(t).\end{cases} \tag{5-20}$$

则称式(5-20)为空间曲线的参数方程(parametric equation).

例 5.4.4 设质点 P 在圆柱面 $x^2+y^2=R^2$ 上以角速度 ω 绕 z 轴匀速旋转,同时又以线速度 v 沿平行于 z 轴的方向匀速上升,当 $t=0$ 时,质点在 $P_0(R,0,0)$ 处,求质点的运动方程.

解: 设在时刻 t 质点位于 $P(x,y,z)$,则 P 在 xOy 面的投影为 $Q(x,y,0)$(图 5-24).于是,从 P_0 到 P 所转过的角度为 $\theta=\omega t$,上升的高度 $QP=vt$.所以质点的运动方程为

$$\begin{cases} x=R\cos \omega t, \\ y=R\sin \omega t, \\ z=vt. \end{cases} \qquad (5-21)$$

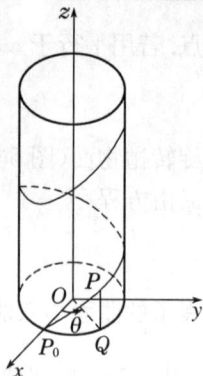

图 5-24

方程式(5-21)称为螺旋线(spiral)方程.

3. 空间曲线在坐标面上的投影

设 C 为已知空间曲线.以 C 为准线、平行于 z 轴的直线为母线的柱面,称为曲线 C 关于 xOy 面的投影(Projective)柱面,而投影柱面与 xOy 面的交线 C_1 称为曲线 C 在 xOy 面上的投影曲线.类似地,可以定义曲线 C 关于 yOz 面和 zOx 面的投影柱面.

投影柱面和投影曲线的意义在于,以后计算重积分时,需要确定有关立体在坐标面上的投影区域.

如果曲线 C 的一般方程为式(5-19),则从中消去变量 z 后得到方程

$$G(x,y)=0,$$

它是母线平行于 z 轴的柱面,与 $z=0$ 联立,得曲线 C 在 xOy 面上的投影曲线:

$$\begin{cases} G(x,y)=0, \\ z=0. \end{cases}$$

例 5.4.5 求曲线 $C:\begin{cases} x^2+y^2+z^2=8, \\ z^2=x^2+y^2, \end{cases}(z\geqslant 0)$ 在 xOy 面上的投影曲线.

解: 从两个曲面方程中消去变量 z,得投影柱面

$$2(x^2+y^2)=8,即\ x^2+y^2=4.$$

再与 $z=0$ 联立,得曲线 C 在 xOy 面上的投影曲线

$$\begin{cases} x^2+y^2=4, \\ z=0. \end{cases}$$

亦即 xOy 面上的圆 $x^2+y^2=4$.

习题 5.4

A. 基本题

1. 说明方程 $x^2+y^2+z^2-2x+6y-4z-2=0$ 表示空间一个什么样的曲面.

2. 指出下列方程在平面解析几何中和空间解析几何中各自的意义.

(1) $y=1$,

(2) $x^2+y^2=4$.

3. 下列方程各表示什么曲线？

(1) $\begin{cases} z^2 = x^2 + 16y^2, \\ z = 16. \end{cases}$

(2) $\begin{cases} x^2 + 4y^2 + 4z^2 = 20, \\ y = 2. \end{cases}$

(3) $\begin{cases} y = 2x^2 + 2z^2, \\ x = 1. \end{cases}$

(4) $\begin{cases} z = x^2 - 4y^2, \\ z = 4. \end{cases}$

B. 一般题

4. 建立球心在 $(4, -2, -1)$ 且过坐标原点的球面方程.

C. 提高题

5. 设一立体由上半球面 $z = \sqrt{16 - x^2 - y^2}$ 和圆锥面 $z = \sqrt{3(x^2 + y^2)}$ 所围成, 求它在 xOy 面上的投影.

6. 求单叶双曲面 $\dfrac{x^2}{16} + \dfrac{y^2}{4} - \dfrac{z^2}{5} = 1$ 与平面 $x - 2z - 3 = 0$ 的交线在 xOy 平面上的投影柱面.

数学实验　向量运算及空间图形描绘

1. 向量的和、差、数与向量的乘积、向量的数量积、向量积

例 1　已知向量 $a=\{1,2,-2\}$，$b=\{2,-1,5\}$，求 $a+b$，$a-b$，$2a$，$3a-2b$，$a \cdot b$、$a \times b$ 和向量的模 $|a|$.

输入　$a=\{1,2,-2\}$

$b=\{2,-1,5\}$

$a+b$

$a-b$

$2a$

$3a-2b$

$a. b$

$a \times b$　　　　　　　　　　　　　　　　　　　/ * 工具箱中的小'X' * /

Sqrt[$a. a$]

输出　$\{3,1,3\}$　　　　　　　　　　　　　　　　　/ * 向量 $a+b$ * /

$\{-1,3,-7\}$　　　　　　　　　　　　　　　　/ * 向量的差 $a-b$ * /

$\{2,4,-4\}$　　　　　　　　　　　　　　　　/ * 数与向量的积 $2a$ * /

$\{-1,8,-16\}$　　　　　　　　　　　　　/ * 向量的线性运算 $3a-2b$ * /

-10　　　　　　　　　　　　　　　/ * 向量的数量积或点积 $a \cdot b$ * /

$\{8,-9,-5\}$　　　　　　　　　　　/ * 向量的向量积或差积 $a \times b$ * /

3　　　　　　　　　　　　　　　　　　/ * 向量的模 $|a|$ * /

2. 向量的夹角与向量的方向余弦

例 2　已知向量 $a=\{1,2,-1\}$，$b=\{2,1,4\}$，求向量 a 与 b 的夹角，向量 a 的方向余弦.

输入　$a=\{1,2,-1\}$

$b=\{2,1,4\}$

ArcCos[N[$a. b$/(Sqrt[$a. a$] * Sqrt[$b. b$])]]　　　　/ * 向量 a 与 b 的夹角 * /

a/Sqrt[$a. a$]

输出　$1.570\ 8$　　　　　　　　　　　　　　/ * 向量 a 与 b 的夹角 $\dfrac{\pi}{2}$ * /

$\left\{\dfrac{1}{\sqrt{6}},\sqrt{\dfrac{2}{3}},-\dfrac{1}{\sqrt{6}}\right\}$　　　　/ * 向量 a 的方向余弦 $\{\cos\alpha,\cos\beta,\cos\gamma\}$ * /

3. 三维图形描绘

例 3　作出旋转抛物面 $z=x^2+y^2$ 的图形.

方法一:输入　Plot3D[x2+y2,{x,-2,2},{y,-2,2},PlotRange->{0,7},BoxRatios->{1,1,1}]

输出

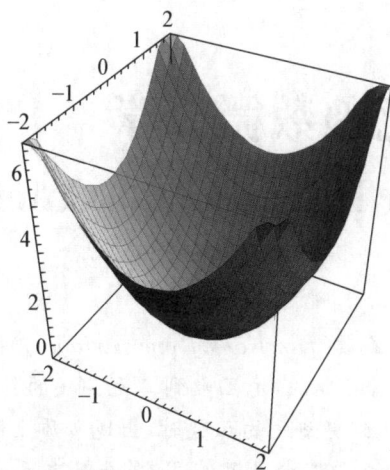

方法二、用参数方程

输入　Clear[x,y,z,r,t]

x[r_,t_]:=r∗Cos[t]

y[r_,t_]:=r∗Sin[t]

z[r_,t_]:=r^2

ParametricPlot3D[{x[r,t],y[r,t],z[r,t]},{t,0,2Pi},{r,0,2}]

输出

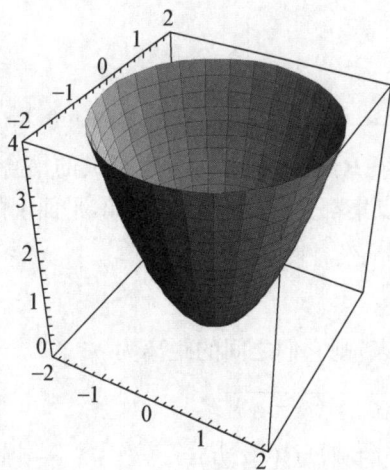

第6章 多元函数微分学
（**Multivariable Function Differential Calculus**）

　　本章提示：本章将一个变元的函数（即一元函数（*function of one variable*））微分学的概念、理论和方法推广到多个变元函数（即多元函数）. 从一元函数到二元函数的转变过程中，会出现一些本质上的区别，但把二元函数再推广到更多元的函数时，出现本质上的新情况就少了. 因此，本章将重点讨论二元函数微分学的相关概念及其应用. 首先从多元函数的概念和极限开始.

6.1　多元函数的基本概念
（the Concept of Multivariable Function）

6.1.1　区域

　　1. 平面上的点集（the plane point set）

　　一切有序实数对 (x,y) 都能与平面上的点一一对应起来，因此把平面点集与实数对组成的集合等同看待. 我们用 $\mathbf{R}^2 = \{(x,y) \mid x \in \mathbf{R}, y \in \mathbf{R}\}$ 表示所有实数对组成的集合，称为二维空间（two-dimensional space）. 显然，一切平面点集都是 $\mathbf{R}^2$ 的子集. 例如，平面上的圆盘

$$C = \{(x,y) \mid x^2 + y^2 \leqslant 1\} \subset \mathbf{R}^2.$$

　　2. 邻域、内点、边界点

　　设 $P_0(x_0, y_0), P(x,y)$ 是坐标平面上的两点，则它们之间的距离为

$$|P_0 P| = \sqrt{(x-x_0)^2 + (y-y_0)^2}.$$

对任一正数 ε，称平面上以 P_0 为心，以 ε 为半径的圆盘（不含边）

$$E_0 = U(P_0, \varepsilon) = \{P(x,y) \mid |P_0 P| < \varepsilon\}$$

为点 P_0 的 ε 邻域（neighborhood）.

　　设 E 是一平面点集，$P_0 \in E$. 如果存在 P_0 的一个邻域，完全包含在点集 E 内，即有 $\varepsilon > 0$ 使 $U(P_0, \varepsilon) \subset E$，则称 P_0 是 E 的一个内点（interior point）. 如果 E 的每一点都是它的内点，则称 E 为开集（open set）.

　　设给定集 E, P 是平面上一个点. 如果在 P 的任何邻域中都既有属于 E 的点，又有不属于 E 的点，则称 P 是 E 的边界点（boundary point）. 把集 E 的全体边界点组成的集合称为 E 的边界（boundary）.

　　例 6.1.1　对于集 $E_1 = \{(x,y) \mid x \geqslant 0, y \geqslant 0\}$，如图 6-1 所示，$P_1(1,1)$ 是 E_1 的内点，

$P_2(1,0)$ 是 E_1 的边界点,E_1 的边界由原点及正半 x 轴、正半 y 轴组成.对于开圆盘 E_0 来说,它的圆周是它的边界,但边界上的任何点都不属于 E_0.因此可得到结论:集 E 的边界点可能属于 E,也可能不属于 E.

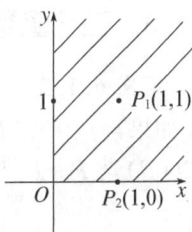

3. 区域

设 D 是一点集,若 D 具有下列性质:

(1) D 的每一点都是 D 的内点;

(2) D 的任意两点均可用全属于 D 的一条折线连接起来,则称 D 为开区域(open region),或简称为区域(region).

图 6-1

性质(2)称为区域的连通性(connectivity).因此可以说,区域是连通的开集.

把区域的所有点以及它的边界点构成的集合称为闭区域(closed region).根据上述定义,E_0 是一个区域,E_1 是一个闭区域.

4. n 维空间 $\mathbf{R}^n$

类似于 $\mathbf{R}^2$ 的定义,称 n 元数组 $(x_1,x_2,\cdots,x_n)$ 的全体为 n 维空间(n-dimensional space),记为 $\mathbf{R}^n$. $x_i(i=1,2,\cdots,n)$ 称为该点的第 i 个坐标.关于平面点集的有关概念,可以推广到 n 维空间中.

6.1.2　多元函数的定义

定义 6.1.1　设 D 是平面上的一个点集,如果对于每一点 $P(x,y)\in D$,变量 z 按照某一法则 f,总有确定的值和它对应,则称 z 是变量 x、y 的二元函数(或点 P 的函数),记为
$$z=f(x,y),(x,y)\in D \text{ 或 } z=f(P),P\in D$$
点集 D 称为该函数的定义域(domain),x、y 叫作自变量,z 叫作因变量,数集
$$\{z \mid z=f(x,y),(x,y)\in D\}$$
称为该函数的值域(range).

类似地,可以定义 n 元函数 $u=f(x_1,x_2,\cdots,x_n)$,当 $n\geqslant 2$ 时,n 元函数统称为多元函数.

与一元函数类似,我们约定:在讨论用算式表达的多元函数 $u=f(x_1,x_2,\cdots,x_n)$ 时,就以使该算式有确定值 u 的自变量所确定的点集为这个函数的定义域.例如,函数
$$z=\sqrt{4-x-y}$$
的定义域为 $\{(x,y) \mid x+y\leqslant 4\}$,是一个无界闭区域,如图 6-2 所示.

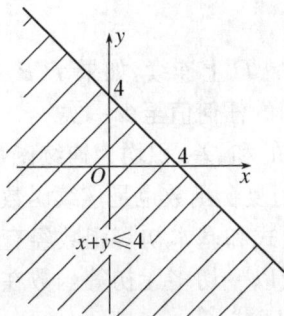

称空间点集 $\{(x,y,z) \mid z=f(x,y),(x,y)\in D\}$ 的图形为二元函数 $z=f(x,y)$ 的图形.一般情况下,二元函数的图形是一张曲面,例如,$z=\sqrt{a^2-x^2-y^2}$ 表示上半球面,如图 6-3 所示.

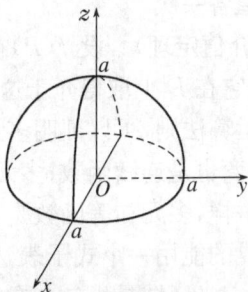

图 6-2

图 6-3

6.1.3　二元函数的极限

定义 6.1.2　设 $f(P)$ 在开区域(或闭区域)D 内有定义,$P_0(x_0,y_0)$ 是 D 的内点或边界点.如果当点 P 在 D 内以任何方式趋向于 P_0 时,$f(P)$ 都能趋向于确定的数 A,则称 A 为函数 $f(P)$ 当 $P \rightarrow P_0$ 时的极限,记为

$$\lim_{P \rightarrow P_0} f(P) = A \text{ 或 } \lim_{\substack{x \rightarrow x_0 \\ y \rightarrow y_0}} f(x,y) = A.$$

我们称二元函数的极限为二重极限(double limit).

例 6.1.2　验证极限 $\lim\limits_{\substack{x \rightarrow 0 \\ y \rightarrow 0}} \dfrac{x+y}{x-y}$ 不存在.(x,y) 以怎样的方式趋于 $(0,0)$ 时能使

$$(1)\ \lim_{\substack{x \rightarrow 0 \\ y \rightarrow 0}} \frac{x+y}{x-y} = 1; \quad (2)\ \lim_{\substack{x \rightarrow 0 \\ y \rightarrow 0}} \frac{x+y}{x-y} = 2.$$

解:(1) 取 $y = kx(k \neq 0)$,则 $\dfrac{x+y}{x-y} = \dfrac{x(1+k)}{x(1-k)}$.当 k 取不同的值时,$f(x,y)$ 趋于不同的数.可见所给的极限不存在.

(2) 当点 (x,y) 沿直线 $y = 0$ 趋向于 $(0,0)$ 时,$f(x,y) \rightarrow 1$.当点 (x,y) 沿直线 $y = \dfrac{1}{3}x$ 趋向于 $(0,0)$ 时,$f(x,y) \rightarrow 2$.

这个例子说明二元函数的极限要比一元函数的极限复杂得多:一元函数在一点极限存在的充分必要条件是左右极限都存在且相等,只涉及两个方向的问题.而多元函数在一点有极限要涉及无穷多个方向和无穷多种方式的问题.

6.1.4　二元函数的连续性

定义 6.1.3　设函数 $f(x,y)$ 在开区域(或闭区域)D 内有定义,$P_0(x_0,y_0)$ 是 D 的内点或边界点,且 $P_0(x_0,y_0) \in D$.如果

$$\lim_{\substack{x \rightarrow x_0 \\ y \rightarrow y_0}} f(x,y) = f(x_0,y_0) \text{ 或 } \lim_{P \rightarrow P_0} f(P) = f(P_0),$$

则称 $f(x,y)$ 在点 $P_0(x_0,y_0)$ 连续.

如果 $f(x,y)$ 在 D 内每一点都连续,则称 $f(x,y)$ 是 D 内的连续函数.

若 $f(x,y)$ 在 $P_0(x_0,y_0)$ 不连续,则称 $P_0(x_0,y_0)$ 为 $f(x,y)$ 的间断点.

与闭区间上一元连续函数的性质相类似,在有界闭区域上多元连续函数有如下性质:

性质 6.1.1(最值定理)　设 $f(P)$ 在有界闭区域 D 上连续,则在 D 上 $f(P)$ 至少取得它的最大值和最小值各一次.

性质 6.1.2(介值定理)　设 $f(P)$ 在有界闭区域 D 上连续,如果 $f(P)$ 在 D 上取得两个不同的函数值,则它在 D 上取得介于这两个值之间的任何值至少一次.

根据极限的运算法则,可以证明多元连续函数的和、差、积均为连续函数;若在分母不为零处,连续函数的商也是连续函数;多元连续函数的复合函数也是连续函数.

像初等函数一样,多元初等函数是由多元多项式和基本初等函数经有限次的四则运算和复合步骤所构成的能用一个式子表达的函数.所以一切多元初等函数在其定义区域内都是连续的,这里的定义区域是指包含在定义域内的区域.

由以上分析知,若 $f(P)$ 是多元初等函数,P_0 是 $f(P)$ 定义区域内的一个点,则 $f(P)$ 在 P_0 处连续且 $\lim\limits_{P \to P_0} f(P) = f(P_0)$.

例 6.1.3　求极限 $\lim\limits_{\substack{x \to \frac{1}{2} \\ y \to \frac{1}{2}}} \dfrac{xy}{\ln(1-x^2-y^2)}$.

解:该函数的定义区域为 $\{(x,y) \mid 0 < x^2+y^2 < 1\}$,点 $\left(\dfrac{1}{2}, \dfrac{1}{2}\right)$ 在所给函数的定义区域内,该函数是二元初等函数,因此有

$$\lim_{\substack{x \to \frac{1}{2} \\ y \to \frac{1}{2}}} \frac{xy}{\ln(1-x^2-y^2)} = \frac{\dfrac{1}{4}}{\ln\left(1-\dfrac{1}{2}\right)} = \frac{1}{-4\ln 2}.$$

习题 6.1

A. 基本题

1. 求下列函数的定义域.

(1) $z = \sqrt{R^2 - x^2 - 2y^2} + \dfrac{1}{\sqrt{x^2 + 2y^2 - r^2}}$ $(R > r > 0)$;

(2) $z = \ln(x^2 - y + 2)$.

2. 求极限 $\lim\limits_{\substack{x \to 0 \\ y \to 1}} \dfrac{1+xy}{x^2+y^2}$.

B. 一般题

3. 讨论极限 $\lim\limits_{\substack{x \to 0 \\ y \to 0}} \dfrac{x^2+y^4}{x^2 y^2 + (x-y)^2}$ 是否存在?

C. 提高题

4. 已知 $f(x,y) = \begin{cases} x\sin\dfrac{1}{y} + y\sin\dfrac{1}{x}, & xy \neq 0 \\ 0, & xy = 0 \end{cases}$ 求 $\lim\limits_{\substack{x \to 0 \\ y \to 0}} f(x,y), \lim\limits_{y \to 0}\lim\limits_{x \to 0} f(x,y), \lim\limits_{x \to 0}\lim\limits_{y \to 0} f(x,y)$. 后

面这两个极限也叫做累次极限,它们的含义是先对一个变量取极限,另一个变量暂时看成常数. 例如:$\lim\limits_{y \to 0}\lim\limits_{x \to 0} f(x,y) = \lim\limits_{y \to 0}(\lim\limits_{x \to 0} f(x,y))$. 在下一章中,二重积分本质上是利用二重极限定义而得到的,但需利用累次极限将其化为累次积分.

6.2 偏导数与全微分
(Partial Derivative and Total Differential)

本节提示：将一元函数微积分中的导数和微分的概念推广到多元函数中，如果只让一个自变量变化而其余自变量不变所得到的变化率就是所谓的偏导数，当所有的自变量都变化时函数大约的变化量就是全微分. 偏导数在科技生活中有着广泛的应用.

6.2.1 偏导数

1. 偏导数的定义

定义 6.2.1 设函数 $z=f(x,y)$ 在点 (x_0,y_0) 的某邻域内有定义. 当 y 固定在 y_0，而 $z=f(x,y_0)$ 在 $x=x_0$ 处可导，即极限

$$\lim_{\Delta x \to 0} \frac{f(x_0+\Delta x, y_0) - f(x_0, y_0)}{\Delta x}$$

存在，则称此极限为函数 $z=f(x,y)$ 在点 (x_0,y_0) 处对 x 的偏导数（partial derivative），记作

$$\left.\frac{\partial z}{\partial x}\right|_{(x_0,y_0)}, \quad \left.\frac{\partial f}{\partial x}\right|_{(x_0,y_0)}, \quad z_x(x_0,y_0) \text{ 或 } f_x(x_0,y_0).$$

即

$$\left.\frac{\partial z}{\partial x}\right|_{(x_0,y_0)} = \lim_{\Delta x \to 0} \frac{f(x_0+\Delta x, y_0) - f(x_0, y_0)}{\Delta x}. \tag{6-1}$$

类似地，可定义 $z=f(x,y)$ 在点 (x_0,y_0) 处对 y 的偏导数

$$\left.\frac{\partial z}{\partial y}\right|_{(x_0,y_0)} = \lim_{\Delta y \to 0} \frac{f(x_0, y_0+\Delta y) - f(x_0, y_0)}{\Delta y}. \tag{6-2}$$

该偏导数也可以记为

$$\left.\frac{\partial z}{\partial y}\right|_{(x_0,y_0)}, \quad \left.\frac{\partial f}{\partial y}\right|_{(x_0,y_0)}, \quad z_y(x_0,y_0) \text{ 或 } f_y(x_0,y_0).$$

2. 偏导函数

若 $z=f(x,y)$ 在区域 D 内每一点 (x,y) 处对 x 的偏导数都存在，则这偏导数就是 x、y 的函数，称为 $z=f(x,y)$ 对自变量 x 的偏导函数，记作

$$\frac{\partial z}{\partial x}, \frac{\partial f}{\partial x}, z_x \text{ 或 } f_x.$$

类似地，可定义 $z=f(x,y)$ 对自变量 y 的偏导函数. 一般也称偏导函数为偏导数.

偏导数与偏导函数的关系为：$f(x,y)$ 在点 (x_0,y_0) 处对 x 的偏导数 $f_x(x_0,y_0)$ 就是偏导函数 $f_x(x,y)$ 在点 (x_0,y_0) 处的函数值.

3. 偏导数的求法

求 $\frac{\partial z}{\partial x}$ 时，只要把 y 暂时看成常数，而对 x 求导；求 $\frac{\partial z}{\partial y}$ 时，只要把 x 暂时看成常数，而对 y 求导即可.

例 6.2.1 求 $z=x^2+xy+2xy^2$ 在点 $(1,2)$ 处的偏导数.

解: $\dfrac{\partial z}{\partial x}\Big|_{(1,2)}=(2x+y+2y^2)\Big|_{(1,2)}=2+2+8=12$,

$\dfrac{\partial z}{\partial y}\Big|_{(1,2)}=(x+4xy)\Big|_{(1,2)}=1+8=9$.

例 6.2.2 求 $r=\sqrt{x^2+y^2+z^2}$ 的偏导数.

解: 与二元函数求偏导数一样,求 $\dfrac{\partial r}{\partial x}$ 时,暂时把 y、z 看作常数,先对变量 x 求导

$$\frac{\partial r}{\partial x}=\frac{x}{\sqrt{x^2+y^2+z^2}}=\frac{x}{r}$$

类似地有

$$\frac{\partial r}{\partial y}=\frac{y}{r},\ \frac{\partial r}{\partial z}=\frac{z}{r}.$$

4. 偏导数的几何意义

设 $P(x_0,y_0,f(x_0,y_0))$ 为曲面 $z=f(x,y)$ 上一点,过 P 作平面 $y=y_0$,截此曲面得一曲线,在平面 $y=y_0$ 上这条曲线的方程为 $z=f(x,y_0)$. 于是,导数 $f'(x,y_0)\Big|_{x=x_0}$ 即偏导数 $f_x(x_0,y_0)$ 就是该曲线在点 P 处的切线 PT_x 对 x 轴的斜率.

同理,偏导数 $f_y(x_0,y_0)$ 的几何意义是曲面被 $x=x_0$ 所截得的曲线在点 P 处的切线 PT_y 对 y 轴的斜率. 如图 6-4 所示.

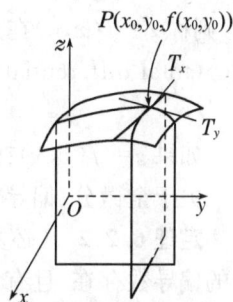

图 6-4

5. 高阶偏导数

设 $z=f(x,y)$ 在区域 D 内具有偏导数 $\dfrac{\partial z}{\partial x}=f_x(x,y)$,$\dfrac{\partial z}{\partial y}=f_y(x,y)$. 一般来说,在 D 内 $f_x(x,y)$、$f_y(x,y)$ 均是变量 x、y 的函数,如果这两个函数的偏导数也存在,则称它们是函数 $z=f(x,y)$ 的二阶偏导数(有 4 个):

$$\frac{\partial}{\partial x}\Big(\frac{\partial z}{\partial x}\Big)=\frac{\partial^2 z}{\partial x^2}=f_{xx}(x,y),\quad \frac{\partial}{\partial y}\Big(\frac{\partial z}{\partial x}\Big)=\frac{\partial^2 z}{\partial x\partial y}=f_{xy}(x,y);$$

$$\frac{\partial}{\partial x}\Big(\frac{\partial z}{\partial y}\Big)=\frac{\partial^2 z}{\partial y\partial x}=f_{yx}(x,y),\quad \frac{\partial}{\partial y}\Big(\frac{\partial z}{\partial y}\Big)=\frac{\partial^2 z}{\partial y^2}=f_{yy}(x,y).$$

例 6.2.3 求 $z=x^3+2x^2y^2+y^2$ 的二阶偏导数.

解: $\dfrac{\partial z}{\partial x}=3x^2+4xy^2$,$\dfrac{\partial z}{\partial y}=4x^2y+2y$,

$$\frac{\partial^2 z}{\partial x^2}=\frac{\partial}{\partial x}(3x^2+4xy^2)=6x+4y^2,$$

$$\frac{\partial^2 z}{\partial x\partial y}=\frac{\partial}{\partial y}(3x^2+4xy^2)=8xy,$$

$$\frac{\partial^2 z}{\partial y\partial x}=\frac{\partial}{\partial x}(4x^2y+2y)=8xy,$$

$$\frac{\partial^2 z}{\partial y^2}=\frac{\partial}{\partial y}(4x^2y+2y)=4x^2+2.$$

在这个例子中,两个混合偏导数相等. 一般地,有

定理 6.2.1 若 $z=f(x,y)$ 的两个二阶混合偏导数 f_{xy} 及 f_{yx} 在区域 D 内连续,则在 D

内 $f_{xy} = f_{yx}$. 也就是说,二阶混合偏导数在连续的条件下与求导次序无关.

6.2.2　全微分

根据问题的需要,有时要研究多元函数中各个自变量都取得增量时因变量所获得的增量,即全增量

$$\Delta z = f(x + \Delta x, y + \Delta y) - f(x, y). \tag{6-3}$$

一般情况下,计算比较复杂,所以我们希望用自变量的增量 Δx、Δy 的线性函数来近似地代替全增量 Δz.

定义 6.2.2　如果函数 $z = f(x, y)$ 在点 (x_0, y_0) 处的全增量 Δz 可表示为

$$\Delta z = A\Delta x + B\Delta y + o(\rho), \tag{6-4}$$

其中,A、B 不依赖于 Δx、Δy,而仅与 x_0、y_0 有关,$\rho = \sqrt{(\Delta x)^2 + (\Delta y)^2}$,$o(\rho)$ 是 ρ 的高阶无穷小,则称 $z = f(x, y)$ 在点 (x_0, y_0) 可微分,且称 $A\Delta x + B\Delta y$ 为 $z = f(x, y)$ 在点 (x_0, y_0) 处的全微分(total differential),记作 $\mathrm{d}z$,即

$$\mathrm{d}z = A\Delta x + B\Delta y. \tag{6-5}$$

如果 $z = f(x, y)$ 在区域 D 内每一点处都可微分,则称该函数在 D 内可微分.

关于全微分、偏导数与函数的连续性之间的关系,有以下定理.

定理 6.2.2　(必要条件)如果 $z = f(x, y)$ 在点 (x_0, y_0) 处可微分,则该函数在点 (x_0, y_0) 处的偏导数存在,且有

$$\frac{\partial z}{\partial x}\bigg|_{(x_0, y_0)} = A, \quad \frac{\partial z}{\partial y}\bigg|_{(x_0, y_0)} = B.$$

此处 A、B 即定义 6.2.2 中的 A、B,因此式(6-5)可写成

$$\mathrm{d}z = \frac{\partial z}{\partial x}\Delta x + \frac{\partial z}{\partial y}\Delta y = \frac{\partial z}{\partial x}\mathrm{d}x + \frac{\partial z}{\partial y}\mathrm{d}y. \tag{6-6}$$

在式(6-6)中,$\frac{\partial z}{\partial x}\mathrm{d}x$、$\frac{\partial z}{\partial y}\mathrm{d}y$ 叫作 $f(x, y)$ 对 x、对 y 的偏微分(partial differential).

定理 6.2.3　(充分条件)如果 $z = f(x, y)$ 的偏导数在点 (x_0, y_0) 处连续,则函数在该点可微分.

定理 6.2.4　若函数 $z = f(x, y)$ 在点 (x_0, y_0) 处可微,则它在该点处连续.

例 6.2.4　求函数 $z = \mathrm{e}^x + xy^2$ 的全微分.

解:因为 $\frac{\partial z}{\partial x} = \mathrm{e}^x + y^2$,$\frac{\partial z}{\partial y} = 2xy$,

所以

$$\mathrm{d}z = (\mathrm{e}^x + y^2)\mathrm{d}x + 2xy\mathrm{d}y.$$

例 6.2.5　设 $u = xyz^2$,求 $\mathrm{d}u$.

解:因为 $\frac{\partial u}{\partial x} = yz^2$,$\frac{\partial u}{\partial y} = xz^2$,$\frac{\partial u}{\partial z} = 2xyz$,

所以

$$\mathrm{d}u = yz^2\mathrm{d}x + xz^2\mathrm{d}y + 2xyz\mathrm{d}z.$$

习题 6.2

A. 基本题

1. 求下列函数的偏导数.

(1) $z = x^2 y + x \sin y$　　　　　　　　(2) $z = \sqrt{1 - x^2 - y^2}$

(3) $z = \sin(2x + y) + y \cos x$　　　　(4) $z = \tan xy$

2. 求下列函数的全微分.

(1) $u = \ln xyz$　　　　　　　　　　　(2) $z = e^{x+y}$

B. 一般题

3. 设 $z = y \ln xy$，求 $\dfrac{\partial^2 z}{\partial x \partial y}, \dfrac{\partial^2 z}{\partial y \partial x}, \dfrac{\partial^3 z}{\partial x^2 \partial y}, \dfrac{\partial^3 z}{\partial x \partial y^2}$.

C. 提高题

4. 设 $u = \arctan(x+y)^z$，求 du.

5. 已知椭圆抛物面 $z = \dfrac{x^2}{4} + \dfrac{y^2}{16}$ 上一点 $P\left(1, 2, \dfrac{1}{2}\right)$，曲面与过该点的两个平面 $y = 2$ 及 $x = 1$ 相交成两条平面曲线. 分别求这两条曲线在点 P 的切线对 x 轴及 y 轴的斜率.

6. 设有一圆柱形金属工件，高为 $h = 10 \text{ cm}$，底圆半径 $r = 4 \text{ cm}$，求高增加 0.01 cm、半径增加 0.01 cm 时，该工件的体积大致能增加多少？

6.3　多元复合函数及隐函数的求导法
(Derivation of Multivariable Composite Function and Implicit Function)

本节提示：多元复合函数的求导要比一元复合函数的求导复杂得多，在学习本节内容时，要弄清所讨论的函数的复合结构与层次，按照链条法则求导．

6.3.1　多元复合函数求导法

1. 链条法则(the Chain Rule)

现在来讨论具有两个中间变量且有两个自变量的复合函数(composite function)的求导问题．

定理 6.3.1　若 $u=\varphi(x,y)$、$v=\psi(x,y)$ 在点 (x,y) 有偏导数，函数 $z=f(u,v)$ 在对应点 (u,v) 有连续的偏导数，则复合函数 $z=f[\varphi(x,y),\psi(x,y)]$ 在点 (x,y) 有对 x、y 的偏导数，且

$$\begin{cases} \dfrac{\partial z}{\partial x}=\dfrac{\partial z}{\partial u}\dfrac{\partial u}{\partial x}+\dfrac{\partial z}{\partial v}\dfrac{\partial v}{\partial x}, \\[2mm] \dfrac{\partial z}{\partial y}=\dfrac{\partial z}{\partial u}\dfrac{\partial u}{\partial y}+\dfrac{\partial z}{\partial v}\dfrac{\partial v}{\partial y}. \end{cases} \tag{6-7}$$

式(6-7)称为链条法则，它的特点是：① z 有几个中间变量，偏导数中就有几项和；② 在和式的每一项中，都是两个因子的乘积：第一个因子是 z 对中间变量求导，第二个因子是中间变量对自变量求导．

例 6.3.1　设 $z=u^2\sin v$，$u=\dfrac{x}{y}$，$v=xy$，求 $\dfrac{\partial z}{\partial x},\dfrac{\partial z}{\partial y}$．

解：$\dfrac{\partial z}{\partial u}=2u\sin v$，$\dfrac{\partial z}{\partial v}=u^2\cos v$，

$\dfrac{\partial u}{\partial x}=\dfrac{1}{y}$，$\dfrac{\partial u}{\partial y}=-\dfrac{x}{y^2}$，$\dfrac{\partial v}{\partial x}=y$，$\dfrac{\partial v}{\partial y}=x$．

由式(6-7)得

$$\dfrac{\partial z}{\partial x}=2u\sin v\cdot\dfrac{1}{y}+u^2\cos v\cdot y=\dfrac{1}{y^2}(2x\sin xy+x^2y\cos xy),$$

$$\dfrac{\partial z}{\partial y}=2u\sin v\cdot\left(-\dfrac{x}{y^2}\right)+u^2\cos v\cdot x=\dfrac{x^2}{y^3}(-2\sin xy)+\dfrac{x^3\cos xy}{y^2}.$$

2. 具有三个中间变量的二元函数的求导法

定理 6.3.2　设 $u=\varphi(x,y)$、$v=\psi(x,y)$、$w=\omega(x,y)$ 在点 (x,y) 有偏导数，函数 $z=f(u,v,w)$ 在对应点 (u,v,w) 具有连续的偏导数，则复合函数 $z=f[\varphi(x,y),\psi(x,y),\omega(x,y)]$ 在点 (x,y) 的两个偏导数都存在且有

$$\begin{cases} \dfrac{\partial z}{\partial x}=\dfrac{\partial z}{\partial u}\dfrac{\partial u}{\partial x}+\dfrac{\partial z}{\partial v}\dfrac{\partial v}{\partial x}+\dfrac{\partial z}{\partial w}\dfrac{\partial w}{\partial x}, \\[2mm] \dfrac{\partial z}{\partial y}=\dfrac{\partial z}{\partial u}\dfrac{\partial u}{\partial y}+\dfrac{\partial z}{\partial v}\dfrac{\partial v}{\partial y}+\dfrac{\partial z}{\partial w}\dfrac{\partial w}{\partial y}. \end{cases} \tag{6-8}$$

例 6.3.2　设 $z=uv+w,u=xy,v=x^2+y,w=3xy^2$，求 $\dfrac{\partial z}{\partial x},\dfrac{\partial z}{\partial y}$.

解：由式(6-8)得

$$\frac{\partial z}{\partial x}=v \cdot y+u \cdot 2x+1 \cdot 3y^2=3x^2y+4y^2,$$

$$\frac{\partial z}{\partial y}=v \cdot x+u \cdot 1+1 \cdot 6xy=x^3+8xy.$$

3. 只有一个中间变量的二元函数的求导法

在式(6-8)中，如果令 $v=x,w=y$，则可得只有一个中间变量的二元函数 $z=f[\varphi(x,y),x,y]$ 的求偏导公式

$$\begin{cases}\dfrac{\partial z}{\partial x}=\dfrac{\partial f}{\partial u}\dfrac{\partial u}{\partial x}+\dfrac{\partial f}{\partial x},\\[3mm]\dfrac{\partial z}{\partial y}=\dfrac{\partial f}{\partial u}\dfrac{\partial u}{\partial y}+\dfrac{\partial f}{\partial y}.\end{cases} \tag{6-9}$$

在式(6-9)中，$\dfrac{\partial z}{\partial x}$ 是把 $f[\varphi(x,y),x,y]$ 这个二元函数中的变量 y 看作常数，而 $\dfrac{\partial f}{\partial x}$ 是把 $f[u,x,y]$ 这个三元函数中的变量 u、y 看作常数. $\dfrac{\partial z}{\partial y}$ 是把 $f[\varphi(x,y),x,y]$ 这个二元函数中的变量 x 看作常数，而 $\dfrac{\partial f}{\partial y}$ 是把 $f[u,x,y]$ 这个三元函数中的变量 u、x 看作常数.

例 6.3.3　设 $u=f(x,y,z)=\mathrm{e}^{x^2+y^2+z^2},z=xy$，求 $\dfrac{\partial u}{\partial x},\dfrac{\partial u}{\partial y}$.

解：

$$\frac{\partial u}{\partial x}=\frac{\partial f}{\partial x}+\frac{\partial f}{\partial z}\frac{\partial z}{\partial x}=2x\mathrm{e}^{x^2+y^2+z^2}+2z\mathrm{e}^{x^2+y^2+z^2}y$$

$$=2x(1+y^2)\mathrm{e}^{x^2+y^2+x^2y^2},$$

$$\frac{\partial u}{\partial y}=\frac{\partial f}{\partial y}+\frac{\partial f}{\partial z}\frac{\partial z}{\partial y}=2y\mathrm{e}^{x^2+y^2+z^2}+2z\mathrm{e}^{x^2+y^2+z^2}x$$

$$=2y(1+x^2)\mathrm{e}^{x^2+y^2+x^2y^2}.$$

4. 全导数

我们来研究具有两个中间变量但只有一个自变量的复合函数的求导问题，这就是所谓的全导数(total derivative)问题.

定理 6.3.3　若 $u=\varphi(x)$、$v=\psi(x)$ 在点 x 可导，函数 $z=f(u,v)$ 在对应点 (u,v) 具有连续的偏导数，则复合函数 $z=f[\varphi(x),\psi(x)]$ 在点 x 可导，且有

$$\frac{\mathrm{d}z}{\mathrm{d}x}=\frac{\partial z}{\partial u}\frac{\mathrm{d}u}{\mathrm{d}x}+\frac{\partial z}{\partial v}\frac{\mathrm{d}v}{\mathrm{d}x}. \tag{6-10}$$

式(6-10)称为全导数公式，显然式(6-10)可推广到含有更多中间变量而只有一个自变量的复合函数.

例 6.3.4　设 $z=\sin(u+v),u=x^2,v=\ln x$，求 $\dfrac{\mathrm{d}z}{\mathrm{d}x}$.

解：$\dfrac{\partial z}{\partial u}=\cos(u+v),\dfrac{\partial z}{\partial v}=\cos(u+v),\dfrac{\mathrm{d}u}{\mathrm{d}x}=2x,\dfrac{\mathrm{d}v}{\mathrm{d}x}=\dfrac{1}{x}$，由式(6-10)得

$$\frac{\mathrm{d}z}{\mathrm{d}x}=2x\cos(u+v)+\frac{1}{x}\cos(u+v)=\frac{(2x^2+1)\cos(x^2+\ln x)}{x}.$$

6.3.2　隐函数的求导法

定理 6.3.4　设函数 $F(x,y)$ 在点 (x_0,y_0) 的某邻域内满足：

(1) F_x、F_y 连续；

(2) $F(x_0,y_0)=0$ 且 $F_y(x_0,y_0)\neq0$.

则在点 (x_0,y_0) 的某邻域内唯一地存在有连续导数的一元函数 $y=f(x)$，满足

$$F(x,f(x))\equiv0,\quad y_0=f(x_0)$$

且

$$\frac{\mathrm{d}y}{\mathrm{d}x}=-\frac{F_x}{F_y}. \tag{6-11}$$

设方程 $F(x,y)=0$ 确定的函数为 $y=f(x)$，则

$$F(x,f(x))\equiv0.$$

上式两端对 x 求导得

$$F_x+F_y\cdot\frac{\mathrm{d}y}{\mathrm{d}x}=0\ \text{即}\frac{\mathrm{d}y}{\mathrm{d}x}=-\frac{F_x}{F_y}.$$

例 6.3.5　设 $\sin x-2x^2y^3-2y=0$，求 $\dfrac{\mathrm{d}y}{\mathrm{d}x}$.

解：若按一元函数的隐函数求导法解该题，方程两边关于 x 求导数：

$$\cos x-4xy^3-6x^2y^2\frac{\mathrm{d}y}{\mathrm{d}x}-2\frac{\mathrm{d}y}{\mathrm{d}x}=0,$$

整理得

$$\frac{\mathrm{d}y}{\mathrm{d}x}=\frac{\cos x-4xy^3}{6x^2y^2+2}.$$

若按式 (6-11)，令 $F(x,y)=\sin x-2x^2y^3-2y$，则

$$F_x=\cos x-4xy^3,\quad F_y=-6x^2y^2-2.$$

于是得到相同结果

$$\frac{\mathrm{d}y}{\mathrm{d}x}=-\frac{F_x}{F_y}=\frac{\cos x-4xy^3}{6x^2y^2+2}.$$

定理 6.3.5　设函数 $F(x,y,z)$ 在点 (x_0,y_0,z_0) 的某邻域内满足：

(1) F_x、F_y、F_z 连续；

(2) $F(x_0,y_0,z_0)=0$ 且 $F_z(x_0,y_0,z_0)\neq0$.

则在点 (x_0,y_0,z_0) 的某邻域内唯一地存在有连续偏导数的二元函数 $z=f(x,y)$，满足

$$F(x,y,f(x,y))\equiv0,\quad z_0=f(x_0,y_0)$$

且

$$\frac{\partial z}{\partial x}=-\frac{F_x}{F_z},\quad\frac{\partial z}{\partial y}=-\frac{F_y}{F_z}. \tag{6-12}$$

例 6.3.6　设 $\cos x+2y^2+z^2+xy-z=0$，求 $\dfrac{\partial z}{\partial x}$，$\dfrac{\partial z}{\partial y}$.

解：令 $F(x,y,z)=\cos x+2y^2+z^2+xy-z$，由式 (6-12) 得

$$\frac{\partial z}{\partial x}=-\frac{F_x}{F_z}=-\frac{-\sin x+y}{2z-1}=\frac{y-\sin x}{1-2z},$$

$$\frac{\partial z}{\partial y}=-\frac{F_y}{F_z}=-\frac{4y+x}{2z-1}=\frac{4y+x}{1-2z}.$$

习题 6.3

A. 基本题

1. 设 $z=\sin x+4x^2y^3+\mathrm{e}^{-y}$, 求 $\dfrac{\partial z}{\partial x},\dfrac{\partial z}{\partial y}$.

2. 设 $z=\mathrm{e}^{3x-2y}$, 而 $x=\sin t,y=t^2$, 求 $\dfrac{\mathrm{d}z}{\mathrm{d}t}$.

3. 设 $\mathrm{e}^z=xy+z$, 求 $\dfrac{\partial z}{\partial x},\dfrac{\partial z}{\partial y}$.

B. 一般题

4. 设 $z=u\ln v,u=x^2,v=x+2y^2$, 求 $\dfrac{\partial z}{\partial x},\dfrac{\partial z}{\partial y}$.

5. 设 $u=v\mathrm{e}^w,v=xyz,w=x^2+2y+z$, 求 $\dfrac{\partial u}{\partial x},\dfrac{\partial u}{\partial y},\dfrac{\partial u}{\partial z}$.

6. 设 $x\cos y+y\cos z+z\cos x=5$, 求 $\dfrac{\partial z}{\partial x},\dfrac{\partial z}{\partial y}$.

C. 提高题

7. 一定量的气体服从规律 $PV=KT$, 这里 P 是压强, V 是体积, T 是热力学温度, K 是恒量. 如果压强的增加率为 0.05, 体积的减少率为 0.25, 求当 $P=20,V=50$ 时 T 的变化率.

*6.4　偏导数的几何应用
(Geometric Applications of Partial Derivative)

本节提示:本节利用偏导数的几何意义以及空间解析几何中有关平面和直线方程的概念,来求空间曲线的法平面和切线及空间曲面的切平面和法线.

6.4.1　空间曲线的切线与法平面(normal plane)

设空间曲线 Γ 由参数方程给出:

$$\Gamma:\begin{cases} x=\varphi(t), \\ y=\psi(t), \\ z=\omega(t). \end{cases}$$

其中,φ、ψ、ω 均可导. 如图 6-5 所示,在 Γ 上对应于 $t=t_0$ 及 $t=t_0+\Delta t$ 的两点为 $M(x_0,y_0,z_0)$ 及 $N(x_0+\Delta x,y_0+\Delta y,z_0+\Delta z)$,则割线 MN 的方程可用两点式表示:

$$\frac{x-x_0}{(x_0+\Delta x)-x_0}=\frac{y-y_0}{(y_0+\Delta y)-y_0}=\frac{z-z_0}{(z_0+\Delta z)-z_0}$$

即

$$\frac{x-x_0}{\Delta x}=\frac{y-y_0}{\Delta y}=\frac{z-z_0}{\Delta z}.$$

当 N 沿 Γ 趋于 M 时,割线 MN 的极限位置,即 Γ 在点 M 处的切线 MT. 用 Δt 除上式各分母,并令 $\Delta t\to0$ 便得 Γ 在点 M 的切线(tangent line)方程:

$$\frac{x-x_0}{\varphi'(t_0)}=\frac{y-y_0}{\psi'(t_0)}=\frac{z-z_0}{\omega'(t_0)}. \tag{6-13}$$

显然,切线的方向向量(也叫切向量(tangent vector))为 $s=\{\varphi'(t_0),\psi'(t_0),\omega'(t_0)\}$.

把过点 M 而垂直于切线的平面 π 叫作曲线 Γ 在点 M 的法平面(normal plane). 于是法平面的法向量 $n=s$,法平面方程为

$$\varphi'(t_0)(x-x_0)+\psi'(t_0)(y-y_0)+\omega'(t_0)(z-z_0)=0. \tag{6-14}$$

例 6.4.1　求空间曲线 $x=t^2,y=t+t^3,z=t$ 在点 $(1,2,1)$ 处的切线和法平面方程.

解:显然点 $(1,2,1)$ 在曲线上,其对应的参数 $t=1$,又

$$x'\big|_{t=1}=2,\ y'\big|_{t=1}=4,\ z'\big|_{t=1}=1,$$

故切向量 $s=\{2,4,1\}$,所求切线方程为

$$\frac{x-1}{2}=\frac{y-2}{4}=\frac{z-1}{1},$$

法向量 $n=s$,所求法平面方程为

$$2(x-1)+4(y-2)+(z-1)=0.$$

6.4.2　曲面的切平面与法线

设曲面 Σ 由方程

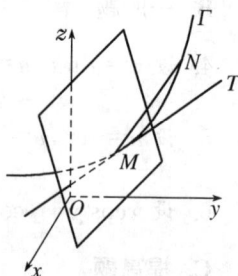
图 6-5

$$\Sigma : F(x,y,z)=0$$

给出，$M(x_0,y_0,z_0)$ 是曲面 Σ 上一点，并设 $F(x,y,z)$ 的偏导数在该点连续且不同时为零. 在 Σ 上过点 M 任意引一条曲线(图 6-6)

$$\Gamma : \begin{cases} x=\varphi(t), \\ y=\psi(t), \\ z=\omega(t). \end{cases}$$

$t=t_0$ 对应于点 $M(x_0,y_0,z_0)$ 且 $\varphi'(t_0),\psi'(t_0),\omega'(t_0)$ 不全为零，则 Γ 的切线方程为

$$\frac{x-x_0}{\varphi'(t_0)}=\frac{y-y_0}{\psi'(t_0)}=\frac{z-z_0}{\omega'(t_0)}.$$

图 6-6

下面证明在 Σ 上，过点 M 的任何曲线的切线都在同一平面上.

因为 Γ 完全在 Σ 上，故 $F(\varphi(t),\psi(t),\omega(t))\equiv0$. 又因为 $F(x,y,z)$ 在点 M 处有连续偏导数且 $\varphi'(t_0),\psi'(t_0),\omega'(t_0)$ 存在，所以这个恒等式左边的复合函数在 $t=t_0$ 时有全导数

$$\frac{\mathrm{d}F}{\mathrm{d}t}\bigg|_{t=t_0}=(F_x \cdot x'+F_y \cdot y'+F_z \cdot z')\bigg|_{t=t_0}=0,$$

即

$$F_x(x_0,y_0,z_0)\varphi'(t_0)+F_y(x_0,y_0,z_0)\psi'(t_0)+F_z(x_0,y_0,z_0)\omega'(t_0)=0.$$

上式说明向量 $\boldsymbol{n}=\{F_x(x_0,y_0,z_0),F_y(x_0,y_0,z_0),F_z(x_0,y_0,z_0)\}$ 与 Γ 的切线向量 $\boldsymbol{s}=\{\varphi'(t_0),\psi'(t_0),\omega'(t_0)\}$ 垂直，而 Γ 是 Σ 上任一条曲线，即 Σ 上任一条过点 M 的曲线的切线都垂直于 $\boldsymbol{n}$，因此 Σ 上过点 M 的一切曲线的切线都在同一平面上，这个平面叫作曲面 Σ 在点 M 的切平面(tangent plane). 该切平面的方程为

$$F_x(x_0,y_0,z_0)(x-x_0)+F_y(x_0,y_0,z_0)(y-y_0)+F_z(x_0,y_0,z_0)(z-z_0)=0, \quad (6-15)$$

$\boldsymbol{n}=\{F_x(x_0,y_0,z_0),F_y(x_0,y_0,z_0),F_z(x_0,y_0,z_0)\}$ 叫作切平面的法向量.

过点 M 而垂直于切平面的直线叫做曲面 Σ 在点 M 的法线(normal line)，其方程为

$$\frac{x-x_0}{F_x(x_0,y_0,z_0)}=\frac{y-y_0}{F_y(x_0,y_0,z_0)}=\frac{z-z_0}{F_z(x_0,y_0,z_0)}. \quad (6-16)$$

如果曲面 Σ 的方程由 $z=f(x,y)$ 给出，则令 $F(x,y,z)=f(x,y)-z$，显然

$$F_x=f_x, \quad F_y=f_y, \quad F_z=-1.$$

于是当函数 $f(x,y)$ 的偏导数 f_x、f_y 在点 (x_0,y_0) 连续时，曲面 $z=f(x,y)$ 在点 $M(x_0,y_0,z_0)$ 的切平面方程为

$$z-z_0=f_x(x_0,y_0)(x-x_0)+f_y(x_0,y_0)(y-y_0). \quad (6-17)$$

而法线方程为

$$\frac{x-x_0}{f_x(x_0,y_0)}=\frac{y-y_0}{f_y(x_0,y_0)}=\frac{z-z_0}{-1}. \quad (6-18)$$

例 6.4.2　求曲面 $z^2-3xyz+x^2+y^2=0$ 在点 $M(1,1,1)$ 处的切平面和法线方程.

解：令 $F(x,y,z)=z^2-3xyz+x^2+y^2$，则

$$F_x|_M=(-3yz+2x)|_M=-1, \quad F_y|_M=(-3xz+2y)|_M=-1, \quad F_z|_M=(2z-3xy)|_M=-1$$

故所求切平面方程为

$$-(x-1)-(y-1)-(z-1)=0,即 x+y+z-3=0.$$

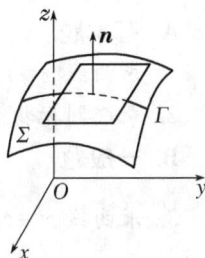

所求法线方程为

$$\frac{x-1}{-1}=\frac{y-1}{-1}=\frac{z-1}{-1}即\ x-1=y-1=z-1.$$

习 题 6.4

A. 基本题

1. 求曲线 $x=t,y=2t^2,z=t^3$ 在点 $(1,2,1)$ 处的切线和法平面方程.

2. 求椭圆抛物面 $z=2x^2+y^2$ 在点 $(1,2,6)$ 处的切平面和法线方程.

B. 一般题

3. 求曲线 $x=\cos t,y=\sin t,z=t$ 在点 $\left(\frac{\sqrt{3}}{2},\frac{1}{2},\frac{\pi}{6}\right)$ 处的切线和法平面方程.

4. 求锥面 $\frac{x^2}{16}+\frac{y^2}{9}-\frac{2z^2}{25}=0$ 在点 $(4,3,5)$ 处的切平面和法线方程.

C. 提高题

5. 试证曲面 $\sqrt{x}+\sqrt{y}+\sqrt{z}=\sqrt{a}\,(a>0)$ 上任何点处的切平面在各坐标轴上的截距之和等于 a.

6. 求椭球面 $x^2+2y^2+z^2=1$ 上平行于平面 $x-y+2z=0$ 的切平面方程.

*6.5　方向导数与梯度
(Directional Derivative and Gradient)

本节提示:方向导数与梯度在气象、地理、工业生产等领域中有着广泛的应用,因概念比较难以理解,各学科专业可以根据实际情况选学或不学.

6.5.1　方向导数

二元函数 $z=f(x,y)$ 的偏导数是研究函数在某点 $P(x,y)$ 沿 x 轴、y 轴方向的变化率,而方向导数则是研究函数在某点沿任一方向的变化率问题,当然也包括沿 x 轴、y 轴方向的变化率.方向导数是一个标量.

定义 6.5.1　设函数 $z=f(x,y)$ 在点 $P(x,y)$ 的某一邻域 $U(P)$ 内有定义.自点 P 引射线 l(图 6-7),设从 x 轴正向到 l 的转角(逆时针)为 φ,P' 为 l 上另一点($P'\in U(P)$),若当 P' 沿 l 趋向于 P 时,比值

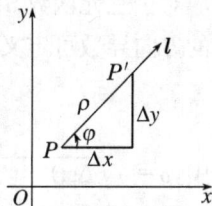

图 6-7

$$\frac{\Delta z}{\rho}=\frac{f(x+\Delta x,y+\Delta y)-f(x,y)}{\sqrt{(\Delta x)^2+(\Delta y)^2}}$$

的极限存在,则称此极限值为函数 $f(x,y)$ 在点 P 沿方向 l 的方向导数(directional derivative),记为

$$\frac{\partial f}{\partial l}=\lim_{\rho\to0}\frac{f(x+\Delta x,y+\Delta y)-f(x,y)}{\rho}. \tag{6-19}$$

显然,当 $f(x,y)$ 在点 $P(x,y)$ 的偏导数 f_x、f_y 存在时,$f(x,y)$ 在点 $P(x,y)$ 沿 x 轴正向 $\boldsymbol{i}=\{1,0\}$、沿 y 轴正向 $\boldsymbol{j}=\{0,1\}$ 的两个方向导数也存在,且其值为

$$\frac{\partial f}{\partial l}=\lim_{\Delta x\to0}\frac{f(x+\Delta x,y)-f(x,y)}{\Delta x}=f_x,$$

$$\frac{\partial f}{\partial l}=\lim_{\Delta y\to0}\frac{f(x,y+\Delta y)-f(x,y)}{\Delta y}=f_y.$$

即沿这两个方向的方向导数就是函数对 x、y 的偏导数.

方向导数的存在性及计算方法有下面的定理给出:

定理 6.5.1　如果函数 $z=f(x,y)$ 在点 $P(x,y)$ 是可微分的,那么函数在该点沿任一方向 l 的方向导数都存在,且

$$\frac{\partial f}{\partial l}=\frac{\partial f}{\partial x}\cos\varphi+\frac{\partial f}{\partial y}\sin\varphi, \tag{6-20}$$

其中,φ 为从 x 轴到方向 l 的转角.

证明:因为 $z=f(x,y)$ 在点 $P(x,y)$ 可微,故有

$$\Delta z=\frac{\partial f}{\partial x}\Delta x+\frac{\partial f}{\partial y}\Delta y+o(\rho).$$

用 ρ 除上式两端,得

$$\frac{\Delta z}{\rho}=\frac{\partial f}{\partial x}\frac{\Delta x}{\rho}+\frac{\partial f}{\partial y}\frac{\Delta y}{\rho}+\frac{o(\rho)}{\rho}=\frac{\partial f}{\partial x}\cos\varphi+\frac{\partial f}{\partial y}\sin\varphi+\frac{o(\rho)}{\rho},$$

所以

$$\frac{\partial f}{\partial l}=\lim_{\rho\to 0}\frac{\Delta z}{\rho}=\frac{\partial f}{\partial x}\cos\varphi+\frac{\partial f}{\partial y}\sin\varphi.$$

由以上证明过程还可看出,以 $\cos\varphi$、$\sin\varphi$ 为坐标的向量是 l 方向上的一个单位向量:

$$e=\{\cos\varphi,\sin\varphi\}.$$

例 6.5.1 求 $f(x,y)=x^2+y^2$ 在点 $(1,2)$ 沿从 $(1,2)$ 到 $(3,4)$ 的方向导数.

解: $f_x|_{(1,2)}=2$, $f_y|_{(1,2)}=4$,

$$\cos\varphi=\frac{3-1}{\sqrt{(3-1)^2+(4-2)^2}}=\frac{\sqrt{2}}{2},\ \sin\varphi=\frac{4-2}{\sqrt{(3-1)^2+(4-2)^2}}=\frac{\sqrt{2}}{2}$$

于是

$$\frac{\partial f}{\partial l}\Big|_{(1,2)}=2\times\frac{\sqrt{2}}{2}+4\times\frac{\sqrt{2}}{2}=3\sqrt{2}.$$

对于三元函数 $u=f(x,y,z)$ 来说,它在点 $P(x,y,z)$ 沿方向 l(设方向 l 的方向角为 α、β、γ)的方向导数可定义为

$$\frac{\partial f}{\partial l}=\lim_{\rho\to 0}\frac{f(x+\Delta x,y+\Delta y,z+\Delta z)-f(x,y,z)}{\rho}, \tag{6-21}$$

其中,$\rho=\sqrt{(\Delta x)^2+(\Delta y)^2+(\Delta z)^2}$;$\Delta x=\rho\cos\alpha$; $\Delta y=\rho\cos\beta$; $\Delta z=\rho\cos\gamma$.

可以证明,若 $f(x,y,z)$ 在点 $P(x,y,z)$ 处可微,那么它在该点沿方向 l 的方向导数为

$$\frac{\partial f}{\partial l}=\frac{\partial f}{\partial x}\cos\alpha+\frac{\partial f}{\partial y}\cos\beta+\frac{\partial f}{\partial z}\cos\gamma. \tag{6-22}$$

例 6.5.2 求 $f(x,y,z)=x^2+y^2+2z$ 在点 $(1,-1,2)$ 沿方向 $l=\{3,4,0\}$ 的方向导数.

解: $f_x\big|_{(1,-1,2)}=2$, $f_y\big|_{(1,-1,2)}=-2$, $f_z\big|_{(1,-1,2)}=2$,

$$|l|=\sqrt{3^2+4^2+0^2}=5,\cos\alpha=\frac{3}{5},\cos\beta=\frac{4}{5},\cos\gamma=0,$$

由式(6-22)得

$$\frac{\partial f}{\partial l}\Big|_{(1,-1,2)}=2\times\frac{3}{5}+(-2)\times\frac{4}{5}+2\times 0=-\frac{2}{5}.$$

6.5.2 梯度

梯度是与方向导数紧密相关的一个向量.

定义 6.5.2 设函数 $z=f(x,y)$ 在平面区域 D 内具有一阶连续偏导数,对于 D 内的每一点 $P(x,y)$,称 $\left\{\frac{\partial f}{\partial x},\frac{\partial f}{\partial y}\right\}$ 为函数 $z=f(x,y)$ 在点 P 的梯度(gradient),记为

$$\mathbf{grad}f(x,y)=\left\{\frac{\partial f}{\partial x},\frac{\partial f}{\partial y}\right\}. \tag{6-23}$$

因为 $\mathbf{e}=\{\cos\varphi,\sin\varphi\}$ 是方向 l 上的单位向量,根据向量点积的坐标表示式,式(6-20)可写成:

$$\frac{\partial f}{\partial l}=\frac{\partial f}{\partial x}\cos\varphi+\frac{\partial f}{\partial y}\sin\varphi=\left\{\frac{\partial f}{\partial x},\frac{\partial f}{\partial y}\right\}\cdot\{\cos\varphi,\sin\varphi\}$$

$$=\mathbf{grad}f(x,y)\cdot e=|\mathbf{grad}f||e|\cos\langle\widehat{\mathbf{grad}\,f,e}\rangle.$$

从上式可以看出,当 e 与 $\mathbf{grad}\,f$ 同方向时,$\cos\,\langle\mathbf{grad}\,\hat{f},e\rangle=1$,这时 $\dfrac{\partial f}{\partial l}$ 取得最大值. 因此,沿梯度方向的方向导数达到最大值,且

$$\left(\frac{\partial f}{\partial l}\right)_{\max}=\mid\mathbf{grad}\,f(x,y)\mid=\sqrt{\left(\frac{\partial f}{\partial x}\right)^2+\left(\frac{\partial f}{\partial y}\right)^2}, \tag{6-24}$$

也就是说,梯度的方向是函数 $f(x,y)$ 在点 $P(x,y)$ 增长最快的方向. 因此有如下结论:

函数在某点的梯度是这样一个向量,它的方向与取得最大方向导数的方向一致,并且它的模为方向导数的最大值.

类似地,可以定义 $u=f(x,y,z)$ 在点 $P(x,y,z)$ 的梯度:

$$\mathbf{grad}\,f(x,y,z)=\left\{\frac{\partial f}{\partial x},\frac{\partial f}{\partial y},\frac{\partial f}{\partial z}\right\}. \tag{6-25}$$

例 6.5.3　设 $f(x,y)=x^2-xy^2$,求 $\mathbf{grad}\,f(-1,1)$.

解: 因为

$$\frac{\partial f}{\partial x}\Big|_{(-1,1)}=(2x-y^2)\Big|_{(-1,1)}=-3,\ \frac{\partial f}{\partial y}\Big|_{(-1,1)}=(-2xy)\Big|_{(-1,1)}=2$$

故

$$\mathbf{grad}\,f(-1,1)=\{-3,2\}.$$

例 6.5.4　设 $f(x,y,z)=\mathrm{e}^{x+2y}+\sin 2yz$,求 $\mathbf{grad}\,f\left(-1,1,\dfrac{\pi}{4}\right)$.

解: $\dfrac{\partial f}{\partial x}\Big|_{(-1,1,\frac{\pi}{4})}=\mathrm{e}^{x+2y}\Big|_{(-1,1,\frac{\pi}{4})}=\mathrm{e}$,

$\dfrac{\partial f}{\partial y}\Big|_{(-1,1,\frac{\pi}{4})}=(2\mathrm{e}^{x+2y}+2z\cos 2yz)\Big|_{(-1,1,\frac{\pi}{4})}=2\mathrm{e}$,

$\dfrac{\partial f}{\partial z}\Big|_{(-1,1,\frac{\pi}{4})}=(2y\cos 2yz)\Big|_{(-1,1,\frac{\pi}{4})}=0$,

因此有

$$\mathbf{grad}\,f\left(-1,1,\frac{\pi}{4}\right)=\{\mathrm{e},2\mathrm{e},0\}.$$

6.5.3　等高线

曲面 $z=f(x,y)$ 被平面 $z=c$ 所截得的曲线

$$L:\begin{cases}z=f(x,y),\\ z=c.\end{cases}$$

在 xOy 面上的投影是一条平面曲线

$$L^*:f(x,y)=c,$$

L^* 上的一切点所对应的函数值都是 c,故称平面曲线 L^* 为函数 $z=f(x,y)$ 的等高线(contour),如图 6-8 所示.

由于等高线 $f(x,y)=c$ 上任一点 $P(x,y)$ 处的法线斜率为

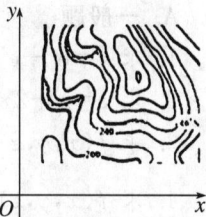

图 6-8

$$-\frac{1}{k}=-\frac{1}{\dfrac{\mathrm{d}y}{\mathrm{d}x}}=-\frac{1}{-\dfrac{f_x}{f_y}}=\frac{f_y}{f_x},$$

所以梯度 $\left\{\dfrac{\partial f}{\partial x}, \dfrac{\partial f}{\partial y}\right\}$ 为等高线上点 P 处的法线向量,因此可得梯度与等高线的下述关系:

函数 $z=f(x,y)$ 在点 $P(x,y)$ 的梯度方向与过点 P 的等高线 $f(x,y)=c$ 在这点的法线的一个方向相同,且从数值较低的等高线指向数值较高的等高线,而梯度的模等于函数在这法线方向的方向导数,这法线方向就是方向导数取最大值的方向.

等高线的概念在现实生活中有着广泛应用.例如,等高线地图(contour map)在军事上历来起着极其重要的作用.当若干条等高线在某一方向彼此距离很小时,意味着在这里地形很陡.在海浪预报图中,同一条曲线附近,海浪的大小大体相同.

例 6.5.5 某山地的等高线图如图 6-9 所示,对于图中每点 $P(x,y)$,$f(x,y)$ 表示点 $P(x,y)$ 处地形的海拔高度.下雨时节,山上的雨水总是流向山下.试证在任一点的雨水流向总是与该点的等高线成直角.

证明: 令 $x=\varphi(t)$,$y=\psi(t)$,则等高线 $f(x,y)=c$ 是参数 t 的函数,即 $f(\varphi(t),\psi(t))=c$.

于是两边关于 t 求导得

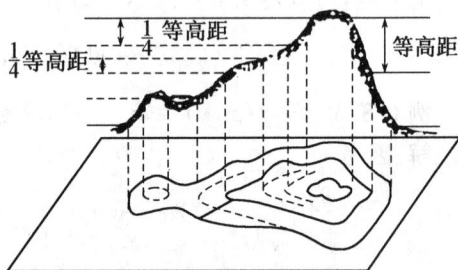

图 6-9

$$\frac{\mathrm{d}}{\mathrm{d}t}f(\varphi(t),\psi(t))=\frac{\partial f}{\partial x}\frac{\mathrm{d}x}{\mathrm{d}t}+\frac{\partial f}{\partial y}\frac{\mathrm{d}y}{\mathrm{d}t}=\left\{\frac{\partial f}{\partial x},\frac{\partial f}{\partial y}\right\}\cdot\left\{\frac{\mathrm{d}x}{\mathrm{d}t},\frac{\mathrm{d}y}{\mathrm{d}t}\right\}=0.$$

上式中 $\left\{\dfrac{\partial f}{\partial x},\dfrac{\partial f}{\partial y}\right\}=\mathbf{grad}f(x,y)$,而 $\left\{\dfrac{\mathrm{d}x}{\mathrm{d}t},\dfrac{\mathrm{d}y}{\mathrm{d}t}\right\}=\mathbf{s}$ 是等高线 $f(x,y)=c$ 在 $P(x,y)$ 处的切线方向,这说明梯度垂直于切线,即 $\mathbf{grad}f(x,y)$ 与过点 $P(x,y)$ 的等高线垂直.

俗话说"水往低处流",确切地说,水总是向着高度的最快下降方向流动.由于 $f(x,y)$ 的值表示点 $P(x,y)$ 处的海拔高度,梯度 $\mathbf{grad}f(x,y)$ 指向高度的最快上升方向,因此 $-\mathbf{grad}f(x,y)$ 指向高度的最快下降方向,即雨水的流向.所以在任一点的雨水流向总是与该点的等高线成直角.

习题 6.5

A. 一般题

1. 求 $z=e^x+e^{2y}$ 在点 $P(1,1)$ 处沿从点 P 到点 $Q(5,-2)$ 的方向的方向导数.

2. 求 $z=x+2xy^2$ 在点 $P(1,0)$ 处沿方向 $\mathbf{l}=\{-1,1\}$ 的方向导数.

3. 求 $f(x,y,z)=x^2+2xy^2+2xz$ 在点 $(1,-1,1)$ 沿方向 $\mathbf{l}=\{1,2,4\}$ 的方向导数.

4. 求 $f(x,y,z)=2x^2+y\sin z$ 在点 $\left(1,2,\dfrac{\pi}{4}\right)$ 处的梯度.

B. 提高题

5. 设金属板上点 (x,y) 处的温度可由函数 $f(x,y)=20-x^2y-2y^2$ 表示.求

(1) 在点 $(1,2)$ 处沿方向 $\{4,3\}$ 的温度的变化率;

(2) 在点 $(1,3)$ 处沿温度上升最快方向温度的变化率.

*6.6　多元函数的极值
（the Extreme Value of Multivariable Function）

本节提示：和一元函数一样，多元函数的极值在科技领域也有着广泛的应用．本节介绍多元函数的极值，分为无条件极值和条件极值两种情况来讨论．

6.6.1　无条件极值

我们知道，极大值、极小值是一个局部性的概念，而最大值、最小值是全局性的概念．下面先从局部问题入手，讨论极值问题．

定义 6.6.1　设函数 $z=f(x,y)$ 在点 (x_0,y_0) 的某邻域内有定义．对于该邻域内异于 (x_0,y_0) 的点 (x,y)，如果都适合不等式

$$f(x,y)<f(x_0,y_0),$$

则称函数在点 (x_0,y_0) 有极大值；如果都适合不等式

$$f(x,y)>f(x_0,y_0),$$

则称函数在点 (x_0,y_0) 有极小值．极大值、极小值统称为极值．使函数取得极值的点称为极值点．

例 6.6.1　$z=x^2+y^2$ 在点 $(0,0)$ 有极小值 0，因为点 $(0,0,0)$ 是这个开口向上的旋转抛物面的顶点．

例 6.6.2　鞍面 $z=xy$ 在点 $(0,0)$ 不能取得极值．

下面我们分别给出极值存在的必要和充分条件．

定理 6.6.1（必要条件）　设函数 $z=f(x,y)$ 在点 (x_0,y_0) 具有偏导数且在该点有极值，则函数在该点的偏导数必为零：

$$f_x(x_0,y_0)=0,\ f_y(x_0,y_0)=0.$$

类似于一元函数，把能使 $f_x(x,y)=0,f_y(x,y)=0$ 同时成立的点 (x_0,y_0) 称为函数 $z=f(x,y)$ 的驻点．由例 6.6.2 知，$(0,0)$ 是 $z=xy$ 的驻点，但函数在该点并无极值．那么如何判断驻点是否为极值点？

定理 6.6.2（充分条件）　设函数 $z=f(x,y)$ 在点 (x_0,y_0) 的某邻域内连续且有一阶、二阶连续的偏导数，又 $f_x(x_0,y_0)=0,f_y(x_0,y_0)=0$．令

$$f_{xx}(x_0,y_0)=A,\ f_{xy}(x_0,y_0)=B,\ f_{yy}(x_0,y_0)=C,$$

则 $f(x,y)$ 在点 (x_0,y_0) 处能否取得极值的条件如下：

(1) $B^2-AC<0$ 时有极值，且当 $A<0$ 时有极大值，当 $A>0$ 时有极小值；

(2) $B^2-AC>0$ 没有极值；

(3) $B^2-AC=0$ 时可能有极值，也可能无极值，还需另行讨论．

利用上述两个定理求具有二阶连续偏导数的函数 $z=f(x,y)$ 的极值的方法如下：

(1) 解方程组 $f_x(x,y)=0,f_y(x,y)=0$ 求得所有驻点；

(2) 对每一驻点 (x_0,y_0)，求出二阶偏导数的值 A、B、C；

(3) 确定 B^2-AC 的符号，按定理 6.6.2 判断有无极值以及是极大值还是极小值．

例 6.6.3 求函数 $f(x,y)=x^2+y^2-2x-4y+1$ 的极值.

解:令 $f_x=2x-2=0$, $f_y=2y-4=0$ 得,驻点 $(1,2)$,

又

$$A=f_{xx}=2,\ B=f_{xy}=0,\ C=f_{yy}=2.$$

在驻点 $(1,2)$ 处,$B^2-AC=0-2\times2<0$,而 $A>0$,所以函数在 $(1,2)$ 有极小值 $f(1,2)=-4$.

有时函数在某点的偏导数不存在,但函数也可能在这些点取得极值,例如 $z=\sqrt{x^2+y^2}$ 在点 $(0,0)$ 的偏导数不存在,但仍取得极小值. 因此,求函数的极值时,除驻点外,也应考虑偏导数不存在的点.

求函数的最大值和最小值的一般方法:将函数 $f(x,y)$ 在闭区域 D 内的所有极值以及在 D 边界上的最大值和最小值相互比较,其中最大的就是最大值,最小的就是最小值.

在实际问题中,如果根据问题的性质知道函数 $f(x,y)$ 在区域 D 内,① 一定能取得最大值或最小值;② 函数 $f(x,y)$ 在 D 内只有一个驻点和导数不存在的点,那么可以肯定,在该驻点(导数不存在的点)处,函数取得最值.

例 6.6.4 有一薄铁皮,宽 $b=24$ cm,把两边折起,倾角为 α,做成一槽,如图 6-10 所示,求 x 和 α,使梯形截面的面积最大.

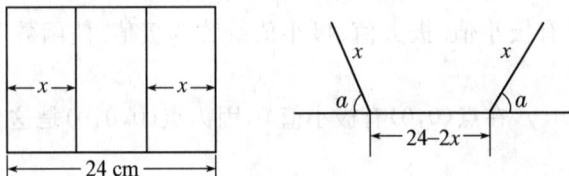

图 6-10

解:槽的梯形截面面积 S 为

$$S=\frac{1}{2}\big[(24-2x)+(24-2x)+2x\cos\alpha\big]\cdot x\sin\alpha$$
$$=(24-2x+x\cos\alpha)\cdot x\sin\alpha$$
$$=24x\sin\alpha-2x^2\sin\alpha+x^2\sin\alpha\cos\alpha$$

问题是求 S 的最大值. 由极值的必要条件可知

$$\frac{\partial S}{\partial x}=24\sin\alpha-4x\sin\alpha+2x\sin\alpha\cos\alpha=0, \tag{a}$$

$$\frac{\partial S}{\partial \alpha}=24x\cos\alpha-2x^2\cos\alpha-x^2\sin^2\alpha+x^2\cos^2\alpha=0. \tag{b}$$

因为 $\sin\alpha=0$ 不切实际,所以由式(a)解出 $\cos\alpha=\dfrac{2x-12}{x}$,代入式(b),化简得 $3x^2-24x=0$,可得 $x=0$ 或 $x=8$. 显然 $x=0$ 不合题意;当 $x=8$ 时,$\alpha=\dfrac{\pi}{3}$. 由于在这个实际问题中,最大值必定达到,因此当 $x=8$ cm,$\alpha=\dfrac{\pi}{3}$ 时做成槽的梯形截面面积最大,最大面积为 $S=96\times\dfrac{\sqrt{3}}{2}=48\sqrt{3}\approx83$ cm^2.

6.6.2　条件极值　拉格朗日乘数法

例 6.6.5　已知矩形的周长为 $2P$，将它绕其一边旋转而构成一圆柱体，求所得圆柱体体积为最大的矩形.

解：设矩形的宽为 x，高为 y，则要求圆柱体的体积 $V(x,y)=\pi x^2 y$ 在条件 $2(x+y)=2P$ 下的最大值. 这就是一个带有条件的极值问题，叫作条件极值(conditional extremum).

我们可以把它化为一个无条件的极值去解决. 即从条件中解出 $y=P-x$ 代入到 $V(x,y)=\pi x^2 y$，得 $\overline{V}(x)=\pi x^2(P-x)$，令 $\overline{V}'=\pi(2xP-3x^2)=0$ 得，$x=0$(舍去)，$x=\dfrac{2P}{3}$. 这时 $y=\dfrac{P}{3}$.

在实际问题中，要把条件极值转化为无条件极值一般会碰到一些困难，因此介绍一种直接寻求条件极值的方法，即所谓的拉格朗日乘数法(Lagrange multipliers method).

拉格朗日乘数法：要找函数 $u=f(x,y,z)$ 在条件 $\varphi(x,y,z)=0$ 下的可能极值点，先构造拉格朗日函数

$$F(x,y,z)=f(x,y,z)+\lambda\varphi(x,y,z). \tag{6-26}$$

在式(6-26)中，我们把 $f(x,y,z)$ 叫作目标函数(target function)，$\varphi(x,y,z)$ 叫作条件函数(conditional function)，把待定常数 λ 叫作拉格朗日乘数因子(Lagrange multiplier)，然后解方程组

$$\begin{cases} F_x=f_x(x,y,z)+\lambda\varphi_x(x,y,z)=0, \\ F_y=f_y(x,y,z)+\lambda\varphi_y(x,y,z)=0, \\ F_z=f_z(x,y,z)+\lambda\varphi_z(x,y,z)=0, \\ F_\lambda=\varphi(x,y,z)=0. \end{cases} \tag{6-27}$$

得 λ、x_0、y_0、z_0，则 (x_0,y_0,z_0) 就是可能的极值点.

例 6.6.6　某化妆品公司计划通过报纸和电视台做化妆品的促销广告. 根据统计资料，销售收入 R 与报纸广告费用 x(百万元)和电视广告费用 y(百万元)之间有如下关系：

$$R(x,y)=10+14x+32y-8xy-2x^2-10y^2.$$

若可提供的广告费为 200 万元，求相应的最佳广告策略.

解：问题变为求纯收入 $f(x,y)=10+14x+32y-8xy-2x^2-10y^2-(x+y)$
$$=10+13x+31y-8xy-2x^2-10y^2$$

在条件 $x+y=2$ 下的最大值. 令

$$F(x,y,\lambda)=10+13x+31y-8xy-2x^2-10y^2+\lambda(x+y-2),$$

解方程组

$$\begin{cases} F_x=13-8y-4x+\lambda=0, \\ F_y=31-8x-20y+\lambda=0, \\ F_\lambda=x+y-2=0. \end{cases}$$

得 $x=\dfrac{3}{4}$，$y=\dfrac{5}{4}$. 故当报纸广告和电视广告费用分别是 75 万元和 125 万元时收益最大.

习题 6.6

A. 一般题

1. 求函数 $z=x^2+(y-1)^2$ 的极值.

2. 函数 $z=x^2-(y-1)^2$ 是否有极值? 若有,则求出它的极值.

B. 提高题

3. 求 $z=x+y$ 在条件 $x^2+y^2=1$ 下的极值.

4. 求表面积为 a^2 而体积最大的长方体$(a>0)$.

5. 求函数 $f(x,y,z)=\ln x+\ln y+3\ln z$ 在条件 $x+y+z=r(x>0,y>0,z>0)$下的极
大值,并以此结果证明:对于任意的 $a>0,b>0,c>0$ 有 $abc^3\leqslant 27\left(\dfrac{a+b+c}{5}\right)^5$.

数学实验　偏导数及其应用与多元函数的极值

1. 求偏导数的命令 D

命令 D 既可以用于求一元函数的导数,也可以用于求多元函数的偏导数. 例如,

求 $f(x,y,z)$ 对 x 的偏导数,则输入 D[f[x,y,z],x]

求 $f(x,y,z)$ 对 y 的偏导数,则输入 D[f[x,y,z],y]

求 $f(x,y,z)$ 对 x 的二阶偏导数,则输入 D[f[x,y,z],{x,2}]

求 $f(x,y,z)$ 对 x,y 的混合偏导数,则输入 D[f[x,y,z],x,y]

……

例 1　设 $z=\sin(xy)+\cos^2(x+2y)$,求 $\dfrac{\partial z}{\partial x},\dfrac{\partial z}{\partial y},\dfrac{\partial^2 z}{\partial x^2},\dfrac{\partial^2 z}{\partial x\partial y}$.

输入　Clear[z]

　　　z＝Sin[x＊y]＋Cos[x＋2y]^2

　　　D[z,x]

　　　D[z,y]

　　　D[z,{x,2}]

　　　D[z,x,y]

输出　yCos[xy]－2Cos[x＋2y]Sin[x＋2y]

　　　xCos[xy]－4Cos[x＋2y]Sin[x＋2y]

　　　－2Cos[x＋2y]²－y²Sin[xy]＋2Sin[x＋2y]²

　　　Cos[xy]－4Cos[x＋2y]²－xySin[xy]＋4Sin[x＋2y]²

例 2　设 $z=e^u+u\sin v,u=\sin xy,v=e^{x+y}$,求 $\dfrac{\partial z}{\partial x},\dfrac{\partial z}{\partial y}$.

输入　z:＝E^u＋u＊Sin[v]

　　　u:＝Sin[x＊y]

　　　v:＝E^(x＋y)

　　　D[z,x]

　　　D[z,y]

输出　$e^{\text{Sin}[xy]}$yCos[xy]＋yCos[xy]Sin[e^{x+y}]＋e^{x+y}Cos[e^{x+y}]Sin[xy]

　　　$e^{\text{Sin}[xy]}$xCos[xy]＋xCos[xy]Sin[e^{x+y}]＋e^{x+y}Cos[e^{x+y}]Sin[xy]

2. 求全微分的命令 Dt

该命令用于求二元函数 $f(x,y)$ 的全微分时,其基本格式为

$$Dt[f[x,y]]$$

其输出的表达式中含有 Dt[x],Dt[y],它们分别表示自变量的微分 dx,dy. 若函数 $f(x,y)$ 的表达式中还含有其他用字符表示的常数,例如 a,则 Dt[f[x,y]] 的输出中还会有 Dt[a],若采用选项 Constants—>{a},就可以得到正确结果,即只要输入

Dt[f[x,y],Constants—>{a}]

例3 设 $z = (1 + x^2 + y)^3$，求 $\dfrac{\partial z}{\partial x}, \dfrac{\partial z}{\partial y}$ 和全微分 $\mathrm{d}z$.

输入　Clear[z];z=(1+x^2+y)^3

　　　D[z,x]

　　　D[z,y]

　　　Dt[z]

输出　6x(1+x²+y)²

　　　3(1+x²+y)²

　　　3(1+x²+y)²(2xDt[x]+Dt[y])　　　　　　　　　/ * Dt[x]就是 dx 的意思 * . /

3. 隐函数求导数

例4 设 $x = 3u + u\sin v, y = 2u - u\cos v$，求 $\dfrac{\partial u}{\partial x}, \dfrac{\partial u}{\partial y}, \dfrac{\partial v}{\partial x}, \dfrac{\partial v}{\partial y}$.

输入　eq1=D[x==3u+u * Sin[v],x,NonConstants—>{u,v}]

　　　eq2=D[y==2u-u * Cos[v],x,NonConstants—>{u,v}]

　　　Solve[{eq1,eq2},{D[u,x,NonConstants—>{u,v}]

　　　D[v,x,NonConstants—>{u,v}]}]//Simplify

输出

$$\left\{\left\{D[u,x,\text{NonConstants}\to\{u,v\}]\to\frac{\text{Sin}[v]}{1-2\text{Cos}[V]+3\text{Sin}[V]}\right.\right.$$

$$\left.\left.D[v,x,\text{Nononstants}\to\{u,v\}]\to\frac{-2+\text{Cos}[v]}{u-2u\text{Cos}[v]+3u\text{Sin}[V]}\right\}\right\}$$

同样可以求出 $\dfrac{\partial u}{\partial y}, \dfrac{\partial v}{\partial y}$.

4. 微分学的几何应用

例5 求出曲面 $z = 2x^2 + 4y^2$ 在点 $(-1, -1, 6)$ 处的切平面,并在一个坐标系中画出图形.

输入　Clear[k,z]

　　　k[x_,y_]=2x^2+4y^2

　　　kx=D[k[x,y],x]/.{x—>—1,y—>—1}

　　　ky=D[k[x,y],y]/.{x—>—1,y—>—1}

　　　z=kx * (x+1)+ky * (y+1)+k[—1,—1]

　　　qm=Plot3D[k[x,y],{x,—2,2},{y,—2,2},PlotRange—>{0,4}

　　　BoxRatios—>{1,1,1},PlotPoints—>30

　　　DisplayFunction—>Identity]

　　　qpm=Plot3D[z,{x,—2,2},{y,—2,2}

　　　DisplayFunction—>Identity]

　　　Show[qm,qpm,DisplayFunction—> $ DisplayFunction]

输出图形如图 6-11 所示.

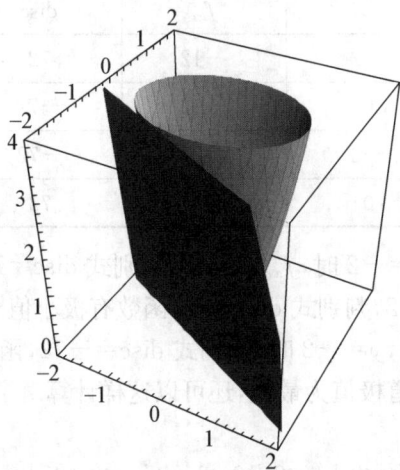

图 6-11

5. 多元函数的极值

例 6 求 $f(x,y)=x^3+y^3+3x^2+3y^2-9x$ 的极值.

方法一

输入 Clear[f]

f[x_,y_]=x^3+y^3+3x^2+3y^2-9x

fx=D[f[x,y],x]

fy=D[f[x,y],y]

critpts=Solve[{fx==0,fy==0}]

则分别输出所求偏导数和驻点:

$-9+6x+3x^2$

$6y+3y^2$

$\{\{x\rightarrow-3,y\rightarrow-2\},\{x\rightarrow-3,y\rightarrow0\},\{x\rightarrow1,y\rightarrow-2\},\{x\rightarrow1,y\rightarrow0\}\}$

再输入求二阶偏导数和定义判别式的命令

fxx=D[f[x,y],{x,2}];

fyy=D[f[x,y],{y,2}];

fxy=D[f[x,y],x,y];

disc=fxx * fyy-fxy^2

输出为判别式函数 $f_{xx}f_{yy}-f_{xy}^2$ 的形式:

$(6+6x)(6+6y)$

再输入

data={x,y,fxx,disc,f[x,y]}/. critpts

TableForm[data,TableHeadings->{None,{"x","y","fxx","disc","f"}}]

最后得到了 4 个驻点处的判别式与 f_{xx} 的值并以表格形式列出.

x	y	f_{xx}	disc	f
-3	-2	-12	72	31
-3	0	-12	-72	27
1	-2	12	-72	-1
1	0	12	72	-5

易见,当 $x=-3,y=-2$ 时,$f_{xx}=-12$,判别式 disc$=72$,函数有极大值 31；

当 $x=1,y=0$ 时,$f_{xx}=12$,判别式 disc$=72$,函数有极小值 -5；

当 $x=-3,y=0$ 和 $x=1,y=-2$ 时,判别式 disc$=-72$,函数在这些点没有极值.

在解决实际问题中如知道极值为最值,还可以这样计算.

方法二

输入　NMinimize$[\{$x$^3+$y$^3+3$x$^2+3$y$^2-9$x$,$x$+$y$<+\infty\},\{$x,y$\}]$

Chop$[\%]$

输出　$\{-5.,\{$x$\to1.,$y$\to0\}\}$

输入　NMaximize$[\{$x$^3+$y$^3+3$x$^2+3$y$^2-9$x$,$x$+$y$<+\infty\},\{$x,y$\}];$Chop$[\%]$

输出　$\{31.,\{$x$\to-3.,$y$\to-2.\}\}$

第7章 多元函数积分学
（Integral Calculus with Multivariate Function）

本章提示：我们把定积分的积分区域由区间推广到平面区域、空间区域、曲线上，就得到二重积分、三重积分、曲线积分的概念．本章介绍二重积分、三重积分、曲线积分的概念及计算方法，这部分的教学内容可以根据各专业的具体情况选学或不学．

7.1 二重积分的概念与性质
（the Concept and Property of Double Integral）

7.1.1 二重积分的概念

例 7.1.1 设有一立体，它的底是 xOy 面上的有界闭区域 D，它的侧面是以闭区域 D 的边界曲线为准线，以平行于 z 轴的直线为母线的柱面，它的顶是二元连续函数 $z=f(x,y)(f(x,y)\geqslant0)$ 所表示的曲面．称这样的立体为曲顶柱体（cylinder with a curved surface top），如图 7-1 所示．求该曲顶柱体的体积．

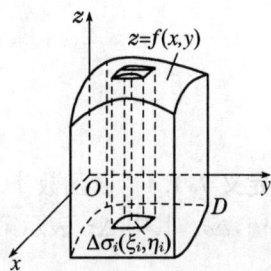

图 7-1

解：我们面临的问题是"曲顶"．模仿计算曲边梯形的面积的方法，分 4 步来解决该问题：

① 分割．把 D 任意分成 n 个小闭区域 $\Delta\sigma_1,\Delta\sigma_2,\cdots,\Delta\sigma_n$，以这些小闭区域的边界曲线为准线，作母线平行于 z 轴的柱面，这些柱面把曲顶柱体分成 n 个小的曲顶柱体．

② 取近似．在每个小闭区域 $\Delta\sigma_i$ 上任意选一个点 (ξ_i,η_i)，以这点的函数值近似代替小曲顶柱体的高度，得每个小曲顶柱体体积的近似值：$\Delta v_i\approx f(\xi_i,\eta_i)\Delta\sigma_i$．

③ 求和．求出曲顶柱体体积的近似值：$V=\sum\limits_{i=1}^{n}\Delta v_i\approx\sum\limits_{i=1}^{n}f(\xi_i,\eta_i)\Delta\sigma_i$．

④ 取极限．设 λ 是上述 n 个小闭区域 $\Delta\sigma_1,\Delta\sigma_2,\cdots,\Delta\sigma_n$ 的直径的最大值，令 $\lambda\to0$，得所求曲顶柱体体积的精确值：

$$V=\lim_{\lambda\to0}\sum_{i=1}^{n}f(\xi_i,\eta_i)\Delta\sigma_i.$$

利用计算机就八分之一球做模拟如图 7-2 所示．

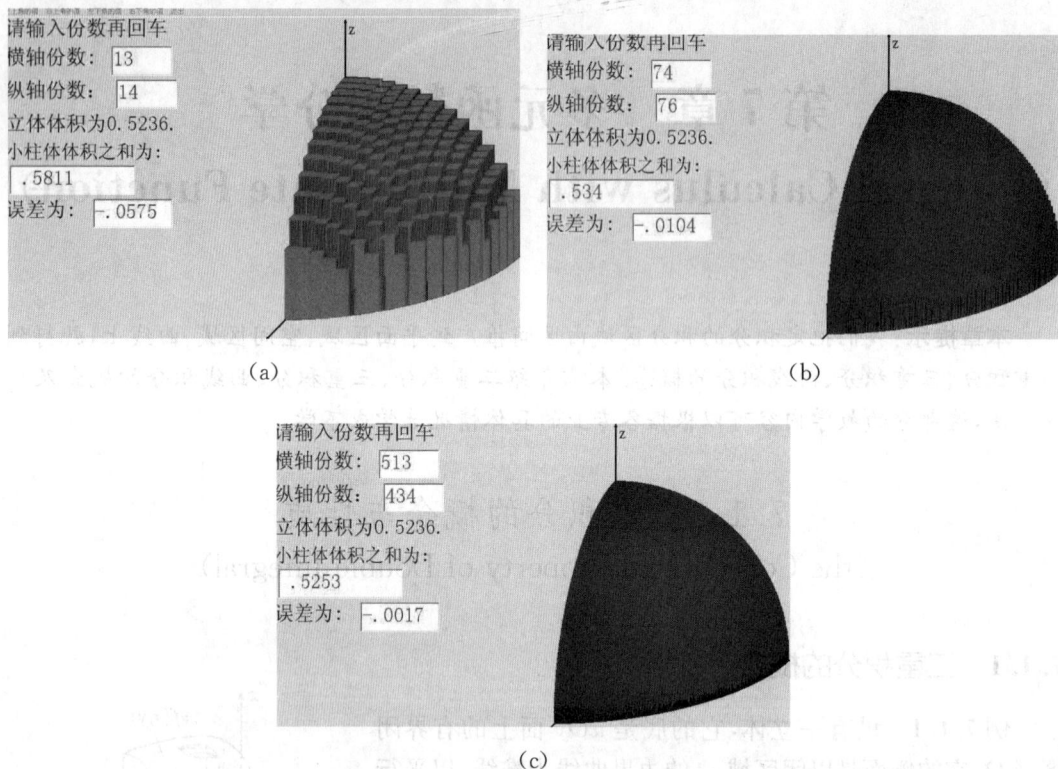

（a）

（b）

（c）

图 7-2

定义 7.1.1 设函数 $f(x,y)$ 在有界闭曲域 D 上有界. 将 D 任意分成 n 个子区域 $\Delta\sigma_1$，$\Delta\sigma_2,\cdots,\Delta\sigma_n$，其中 $\Delta\sigma_i$ 表示第 i 个子区域，又表示第 i 个子区域的面积. 在每个子区域上任意选一个点 (ξ_i,η_i)，作乘积 $f(\xi_i,\eta_i)\Delta\sigma_i$，并作和 $\sum\limits_{i=1}^{n}f(\xi_i,\eta_i)\Delta\sigma_i$. 当各子区域直径的最大值 $\lambda\to0$ 时，如果上述和式的极限存在，则称此极限为 $f(x,y)$ 在 D 上的二重积分（double integral），记为

$$\iint\limits_{D}f(x,y)\mathrm{d}\sigma=\lim_{\lambda\to0}\sum_{i=1}^{n}f(\xi_i,\eta_i)\Delta\sigma_i,$$

其中，$f(x,y)$ 叫作被积函数；$f(x,y)\mathrm{d}\sigma$ 叫作被积表达式；$\mathrm{d}\sigma$ 称为面积元素；x、y 叫作积分变量；D 叫作积分区域（region）. 在上述极限存在时，我们也称 $f(x,y)$ 在 D 上是可积的（integrable）.

由定义 7.1.1 知，二重积分的值与区域 D 的分法无关. 在直角坐标系下，若用平行于两个坐标轴的直线分割积分区域 D，则除边界上的一些小闭区域外，其余都是长和宽分别为 $\Delta x_i,\Delta y_i$ 的小矩形 $\Delta\sigma_i=\Delta x_i\Delta y_i$. 因此在直角坐标系中，也用 $\mathrm{d}x\mathrm{d}y$ 表示面积元素 $\mathrm{d}\sigma$，而把二重积分记作 $\iint\limits_{D}f(x,y)\mathrm{d}x\mathrm{d}y$，其中 $\mathrm{d}x\mathrm{d}y$ 叫作直角坐标系中的面积元素.

可以证明，如果 $f(x,y)$ 在有界闭区域 D 上连续，则 $\iint\limits_{D}f(x,y)\mathrm{d}\sigma$ 一定存在.

根据二重积分的定义，例 7.1.1 中的曲顶柱体的体积可表示为

$$V = \iint\limits_{D} f(x,y)\mathrm{d}\sigma.$$

因此二重积分的几何意义就是曲顶柱体的体积.

7.1.2 二重积分的性质

二重积分有与定积分类似的性质.如果 $f(x,y)$ 和 $g(x,y)$ 在区域 D 上可积,则

性质 7.1.1 两个函数和、差的积分等于两个函数积分的和、差:

$$\iint\limits_{D} [f(x,y) \pm g(x,y)]\mathrm{d}\sigma = \iint\limits_{D} f(x,y)\mathrm{d}\sigma \pm \iint\limits_{D} g(x,y)\mathrm{d}\sigma.$$

性质 7.1.2 被积函数的常数因子 k 可以提到积分号外面:

$$\iint\limits_{D} kf(x,y)\mathrm{d}\sigma = k\iint\limits_{D} f(x,y)\mathrm{d}\sigma.$$

性质 7.1.3(二重积分对积分区域的可加性) 设 $D = D_1 + D_2$,则

$$\iint\limits_{D} f(x,y)\mathrm{d}\sigma = \iint\limits_{D_1} f(x,y)\mathrm{d}\sigma + \iint\limits_{D_2} f(x,y)\mathrm{d}\sigma.$$

性质 7.1.4 如果 $f(x,y)=1$,则 $\iint\limits_{D} f(x,y)\mathrm{d}\sigma = S$(其中 S 是区域 D 的面积)

性质 7.1.5 如果在 D 上 $f(x,y) \leqslant g(x,y)$,则

$$\iint\limits_{D} f(x,y)\mathrm{d}\sigma \leqslant \iint\limits_{D} g(x,y)\mathrm{d}\sigma,$$

特别地,有 $\left| \iint\limits_{D} f(x,y)\mathrm{d}\sigma \right| \leqslant \iint\limits_{D} |f(x,y)|\mathrm{d}\sigma.$

性质 7.1.6(估值定理) 若 $f(x,y)$ 在有界闭区域 D 上有最大值 M 和最小值 m,则

$$mS \leqslant \iint\limits_{D} f(x,y)\mathrm{d}\sigma \leqslant MS \ (S \text{ 为积分区域 } D \text{ 的面积}).$$

性质 7.1.7(二重积分的中值定理) 设 $f(x,y)$ 在闭区域 D 上连续,S 为区域 D 的面积,则在 D 上至少存在一点 (ξ,η),使得

$$\iint\limits_{D} f(x,y)\mathrm{d}\sigma = f(\xi,\eta) \cdot S.$$

例 7.1.2 试估计二重积分 $I = \iint\limits_{D:x^2+y^2 \leqslant 4} (x^2 + 4y^2 + 4)\mathrm{d}\sigma$ 之值.

解:被积函数在圆盘 $D:x^2+y^2 \leqslant 4$ 上的最小值在 $(0,0)$ 取得:$m=4$,最大值在圆周 $x^2 + y^2 = 4$ 上的点 $(0,2)$ 处取得:$x^2+y^2+3y^2+4 = 4+3\times 2^2+4 = 20$. 由估值定理得

$$16\pi = 4\times 4\pi \leqslant I \leqslant 20\times 4\pi = 80\pi.$$

习 题 7.1

A. 基本题

1. 试用二重积分表示以 $z = x^2 + 2y^2$ 为顶,以 $z=0$ 为底,以 xOy 面上的曲线 $x^2+y^2=1$

为准线、平行于 z 轴的直线为母线的柱面为侧面的立体体积.

2. 试估计积分 $I = \iint\limits_{D} (x+y) \mathrm{d}\sigma (D: 0 \leqslant x \leqslant 1, 0 \leqslant y \leqslant 2)$ 之值.

3. 试比较 $I_1 = \iint\limits_{D} (x^2 + y^2) \mathrm{d}\sigma (D: -1 \leqslant x \leqslant 1, -2 \leqslant y \leqslant 2)$，与 $I_2 = \iint\limits_{D} (x^2 + 2y^2) \mathrm{d}\sigma (D: -1 \leqslant x \leqslant 1, -2 \leqslant y \leqslant 2)$ 之值.

7.2　二重积分的计算法
（Computation Mathod for Double Integral）

本节提示: 本节分别介绍在直角坐标系下和极坐标系下计算二重积分的方法. 学习重点是如何化二重积分为二次积分. 我们将介绍用动直线法或动射线法来确定定限不等式的方法.

7.2.1　在直角坐标系下计算二重积分的方法

设 $f(x,y) \geqslant 0$，以下我们把 $\iint\limits_{D} f(x,y) \mathrm{d}\sigma$ 当作曲顶柱体的体积来计算. 设积分区域 D 是 X 型区域（如图 7-3 所示，用平行于 y 轴的直线穿过 D 时，与 D 的边界曲线交点不多于 2 个）时，即定限不等式为

$$D:\begin{cases} \varphi_1(x) \leqslant y \leqslant \varphi_2(x), \\ a \leqslant x \leqslant b. \end{cases} \tag{7-1}$$

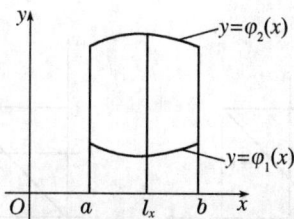

图 7-3

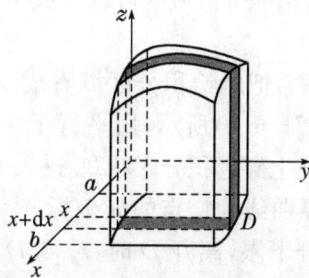

图 7-4

过 x 轴上的区间 (a,b) 内任一点 x 作平行于 yOz 坐标面的平面，截曲顶柱体所得到的曲边梯形（图 7-4）的面积设为 $A(x)$，给 x 一个增量 $\mathrm{d}x$，则上述截面沿平行于 x 轴方向移动得到一个薄立体，用该薄立体的体积作为体积元素，在区间 $[a,b]$ 上作一个定积分便得到曲顶柱体的体积

$$V = \int_a^b A(x) \mathrm{d}x.$$

从图 7-4 可以看出

$$A(x) = \int_{\varphi_1(x)}^{\varphi_2(x)} f(x,y) \mathrm{d}y.$$

于是得

$$\iint\limits_{D} f(x,y) \mathrm{d}\sigma = \int_a^b \left[\int_{\varphi_1(x)}^{\varphi_2(x)} f(x,y) \mathrm{d}y \right] \mathrm{d}x = \int_a^b \mathrm{d}x \int_{\varphi_1(x)}^{\varphi_2(x)} f(x,y) \mathrm{d}y. \tag{7-2}$$

式 (7-2) 叫作先对 y 后对 x 的二次积分，它的意义是：先把 x 当作常数，把 $f(x,y)$ 只看成 y 的函数，对 y 计算从 $y = \varphi_1(x)$ 到 $y = \varphi_2(x)$ 的定积分，再把所得结果（是 x 的函数）对 x 在 $[a,b]$ 作定积分. 实际上，去掉限制 $f(x,y) \geqslant 0$，式 (7-2) 仍然成立. 把式 (7-1) 叫作二重

积分的定限不等式.

当积分区域 D 是 Y 型区域(如图 7-5 所示,用平行于 x 轴的直线穿过 D 时,与 D 的边界曲线交点不多于 2 个时),定限不等式为

$$D:\begin{cases} \psi_1(y) \leqslant x \leqslant \psi_2(y), \\ c \leqslant y \leqslant d. \end{cases} \qquad (7-3)$$

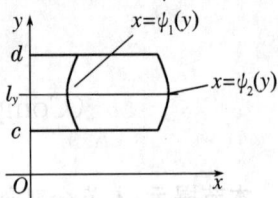

图 7-5

这时把二重积分化为二次积分的公式为

$$\iint\limits_{D} f(x,y)\mathrm{d}\sigma = \int_c^d \left[\int_{\psi_1(y)}^{\psi_2(y)} f(x,y)\mathrm{d}x \right]\mathrm{d}y = \int_c^d \mathrm{d}y \int_{\psi_1(y)}^{\psi_2(y)} f(x,y)\mathrm{d}x. \qquad (7-4)$$

如果积分区域 D 不是上述两种形状,我们可以用平行于坐标轴的直线把 D 分成若干个子区域,使得每个子区域都是 X 型区域或 Y 型区域.

例 7.2.1 计算 $\iint\limits_{D}(x+y)\mathrm{d}\sigma$,其中 D 是由直线 $y=1$,$y=x$ 和 y 轴所围成的闭区域.

解:计算二重积分,关键是正确写出定限不等式.因为一旦把二重积分化成了二次积分,则接下来解决定积分问题,这不是什么新问题.以下介绍如何把所给的积分区域用一组不等式(也就是定限不等式)表达出来的方法.

本题所给积分区域既可以看成 X 型区域又可以看成 Y 型区域.因此,我们分两种方法来解.

解法一 把所给积分区域看成 X 型区域.这时,如图 7-6(a)所示,用平行于 y 轴的动直线 l_x 从下往上穿越积分区域 D.进入 D 时,l_x 与 D 的下边界曲线的交点的纵坐标 $y=x$ 作为变量 y 的积分下限,离开 D 时,l_x 与 D 的上边界曲线的交点的纵坐标 $y=1$ 作为变量 y 的积分上限;再让 l_x 从左向右平行移动,进入 D 时,用 l_x 与 D 相交或相切的位置的横坐标 $x=0$ 作为变量 x 的积分下限,离开 D 时,用 l_x 与 D 相交

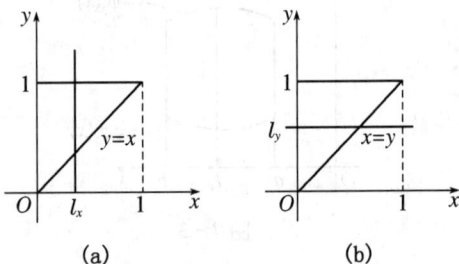

(a)

(b)

图 7-6

或相切的位置的横坐标 $x=1$ 作为变量 x 的积分上限,得定限不等式

$$D:\begin{cases} x \leqslant y \leqslant 1, \\ 0 \leqslant x \leqslant 1. \end{cases}$$

于是根据定限不等式可把所给二重积分化为二次积分并求得结果:

$$\iint\limits_{D}(x+y)\mathrm{d}\sigma = \int_0^1 \left[\int_x^1 (x+y)\mathrm{d}y \right]\mathrm{d}x = \int_0^1 \left[xy + \frac{y^2}{2} \right]_x^1 \mathrm{d}x$$

$$= \int_0^1 \left(x + \frac{1}{2} - \frac{3x^2}{2} \right)\mathrm{d}x = \left[\frac{x^2}{2} + \frac{x}{2} - \frac{x^3}{2} \right]_0^1 = \frac{1}{2}.$$

解法二 把所给积分区域看成 Y 型区域.这时,如图 7-6(b)所示,用平行于 x 轴的动直线 l_y 从左到右穿越积分区域 D.进入 D 时,l_y 与 D 的左边界曲线的交点的横坐标 $x=0$ 作为变量 x 的积分下限,离开 D 时,l_y 与 D 的右边界曲线的交点的横坐标 $x=y$ 作为变量 x 的积分上限;再让 l_y 从下往上平行移动,进入 D 时,用 l_y 与 D 相交或相切的位置的纵坐标 $y=$

0 作为变量 y 的积分下限，离开 D 时，用 l_y 与 D 相交或相切的位置的纵坐标 $y=1$ 作为变量 y 的积分上限，得定限不等式：

$$D: \begin{cases} 0 \leqslant x \leqslant y, \\ 0 \leqslant y \leqslant 1. \end{cases}$$

于是根据定限不等式可把所给二重积分化为二次积分并求得结果：

$$\iint\limits_{D}(x+y)\mathrm{d}\sigma = \int_0^1 \left[\int_0^y (x+y)\mathrm{d}x \right] \mathrm{d}y = \int_0^1 \left[\frac{x^2}{2} + xy \right]_0^y \mathrm{d}y$$

$$= \int_0^1 \left(\frac{3y^2}{2} \right) \mathrm{d}y = \left[\frac{y^3}{2} \right]_0^1 = \frac{1}{2}.$$

将积分区域写成定限不等式对于求二重积分，甚至是求三重积分是至关重要的. 同时希望大家能用两种方式将二重积分化成二次积分. 在解决重积分问题时，有时只有一种积分次序能积出来，甚至有时需要交换积分次序，才能将积分算出来. 请看下例.

例 7.2.2　计算 $\iint\limits_{D}\mathrm{e}^{-y^2}\mathrm{d}\sigma$，其中 D 是由直线 $y=1, y=x, x=0$ 所围成的闭区域.

解：这个积分区域就是上例中的积分区域，如图 7-6(a) 所示，先写出 D 的 X 型定限不等式

$$D: \begin{cases} x \leqslant y \leqslant 1, \\ 0 \leqslant x \leqslant 1. \end{cases}$$

于是

$$\iint\limits_{D}\mathrm{e}^{-y^2}\mathrm{d}\sigma = \int_0^1 \mathrm{d}x \int_x^1 \mathrm{e}^{-y^2}\mathrm{d}y.$$

上式是先对 y 的积分. 之前曾经讲过这个积分的原函数不是初等函数，是积不出来的. 因此必须改变积分次序.

写出 D 的 Y 型定限不等式：

$$D: \begin{cases} 0 \leqslant x \leqslant y, \\ 0 \leqslant y \leqslant 1. \end{cases}$$

于是

$$\iint\limits_{D}\mathrm{e}^{-y^2}\mathrm{d}\sigma = \int_0^1 \mathrm{d}y \int_0^y \mathrm{e}^{-y^2}\mathrm{d}x = \int_0^1 \left[x\mathrm{e}^{-y^2} \right]_0^y \mathrm{d}y$$

$$= \int_0^1 y\mathrm{e}^{-y^2}\mathrm{d}y = -\frac{1}{2}\mathrm{e}^{-y^2} \Big|_0^1 = \frac{1}{2}(1-\mathrm{e}^{-1}).$$

例 7.2.3　交换积分次序：$\int_1^e \mathrm{d}x \int_0^{\ln x} f(x,y)\mathrm{d}y.$

解：对于这种交换积分次序的问题，先按所给积分的上、下限写出它的定限不等式：

$$D: \begin{cases} 0 \leqslant y \leqslant \ln x, \\ 1 \leqslant x \leqslant e. \end{cases}$$

然后根据写出的这个定限不等式作出所给积分区域的图形，如图 7-7 所示. 再依据积分区域的图形，写出另一个次序的定限不等式：

$$D: \begin{cases} \mathrm{e}^y \leqslant x \leqslant e, \\ 0 \leqslant y \leqslant 1. \end{cases}$$

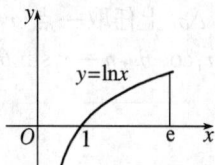

图 7-7

于是得

$$\int_1^e dx \int_0^{\ln x} f(x,y)dy = \int_0^1 dy \int_{e^y}^e f(x,y)dx.$$

例 7.2.4 利用重积分推导出半径为 R 的球体体积公式.

解：取球心在坐标原点，由对称性，只需计算在第一卦限的八分之一个球体的体积. 这部分球体可看作由 $z=\sqrt{R^2-x^2-y^2}$ 及三个坐标面所围成的曲顶柱体. 如图 7-8 所示，该柱体在 xOy 面的投影区域

$$D:\begin{cases} 0\leqslant y\leqslant \sqrt{R^2-x^2}, \\ 0\leqslant x\leqslant R. \end{cases}$$

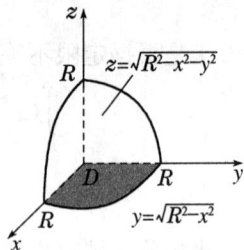

于是，所求体积

$$V = 8\iint_D \sqrt{R^2-x^2-y^2}dxdy = 8\int_0^R dx \int_0^{\sqrt{R^2-x^2}}\sqrt{R^2-x^2-y^2}dy$$

令 $y=\sqrt{R^2-x^2}\sin t$，则

$$V = 8\int_0^R dx \int_0^{\frac{\pi}{2}}(R^2-x^2)\cos^2 t dt = 2\pi\int_0^R(R^2-x^2)dx$$

$$=2\pi\left(R^2x-\frac{x^3}{3}\right)\Big|_0^R = \frac{4\pi R^3}{3}.$$

7.2.2 在极坐标系下计算二重积分的方法

当积分区域的边界曲线用极坐标方程容易表达、被积函数中含有因子 x^2+y^2 时，用极坐标计算重积分

$$\iint_D f(x,y)d\sigma$$

将变得十分方便. 下面介绍如何利用极坐标计算二重积分的方法. 如图 7-9 所示. 设积分区域 D 由下面的不等式确定：

$$D:\begin{cases} r_1(\theta)\leqslant r\leqslant r_2(\theta), \\ \alpha\leqslant\theta\leqslant\beta. \end{cases} \tag{7-5}$$

用一族圆弧 $r=$ 常数和一族射线 $\theta=$ 常数把 D 分成若干个小区域 $\Delta\sigma_i$，则这些小区域的面积可近似为

$$\Delta\sigma_i = \frac{1}{2}(r_i+\Delta r_i)^2\Delta\theta_i - \frac{1}{2}r_i^2\Delta\theta_i$$

$$=r_i\Delta r_i\Delta\theta_i + \frac{1}{2}\Delta r_i^2\Delta\theta_i \approx r_i\Delta r_i\Delta\theta_i.$$

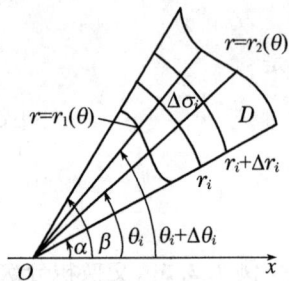

在 $\Delta\sigma_i$ 上任取一点 (r_i,θ_i)，设它的直角坐标为 (ξ_i,η_i). 由直角坐标与极坐标之间的关系知：$\xi_i=r_i\cos\theta_i,\eta_i=r_i\sin\theta_i$. 根据二重积分的定义得

$$\iint_D f(x,y)d\sigma = \lim_{\lambda\to0}\sum_{i=1}^n f(\xi_i,\eta_i)\Delta\sigma_i$$

$$=\lim_{\lambda\to0}\sum_{i=1}^n f(r_i\cos\theta_i,r_i\sin\theta_i)r_i\Delta r_i\Delta\theta_i$$

即

$$\iint\limits_{D} f(x,y)\mathrm{d}\sigma = \iint\limits_{D} f(r\cos\theta, r\sin\theta) r\mathrm{d}r\mathrm{d}\theta. \tag{7-6}$$

式(7-6)就是用极坐标计算二重积分的公式,其中 $r\mathrm{d}r\mathrm{d}\theta$ 叫做极坐标系下的面积元素.式(7-5)就是极坐标系下计算二重积分的定限不等式.

式(7-5)是这样确定的:用动射线法来写定限不等式.用从极点出发的动射线 l_θ 穿越积分区域 D:进入积分区域时与区域的边界曲线的交点的极径作为变量 r 的积分下限 $r=r_1(\theta)$,离开积分区域时与区域的边界曲线的交点的极径作为变量 r 的积分上限 $r=r_2(\theta)$;让 l_θ 逆时针旋转,当它进入积分区域时与区域的边界曲线相切或相交的位置作为变量 θ 的下限,离开积分区域时与区域的边界曲线相切或相交的位置作为变量 θ 的上限,于是得到极坐标系下的定限不等式(7-5).当区域 D 包含(或其边界曲线经过)极点时,$r_1(\theta)=0$,当区域 D 包含极点时,$0\leqslant\theta\leqslant 2\pi$.

例 7.2.5　利用极坐标计算半径为 R 的球体体积.

解:在极坐标系下,如图 7-10 所示,用动射线 l_θ 很容易得到定限不等式

$$D:\begin{cases} 0\leqslant r\leqslant R, \\ 0\leqslant\theta\leqslant\dfrac{\pi}{2}. \end{cases}$$

于是

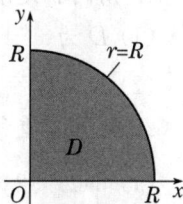

图 7-10

$$V = 8\iint\limits_{D}\sqrt{R^2-x^2-y^2}\,\mathrm{d}x\mathrm{d}y = 8\iint\limits_{D}\sqrt{R^2-r^2}\,r\mathrm{d}r\mathrm{d}\theta$$

$$= 8\int_0^{\frac{\pi}{2}}\mathrm{d}\theta\int_0^R\sqrt{R^2-r^2}\,r\mathrm{d}r = 8\times\frac{\pi}{2}\times\left(-\frac{1}{3}(R^2-r^2)^{\frac{3}{2}}\right)\Big|_0^R$$

$$= \frac{4\pi R^3}{3}.$$

例 7.2.6　将直角坐标系下的二次积分 $\displaystyle\int_0^2\mathrm{d}x\int_0^{\sqrt{2x-x^2}}f(x,y)\mathrm{d}y$ 化为极坐标系下的二次积分.

解:对于这种改变一种坐标系下的二次积分为另一种坐标系下的二次积分的问题,与交换积分次序类似,先按所给积分的上、下限写出它的定限不等式

$$D:\begin{cases} 0\leqslant y\leqslant\sqrt{2x-x^2}, \\ 0\leqslant x\leqslant 2. \end{cases}$$

然后根据写出的这个定限不等式作出所给积分区域的图形,如图 7-11 所示,再根据图形写出极坐标系下的定限不等式

$$D:\begin{cases} 0\leqslant r\leqslant 2\cos\theta, \\ 0\leqslant\theta\leqslant\dfrac{\pi}{2}. \end{cases}$$

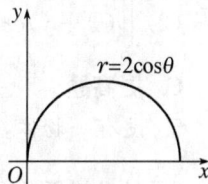

图 7-11

于是极坐标系下的二次积分

$$\int_0^2\mathrm{d}x\int_0^{\sqrt{2x-x^2}}f(x,y)\mathrm{d}y = \int_0^{\frac{\pi}{2}}\mathrm{d}\theta\int_0^{2\cos\theta}f(r\cos\theta, r\sin\theta)r\mathrm{d}r.$$

例 7.2.7 计算 $\iint\limits_{D} e^{-x^2-y^2}\mathrm{d}\sigma$,其中 D 为圆域 $x^2+y^2\leqslant a^2$.

解:在极坐标系下,定限不等式为

$$D:\begin{cases} 0\leqslant r\leqslant a, \\ 0\leqslant\theta\leqslant 2\pi. \end{cases}$$

于是

$$\iint\limits_{D} e^{-x^2-y^2}\mathrm{d}\sigma = \iint\limits_{D} e^{-r^2} r\mathrm{d}r\mathrm{d}\theta = \int_0^{2\pi}\mathrm{d}\theta\int_0^a e^{-r^2} r\mathrm{d}r = \pi(1-e^{-a^2}).$$

习题 7.2

A. 基本题

1. 用两种定限不等式表达下列区域.

(1) D 为 $x^2+y^2\leqslant 1, x\geqslant 0, y\geqslant 0$.

(2) D 由 $y=\sqrt{x}, y=0, x=1$ 所围成.

2. 计算二重积分.

(1) $\iint\limits_{D}(x+2y)\mathrm{d}x\mathrm{d}y$,其中 D 是由 $y=x, y=-x, x=1$ 所围成的区域.

(2) $\iint\limits_{D}(x^2+y^2)\mathrm{d}x\mathrm{d}y$,其中 D 是圆域 $x^2+y^2\leqslant 4$.

B. 一般题

3. 交换下列积分的次序.

(1) $\int_0^1\mathrm{d}y\int_0^{2y} f(x,y)\mathrm{d}x$
(2) $\int_0^1\mathrm{d}y\int_0^{\sqrt{1-y^2}} f(x,y)\mathrm{d}x$

(3) $\int_1^e\mathrm{d}y\int_{\ln y}^1 f(x,y)\mathrm{d}x$
(4) $\int_a^b\mathrm{d}x\int_c^d f(x,y)\mathrm{d}y, (b>a, d>c)$

4. 计算下列二重积分.

(1) $\iint\limits_{D}(4-3x^2-3y^2)\mathrm{d}x\mathrm{d}y$,其中 D 是圆域 $x^2+y^2\leqslant 3$.

(2) $\iint\limits_{D}(x+y)\mathrm{d}\sigma$,其中 D 是由两条抛物线 $y=x^2, y=\sqrt{x}$ 所围成的区域.

C. 提高题

5. 设有一物体,由曲面 $z=4-4x^2-4y^2$ 及 xOy 面所围成,试求其体积.

6. 利用例题 7.2.7,证明 $\int_0^{+\infty} e^{-x^2}\mathrm{d}x = \frac{\sqrt{\pi}}{2}$.

7. 计算 $\iint\limits_{D} xy e^{-x^2-y^2}\mathrm{d}x\mathrm{d}y$,其中 D 为 $x^2+y^2\leqslant 1$ 在第一象限的部分区域.

7.3　三重积分及其计算
(Triple Integratal and its Computation)

本节提示:主要介绍三重积分的概念及在直角坐标系下、柱面坐标系下计算三重积分的方法.

7.3.1　三重积分的概念

定积分及二重积分作为和的极限的概念,可以自然地推广到三重积分.

定义 7.3.1　设 $f(x,y,z)$ 是空间有界闭区域 Ω 上的有界函数. 将 Ω 任意分成 n 个小闭区域 $\Delta v_1,\Delta v_2,\cdots,\Delta v_n$,其中 Δv_i 既表示第 i 个小闭区域,又表示第 i 个小闭区域的体积. 在每个 Δv_i 上任取一点 (ξ_i,η_i,ζ_i),作乘积 $f(\xi_i,\eta_i,\zeta_i)\Delta v_i$,并作和 $\sum_{i=1}^n f(\xi_i,\eta_i,\zeta_i)\Delta v_i$. 如果当各小区域直径的最大值 $\lambda\to 0$ 时上述和式有极限,则称此极限为 $f(x,y,z)$ 在闭区域 Ω 上的三重积分(triple integral),记为

$$\iiint\limits_{\Omega} f(x,y,z)\mathrm{d}v = \lim_{\lambda\to 0}\sum_{i=1}^n f(\xi_i,\eta_i,\zeta_i)\Delta v_i, \tag{7-7}$$

其中,$\mathrm{d}v$ 为体积元素.

当 $f(x,y,z)$ 在 Ω 上连续时,三重积分式(7-7)总存在.

三重积分的几何意义:当被积函数 $f(x,y,z)=1$ 时,三重积分表示积分区域 Ω 的体积. 即

$$\iiint\limits_{\Omega}\mathrm{d}v = V \quad (V \text{ 是 } \Omega \text{ 的体积}).$$

三重积分的物理意义:当被积函数 $\rho(x,y,z)$ 表示占有空间区域 Ω 的物体在点 (x,y,z) 处的密度(设 $\rho(x,y,z)$ 在 Ω 上连续)时,三重积分表示该物体的质量 M

$$M = \iiint\limits_{\Omega}\rho(x,y,z)\mathrm{d}v.$$

三重积分的计算方法是:化成三次积分,分成两种坐标系下进行计算.

7.3.2　在直角坐标系下计算三重积分的方法

下面通过例子说明如何把三重积分化为三次积分的方法.

在直角坐标系中,把体积元素 $\mathrm{d}v$ 记为 $\mathrm{d}x\mathrm{d}y\mathrm{d}z$.

例 7.3.1　计算 $\iiint\limits_{\Omega} x\mathrm{d}x\mathrm{d}y\mathrm{d}z$,其中 Ω 是由三个坐标面及平面 $x+y+z=1$ 所围成的四面体.

解:积分区域 Ω 如图 7-12 所示.

先写出三重积分的定限不等式. ① 用平行于 z 轴的动直线 l_z 从下向上穿越积分区域 Ω:进入积分区域时 l_z 与 Ω 的下边界曲面交点的竖坐标 $z=0$ 作为变量 z 的积分下限,离开积分区域时 l_z 与 Ω 的

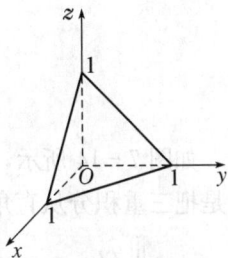

图 7-12

上边界曲面交点的竖坐标 $z=1-x-y$ 作为变量 z 的积分上限.② 把 Ω 投影到 xOy 面上得到一个平面区域 D_{xy},再按照二重积分中确定定限不等式的方法按顺序写出变量 y、x 的定限不等式:

$$\Omega:\begin{cases}0\leqslant z\leqslant 1-x-y,\\ 0\leqslant y\leqslant 1-x,\\ 0\leqslant x\leqslant 1.\end{cases}$$

于是

$$\begin{aligned}\iiint\limits_{\Omega}x\mathrm{d}x\mathrm{d}y\mathrm{d}z &=\int_0^1\mathrm{d}x\int_0^{1-x}\mathrm{d}y\int_0^{1-x-y}x\mathrm{d}z\\ &=\int_0^1\mathrm{d}x\int_0^{1-x}\left[xz\right]_0^{1-x-y}\mathrm{d}y\\ &=\int_0^1\mathrm{d}x\int_0^{1-x}\left[x(1-x-y)\right]\mathrm{d}y\\ &=\int_0^1\left[xy-x^2y-\frac{1}{2}xy^2\right]_0^{1-x}\mathrm{d}x\\ &=\int_0^1\left[\frac{1}{2}x-x^2+\frac{1}{2}x^3\right]\mathrm{d}x\\ &=\left[\frac{1}{4}x^2-\frac{1}{3}x^3+\frac{1}{8}x^4\right]_0^1=\frac{1}{24}.\end{aligned}$$

7.3.3 利用柱面坐标计算三重积分的方法

如图 7-13 所示,设 $M(x,y,z)$ 为空间内一点,并设 M 在 xOy 面上的投影 P 的极坐标为 r、θ. 称 r,θ,z 为点 M 的柱面坐标(cylindrical coordinates),规定它们的变化范围为

$$\begin{cases}0\leqslant r<+\infty,\\ 0\leqslant\theta\leqslant 2\pi,\\ -\infty<z<+\infty.\end{cases}$$

三组坐标面分别为:

$r=$ 常数,表示以 xOy 面上的圆 $x^2+y^2=r^2$ 为准线母线平行于 z 轴的圆柱面;

$\theta=$ 常数,表示过 z 轴的半平面;

$z=$ 常数,表示与 xOy 面平行的平面.

点 M 的直角坐标与柱面坐标的关系为

$$\begin{cases}x=r\cos\theta,\\ y=r\sin\theta,\\ z=z.\end{cases}$$

如图 7-14 所示,得到柱面坐标系中的体积元素 $\mathrm{d}v=r\mathrm{d}r\mathrm{d}\theta\mathrm{d}z$.
于是把三重积分从直角坐标化为柱面坐标的方法为

$$\iiint\limits_{\Omega}f(x,y,z)\mathrm{d}v=\iiint\limits_{\Omega}f(r\cos\theta,r\sin\theta,z)r\mathrm{d}r\mathrm{d}\theta\mathrm{d}z.\quad(7\text{-}8)$$

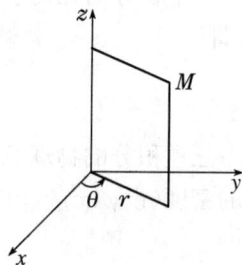

图 7-13

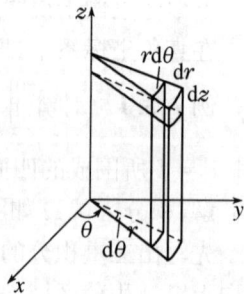

图 7-14

例 7.3.2 计算 $\iiint\limits_{\Omega}(x^2+y^2)\mathrm{d}v$,其中 Ω 是 $0 \leqslant z \leqslant 1-\sqrt{x^2+y^2}$.

解:先写出定限不等式,方法同例 7.3.1,但注意本题采用柱面坐标来计算,故用柱面坐标表示变量 z 的上、下限,用极坐标表示 Ω 在 xOy 的投影区域 D_{xy}:

$$\Omega:\begin{cases}0 \leqslant z \leqslant 1-r, \\ 0 \leqslant r \leqslant 1, \\ 0 \leqslant \theta \leqslant 2\pi.\end{cases}$$

根据式(7-8)得

$$\iiint\limits_{\Omega}(x^2+y^2)\mathrm{d}v = \int_0^{2\pi}\mathrm{d}\theta\int_0^1\mathrm{d}r\int_0^{1-r}r^2 \cdot r\mathrm{d}z$$

$$= 2\pi\int_0^1(r^3-r^4)\mathrm{d}r = \frac{\pi}{10}.$$

习题 7.3

A. 一般题

1. 计算 $\iiint\limits_{\Omega}x\mathrm{d}v$,其中 Ω 是由 3 个坐标面及平面 $x+2y+2z=1$ 所围成的四面体.

2. 设有三重积分 $\iiint\limits_{\Omega}f(x,y,z)\mathrm{d}v$,其中 Ω 由 $z=x^2+y^2$,$z=1$ 围成,分别写出直角坐标系下和柱面坐标系下该三重积分的三次积分形式.

3. 计算 $z=x^2+y^2$,$z=4$ 所围成立体的体积.

B. 提高题

4. 试分别利用直角坐标系和柱面坐标系下的三次积分计算半径为 R 的球体的体积.

5. 分别用直角坐标系,柱面坐标系下的三次积分表示三重积分 $\iiint\limits_{\Omega}(x^2+y^2)\mathrm{d}v$,其中 Ω 是 $x^2+y^2+z^2 \leqslant 4$,$z \geqslant 0$.

7.4 对弧长的曲线积分
(Line Integral of a Scalar Function)

本节提示：将所讨论的积分定义在平面或空间曲线上，就得到曲线积分．从本节起，假定所讨论的曲线是光滑的，即曲线能用一个函数或参数方程表示且有连续转动的切线．

7.4.1 对弧长的曲线积分的概念

例 7.4.1 设一段金属丝占据平面曲线弧 L，任一点处的线密度为 $\rho(x,y)$，求它的质量 m．

解：类似于曲边梯形的面积的计算，将曲线弧 L 任意分成 n 个小弧段 $\overset{\frown}{A_0A_1}, \overset{\frown}{A_1A_2}, \cdots, \overset{\frown}{A_{n-1}A_n}$，如图 7-15 所示，把第 i 个小弧段的长度记为 Δs_i．在第 i 个小弧段上任取一点 (ξ_i, η_i)，以这点的密度近似代替其他各点处的密度，得金属丝在第 i 个小弧段上质量的近似值 $\rho(\xi_i, \eta_i)\Delta s_i$，则整个金属丝质量的近似值为 $\sum\limits_{i=1}^{n}\rho(\xi_i, \eta_i)\Delta s_i$．令小弧段长度的最大值 $\lambda \to 0$，得所求金属丝的质量 m

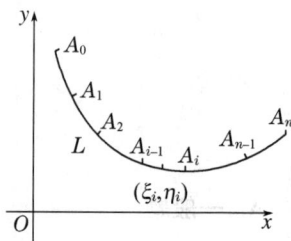

图 7-15

$$m = \lim_{\lambda \to 0}\sum_{i=1}^{n}\rho(\xi_i, \eta_i)\Delta s_i.$$

定义 7.4.1 设 L 是 xOy 面上的光滑曲线（smooth curve），且有有限长度，函数 $f(x,y)$ 是定义在 L 上的有界函数．设 A_0 和 A_n 是 L 的两个端点，在 L 上任意插入 $n-1$ 个分点把它分成 n 个小弧段 $\overset{\frown}{A_0A_1}, \overset{\frown}{A_1A_2}, \cdots, \overset{\frown}{A_{n-1}A_n}$，记第 i 个小弧段的长度为 Δs_i，在每个小弧段上任取一点 (ξ_i, η_i)，作乘积 $f(\xi_i, \eta_i)\Delta s_i$，并作和 $\sum\limits_{i=1}^{n}f(\xi_i, \eta_i)\Delta s_i$，如果当小弧段长度的最大值 $\lambda \to 0$ 时，上述和式的极限存在，则称此极限为函数 $f(x,y)$ 在曲线 L 上对弧长的曲线积分（line integral of a scalar function），记为

$$\int_L f(x,y)\mathrm{d}s = \lim_{\lambda \to 0}\sum_{i=1}^{n}f(\xi_i, \eta_i)\Delta s_i. \tag{7-9}$$

其中，L 为积分路径．

对弧长的曲线积分也叫作第一类曲线积分（the first curvilinear integral）．根据上述定义，例 7.4.1 中的金属丝的质量可表示为 $m = \int_L\rho(x,y)\mathrm{d}s$，显然它的值与曲线弧 L 的方向无关．

若 $f(x,y)$ 在曲线 L 上连续，则 $\int_L f(x,y)\mathrm{d}s$ 存在．

对弧长的曲线积分有以下性质：

(1) $\int_L [f(x,y) \pm g(x,y)]\mathrm{d}s = \int_L f(x,y)\mathrm{d}s \pm \int_L g(x,y)\mathrm{d}s.$

(2) $\displaystyle\int_L kf(x,y)\mathrm{d}s = k\int_L f(x,y)\mathrm{d}s(k\ 为常数).$

(3) 若 $L = L_1 + L_2$,则 $\displaystyle\int_L f(x,y)\mathrm{d}s = \int_{L_1} f(x,y)\mathrm{d}s + \int_{L_2} f(x,y)\mathrm{d}s.$

7.4.2　对弧长的曲线积分的计算法

设 L 由参数方程给出:

$$L:\begin{cases} x = \varphi(t), \\ y = \psi(t). \end{cases} \quad (\alpha \leqslant t \leqslant \beta)$$

把 L 的参数方程代入到式(7-9)的和式中并利用 4.5 节中的弧微分公式得

$$\lim_{\lambda\to 0}\sum_{i=1}^n f(\xi_i,\eta_i)\Delta s_i = \lim_{\lambda\to 0}\sum_{i=1}^n f[\varphi(t_i),\psi(t_i)]\sqrt{\varphi'^2(t_i)+\psi'^2(t_i)}\,\Delta t_i$$

$$= \int_\alpha^\beta f[\varphi(t),\psi(t)]\sqrt{\varphi'^2(t)+\psi'^2(t)}\,\mathrm{d}t,$$

即

$$\int_L f(x,y)\mathrm{d}s = \int_\alpha^\beta f[\varphi(t),\psi(t)]\sqrt{\varphi'^2(t)+\psi'^2(t)}\,\mathrm{d}t, \tag{7-10}$$

式(7-10)就是计算对弧长的曲线积分的公式. 其要点是,用 $\varphi(t)$、$\psi(t)$ 换被积函数 $f(x,y)$ 中的变量 x、y,用 $\sqrt{\varphi'^2(t)+\psi'^2(t)}\,\mathrm{d}t$ 换弧微分 $\mathrm{d}s$,用参数 t 所在区间的左端点 α 作为积分下限,用参数 t 所在区间的右端点 β 作为积分上限,把对弧长的曲线积分变成一个定积分.

如果积分路径 L 不是以参数形式给出,而是以 $L:y=y(x),x\in[a,b]$ 的形式给出的,则构造参数方程,把 x 看成参数,令

$$L:\begin{cases} x = x, \\ y = y(x). \end{cases} \quad (x \in [a,b])$$

再按上述方法得

$$\int_L f(x,y)\mathrm{d}s = \int_a^b f(x,y(x))\sqrt{1+y'^2(x)}\,\mathrm{d}x. \tag{7-11}$$

如果积分路径 L 是以 $L:x=x(y),y\in[c,d]$ 的形式给出的,则构造参数方程,把 y 看成参数,令

$$L:\begin{cases} x = x(y), \\ y = y. \end{cases} \quad (y \in [c,d])$$

再按上述方法得

$$\int_L f(x,y)\mathrm{d}s = \int_c^d f(x(y),y)\sqrt{1+x'^2(y)}\,\mathrm{d}y. \tag{7-12}$$

例 7.4.2　计算 $I = \displaystyle\int_L xy^2\mathrm{d}s$,其中 L 是由方程 $\begin{cases} x = a\cos t, \\ y = a\sin t. \end{cases}\left(0\leqslant t\leqslant\dfrac{\pi}{2}\right)$ 给出.

解:$x' = -a\sin t$,$y' = a\cos t$,$\sqrt{x'^2+y'^2} = a$,由式(7-10)得

$$I = \int_L xy^2\mathrm{d}s = \int_0^{\frac{\pi}{2}} a^4\cos t\sin^2 t\,\mathrm{d}t = a^4\left.\frac{\sin^3 t}{3}\right|_0^{\frac{\pi}{2}} = \frac{a^4}{3}.$$

例 7.4.3 计算 $I = \int_L y^3 \mathrm{d}s$，其中 L 是 $y^3 = 3x$ 上自原点到 $(9,3)$ 的一段弧.

解：可把 y 看成参变量，即

$$L: \begin{cases} x = \dfrac{y^3}{3}, \\ y = y. \end{cases} \quad (y \in [0,3])$$

于是，由式 $(7-12)$ 得

$$I = \int_L y^3 \mathrm{d}s = \int_0^3 y^3 \sqrt{1+y^4} \, \mathrm{d}y = \frac{1}{4} \int_0^3 \sqrt{1+y^4} \, \mathrm{d}(1+y^4)$$

$$= \frac{1}{6}(1+y^4)^{\frac{3}{2}} \Big|_0^3 = \frac{1}{6}(82\sqrt{82} - 1).$$

例 7.4.4 计算 $I = \int_L (x+y)\mathrm{d}s$，其中 L 是圆 $x^2 + y^2 = a^2$，直线 $y = x$ 及 x 轴在第一象限所围成的闭曲线.

解：把闭曲线 L（图 $7-16$）分成三段表示为

$$L_1: \begin{cases} x = x, \\ y = 0. \end{cases} (0 \leqslant x \leqslant a); \quad L_2: \begin{cases} x = a\cos t, \\ y = a\sin t. \end{cases} (0 \leqslant t \leqslant \frac{\pi}{4});$$

$$L_3: \begin{cases} x = x, \\ y = x. \end{cases} (0 \leqslant x \leqslant \frac{\sqrt{2}}{2}a)$$

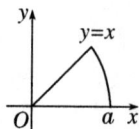

图 $7-16$

于是得

$$I_1 = \int_{L_1} (x+y)\mathrm{d}s = \int_0^a x \mathrm{d}x = \frac{a^2}{2},$$

$$I_2 = \int_{L_2} (x+y)\mathrm{d}s = \int_0^{\frac{\pi}{4}} (a\cos t + a\sin t)a\mathrm{d}t = a[a\sin t - a\cos t]_0^{\frac{\pi}{4}} = a^2,$$

$$I_3 = \int_{L_3} (x+y)\mathrm{d}s = \int_0^{\frac{\sqrt{2}}{2}a} 2x\sqrt{2}\,\mathrm{d}x = \frac{\sqrt{2}}{2}a^2.$$

因此

$$I = \int_L (x+y)\mathrm{d}s = I_1 + I_2 + I_3 = a^2 + \frac{1}{2}(1+\sqrt{2})a^2 = \frac{3+\sqrt{2}}{2}a^2.$$

习题 7.4

A. 一般题

1. 计算下列对弧长的曲线积分.

(1) $\displaystyle\int_L e^{\sqrt{x^2+y^2}} \mathrm{d}s$，其中 L 是圆周 $\begin{cases} x = a\cos\theta, \\ y = a\sin\theta. \end{cases} (0 \leqslant \theta \leqslant 2\pi, \ a > 0)$

(2) $\displaystyle\int_L (x^2+y)\mathrm{d}s$，其中 L 是以 $O(0,0), A(1,0), B(1,1)$ 为顶点的三角形.

(3) $\displaystyle\int_L (x^2+y^2)\mathrm{d}s$，其中 L 是直线 $y = \dfrac{x}{3}$ 介于 $O(0,0)$ 和 $B(3,1)$ 间的线段.

2. 已知一金属丝成圆形：$\begin{cases} x = 2\cos\theta, \\ y = 2\sin\theta. \end{cases}$ $(0 \leqslant \theta \leqslant 2\pi)$，其上每一点处的密度等于该点的纵坐标的绝对值，求该金属丝的质量.

B. 提高题

3. 计算 $\displaystyle\int_L x^2 y \, \mathrm{d}s$，其中 L 是正方形 $|x| + |y| \leqslant a(a > 0)$ 的边界.

7.5 对坐标的曲线积分
(Line Integral for Vector Function)

本节提示：对坐标的曲线积分的物理模型是变力沿曲线所做的功. 它与对弧长的曲线积分有很大的差异, 如对弧长的曲线积分的积分路径是无向曲线弧, 而对坐标的曲线积分的积分路径是有向曲线弧. 因此在化为定积分时, 两者的积分上、下限也有相应的差异. 但两类曲线积分之间也存在一定的联系.

7.5.1 对坐标的曲线积分的概念

例 7.5.1（变力沿曲线所做的功） 设 xOy 面上的一个质点在变力 $\boldsymbol{F}(x,y)=P(x,y)\boldsymbol{i}+Q(x,y)\boldsymbol{j}$ 的作用下, 从点 A 沿光滑曲线 L 移动到 B, 已知 $P(x,y)$、$Q(x,y)$ 在 L 上连续, 求质点在移动过程中变力 $\boldsymbol{F}(x,y)$ 所做的功. 如图 7 - 17 所示

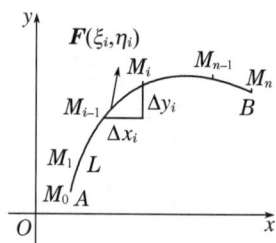

图 7 - 17

解 在弧 AB 上任意插入 $n-1$ 个分点, 即 $M_1, M_2, \cdots$, M_{n-1},（其中, $A=M_0$, $B=M_n$）把 L 任意分成 n 个小弧段 $\overparen{M_0M_1}$, $\overparen{M_1M_2}, \cdots, \overparen{M_{n-1}M_n}$, 记有向线段 $\overrightarrow{M_{i-1}M_i}=\Delta x_i\boldsymbol{i}+\Delta y_i\boldsymbol{j}$, 其中 $\Delta x_i=x_i-x_{i-1}$, $\Delta y_i=y_i-y_{i-1}$. 在弧 $\overparen{M_{i-1}M_i}$ 上任取一点 (ξ_i, η_i), 用 $\boldsymbol{F}(\xi_i, \eta_i)=P(\xi_i, \eta_i)\boldsymbol{i}+Q(\xi_i, \eta_i)\boldsymbol{j}$ 近似代替 $F(x,y)$ 在弧 $M_{i-1}M_i$ 上的变力, 用弦 $\overrightarrow{M_{i-1}M_i}$ 近似代替小弧段 $\overparen{M_{i-1}M_i}$, 于是 $\boldsymbol{F}(x,y)$ 沿弧 $\overparen{M_{i-1}M_i}$ 所做的功近似为 $\Delta w_i \approx \boldsymbol{F}(\xi_i, \eta_i) \cdot \overrightarrow{M_{i-1}M_i}$, $\boldsymbol{F}(x,y)$ 沿有向曲线弧 L 所做的功可近似为

$$W=\sum_{i=1}^{n}\Delta w_i \approx \sum_{i=1}^{n}\boldsymbol{F}(\xi_i, \eta_i) \cdot \overrightarrow{M_{i-1}M_i}.$$

令 n 个小弧段长度的最大值 $\lambda \to 0$, 得

$$W=\lim_{\lambda\to 0}\sum_{i=1}^{n}\boldsymbol{F}(\xi_i, \eta_i) \cdot \overrightarrow{M_{i-1}M_i}=\lim_{\lambda\to 0}\sum_{i=1}^{n}\left[P(\xi_i, \eta_i)\Delta x_i+Q(\xi_i, \eta_i)\Delta y_i\right].$$

定义 7.5.1 设函数 $P(x,y)$、$Q(x,y)$ 在光滑的有向曲线弧 L 上有界. 把 L 任意分成 n 个有向小弧段 $\overparen{M_0M_1}, \overparen{M_1M_2}, \cdots, \overparen{M_{n-1}M_n}$（$M_0=A$ 为 L 的起点, $M_n=B$ 为 L 的终点）. 设第 i 个有向小弧段 $\overparen{M_{i-1}M_i}$ 的弦 $\overrightarrow{M_{i-1}M_i}$ 在 x 轴和 y 轴上的投影分别为 Δx_i, Δy_i（这里 Δx_i, Δy_i 可以大于零、等于零或小于零）. 在弧 $\overparen{M_{i-1}M_i}$ 上任取一点 (ξ_i, η_i). 如果当 n 个小弧段长度的最大值 $\lambda \to 0$ 时, $\sum_{i=1}^{n}P(\xi_i, \eta_i)\Delta x_i$ 的极限存在, 则称此极限为 $P(x,y)$ 在有向曲线弧 L 上对坐标 x 的曲线积分, 记作 $\int_L P(x,y)\mathrm{d}x$; 如果当 n 个小弧段长度的最大值 $\lambda \to 0$ 时, $\sum_{i=1}^{n}Q(\xi_i, \eta_i)\Delta y_i$ 的极限存在, 则称此极限为 $Q(x,y)$ 在有向曲线弧 L 上对坐标 y 的曲线积分, 记作 $\int_L Q(x, y)\mathrm{d}y$, 即

$$\int_L P(x,y)\mathrm{d}x=\lim_{\lambda\to 0}\sum_{i=1}^{n}P(\xi_i, \eta_i)\Delta x_i, \tag{7-13}$$

$$\int_L Q(x,y)\mathrm{d}y = \lim_{\lambda\to 0}\sum_{i=1}^{n} Q(\xi_i,\eta_i)\Delta y_i. \tag{7-14}$$

其中，$P(x,y)$、$Q(x,y)$ 为被积函数；L 为积分路径或积分弧段. 一般情况下，把上述两个式子合并写成

$$\int_L P(x,y)\mathrm{d}x + Q(x,y)\mathrm{d}y.$$

若令 $\mathrm{d}\boldsymbol{s}=\mathrm{d}x\boldsymbol{i}+\mathrm{d}y\boldsymbol{j}$ 为曲线 L 上在点 (x,y) 的切线向量（由 A 指向 B），且

$$\boldsymbol{F}(x,y)=P(x,y)\boldsymbol{i}+Q(x,y)\boldsymbol{j},$$

则对坐标的曲线积分可写成向量形式

$$\int_L \boldsymbol{F}(x,y)\mathrm{d}\boldsymbol{s} = \int_L P(x,y)\mathrm{d}x + Q(x,y)\mathrm{d}y \tag{7-15}$$

式 (7-15) 称为向量 $\boldsymbol{F}$ 在 L 上对坐标的曲线积分 (line integral for vector function). 对坐标的曲线积分也叫做第二类曲线积分 (the second kind of curvilinear integral). 在例 7.5.1 中变力沿曲线所做的功可表示为式 (7-15).

对坐标的曲线积分有以下性质：

(1) 若 $P(x,y)$、$Q(x,y)$ 在曲线 L 上连续，则 $\int_L P(x,y)\mathrm{d}x$、$\int_L Q(x,y)\mathrm{d}y$ 都存在.

(2) 对于积分路径具有可加性，即若 $L=L_1+L_2$，则

$$\int_L P\mathrm{d}x + Q\mathrm{d}y = \int_{L_1} P\mathrm{d}x + Q\mathrm{d}y + \int_{L_2} P\mathrm{d}x + Q\mathrm{d}y. \tag{7-16}$$

(3) 对坐标的曲线积分与曲线的方向有关，即若用 $-L$ 表示与 L 方向相反的有向曲线弧，则

$$\int_{-L} P\mathrm{d}x + Q\mathrm{d}y = -\int_L P\mathrm{d}x + Q\mathrm{d}y \tag{7-17}$$

7.5.2　对坐标的曲线积分的计算法

设有向曲线弧 L 由参数方程给出

$$L:\begin{cases} x=\varphi(t), \\ y=\psi(t). \end{cases}$$

当 t 从 α 变到 β 时，对应于 L 的起点坐标 $A(\varphi(\alpha),\psi(\alpha))$ 变到终点坐标 $B(\varphi(\beta),\psi(\beta))$.

假定 $\varphi'(t)$、$\psi'(t)$ 在以 α 和 β 为端点的闭区间上连续且 $\varphi'^2(t)+\psi'^2(t)\neq 0$，则可按下式计算对坐标的曲线积分：

$$\int_L P(x,y)\mathrm{d}x + Q(x,y)\mathrm{d}y = \int_\alpha^\beta \left\{ P[\varphi(t),\psi(t)]\varphi'(t) + Q[\varphi(t),\psi(t)]\psi'(t) \right\}\mathrm{d}t.$$

$$\tag{7-18}$$

注：在式 (7-18) 中，定积分的下限 α 一定要对应于有向曲线弧 L 的始点，上限 β 一定要对应于有向曲线弧 L 的终点.

例 7.5.2　计算 $\int_L xy^2\mathrm{d}x$，其中 L 为抛物线 $x=y^2$ 从点 $A(0,0)$ 到点 $B(1,1)$ 的一段有向弧.

解：把 y 当成参数：

$$\int_L xy^2 \, \mathrm{d}x = \int_0^1 y^2 y^2 (y^2)' \, \mathrm{d}y = 2\int_0^1 y^5 \, \mathrm{d}y = \frac{1}{3}.$$

例 7.5.3 计算在力 $\boldsymbol{F}(x,y) = (y^2 + x)\boldsymbol{i} + x\boldsymbol{j}$ 的作用下,一质点从 $A(a,0)$ 沿 x 轴到点 $O(0,0)$ 所做的功.

解:以 x 为参数,所求的功化为对坐标的曲线积分:

$$\int_L (y^2 + x)\mathrm{d}x + x\mathrm{d}y = \int_a^0 (0 + x)\mathrm{d}x + \int_a^0 x\mathrm{d}0 = \frac{1}{2}x^2 \Big|_a^0 = -\frac{a^2}{2}.$$

例 7.5.4 计算 $\displaystyle\int_L 2xy\mathrm{d}x + x^2\mathrm{d}y$,其中 L 为:

(1) 抛物线 $y = x^2$ 上从 $O(0,0)$ 到 $B(1,1)$ 的一段弧;

(2) 抛物线 $y^2 = x$ 上从 $O(0,0)$ 到 $B(1,1)$ 的一段弧;

(3) 有向折线 OAB,这里 O,A,B 依次是点 $(0,0),(1,0),(1,1)$(图 7 - 18).

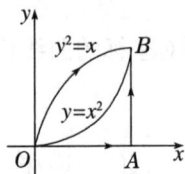

图 7 - 18

解:(1) 转化为对 x 的定积分

$$\int_L 2xy\mathrm{d}x + x^2\mathrm{d}y = \int_0^1 (2x \cdot x^2 + x^2 \cdot 2x)\mathrm{d}x = 4\int_0^1 x^3\mathrm{d}x = 1.$$

(2) 转化为对 y 的定积分

$$\int_L 2xy\mathrm{d}x + x^2\mathrm{d}y = \int_0^1 (2y^2 \cdot y \cdot 2y + y^4)\mathrm{d}y = 5\int_0^1 y^4\mathrm{d}x = 1.$$

(3) $\displaystyle\int_L 2xy\mathrm{d}x + x^2\mathrm{d}y = \int_{OA} 2xy\mathrm{d}x + x^2\mathrm{d}y + \int_{AB} 2xy\mathrm{d}x + x^2\mathrm{d}y,$

$$\int_{OA} 2xy\mathrm{d}x + x^2\mathrm{d}y = \int_0^1 (2x \cdot 0 + x^2 \cdot 0)\mathrm{d}x = 0,$$

$$\int_{AB} 2xy\mathrm{d}x + x^2\mathrm{d}y = \int_0^1 (2y \cdot 0 + 1)\mathrm{d}y = 1,$$

所以 $\displaystyle\int_L 2xy\mathrm{d}x + x^2\mathrm{d}y = 0 + 1 = 1.$

7.5.3 两类曲线积分之间的联系

设 α、β 为有向曲线 L 上点 (x,y) 处切线向量的方向角,则两类曲线积分之间有如下联系:

$$\int_L P\mathrm{d}x + Q\mathrm{d}y = \int_L (P\cos\alpha + Q\cos\beta)\mathrm{d}s. \tag{7-19}$$

习题 7.5

B. 一般题

1. 计算 $\displaystyle\int_L x^2 y\mathrm{d}x$,其中 L 为抛物线 $y = x^2$ 上从点 $A(0,0)$ 到点 $B(1,1)$ 的一段有向弧.

2. 计算 $\displaystyle\int_L y\mathrm{d}x + (x+y)\mathrm{d}y$,其中 L 是:①沿抛物线 $y = x^2$ 从 $O(0,0)$ 到 $B(1,1)$;②沿直线 $y = x$ 从 $O(0,0)$ 到 $B(1,1)$;③沿折线段 OAB,其中 $A(1,0)$.

3. 计算 $\displaystyle\int_L (x^2 - y^2)\mathrm{d}x$，其中 L 是抛物线 $y = x^2$ 从 $O(0,0)$ 到 $B(2,4)$ 的一段弧.

4. 计算 $\displaystyle\int_L \dfrac{y\mathrm{d}x - x\mathrm{d}y}{x^2 + y^2}$，其中 L 是圆周 $x^2 + y^2 = a^2$ 按逆时针方向绕行一周.

C. 提高题

5. 计算 $\displaystyle\int_L xy\mathrm{d}x + xy\mathrm{d}y$，其中 L 是椭圆周 $x = a\cos t, y = b\sin t$ 的上半部分，沿逆时针方向.

6. 设 L 是曲线 $x = t$、$y = t^2$ 上相应于 t 从 0 变到 1 上一段有向弧，化 $\displaystyle\int_L P\mathrm{d}x + Q\mathrm{d}y$ 为对弧长的曲线积分.

7.6 格林公式及其应用
(the Green Formula and its Application)

本节提示: 牛顿-莱布尼兹公式把定积分与其原函数在区间边界上的函数值联系起来,格林公式则是把平面上闭区域 D 上的二重积分与 D 的边界曲线上的曲线积分联系起来,为我们提供了一个在一定条件下计算曲线积分的捷径. 在这里还将讨论曲线积分与路径无关的条件.

7.6.1 格林公式

设平面区域 D 的边界由一条或几条光滑曲线所围成. 我们规定区域 D 的正向边界曲线 L 的方向为:当沿 L 的方向前行时,D 内在近处的那一部分总在它的左边. 设有区域 D,如果 D 内任何闭曲线所包围的部分仍属于区域 D,则称 D 为单连通区域,否则称为复连通区域.

例 7.6.1 设 xOy 面上的区域 $D=\{(x,y)\,|\,x^2+y^2\leqslant 4\}$,则 D 是一个单连通区域,而区域 $D'=\{(x,y)\,|\,1<x^2+y^2\leqslant 4\}$,则 D' 是一个复连通区域,因为 $x^2+y^2=2$ 所包围的部分就包含不属于 D 的点.

定理 7.6.1 (格林公式(Green's Formula) Green,1793—1841,英国数学家、物理学家)设闭区域 D 由分段光滑的曲线 L 围成. 函数 $P(x,y)$、$Q(x,y)$ 在 D 上具有一阶连续的偏导数,则

$$\iint\limits_{D}\left(\frac{\partial Q}{\partial x}-\frac{\partial P}{\partial y}\right)\mathrm{d}x\mathrm{d}y=\oint_{L}P\mathrm{d}x+Q\mathrm{d}y,\qquad(7-20)$$

其中,L 是 D 的正向边界曲线. 式(7-20)为格林公式.

若 D 是复连通域(multiply connected domain)时,如图 7-19 所示,可以用一条曲线 AB 把区域 D 的边界 L,l 连接起来,则曲线 $ABlBALA$ 围成一单连通域(simply connected domain).

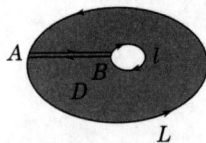

图 7-19

例 7.6.2 计算 $\oint_{L}(\sin x+2y)\mathrm{d}x+(2x+\mathrm{e}^{y})\mathrm{d}y$,其中 L 为一条沿逆时针方向的封闭光滑曲线.

解: 令 $P=\sin x+2y$,$Q=2x+\mathrm{e}^{y}$,则 P、Q 在 L 所围的区域 D 上有连续的偏导数,且

$$\frac{\partial Q}{\partial x}=2=\frac{\partial P}{\partial y}.$$

于是,由格林公式得

$$\oint_{L}(\sin x+2y)\mathrm{d}x+(2x+\mathrm{e}^{y})\mathrm{d}y=\iint\limits_{D}\left(\frac{\partial Q}{\partial x}-\frac{\partial P}{\partial y}\right)\mathrm{d}x\mathrm{d}y=\iint\limits_{D}0\mathrm{d}x\mathrm{d}y=0.$$

例 7.6.3 计算 $\oint_{L}\dfrac{x\mathrm{d}x+y\mathrm{d}y}{x^2+y^2}$,其中 L 为一条包含原点的逆时针封闭光滑曲线.

解: 令 $P=\dfrac{x}{x^2+y^2}$,$Q=\dfrac{y}{x^2+y^2}$. 在 L 内作一个以原点为圆心的顺时针的圆(图 7-20)

$$L_1:\begin{cases}x=\varepsilon\cos t, \\ y=\varepsilon\sin t.\end{cases}(t:2\pi\to 0)$$

则 P、Q 在 $L+L_1$ 所围的区域 D 上有连续的偏导数,且

$$\frac{\partial Q}{\partial x}=\frac{-2xy}{(x^2+y^2)^2}=\frac{\partial P}{\partial y}.$$

于是,由格林公式得

$$\oint_L \frac{x\,\mathrm{d}x+y\,\mathrm{d}y}{x^2+y^2}=\oint_{L+L_1} P\mathrm{d}x+Q\mathrm{d}y-\oint_{L_1} P\mathrm{d}x+Q\mathrm{d}y$$

$$=\iint_D 0\mathrm{d}x\mathrm{d}y-\int_{2\pi}^0 \frac{-\varepsilon^2\sin t\cos t+\varepsilon^2\sin t\cos t}{\varepsilon^2}\mathrm{d}t$$

$$=0-\int_{2\pi}^0 0\mathrm{d}t=0.$$

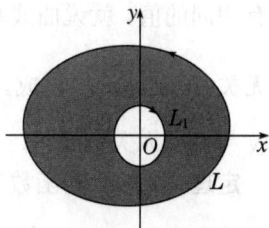

图 7 - 20

例 7.6.4 计算 $\int_L (\mathrm{e}^x\sin y-my)\mathrm{d}x+(\mathrm{e}^x\cos y-m)\mathrm{d}y$,其中 L 为由点 $B(-a,0)$ 到点 $A(a,0)$ 的上半圆周 $(a>0)$,如图 7 - 21 所示.

解:令 $P=\mathrm{e}^x\sin y-my$,$Q=\mathrm{e}^x\cos y-m$. 我们补充一条有向直线 $L_1=AB$,得到上半圆域 D. D 的边界曲线为负向,因此在 D 上我们应用格林定理处理所给的线积分时,要加上负号:

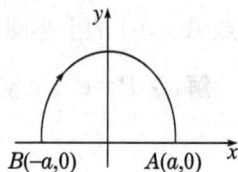

图 7 - 21

$$\int_L (\mathrm{e}^x\sin y-my)\mathrm{d}x+(\mathrm{e}^x\cos y-m)\mathrm{d}y$$

$$=\oint_{L+L_1} P\mathrm{d}x+Q\mathrm{d}y-\int_{L_1} P\mathrm{d}x+Q\mathrm{d}y$$

$$=-\iint_D (\mathrm{e}^x\cos y-\mathrm{e}^x\cos y+m)\mathrm{d}x\mathrm{d}y-\left(\int_a^{-a}0\mathrm{d}x+\int_a^{-a}(\mathrm{e}^x-m)\mathrm{d}0\right)$$

$$=-\iint_D m\mathrm{d}x\mathrm{d}y-0=-\frac{\pi ma^2}{2}.$$

从上例可以看出,格林定理在处理较复杂的曲线积分时,能化难为易. 读者在应用格林公式时,注意学习这种补线的方法.

格林公式还有一个简单的应用. 在式(7 - 20)中,令 $P=-y$,$Q=x$,则有

$$\iint_D 2\mathrm{d}x\mathrm{d}y=\oint_L (-y)\mathrm{d}x+x\mathrm{d}y,$$

于是闭区域 D 的面积可用曲线积分来计算:

$$A=\frac{1}{2}\oint_L x\mathrm{d}y-y\mathrm{d}x. \tag{7-21}$$

例 7.6.5 证明椭圆 $\begin{cases} x=a\cos t, \\ y=b\sin t. \end{cases}$ $(0\leqslant t\leqslant 2\pi)$ 的面积等于 πab.

证:由式(7 - 21)得

$$A=\frac{1}{2}\oint_L x\mathrm{d}y-y\mathrm{d}x=\frac{1}{2}\int_0^{2\pi}(ab\cos^2 t+ab\sin^2 t)\mathrm{d}t=\pi ab.$$

7.6.2 平面上曲线积分与路径无关的条件

设函数 $P(x,y)$、$Q(x,y)$ 在区域 D 内连续. 如果对于 D 内任意给定的两点 A、B,以 A 为起点,以 B 为终点的沿任一条全含于 D 内的分段光滑曲线 L 所作的曲线积分 $\int_L P\mathrm{d}x+Q\mathrm{d}y$

都有相同的值，就说曲线积分 $\int_L P\mathrm{d}x+Q\mathrm{d}y$ 与路径无关. 显然，曲线积分 $\int_L P\mathrm{d}x+Q\mathrm{d}y$ 与路径无关，可以等价地说成，在 D 内沿任意闭路的曲线积分等于零. 下面给出曲线积分 $\int_L P\mathrm{d}x+Q\mathrm{d}y$ 与路径无关的条件.

定理 7.6.2 若函数 $P(x,y)$、$Q(x,y)$ 在单连通区域 D 内具有一阶连续的偏导数，则曲线积分 $\int_L P\mathrm{d}x+Q\mathrm{d}y$ 在 D 内与路径无关的充分必要条件是在 D 内

$$\frac{\partial P}{\partial y}=\frac{\partial Q}{\partial x} \tag{7-22}$$

处处成立.

例 7.6.6 计算 $\int_L (\mathrm{e}^{2x}\sin y-my)\mathrm{d}x+\left(\frac{1}{2}\mathrm{e}^{2x}\cos y-mx\right)\mathrm{d}y$，其中 L 为由点 $B(-a,0)$ 到点 $A(a,0)$ 的上半圆周.

解：令 $P=\mathrm{e}^{2x}\sin y-my$，$Q=\frac{1}{2}\mathrm{e}^{2x}\cos y-mx$，则

$$\frac{\partial P}{\partial y}=\mathrm{e}^{2x}\cos y-m=\frac{\partial Q}{\partial x}.$$

这说明该曲线积分与路径无关，故可沿 x 轴从点 $B(-a,0)$ 到点 $A(a,0)$ 求该积分：

$$\int_L (\mathrm{e}^{2x}\sin y-my)\mathrm{d}x+\left(\frac{1}{2}\mathrm{e}^{2x}\cos y-mx\right)\mathrm{d}y$$

$$=\int_{-a}^{a} 0\mathrm{d}x+\int_{-a}^{a}\left(\frac{1}{2}\mathrm{e}^{2x}-mx\right)\mathrm{d}0=0.$$

例 7.6.7 计算 $\int_L (2xy+x)\mathrm{d}x+(x^2+y)\mathrm{d}y$，其中 L 是从点 $O(0,0)$ 到点 $B(2,4)$ 的抛物线 $y=x^2$.

解：令 $P=2xy+x$，$Q=x^2+y$，则 $\frac{\partial P}{\partial y}=2x=\frac{\partial Q}{\partial x}$. 说明该曲线积分与路径无关. 如图 7-22 所示，沿平行于坐标轴的直线段

$$L_1:y=0,\ x:0\to 2\ 和\ L_2:x=2,\ y:0\to 4$$

计算所给积分

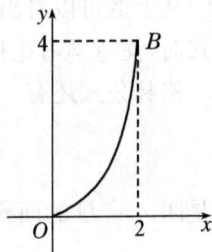

图 7-22

$$\int_L (2xy+x)\mathrm{d}x+(x^2+y)\mathrm{d}y=\int_{L_1} P\mathrm{d}x+Q\mathrm{d}y+\int_{L_2} P\mathrm{d}x+Q\mathrm{d}y$$

$$=\int_0^2 x\mathrm{d}x+\int_0^2 x^2\mathrm{d}0+\int_0^4 (4y+2)\mathrm{d}2+\int_0^4 (2^2+y)\mathrm{d}y$$

$$=26.$$

习题 7.6

B. 一般题

1. 计算 $\oint_L xy^2\mathrm{d}x+(x^2y+y)\mathrm{d}y$，其中 L 为逆时针方向的圆周 $x^2+y^2=a^2$.

2. 计算 $\oint_L (2x+y+4)\mathrm{d}x + (5y-3x-6)\mathrm{d}y$，其中 L 是顶点分别为 $(0,0),(3,0),(3,2)$ 的沿逆时针方向的三角形.

3. 计算 $\int_L y\mathrm{e}^x\mathrm{d}x + \mathrm{e}^x\mathrm{d}y$，其中 L 是由点 $(1,0)$ 到点 $(\mathrm{e},1)$ 的对数曲线 $y=\ln x$.

4. 计算 $\int_L (xy^2-y^4)\mathrm{d}x + (x^2y-4xy^3)\mathrm{d}y$，其中 L 是由点 $(1,0)$ 到点 $(-1,0)$ 的上半单位圆.

C. 提高题

5. 计算 $\int_L \dfrac{x\mathrm{d}y-y\mathrm{d}x}{x^2+y^2}$，其中 L 是由点 $(1,1)$ 到点 $(2,8)$ 的曲线 $y=x^3$.

6. 应用格林公式计算 $\oint_L (x+y)\mathrm{d}x - (x-y)\mathrm{d}y$，式中 L 为以逆时针方向绕椭圆 $\dfrac{x^2}{a^2}+\dfrac{y^2}{b^2}=1$ 一周的路径.

数学实验 多元函数积分学

1. 计算二重积分

计算二重积分要先将二重积分化成二次积分,再用命令 Integrate 和 NIntegrate(近似计算)计算二次积分

其格式为 Integrate[f[x,y],{x,xmin,xmax},{y,ymin,ymax}]

也可以用 $\int_{\square}^{\square}\int_{\square}^{\square}\square d\square d\square$(输入 2 次$\int_{\square}^{\square}\square d\square$)

计算重积分的近似值,输入

$$NIntegrate[f[x,y],\{x,xmin,xmax\},\{y,ymin,ymax\}]$$

注:Integrate 命令先对后边的变量积分.

例 1 求 $\iint\limits_{D}(x+y)dxdy$,其中 D 为 $x+y=1$,x 轴、y 轴围成的平面区域.

输入 Integrate[x+y,{x,0,1},{y,0,1-x}],输出 $\dfrac{1}{3}$.

输入 NIntegrate[x+y,{x,0,1},{y,0,1-x}],输出 0.333333.

也可以输入 $\int_{0}^{1}\int_{0}^{1-x}(x+y)dydx$,输出 $\dfrac{1}{3}$.

2. 计算三重积分

计算三重积分要先将三重积分化成三次积分,再用命令 Integrate 和 NIntegrate(近似计算)计算三次积分.

其格式为 Integrate[f[x,y,z],{x,xmin,xmax},{y,ymin,ymax},{z,zmin,zmax}]

也可以用 $\int_{\square}^{\square}\int_{\square}^{\square}\int_{\square}^{\square}\square d\square d\square d\square$.

计算重积分的近似值,输入

$$NIntegrate[f[x,y,z],\{x,xmin,xmax\},\{y,ymin,ymax\},\{z,zmin,zmax\}]$$

注:Integrate,NIntegrate 命令先对后边的变量积分.

例 2 求 $\iiint\limits_{\Omega}(x+y+z)dxdydz$,其中 Ω 为平面 $x+y+z=1$ 和 3 个坐标平面围成的立体区域.

输入 Integrate[x+y+z,{x,0,1},{y,0,1-x},{z,0,1-x-y}],输出 $\dfrac{1}{8}$.

输入 NIntegrate[x+y+z,{x,0,1},{y,0,1-x},{z,0,1-x-y}],输出 0.125.

也可以输入 $\int_{0}^{1}\int_{0}^{1-x}\int_{0}^{1-x-y}(x+y+z)dzdydx$,输出 $\dfrac{1}{8}$.

3. 计算曲线积分

计算曲线积分,也需要先将曲线积分化成定积分再算.详见定积分部分的数学实验.

4. 柱面坐标系中作三维图形

柱面坐标系中作三维图形的命令 CylindricalPlot3D.

其格式为 CylindricalPlot3D[f[r,t],{r,rmin,rmax},{t,tmin,tmax}]

使用命令 Cylindricalplot3D,首先要调出作图软件包. 输入

$$\ll \text{Graphics`ParametricPlot3D`}$$

执行成功后便可继续下面的工作.

注:使用命令 Cylindricalplot3D 时,一定要把 z 表示成 r,t 的函数.

例 3 画出旋转抛物面 $z=x^2+y^2$ 的图形.

因为 在柱面坐标系中它的方程为 $z=r^2$. 因此,

输入 $\ll \text{Graphics`ParametricPlot3D`}$

   CylindricalPlot3D[r^2,{r,0,2},{t,0,2Pi}]

输出图形如图 7-23 所示.

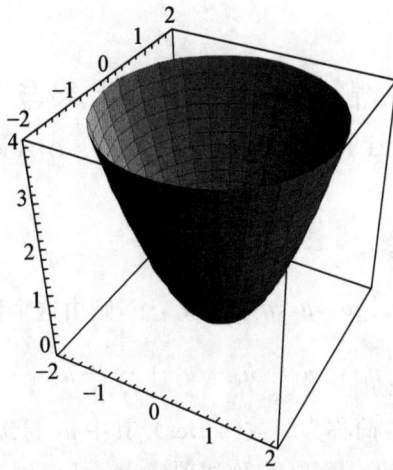

图 7-23

第 8 章 无穷级数
（Infinite Series）

本章提示：无穷级数是用来表示函数、研究函数并利用它进行数学理论分析和数值计算的有力工具. 除研究数学本身之外, 计算机、电子、通信等专业也要用到无穷级数特别是傅里叶级数的概念.

8.1 常数项级数的概念与性质
（the Concepts and Properties of Series of Constant Terms）

8.1.1 常数项级数的概念

定义 8.1.1 设有数列 $\{u_n\}:u_1,u_2,u_3,\cdots,u_n,\cdots$, 则由这个数列构成的表达式

$$\sum_{n=1}^{\infty}u_n = u_1 + u_2 + u_3 + \cdots + u_n + \cdots \tag{8-1}$$

称为无穷级数(infinite series), 简称为级数(series). 其中 u_1 是级数的第一项, u_2 是级数的第二项, $\cdots$, 称第 n 项 u_n 为级数的一般项, 也称通项(general term).

级数的前 n 项和 $S_n = u_1 + u_2 + u_3 + \cdots + u_n$ 称为级数式(8-1)的部分和(partial sums).

定义 8.1.2 如果级数 $\sum_{n=1}^{\infty}u_n$ 的部分和数列 $\{S_n\}$ 有极限 S, 即

$$\lim_{n\to\infty}S_n = S,$$

则称级数 $\sum_{n=1}^{\infty}u_n$ 收敛, 并称极限 S 为级数的和, 记为

$$S = \sum_{n=1}^{\infty}u_n.$$

若级数的部分和数列 $\{S_n\}$ 无极限, 则称级数发散.

对于收敛的级数, 其部分和 S_n 可作为级数和的近似值, 称

$$r_n = S - S_n = u_{n+1} + u_{n+2} + \cdots = \sum_{k=n+1}^{\infty}u_k$$

为级数的余项(remainder term). $|r_n|$ 表示用 S_n 代替 S 所产生的误差. 对于收敛级数, 有 $\lim_{n\to\infty}r_n = 0$.

例 8.1.1 证明级数 $\sum_{n=1}^{\infty}\dfrac{1}{(n+1)(n+2)}$ 收敛并求其和.

证明：级数的部分和

$$S_n = \frac{1}{2\times3} + \frac{1}{3\times4} + \frac{1}{4\times5} \cdots + \frac{1}{(n+1)(n+2)}$$

$$= \left(\frac{1}{2}-\frac{1}{3}\right) + \left(\frac{1}{3}-\frac{1}{4}\right) + \cdots + \left(\frac{1}{n+1}-\frac{1}{n+2}\right) = \frac{1}{2}-\frac{1}{n+2},$$

$$\lim_{n\to\infty}S_n = \lim_{n\to\infty}\left(\frac{1}{2}-\frac{1}{n+2}\right) = \frac{1}{2},$$

所以级数收敛,其和为 $\frac{1}{2}$.

例 8.1.2　已知 $a\neq0$,试判断几何级数(geometric series)

$$\sum_{n=0}^{\infty} aq^n = a + aq + aq^2 + \cdots + aq^n + \cdots$$

的敛散性.

解:因为　$S_n = \frac{a(1-q^n)}{1-q}$,

当 $|q|<1$ 时,$\lim\limits_{n\to\infty}q^n=0$,所以 $\lim\limits_{n\to\infty}S_n=\lim\limits_{n\to\infty}\frac{a(1-q^n)}{1-q}=\frac{a}{1-q}$,故级数收敛于 $S=\frac{a}{1-q}$.

当 $|q|>1$ 时,因为 $\lim\limits_{n\to\infty}q^n=\infty$,所以 $\lim\limits_{n\to\infty}S_n=\infty$,级数发散.

当 $q=1$ 时,$\lim\limits_{n\to\infty}S_n=\lim\limits_{n\to\infty}na=\infty$,级数发散.

当 $q=-1$ 时,因为 $S_n=\begin{cases}0, & n\text{ 为偶数}\\ a, & n\text{ 为奇数}\end{cases}$,所以 $\lim\limits_{n\to\infty}S_n$ 不存在,级数发散.

综合上述,几何级数 $\sum\limits_{n=0}^{\infty} aq^n = a + aq + aq^2 + \cdots + aq^n + \cdots$. 当 $|q|<1$ 时,级数收敛于 $S=\frac{a}{1-q}$;当 $|q|\geqslant1$ 时,级数发散.

例 8.1.3　试判断调和级数(harmonic series)

$$\sum_{n=1}^{\infty}\frac{1}{n} = 1 + \frac{1}{2} + \frac{1}{3} + \cdots + \frac{1}{n} + \cdots$$

的敛散性.

解:因为当 $x>0$ 时,$x>\ln(1+x)$,所以级数的部分和

$$S_n = 1 + \frac{1}{2} + \frac{1}{3} + \cdots + \frac{1}{n}$$

$$> \ln(1+1) + \ln\left(1+\frac{1}{2}\right) + \cdots + \ln\left(1+\frac{1}{n}\right)$$

$$= \ln2 + \ln\frac{3}{2} + \ln\frac{4}{3} + \cdots + \ln\frac{n+1}{n}$$

$$= \ln\left(2\times\frac{3}{2}\times\frac{4}{3}\times\cdots\times\frac{n+1}{n}\right) = \ln(n+1),$$

于是

$$\lim_{n\to\infty}\ln(n+1) = +\infty,$$

所以调和级数发散.

8.1.2　常数项级数的性质

性质 8.1.1　级数的每一项同乘以一个非零常数后,不会改变它的敛散性.

证明：设 $\sum\limits_{n=1}^{\infty} u_n$ 的前 n 项和为 S_n，$\sum\limits_{n=1}^{\infty} ku_n (k \neq 0)$ 的前 n 项和为 σ_n，则

$$\sigma_n = \sum_{m=1}^{n} ku_m = k\sum_{m=1}^{n} u_m = kS_n,$$

于是当 $\sum\limits_{n=1}^{\infty} u_n$ 发散时，$\lim\limits_{n\to\infty} S_n$ 不存在，因而 $\lim\limits_{n\to\infty} \sigma_n$ 也不存在，即这两个级数同时发散. 若 $\sum\limits_{n=1}^{\infty} u_n$ 收敛时，$\lim\limits_{n\to\infty} S_n = S$，于是

$$\lim_{n\to\infty} \sigma_n = \lim_{n\to\infty} kS_n = kS.$$

这表明级数 $\sum\limits_{n=1}^{\infty} ku_n$ 收敛，其和为 kS.

性质 8.1.2 收敛级数逐项相加或逐项相减后仍然收敛.

证明：设有两个收敛级数 $S = \sum\limits_{n=1}^{\infty} u_n$ 和 $T = \sum\limits_{n=1}^{\infty} t_n$，它们的前 n 项和分别为 S_n 和 T_n. 记级数 $\sum\limits_{n=1}^{\infty} (u_n \pm t_n)$ 的前 n 项和为 τ_n，则

$$\tau_n = (u_1 \pm t_1) + (u_2 \pm t_2) + \cdots + (u_n \pm t_n)$$
$$= (u_1 + u_2 + \cdots + u_n) \pm (t_1 + t_2 + \cdots + t_n) = S_n \pm T_n,$$
$$\lim_{n\to\infty} \tau_n = \lim_{n\to\infty} (S_n \pm T_n) = S \pm T.$$

这说明级数 $\sum\limits_{n=1}^{\infty} (u_n \pm t_n)$ 也收敛，其和为 $S \pm T$.

性质 8.1.3 在级数的前面去掉或增加有限项，不会影响级数的敛散性.

证明：仅证去掉级数前面有限项的情形. 设级数 $\sum\limits_{n=1}^{\infty} u_n$ 的前 $k+n$ 项和为

$$S_{k+n} = u_1 + \cdots u_k + u_{k+1} + \cdots + u_{k+n},$$

级数 $\sum\limits_{n=k+1}^{\infty} u_n$ 的前 n 项和为

$$\sigma_n = u_{k+1} + \cdots + u_{k+n},$$

显然，$\sigma_n = S_{k+n} - S_k$，且 S_k 为常数. σ_n 与 S_{k+n} 有相同的敛散性，所以去掉前 k 项后的级数 $\sum\limits_{n=k+1}^{\infty} u_n$ 与原级数 $\sum\limits_{n=1}^{\infty} u_n$ 有相同的敛散性.

性质 8.1.4 收敛级数加括号后所成的级数仍收敛于原来的和.

证明：设级数 $S = \sum\limits_{n=1}^{\infty} u_n$ 加括号后为 $(u_1 + u_2)_1 + (u_3 + u_4 + u_5)_2 + \cdots + (u_k + \cdots + u_n)_m + \cdots$，则加括号后的级数的部分和为

$$\sigma_1 = S_2, \sigma_2 = S_5, \cdots, \sigma_m = S_n, \cdots,$$

于是，$\lim\limits_{m\to\infty} \sigma_m = \lim\limits_{n\to\infty} S_n = S$，即加括号后所成的级数仍收敛于原来的和.

但发散级数加括号后不一定仍然发散. 例如，级数 $\sum\limits_{n=1}^{\infty} u_n (u_n = (-1)^{n-1})$ 发散. 如果令 $v_n = u_{2n-1} + u_{2n}$，则 $\sum\limits_{n=1}^{\infty} v_n$ 收敛于 0.

性质 8.1.5 （级数收敛的必要条件）若级数 $\sum\limits_{n=1}^{\infty} u_n$ 收敛,则 $\lim\limits_{n\to\infty} u_n = 0$.

证明：设 $S = \sum\limits_{n=1}^{\infty} u_n$. 因为级数的一般项 $u_n = S_n - S_{n-1}$,所以

$$\lim_{n\to\infty} u_n = \lim_{n\to\infty}(S_n - S_{n-1}) = \lim_{n\to\infty} S_n - \lim_{n\to\infty} S_{n-1} = S - S = 0.$$

注：性质 5 中的 $\lim\limits_{n\to\infty} u_n = 0$ 只是级数收敛的必要条件. 仅由级数的一般项趋向于零,并不能推出级数收敛,例如调和级数的一般项趋向于零,但它发散. 我们可以用此性质证明级数发散.

习题 8.1

A. 基本题

1. 写出下列级数的前 5 项.

(1) $u_n = \dfrac{n}{2n+1}$
(2) $u_n = \dfrac{1}{2^n + 1}$

2. 写出下列级数的一般项.

(1) $\dfrac{1}{4} - \dfrac{2}{7} + \dfrac{3}{10} - \dfrac{4}{13} + \dfrac{5}{16} - \dfrac{6}{19} + \cdots$
(2) $\dfrac{2^2}{3} - \dfrac{2^3}{5} + \dfrac{2^4}{7} - \dfrac{2^5}{9} + \cdots$

3. 判别下列级数的敛散性.

(1) $12 + 4 + 2 + 1 + \dfrac{1}{2} + \dfrac{1}{3} + \dfrac{1}{4} + \dfrac{1}{5} + \cdots$
(2) $\dfrac{2}{3} + \dfrac{2}{9} + \dfrac{2}{27} + \dfrac{2}{81} + \cdots$

B. 一般题

4. 讨论下列级数的敛散性.

(1) $\dfrac{5}{3} + 1 + \dfrac{1}{3} + \dfrac{1}{6} + \dfrac{1}{12} + \dfrac{1}{24} + \cdots$
(2) $\dfrac{1}{2} + \dfrac{2}{5} + \dfrac{3}{8} + \dfrac{4}{11} + \cdots$

C. 提高题

5. 求级数 $\dfrac{1}{1 \times 5} + \dfrac{1}{3 \times 7} + \dfrac{1}{5 \times 9} + \dfrac{1}{7 \times 11} + \cdots$ 的和.

6. 判别级数 $\sum\limits_{n=1}^{\infty} (\sqrt{n+2} - \sqrt{n})$ 的敛散性.

8.2 常数项级数的审敛法
(Tests for Series of Constant Terms)

本节提示:介绍几种常数项级数的审敛法则,读者要通过练习体会用合适的方法及技巧去判断一个级数的敛散性.

8.2.1 正项级数的审敛法

所谓正项级数(series of positive terms),就是级数的每一项都是非负常数,即:$u_n \geqslant 0$. 以后许多级数的敛散性问题都会归结为正项级数的敛散性问题加以解决.

定理 8.2.1 正项级数收敛的充分必要条件是它的部分和数列有界.

证明:必要性:当级数收敛时,部分和数列 $\{S_n\}$ 有极限,根据定理 1.2.1,$\{S_n\}$ 是有界的. 充分性:因为 $u_n \geqslant 0$,故部分和数列 $\{S_n\}$ 是单调递增的数列,所以当它有界时,根据定理 1.2.3,$\{S_n\}$ 是收敛数列:$\lim\limits_{n \to \infty} S_n = S$,级数收敛.

定理 8.2.2 (比较审敛法(comparison test))设有正项级数 $\sum\limits_{n=1}^{\infty} u_n$ 和 $\sum\limits_{n=1}^{\infty} t_n$ 且 $u_n \leqslant t_n$, $n = 1, 2, \cdots$. (1) 若 $\sum\limits_{n=1}^{\infty} t_n$ 收敛,则 $\sum\limits_{n=1}^{\infty} u_n$ 也收敛;(2) 若 $\sum\limits_{n=1}^{\infty} u_n$ 发散,则 $\sum\limits_{n=1}^{\infty} t_n$ 也发散.

证明从略.

例 8.2.1 判别级数 $\sum\limits_{n=1}^{\infty} \dfrac{1}{\sqrt{(n+2)(n+1)}}$ 的敛散性.

解:因为

$$\frac{1}{\sqrt{(n+2)(n+1)}} > \frac{1}{\sqrt{(n+2)^2}} = \frac{1}{n+2},$$

而级数 $\sum\limits_{n=1}^{\infty} \dfrac{1}{n+2}$ 发散,由比较审敛法知所给级数发散.

定理 8.2.3 (比较审敛法的极限形式(the limit comparison test))设有正项级数 $\sum\limits_{n=1}^{\infty} u_n$ 和 $\sum\limits_{n=1}^{\infty} t_n$,若 $\lim\limits_{n \to \infty} \dfrac{u_n}{t_n} = l$,当 $0 < l < +\infty$ 时,这两个级数具有相同的敛散性.

证明从略.

例 8.2.2 判别级数 $\sum\limits_{n=1}^{\infty} \dfrac{1}{\sqrt{(n+2)n}}$ 的敛散性.

解:因为

$$\lim_{n \to \infty} \frac{\dfrac{1}{n}}{\dfrac{1}{\sqrt{n(n+2)}}} = \lim_{n \to \infty} \frac{\sqrt{n(n+2)}}{n} = \lim_{n \to \infty} \sqrt{1 + \frac{2}{n}} = 1 \neq 0,$$

而级数 $\sum\limits_{n=1}^{\infty} \dfrac{1}{n}$ 发散,由比较审敛法的极限形式知所给级数发散.

例 8.2.3 判别级数 $\sum\limits_{n=1}^{\infty} \tan \dfrac{1}{n}$ 的敛散性.

解：因为 $\lim\limits_{n\to\infty} \tan \dfrac{1}{n} / \dfrac{1}{n} = 1$，而 $\sum\limits_{n=1}^{\infty} \dfrac{1}{n}$ 发散，由比较审敛法的极限形式知所给级数发散.

定理 8.2.4（积分审敛法（integral test））如果 $f(x)$ 在区间 $[k,+\infty)$（其中 k 为正整数）上是正的单调减少且连续的函数，$u_n = f(n)$，$n \geqslant k$. 则级数 $\sum\limits_{n=k}^{\infty} u_n$ 与广义积分 $\displaystyle\int_k^{+\infty} f(x)\mathrm{d}x$ 有相同的敛散性.

证明从略.

例 8.2.4 p-级数（p-series）$\sum\limits_{n=1}^{\infty} \dfrac{1}{n^p}$（$p$ 为实数），当 $p \leqslant 1$ 时发散，当 $p > 1$ 时收敛.

证：当 $p \leqslant 1$ 时，$\dfrac{1}{n^p} \geqslant \dfrac{1}{n}$，而 $\sum\limits_{n=1}^{\infty} \dfrac{1}{n}$ 是调和级数，由比较审敛法知，级数发散.

当 $p > 1$ 时，由于 $\displaystyle\int_1^{+\infty} \dfrac{1}{x^p}\mathrm{d}x = \lim\limits_{b\to\infty}\int_1^b \dfrac{1}{x^p}\mathrm{d}x = \lim\limits_{b\to\infty}\left(\dfrac{x^{-p+1}}{-p+1}\right)\Big|_1^b = \dfrac{1}{p-1}$，由积分审敛法知级数收敛.

例 8.2.5 判别下列级数的敛散性.

(1) $\sum\limits_{n=1}^{\infty} \dfrac{1}{\sqrt[3]{n}}$；(2) $\sum\limits_{n=1}^{\infty} \dfrac{1}{n^2}$.

解：(1) 因为这是 $p = \dfrac{1}{3} < 1$ 的 p-级数，所以该级数发散.

(2) 因为这是 $p = 2 > 1$ 的 p-级数，所以该级数收敛.

定理 8.2.5（比值审敛法（ratio test or Jean D'Alembert(1717—1783,法国) test））设有正项级数 $\sum\limits_{n=1}^{\infty} u_n$ 且 $\lim\limits_{n\to\infty} \dfrac{u_{n+1}}{u_n} = \rho$，则

(1) 当 $\rho < 1$ 时级数收敛；

(2) 当 $\rho > 1$ 或 $\rho = +\infty$ 时级数发散；

(3) 当 $\rho = 1$ 时级数可能收敛，也可能发散.

证明从略.

例 8.2.6 判别下列级数的敛散性.

(1) $\sum\limits_{n=1}^{\infty} \dfrac{n!}{(2n)!}$；(2) $\sum\limits_{n=1}^{\infty} \dfrac{3^n n!}{n^n}$；(3) $\sum\limits_{n=1}^{\infty} \dfrac{1}{n!}$.

解：(1) 因为 $\rho = \lim\limits_{n\to\infty} \dfrac{u_{n+1}}{u_n} = \lim\limits_{n\to\infty} \dfrac{(n+1)!}{(2n+2)!} \cdot \dfrac{(2n)!}{n!} = 0 < 1$，故级数收敛.

(2) 因为 $\rho = \lim\limits_{n\to\infty} \dfrac{u_{n+1}}{u_n} = \lim\limits_{n\to\infty} \dfrac{3^{n+1}(n+1)!}{(n+1)^{n+1}} \cdot \dfrac{n^n}{3^n n!} = \lim\limits_{n\to\infty} \dfrac{3}{\left(1+\dfrac{1}{n}\right)^n} = \dfrac{3}{\mathrm{e}} > 1$，故级数发散.

(3) 因为 $\rho = \lim\limits_{n\to\infty} \dfrac{u_{n+1}}{u_n} = \lim\limits_{n\to\infty} \dfrac{1}{(n+1)!} \cdot \dfrac{n!}{1} = \lim\limits_{n\to\infty} \dfrac{1}{n+1} = 0 < 1$，故级数收敛.

定理 8.2.6（根值审敛法（root test））设有正项级数 $\sum\limits_{n=1}^{\infty} u_n$. 若 $\lim\limits_{n\to\infty} \sqrt[n]{u_n} = \rho$，则当 $\rho < 1$

时,级数收敛;当 $\rho > 1$ 或 $\rho = +\infty$ 时,级数发散;当 $\rho = 1$ 时,可能收敛,也可能发散.

例 8.2.7 判别级数 $\sum\limits_{n=1}^{\infty} \dfrac{3^{2n}}{n^n}$ 的敛散性.

解:因为

$$\rho = \lim_{n \to \infty} \sqrt[n]{\frac{3^{2n}}{n^n}} = \lim_{n \to \infty} \frac{3^2}{n} = 0 < 1,$$

由根值审敛法知,所给级数收敛.

注:(1) 当级数的一般项为连乘连除或乘幂的形式时,用比值或根值审敛法比较容易.

(2) 当级数的一般项为多项式或多项式的根式时,用比较审敛法或比较审敛法的极限形式比较容易.

8.2.2 交错级数审敛法

形如 $\sum\limits_{n=1}^{\infty} (-1)^{n-1} u_n (u_n \geqslant 0)$ 或 $\sum\limits_{n=1}^{\infty} (-1)^n u_n (u_n \geqslant 0)$ 的级数称为交错级数(alternating series).

定理 8.2.7 (交错级数审敛法(alternating series test or Leibniz (1646—1716,德国) test))若交错级数满足下列条件:(1) $u_{n+1} \leqslant u_n (n=1,2,\cdots)$;(2) $\lim\limits_{n \to \infty} u_n = 0$,则级数收敛,且其和 $|S| \leqslant u_1$,余项的绝对值 $|r_n| \leqslant u_{n+1}$.

例 8.2.8 判别下列级数的敛散性.

(1) $\sum\limits_{n=1}^{\infty} (-1)^n \dfrac{1}{n}$; (2) $\sum\limits_{n=1}^{\infty} (-1)^{n+1} \dfrac{1}{2^n+1}$; (3) $\sum\limits_{n=1}^{\infty} (-1)^n \dfrac{n}{3n+1}$.

解:(1) 该级数叫做交错的调和级数(alternating harmonic series). 因为

$$u_{n+1} = \frac{1}{n+1} < \frac{1}{n} = u_n, \quad \lim_{n \to \infty} u_n = 0$$

所以该级数收敛.

(2) 因为

$$u_{n+1} = \frac{1}{2^{n+1}+1} < \frac{1}{2^n+1} = u_n, \quad \lim_{n \to \infty} u_n = \lim_{n \to \infty} \frac{1}{2^n+1} = 0,$$

所以该级数收敛.

(3) 因为

$$\lim_{n \to \infty} u_n = \lim_{n \to \infty} \frac{n}{3n+1} = \frac{1}{3} \neq 0,$$

所以该级数发散.

8.2.3 任意项级数的绝对收敛与条件收敛

如果常数项级数的项可正可负,则称之为任意项级数.(1) 若 $\sum\limits_{n=1}^{\infty} |u_n|$ 收敛,则称 $\sum\limits_{n=1}^{\infty} u_n$ 是绝对收敛的(absolutely convergent);(2) 若 $\sum\limits_{n=1}^{\infty} u_n$ 收敛,但 $\sum\limits_{n=1}^{\infty} |u_n|$ 发散,则称 $\sum\limits_{n=1}^{\infty} u_n$ 是条件收敛的(conditionally convergent).

定理 8.2.8 如果级数 $\sum\limits_{n=1}^{\infty} |u_n|$ 收敛,则 $\sum\limits_{n=1}^{\infty} u_n$ 也收敛.

证：因为

$$0 \leqslant \frac{|u_n| + u_n}{2} \leqslant |u_n|, \quad 0 \leqslant \frac{|u_n| - u_n}{2} \leqslant |u_n|,$$

由比较审敛法知，$\sum\limits_{n=1}^{\infty} \frac{|u_n| + u_n}{2}$ 与 $\sum\limits_{n=1}^{\infty} \frac{|u_n| - u_n}{2}$ 都收敛，所以它们逐项求差 $\sum\limits_{n=1}^{\infty} u_n$ 也收敛.

例 8.2.9 判别级数 $\sum\limits_{n=1}^{\infty} \frac{\sin n}{n^2}$ 的敛散性.

解：因为 $\left| \frac{\sin n}{n^2} \right| \leqslant \frac{1}{n^2}$，而级数 $\sum\limits_{n=1}^{\infty} \frac{1}{n^2}$ 是 $p = 2 > 1$ 的 p-级数，故 $\sum\limits_{n=1}^{\infty} \left| \frac{\sin n}{n^2} \right|$ 收敛，由定理 8.2.8 知，所给级数收敛.

例 8.2.10 判别级数 $\sum\limits_{n=1}^{\infty} (-1)^{n-1} \frac{1}{n^2}$ 的敛散性，若收敛，是条件收敛还是绝对收敛？

解：因为 $|u_n| = \left| (-1)^{n-1} \frac{1}{n^2} \right| = \frac{1}{n^2}$，而 $\sum\limits_{n=1}^{\infty} \frac{1}{n^2}$ 是 $p = 2 > 1$ 的 p-级数，则该级数收敛. 所以原级数绝对收敛.

注：如果级数逐项加绝对值后，是通过比值审敛法或根值审敛法判断发散时，则原级数发散.

例 8.2.11 判别级数 $\sum\limits_{n=1}^{\infty} (-1)^{n-1} \frac{2^n}{n^2}$ 的敛散性.

解：因为
$$|u_n| = \left| (-1)^{n-1} \frac{2^n}{n^2} \right| = \frac{2^n}{n^2},$$

而
$$\rho = \lim_{n \to \infty} \left| \frac{u_{n+1}}{u_n} \right| = \lim_{n \to \infty} \frac{2^{n+1}}{(n+1)^2} \cdot \frac{n^2}{2^n} = 2 > 1,$$

所以该级数发散.

习题 8.2

A. 基本题

1. 用比较审敛法或比较审敛法的极限形式判别下列级数的敛散性.

(1) $\sum\limits_{n=1}^{\infty} \frac{n+2}{(n^3+1)}$

(2) $\sum\limits_{n=1}^{\infty} \frac{1}{\sqrt[3]{n^2(n+2)}}$

(3) $\sum\limits_{n=1}^{\infty} \sin \frac{1}{n^3}$

(4) $\sum\limits_{n=1}^{\infty} \frac{3^n}{5^n - 2}$

2. 用比值审敛法判别下列级数的敛散性.

(1) $\sum\limits_{n=1}^{\infty} \frac{3^n}{n \cdot n!}$

(2) $\sum\limits_{n=1}^{\infty} \frac{n!}{n^n}$

(3) $\sum\limits_{n=1}^{\infty} \frac{n^2 + 2n + 3}{2^n}$

(4) $\sum\limits_{n=1}^{\infty} \frac{n!}{n^3 + 2n + 5}$

3. 用根值审敛法判别下列级数的敛散性.

(1) $\displaystyle\sum_{n=1}^{\infty}\frac{\mathrm{e}^n}{n^n}$ 　　　　(2) $\displaystyle\sum_{n=1}^{\infty}\frac{1}{4^n}$

4. 判别下列交错级数的敛散性.

(1) $\displaystyle\sum_{n=1}^{\infty}\frac{(-1)^n}{n+2}$ 　　　　(2) $\displaystyle\sum_{n=1}^{\infty}\frac{(-1)^{n-1}}{\sqrt{n}}$

B. 一般题

5. 判别下列级数的敛散性.

(1) $\displaystyle\sum_{n=1}^{\infty}\left(\frac{n}{2n+3}\right)^n$ 　　　　(2) $\displaystyle\sum_{n=1}^{\infty}\frac{2^n}{n^3}$

(3) $\displaystyle\sum_{n=1}^{\infty}\frac{\sqrt{n}+1}{n^2+2}$ 　　　　(4) $\displaystyle\sum_{n=10}^{\infty}\frac{1}{n\ln n}$

6. 讨论下列级数的敛散性,若收敛,指出是绝对收敛还是条件收敛.

(1) $\displaystyle\sum_{n=10}^{\infty}\frac{(-1)^n}{\sqrt{\ln n}}$ 　　　　(2) $\displaystyle\sum_{n=1}^{\infty}\frac{\cos n!}{\sqrt{n^3}}$

(3) $\displaystyle\sum_{n=1}^{\infty}(2n+1)$ 　　　　(4) $\displaystyle\sum_{n=1}^{\infty}\frac{(-1)^n n}{4n+1}$

C. 提高题

7. 研究下列级数的敛散性,若收敛,指出是绝对收敛还是条件收敛.

(1) $\displaystyle\sum_{n=1}^{\infty}\frac{n\cos\frac{n\pi}{2}}{3^n}$ 　　　　(2) $\displaystyle\sum_{n=1}^{\infty}(-1)^n\sqrt{n}(\sqrt{n+1}-\sqrt{n})$

(3) $\displaystyle\sum_{n=1}^{\infty}\frac{1}{an^2+bn+c}(a>0)$ 　　　　(4) $\displaystyle\sum_{n=5}^{\infty}(-1)^{n-1}\frac{1}{n\ln n}$

8.3　函数项级数与幂级数
(Function Series and Power Series)

本节提示: 先介绍函数项级数的概念,然后重点讨论幂级数的收敛域的求法,简单介绍幂级数的运算.

8.3.1　函数项级数的概念

定义 8.3.1　设有定义在区间 I 上的函数列: $u_1(x), u_2(x), \cdots, u_n(x), \cdots$. 称 $\sum\limits_{n=1}^{\infty} u_n(x)$ 为函数项级数(function series)(简称为级数). 当固定 x 在某点 $x_0 \in I$ 时, $\sum\limits_{n=1}^{\infty} u_n(x_0)$ 即为常数项级数. 若 $\sum\limits_{n=1}^{\infty} u_n(x_0)$ 收敛,则称级数 $\sum\limits_{n=1}^{\infty} u_n(x)$ 在 x_0 处收敛,并称 x_0 为级数 $\sum\limits_{n=1}^{\infty} u_n(x)$ 的收敛点,否则称为发散点. 级数的所有收敛点组成的集合称为该级数的收敛域(convergence region),所有发散点组成的集合称为发散域(divergence field).

在收敛域上,级数在每一点都有一个确定的和 $S(x)$,称为级数 $\sum\limits_{n=1}^{\infty} u_n(x)$ 的和函数,即

$$S(x) = \sum_{n=1}^{\infty} u_n(x).$$

把函数项级数的前 n 项的和记作 $S_n(x)$,显然,在收敛域上, $\lim\limits_{n\to\infty} S_n(x) = S(x)$. 记 $R_n(x) = S(x) - S_n(x)$,称为级数的余项且 $\lim\limits_{n\to\infty} R_n(x) = 0$.

例 8.3.1　求级数 $\sum\limits_{n=0}^{\infty} x^n$ 的收敛域.

解: 因为这是 $q=x$ 的几何级数. 当 $|x|<1$ 时,级数收敛; $|x| \geqslant 1$ 时,级数发散,所以该级数的收敛域为 $(-1,1)$.

8.3.2　幂级数及其收敛区间的求法

形如

$$\sum_{n=0}^{\infty} a_n(x-x_0)^n = a_0 + a_1(x-x_0) + a_2(x-x_0)^2 + \cdots \tag{8-1}$$

的级数称为幂级数(power series). 当 $x_0=0$ 时,式(8-1)则成为

$$\sum_{n=0}^{\infty} a_n x^n = a_0 + a_1 x + a_2 x^2 + \cdots \tag{8-2}$$

一般地,对于式(8-1)只需令 $t=x-x_0$ 就变成式(8-2)的形式,所以首先研究式(8-2).

例 8.3.1 中的级数就是一个幂级数,它的收敛域是一个开区间. 观察级数式(8-2)容易发现,它至少有一个收敛点 $x=0$.

定理 8.3.1　对于幂级数式(8-2),若它在 $x=x_0 \neq 0$ 收敛,则对适合 $|x| < |x_0|$ 的一切

x,它都绝对收敛;若它在 $x = x_0$ 发散,则对适合 $|x| > |x_0|$ 的一切 x,级数都发散.

定理 8.3.1 表明,如果级数式(8-2)在 $x_0 \neq 0$ 处收敛,则在 $(-|x_0|, |x_0|)$ 内任何点级数都收敛;如果级数式(8-2)在 x_0 处发散,则在 $[-|x_0|, |x_0|]$ 外的任何点级数都发散,也就是说,幂级数的收敛域是以原点为中心的区间.

设 $x = R > 0$ 是级数式(8-2)的收敛点与发散点的分界点,由上述分析知,$x = -R$ 也是级数式(8-2)的收敛点与发散点的分界点. 称正数 R 为级数式(8-2)的收敛半径(convergent radius). 由于在 $x = \pm R$ 处级数可能收敛,也可能发散,故幂级数的收敛域是以下四个之一:

$$(-R, R), \quad (-R, R], \quad [-R, R), \quad [-R, R].$$

如果幂级数式(8-2)只在 $x = 0$ 处收敛,规定 $R = 0$. 如果幂级数式(8-2)对一切 x 都收敛,规定 $R = +\infty$,这时的收敛域为 $(-\infty, +\infty)$. 关于幂级数收敛半径的求法,有以下定理.

定理 8.3.2 设幂级数 $\sum\limits_{n=0}^{\infty} a_n x^n$ 的收敛半径为 R. 如果 $\lim\limits_{n \to \infty} \left| \dfrac{a_{n+1}}{a_n} \right| = \rho$,则

① 当 $\rho \neq 0$ 时,$R = \dfrac{1}{\rho}$;

② 当 $\rho = 0$ 时,$R = +\infty$;

③ 当 $\rho = +\infty$ 时,$R = 0$.

例 8.3.2 求幂级数 $\sum\limits_{n=0}^{\infty} \dfrac{x^n}{2^n}$ 的收敛半径和收敛域.

解:因为 $\rho = \lim\limits_{n \to \infty} \left| \dfrac{a_{n+1}}{a_n} \right| = \lim\limits_{n \to \infty} \dfrac{2^n}{2^{n+1}} = \dfrac{1}{2}$,所以收敛半径 $R = 2$. 在 $x = 2$ 处,

$$\sum_{n=0}^{\infty} \frac{2^n}{2^n} = \sum_{n=0}^{\infty} 1$$

不满足级数收敛的必要条件,是发散级数. 在 $x = -2$ 处,

$$\sum_{n=0}^{\infty} \frac{(-2)^n}{2^n} = \sum_{n=0}^{\infty} (-1)^n$$

也是发散级数. 故级数的收敛域为 $(-2, 2)$.

例 8.3.3 求幂级数 $\sum\limits_{n=1}^{\infty} \dfrac{2x^n}{n!}$ 的收敛半径和收敛域.

解:因为 $\rho = \lim\limits_{n \to \infty} \left| \dfrac{a_{n+1}}{a_n} \right| = \lim\limits_{n \to \infty} \dfrac{n!}{(n+1)!} = \lim\limits_{n \to \infty} \dfrac{1}{n+1} = 0$,所以 $R = +\infty$,收敛区间为 $(-\infty, +\infty)$.

例 8.3.4 求幂级数 $\sum\limits_{n=0}^{\infty} (-1)^n n! x^n$ 的收敛半径和收敛域.

解:因为 $\rho = \lim\limits_{n \to \infty} \left| \dfrac{a_{n+1}}{a_n} \right| = \lim\limits_{n \to \infty} \dfrac{(n+1)!}{n!} = \lim\limits_{n \to \infty} (n+1) = +\infty$,所以 $R = 0$,也就是说,该级数只在 $x = 0$ 处收敛.

例 8.3.5 求幂级数 $\sum\limits_{n=1}^{\infty} \dfrac{(x-1)^n}{n^2 \cdot 3^n}$ 的收敛域.

解:解法一 令 $x - 1 = t$,把所给级数变成形如式(8-2)的幂级数 $\sum\limits_{n=1}^{\infty} \dfrac{t^n}{n^2 \cdot 3^n}$. 因为

$$\rho=\lim_{n\to\infty}\left|\frac{a_{n+1}}{a_n}\right|=\lim_{n\to\infty}\frac{n^2\cdot 3^n}{(n+1)^2\cdot 3^{n+1}}=\lim_{n\to\infty}\frac{1}{3(1+1/n)^2}=\frac{1}{3},$$

所以 $R_t=3$.

在 $t=-3$ 处，$\displaystyle\sum_{n=1}^{\infty}\frac{(-3)^n}{n^2\cdot 3^n}=\sum_{n=1}^{\infty}(-1)^n\frac{1}{n^2}$ 收敛.

在 $t=3$ 处，$\displaystyle\sum_{n=1}^{\infty}\frac{3^n}{n^2\cdot 3^n}=\sum_{n=1}^{\infty}\frac{1}{n^2}$ 也收敛.

故级数 $\displaystyle\sum_{n=1}^{\infty}\frac{t^n}{n^2\cdot 3^n}$ 的收敛域为 $[-3,3]$，相应地，所求级数的收敛域为 $[-2,4]$.

解法二　当 $x\neq 1$ 时，$\displaystyle\lim_{n\to\infty}\left|\frac{u_{n+1}}{u_n}\right|=\lim_{n\to\infty}\left|\frac{(x-1)^{n+1}}{(n+1)^2 3^{n+1}}\middle/\frac{(x-1)^n}{n^2 3^n}\right|=\frac{|x-1|}{3}$.

由比值审敛法知，当 $\dfrac{|x-1|}{3}<1$ 时，该级数收敛，即 $|x-1|<3$ 或 $-2<x<4$.

在 $x=-2$ 处，级数为 $\displaystyle\sum_{n=1}^{\infty}\frac{(-1)^n}{n^2}$，收敛.

在 $x=4$ 处，级数为 $\displaystyle\sum_{n=1}^{\infty}\frac{1}{n^2}$，仍收敛.

故级数的收敛域为 $[-2,4]$.

例 8.3.6　求幂级数 $\displaystyle\sum_{n=1}^{\infty}\frac{x^{2n+1}}{n}$ 的收敛域.

解：这是缺少偶次项的幂级数式(8-2)，不能用定理 8.3.2. 可暂时把 x 看成不为 0 的常数，利用比值审敛法来求它的收敛域. 因为

$$\lim_{n\to\infty}\left|\frac{u_{n+1}}{u_n}\right|=\lim_{n\to\infty}\left|\frac{x^{2n+3}}{n+1}\middle/\frac{x^{2n+1}}{n}\right|=x^2,$$

由比值审敛法知，当 $x^2<1$ 时，该级数收敛，即 $-1<x<1$.

在 $x=-1$ 处，级数为 $\displaystyle\sum_{n=1}^{\infty}\frac{-1}{n}$，发散.

在 $x=1$ 处，级数为 $\displaystyle\sum_{n=1}^{\infty}\frac{1}{n}$，发散.

故级数的收敛域为 $(-1,1)$.

8.3.3　幂级数的四则运算

定理 8.3.3　设有两个幂级数 $\displaystyle\sum_{n=0}^{\infty}a_n x^n$ 和 $\displaystyle\sum_{n=0}^{\infty}b_n x^n$，它们的收敛半径分别为 R_1、R_2，和函数分别为 $S_1(x)$、$S_2(x)$. 设 $R=\min\{R_1,R_2\}$，则在 $(-R,R)$ 内有

(1) $\displaystyle\sum_{n=0}^{\infty}a_n x^n\pm\sum_{n=0}^{\infty}b_n x^n=\sum_{n=0}^{\infty}(a_n\pm b_n)x^n=S_1(x)\pm S_2(x)$，且 $\displaystyle\sum_{n=0}^{\infty}(a_n\pm b_n)x^n$ 在 $(-R,R)$ 内绝对收敛.

(2) $\displaystyle\left(\sum_{n=0}^{\infty}a_n x^n\right)\cdot\left(\sum_{n=0}^{\infty}b_n x^n\right)=\sum_{n=0}^{\infty}(a_0 b_n+a_1 b_{n-1}+\cdots+a_n b_0)x^n=S_1(x)\cdot S_2(x)$ 且在 $(-R,R)$ 内绝对收敛.

(3) $\dfrac{\sum\limits_{n=0}^{\infty}a_nx^n}{\sum\limits_{n=0}^{\infty}b_nx^n}=\sum\limits_{n=0}^{\infty}c_nx^n$，其中 c_n 由比较 $\sum\limits_{n=0}^{\infty}a_nx^n=\left(\sum\limits_{n=0}^{\infty}b_nx^n\right)\cdot\left(\sum\limits_{n=0}^{\infty}c_nx^n\right)$ 两端的系数而

得到：

$$a_0=b_0c_0,$$
$$a_1=b_1c_0+b_0c_1,$$
$$a_2=b_2c_0+b_1c_1+b_0c_2,$$
$$\cdots$$
$$a_n=b_nc_0+b_{n-1}c_1+\cdots+b_0c_n$$
$$\cdots$$

$\sum\limits_{n=0}^{\infty}c_nx^n$ 的收敛半径一般要比 $R=\min\{R_1,R_2\}$ 小得多.

例 8.3.7 设有级数 $\sum\limits_{n=0}^{\infty}a_nx^n=1$ 和 $\sum\limits_{n=0}^{\infty}b_nx^n=1-x$，它们的收敛半径为 $R=+\infty$. 容易

看出

$$\sum_{n=0}^{\infty}c_nx^n=\frac{\sum\limits_{n=0}^{\infty}a_nx^n}{\sum\limits_{n=0}^{\infty}b_nx^n}=\frac{1}{1-x}=\sum_{n=0}^{\infty}x^n,$$

这个几何级数仅在 $(-1,1)$ 内收敛. 其中 $\sum\limits_{n=0}^{\infty}x^n=\dfrac{1}{1-x},(-1<x<1)$ 是很有用的公式,请

大家熟记.

8.3.4 幂级数的和函数的性质

性质 8.3.1 设幂级数 $\sum\limits_{n=0}^{\infty}a_nx^n$ 的收敛半径为 R，且在区间 $(-R,R)$ 内有和函数 $S(x)$，

即 $S(x)=\sum\limits_{n=0}^{\infty}a_nx^n$，则 $S(x)$ 在 $(-R,R)$ 内连续.

性质 8.3.2 设幂级数 $\sum\limits_{n=0}^{\infty}a_nx^n$ 的收敛半径为 R，且在区间 $(-R,R)$ 内有和函数 $S(x)$，

即 $S(x)=\sum\limits_{n=0}^{\infty}a_nx^n$，则 $S(x)$ 在 $(-R,R)$ 内可导,且有逐项求导公式

$$S'(x)=\sum_{n=0}^{\infty}(a_nx^n)'=\sum_{n=1}^{\infty}na_nx^{n-1}\quad(-R<x<R)$$

且逐项求导所得到的新级数与原来级数有相同的收敛半径.

性质 8.3.3 设幂级数 $\sum\limits_{n=0}^{\infty}a_nx^n$ 的收敛半径为 R，且在区间 $(-R,R)$ 内有和函数 $S(x)$，

即 $S(x)=\sum\limits_{n=0}^{\infty}a_nx^n$，则 $S(x)$ 在 $(-R,R)$ 内可积,且有逐项积分公式

$$\int_0^x S(x)\mathrm{d}x = \sum_{n=0}^{\infty}\int_0^x a_n x^n \mathrm{d}x = \sum_{n=0}^{\infty}\frac{a_n}{n+1}x^{n+1} \quad (-R<x<R)$$

且逐项积分所得到的新级数与原来级数有相同的收敛半径.

例 8.3.8　求级数 $\displaystyle\sum_{n=1}^{\infty}\frac{x^n}{n}$ 在区间 $(-1,1)$ 内的和函数,并求级数 $\displaystyle\sum_{n=1}^{\infty}\frac{1}{n\cdot 2^n}$ 的和.

解:设 $S(x)=\displaystyle\sum_{n=1}^{\infty}\frac{x^n}{n}$,先求导

$$S'(x)=\Big(\sum_{n=1}^{\infty}\frac{x^n}{n}\Big)'=\sum_{n=1}^{\infty}x^{n-1}=\frac{1}{1-x} \quad (-1<x<1)$$

再积分,得

$$S(x)=\sum_{n=1}^{\infty}\frac{x^n}{n}=\int_0^x\frac{\mathrm{d}t}{1-t}+S(0)=-\ln(1-x).$$

令 $x=\dfrac{1}{2}$,代入上式得

$$S\Big(\frac{1}{2}\Big)=\sum_{n=1}^{\infty}\frac{1}{n\cdot 2^n}=-\ln\Big(1-\frac{1}{2}\Big)=\ln 2.$$

习题 8.3

A. 基本题

1. 求下列幂级数的收敛域.

(1) $\displaystyle\sum_{n=1}^{\infty}\frac{(-1)^{n-1}}{n+2}x^n$

(2) $\displaystyle\sum_{n=1}^{\infty}\frac{x^n}{n^2 2^n}$

(3) $\displaystyle\sum_{n=1}^{\infty}n^2 x^n$

(4) $\displaystyle\sum_{n=1}^{\infty}\frac{x^n}{n!}$

B. 一般题

2. 求下列幂级数的收敛域.

(1) $\displaystyle\sum_{n=1}^{\infty}\frac{2^n x^n}{n!}$

(2) $\displaystyle\sum_{n=0}^{\infty}(-1)^n\frac{x^n}{(n+2)^2}$

(3) $\displaystyle\sum_{n=1}^{\infty}\frac{x^{2n}}{n^3}$

(4) $\displaystyle\sum_{n=1}^{\infty}\frac{2^n x^n}{n^n}$

C. 提高题

3. 求下列幂级数的和函数.

(1) $\displaystyle\sum_{n=0}^{\infty}(n+1)x^n$

(2) $\displaystyle\sum_{n=0}^{\infty}\frac{x^{2n+1}}{2n+1}$

8.4 函数展开成幂级数
(Power Series Expansions)

本节提示：幂级数在工程中有着广泛的应用，如何把函数展开成幂级数是这一节研究的主要问题．要求读者学会间接展开法，并熟记几个常用函数的展开公式．

8.4.1 泰勒(Taylor,1685—1731,英国)级数

定义 8.4.1 若 $f(x)$ 在 $x = x_0$ 的某邻域内有 $n+1$ 阶导数，则称

$$f(x) = f(x_0) + f'(x_0)(x - x_0) + \frac{f''(x_0)}{2!}(x - x_0)^2 + \cdots + \frac{f^{(n)}(x_0)}{n!}(x - x_0)^n + R_n(x)$$

$$(8-3)$$

为 $f(x)$ 的 n 阶泰勒公式，其中 $R_n(x) = \dfrac{f^{(n+1)}(\xi)}{(n+1)!}(x - x_0)^{n+1}$，$\xi$ 在 x 与 x_0 之间，称 $R_n(x)$ 为余项．

定义 8.4.2 若 $f(x)$ 在 $x = x_0$ 的某邻域内有任意阶导数，则称幂级数

$$\sum_{n=0}^{\infty} \frac{f^{(n)}(x_0)}{n!}(x - x_0)^n = f(x_0) + f'(x_0)(x - x_0) + \frac{f''(x_0)}{2!}(x - x_0)^2 + \cdots +$$

$$\frac{f^{(n)}(x_0)}{n!}(x - x_0)^n + \cdots$$

$$(8-4)$$

为 $f(x)$ 在 $x = x_0$ 处的泰勒级数(Taylor series)，$a_n = \dfrac{f^{(n)}(x_0)}{n!}$ 叫作泰勒系数．

定义 8.4.3 当 $x_0 = 0$ 时，泰勒级数成为

$$\sum_{n=0}^{\infty} \frac{f^{(n)}(0)}{n!} x^n = f(0) + f'(0)x + \frac{f''(0)}{2!}x^2 + \cdots + \frac{f^{(n)}(0)}{n!}x^n + \cdots, \quad (8-5)$$

叫作 $f(x)$ 的麦克劳林(Maclaurin,1698—1746,英国. 他的墓志铭是"曾蒙牛顿的推荐")级数．

定理 8.4.1 若 $f(x)$ 在 $x = x_0$ 的某邻域内有任意阶导数，则 $f(x)$ 在 $x = x_0$ 处的泰勒级数在该邻域内收敛于 $f(x)$ 的充要条件是在式(8-3)中：$\lim\limits_{n \to \infty} R_n(x) = 0$.

当 $R_n(x) \to 0$ 时，有

$$f(x) = \sum_{n=0}^{\infty} \frac{f^{(n)}(x_0)}{n!}(x - x_0)^n, \quad (8-6)$$

称为 $f(x)$ 在 $x = x_0$ 处的泰勒级数展开式，这是关于 $(x - x_0)$ 的幂级数．可以证明，函数的幂级数是唯一的．

8.4.2 函数展开成幂级数的直接展开法

利用定理 8.4.1 中的方法将函数展开成幂级数的方法称为直接展开法．

例 8.4.1 试将 $f(x) = e^x$ 展开成麦克劳林级数．

解：(1) 先求函数的各阶导数及其在 $x = 0$ 处的值．

$$f(x) = e^x, f'(x) = e^x, f''(x) = e^x, \cdots, f^{(n)}(x) = e^x, \cdots$$

$$f(0)=1, f'(0)=1, f''(0)=1, \cdots, f^{(n)}(0)=1, \cdots.$$

（2）写出 $f(x)$ 的幂级数

$$1+x+\frac{x^2}{2!}+\cdots+\frac{x^n}{n!}+\cdots.$$

因为 $\rho=\lim\limits_{n\to\infty}\dfrac{n!}{(n+1)!}=0$，所以 $R=+\infty$，即该级数的收敛区间为 $(-\infty,+\infty)$.

（3）在收敛区间内考察余项的极限：因为

$$|R_n(x)|=\left|\frac{\mathrm{e}^{\xi}}{(n+1)!}x^{n+1}\right|<\mathrm{e}^{|x|}\cdot\frac{|x|^{n+1}}{(n+1)!},(\xi\text{ 在 }0\text{ 与 }x\text{ 之间}).$$

而 $\dfrac{|x|^{n+1}}{(n+1)!}$ 是收敛级数 $\displaystyle\sum_{n=0}^{\infty}\frac{|x|^{n+1}}{(n+1)!}$ 的一般项，必有 $\dfrac{|x|^{n+1}}{(n+1)!}\to 0(n\to\infty)$，所以

$$\lim_{n\to\infty}R_n(x)=0.$$

（4）写出 $f(x)$ 的展开式及收敛区间

$$\mathrm{e}^x=1+x+\frac{x^2}{2!}+\cdots+\frac{x^n}{n!}+\cdots \quad (-\infty<x<+\infty). \tag{8-7}$$

图 8-1 是分别用幂级数的前 3 项、前 8 项和前 18 项逼近指数函数 e^x 的计算机模拟示例.

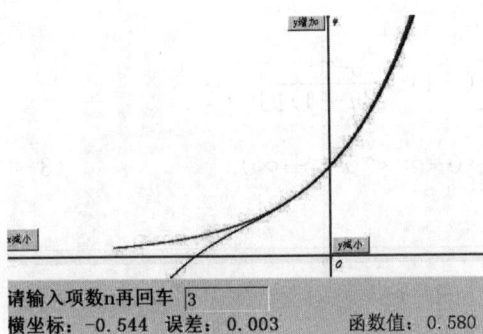

（a）

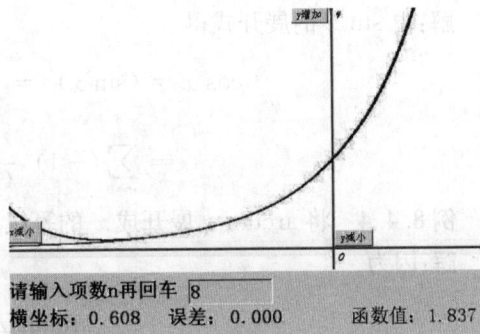

（b）

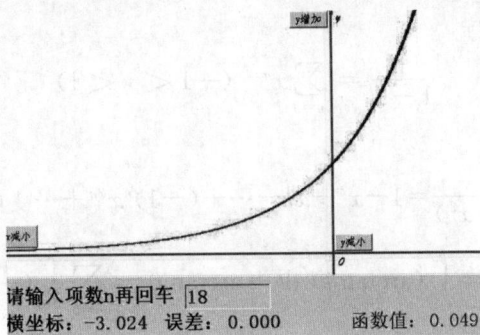

（c）

图 8-1

例 8.4.2　将 $f(x)=\sin x$ 展开成 x 的幂级数.

解：$f^{(n)}(x)=\sin\left(x+n\cdot\dfrac{\pi}{2}\right)(n=0,1,2,\cdots)$，当 $x=0$ 时，$f^{(n)}(0)$ 依此取 $0,1,0,-1,0$，$1,0,-1,\cdots$，于是得 x 的幂级数

$$x - \frac{x^3}{3!} + \frac{x^5}{5!} - \cdots + (-1)^{n-1} \frac{x^{2n-1}}{(2n-1)!} + \cdots,$$

它的收敛半径为 $R = +\infty$. 对于一切 x、ξ(ξ 介于 0 与 x 之间),

$$|R_n(x)| = \left| \frac{\sin\left(\xi + \frac{n+1}{2}\pi\right)}{(n+1)!} x^{n+1} \right| \leqslant \frac{|x|^{n+1}}{(n+1)!} \to 0 (n \to \infty).$$

故有

$$\sin x = x - \frac{x^3}{3!} + \frac{x^5}{5!} - \cdots + (-1)^{n-1} \frac{x^{2n-1}}{(2n-1)!} + \cdots$$

$$= \sum_{n=1}^{\infty} (-1)^{n-1} \frac{x^{2n-1}}{(2n-1)!}$$

$$= \sum_{n=0}^{\infty} (-1)^n \frac{x^{2n+1}}{(2n+1)!} \quad (-\infty < x < +\infty). \tag{8-8}$$

8.4.3 函数展开成幂级数的间接展开法

利用已知函数的展式及幂级数的分析运算求函数的展开式的方法称为间接展开法.

例 8.4.3 将 $f(x) = \cos x$ 展开成 x 的幂级数.

解:由 $\sin x$ 的展开式得

$$\cos x = (\sin x)' = \sum_{n=0}^{\infty} \left[(-1)^n \frac{x^{2n+1}}{(2n+1)!} \right]'$$

$$= \sum_{n=0}^{\infty} (-1)^n \frac{x^{2n}}{(2n)!} \quad (-\infty < x < +\infty). \tag{8-9}$$

例 8.4.4 将 $\arctan x$ 展开成 x 的幂级数.

解:因为

$$(\arctan x)' = \frac{1}{1+x^2},$$

由例 8.3.7 中的公式

$$\frac{1}{1-x} = \sum_{n=0}^{\infty} x^n \quad (-1 < x < 1) \tag{8-10}$$

得

$$\frac{1}{1+x^2} = \frac{1}{1-(-x^2)} = 1 - x^2 + x^4 - \cdots + (-1)^n x^{2n} + \cdots \quad (-1 < x < 1).$$

$$\arctan x = \int_0^x (\arctan t)' \mathrm{d}t + \arctan 0 = \sum_{n=0}^{\infty} \int_0^x (-1)^n t^{2n} \mathrm{d}t$$

$$= \sum_{n=0}^{\infty} \frac{(-1)^n}{2n+1} x^{2n+1} \quad (-1 \leqslant x \leqslant 1).$$

注意:如果利用间接展法展出的幂级数在区间端点收敛,且函数 $f(x)$ 在该点有定义且连续,则展开式在端点也成立.

例 8.4.5 将函数 $f(x) = \dfrac{1}{x^2+5x+4}$ 展开成 $(x-1)$ 的幂级数.

解:因为

$$f(x) = \frac{1}{x^2+5x+4} = \frac{1}{(x+1)(x+4)} = \frac{1}{3(1+x)} - \frac{1}{3(4+x)}$$
$$= \frac{1}{6\left(1+\dfrac{x-1}{2}\right)} - \frac{1}{15\left(1+\dfrac{x-1}{5}\right)},$$

而

$$\frac{1}{6\left(1+\dfrac{x-1}{2}\right)} = \frac{1}{6}\left[1 - \frac{x-1}{2} + \frac{(x-1)^2}{2^2} - \cdots + (-1)^n \frac{(x-1)^n}{2^n} + \cdots\right] (-1 < x < 3),$$

$$\frac{1}{15\left(1+\dfrac{x-1}{5}\right)} = \frac{1}{15}\left[1 - \frac{x-1}{5} + \frac{(x-1)^2}{5^2} - \cdots + (-1)^n \frac{(x-1)^n}{5^n} + \cdots\right] (-4 < x < 6),$$

所以

$$f(x) = \frac{1}{x^2+5x+4} = \sum_{n=0}^{\infty} (-1)^n \left(\frac{1}{3 \times 2^{n+1}} - \frac{1}{3 \times 5^{n+1}}\right)(x-1)^n \ (-1 < x < 3).$$

例 8.4.6　证明**欧拉**（Euler，1707—1783，瑞士）**公式**

$$e^{ix} = \cos x + i\sin x. \tag{8-11}$$

这里 $i^2 = -1$.

证：在 $e^z = 1 + z + \dfrac{z^2}{2!} + \cdots + \dfrac{z^n}{n!} + \cdots (|z| < +\infty, \quad z = x + iy)$ 中，令 $x=0$ 得

$$e^{iy} = 1 + iy + \frac{(iy)^2}{2!} + \frac{(iy)^3}{3!} + \frac{(iy)^4}{4!} + \frac{(iy)^5}{5!} + \frac{(iy)^6}{6!} + \cdots$$
$$= \left(1 - \frac{y^2}{2!} + \frac{y^4}{4!} - \frac{y^6}{6!} + \cdots\right) + i\left(y - \frac{y^3}{3!} + \frac{y^5}{5!} - \frac{y^7}{7!} + \cdots\right)$$
$$= \cos y + i\sin y.$$

把 y 换成 x 即得欧拉公式：$e^{ix} = \cos x + i\sin x$. 欧拉公式在常微分方程、复变函数等许多课程和工程技术中有着广泛的应用.

习题 8.4

A. 基本题

1. 将函数 $f(x) = \dfrac{1}{1-x^3}$ 展开成 x 的幂级数.

2. 将函数 $f(x) = \sin \dfrac{x}{2}$ 展开成 x 的幂级数.

B. 一般题

3. 将函数 $f(x) = \sin^2 x$ 展开成 x 的幂级数.

4. 将函数 $f(x) = \dfrac{1}{x}$ 展开成 $x-1$ 的幂级数.

C. 提高题

5. 把 $f(x) = \dfrac{1}{x^2+3x+2}$ 展开成 $(x+4)$ 的幂级数.

8.5 傅里叶级数
(Fourier Series)

本节提示:幂级数是用无穷多个幂函数的叠加表示一个其他类型的函数,傅里叶级数则是用无穷多个三角函数的叠加即三角级数表示一个周期函数.傅里叶级数在自然科学、工程技术中有着广泛应用,例如电路学(circuit)中的矩形波就是用无穷多个三角函数的叠加来模拟的.

8.5.1 三角函数系的正交性、三角级数

称函数列

$$1,\cos x,\sin x,\cos 2x,\sin 2x,\cdots,\cos nx,\sin nx,\cdots \qquad (8-12)$$

为三角函数系 (trigonometric function system). 我们仅在$[-\pi,\pi]$上讨论三角函数系.

可以验证式(8-12)中任意两个不同的函数之积在$[-\pi,\pi]$上的定积分为零,除 1 外每个函数的平方在$[-\pi,\pi]$上的定积分为 π. 以 $\displaystyle\int_{-\pi}^{\pi}\sin mx\sin nx\,\mathrm{d}x=\begin{cases}0,m\neq n\\\pi. m=n\neq 0\end{cases}$ 为例加以证明.

证明:当 $m=n$ 时, $\displaystyle\int_{-\pi}^{\pi}\sin mx\sin nx\,\mathrm{d}x=\int_{-\pi}^{\pi}\sin^{2}mx\,\mathrm{d}x=\frac{1}{m}\int_{-\pi}^{\pi}\sin^{2}mx\,\mathrm{d}(mx)$

$$=\left[\frac{x}{2}-\frac{\sin 2mx}{4m}\right]_{-\pi}^{\pi}=\pi.$$

当 $m\neq n$ 时, $\displaystyle\int_{-\pi}^{\pi}\sin mx\sin nx\,\mathrm{d}x=-\frac{1}{2}\left[\int_{-\pi}^{\pi}\cos(m+n)x\,\mathrm{d}x-\int_{-\pi}^{\pi}\cos(m-n)x\,\mathrm{d}x\right]$

$$=-\frac{1}{2}\left[\frac{\sin(m+n)x}{m+n}-\frac{\sin(m-n)x}{m-n}\right]_{-\pi}^{\pi}=0.$$

类似地可证以下两个式子:

$$\int_{-\pi}^{\pi}\sin mx\cos nx\,\mathrm{d}x=0,$$

$$\int_{-\pi}^{\pi}\cos mx\cos nx\,\mathrm{d}x=\begin{cases}0, & m\neq n,\\\pi, & m=n\neq 0.\end{cases}$$

称这个性质为三角函数系式(8-12)的正交性(orthogonality). 称

$$\frac{a_0}{2}+\sum_{n=1}^{\infty}(a_n\cos nx+b_n\sin nx) \qquad (8-13)$$

为三角级数(trigonometric series),其中 $a_0,a_n,b_n(n=1,2,\cdots)$ 均为常数.

8.5.2 周期为 2π 的周期函数展开成傅里叶级数

设 $f(x)$ 是周期为 2π 的周期函数并能展开成三角级数:

$$f(x)=\frac{a_0}{2}+\sum_{n=1}^{\infty}(a_n\cos nx+b_n\sin nx). \qquad (8-14)$$

利用三角函数系的正交性可得

$$\begin{cases} a_n = \dfrac{1}{\pi} \displaystyle\int_{-\pi}^{\pi} f(x)\cos nx\,\mathrm{d}x, & (n=0,1,2,\cdots) \\[3mm] b_n = \dfrac{1}{\pi} \displaystyle\int_{-\pi}^{\pi} f(x)\sin nx\,\mathrm{d}x. & (n=1,2,3,\cdots) \end{cases} \qquad (8-15)$$

也就是说,如果 $f(x)$ 在 $[-\pi,\pi]$ 上能展开成式(8-14)的话,则其系数必为式(8-15).称式(8-15)所确定的 $a_0,a_n,b_n(n=1,2,\cdots)$ 为 $f(x)$ 的傅里叶系数(Fourier coefficients).当式(8-14)中的系数由式(8-15)确定出来时,称三角级数式(8-13)为 $f(x)$ 的傅里叶级数,表示为

$$f(x) \sim \frac{a_0}{2} + \sum_{n=1}^{\infty} (a_n\cos nx + b_n\sin nx). \qquad (8-16)$$

那么,$f(x)$ 的傅里叶级数在什么条件下才收敛,若收敛是否收敛于 $f(x)$?下面的定理就回答这个问题.

定理 8.5.1　(Dirichlet(1805—1859,德国)充分条件,也叫收敛定理)设 $f(x)$ 是以 2π 为周期的周期函数.如果它满足条件:在一个周期内连续或只有有限个第一类间断点,并且至多只有有限个极值点,则 $f(x)$ 的傅里叶级数收敛,且

(1) 当 x 是 $f(x)$ 的连续点时,级数收敛于 $f(x)$;

(2) 当 x 是 $f(x)$ 的间断点时,级数收敛于 $\dfrac{f(x-0)+f(x+0)}{2}$.

例 8.5.1　以 2π 为周期的函数 $f(x)$ 在 $[-\pi,\pi)$ 上的表达式为

$$f(x) = \begin{cases} -1, & -\pi \leqslant x < 0, \\ 1, & 0 \leqslant x < \pi. \end{cases}$$

试将 $f(x)$ 展开成傅里叶级数.

解:所给函数满足收敛定理的条件,且当 $x \neq k\pi(k=0,\pm1,\pm2\cdots)$ 时,$f(x)$ 连续.当 $x = k\pi$ 时级数收敛于 $\dfrac{f(\pi-0)+f(\pi+0)}{2} = \dfrac{1+(-1)}{2} = 0$,下面求 $f(x)$ 的傅里叶系数:

$$a_0 = \frac{1}{\pi}\int_{-\pi}^{\pi} f(x)\mathrm{d}x = \frac{1}{\pi}\left(\int_{-\pi}^{0} -1\mathrm{d}x + \int_0^{\pi}\mathrm{d}x\right) = 0,$$

$$a_n = \frac{1}{\pi}\int_{-\pi}^{\pi} f(x)\cos nx\,\mathrm{d}x = \frac{1}{\pi}\left(\int_0^{\pi}\cos nx\,\mathrm{d}x + \int_{-\pi}^{0}(-1)\cdot\cos nx\,\mathrm{d}x\right) = 0(n=1,2,\cdots);$$

$$b_n = \frac{1}{\pi}\int_{-\pi}^{\pi} f(x)\sin nx\,\mathrm{d}x = \frac{1}{\pi}\left(\int_0^{\pi}\sin nx\,\mathrm{d}x + \int_{-\pi}^{0}(-1)\cdot\sin nx\,\mathrm{d}x\right)$$

$$= \frac{1}{\pi}\left[\frac{\cos nx}{n}\Big|_{-\pi}^{0} - \frac{\cos nx}{n}\Big|_0^{\pi}\right] = \frac{2}{n\pi}[1-(-1)^n] = \begin{cases} \dfrac{4}{n\pi}, & (n=1,3,5,\cdots) \\ 0. & (n=2,4,6,\cdots) \end{cases}$$

于是在连续点

$$f(x) = \frac{4}{\pi}\left(\sin x + \frac{\sin 3x}{3} + \frac{\sin 5x}{5} + \cdots + \frac{\sin(2k-1)x}{2k-1} + \cdots\right),$$

$$(-\infty < x < +\infty, \quad x \neq k\pi, k=0,\pm1,\pm2,\cdots).$$

$f(x)$ 的傅里叶级数的和函数的图形如图 8-2 所示,图 8-3 是分别用傅里叶级数的前 10 项、前 80 项和前 480 项逼近矩形波的计算机模拟示例.

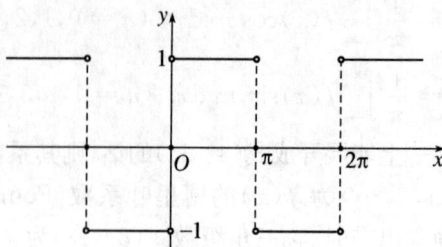

图 8－2

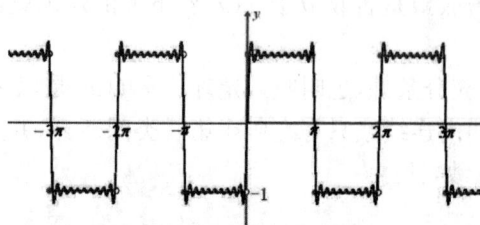

请输入项数n再回车 10
横坐标： -11.484 误差： 0.033

（a）

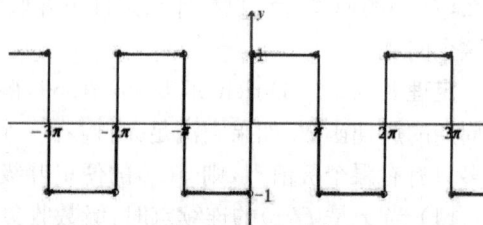

请输入项数n再回车 80
横坐标： -5.823 误差： 0.002

（b）

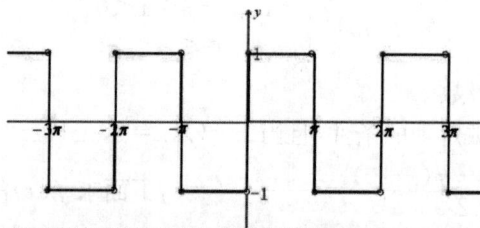

请输入项数n再回车 480
横坐标： -11.132 误差： 0.000

（c）

图 8－3

例 8.5.2 以 2π 为周期的函数 $f(x)$ 在 $[-\pi,\pi)$ 上的表达式为

$$f(x) = \begin{cases} 0, & -\pi \leqslant x < 0, \\ x, & 0 \leqslant x < \pi. \end{cases}$$

试将 $f(x)$ 展开成傅里叶级数.

解：所给函数满足收敛定理的条件，且当 $x \neq (2k+1)\pi(k=0,\pm 1,\pm 2,\cdots)$ 时，$f(x)$ 连续，当 $x=(2k+1)\pi$ 时傅里叶级数收敛于 $\dfrac{f(\pi-0)+f(\pi+0)}{2} = \dfrac{\pi+0}{2} = \dfrac{\pi}{2}$．下面求 $f(x)$ 的傅里叶系数：

$$a_0 = \frac{1}{\pi}\int_{-\pi}^{\pi} f(x)\,\mathrm{d}x = \frac{1}{\pi}\int_0^{\pi} x\,\mathrm{d}x = \frac{\pi}{2},$$

$$a_n = \frac{1}{\pi}\int_{-\pi}^{\pi} f(x)\cos nx\,\mathrm{d}x = \frac{1}{\pi}\int_0^{\pi} x\cos nx\,\mathrm{d}x = \frac{1}{\pi}\left[x\,\frac{\sin nx}{n}\,\Big|_0^{\pi} - \frac{1}{n}\int_0^{\pi}\sin nx\,\mathrm{d}x \right]$$

$$= \frac{1}{\pi}\left[\frac{\cos nx}{n^2}\right]_0^\pi = \frac{1}{n^2\pi}(\cos n\pi - 1) = \frac{(-1)^n - 1}{n^2\pi} = \begin{cases} 0, & (n \text{ 为偶数}) \\ \dfrac{-2}{n^2\pi}. & (n \text{ 为奇数}) \end{cases}$$

$$b_n = \frac{1}{\pi}\int_{-\pi}^{\pi} f(x)\sin nx\,dx = \frac{1}{\pi}\int_0^\pi x\sin nx\,dx$$

$$= \frac{1}{\pi}\left[-\frac{x\cos nx}{n}\bigg|_0^\pi + \frac{1}{n}\int_0^\pi \cos nx\,dx\right] = \frac{(-1)^{n-1}}{n} \quad n = 1,2,3,\cdots.$$

于是在连续点

$$f(x) = \frac{\pi}{4} - \left(\frac{2}{\pi}\frac{\cos x}{1^2} - \frac{\sin x}{1} + \frac{\sin 2x}{2} + \frac{2}{\pi}\frac{\cos 3x}{3^2} - \frac{\sin 3x}{3} + \frac{\sin 4x}{4} + \frac{2}{\pi}\frac{\cos 5x}{5^2} + \cdots\right),$$

$$(-\infty < x < +\infty, \ x \neq (2k+1)\pi, \ k = 0, \pm 1, \pm 2, \cdots).$$

$f(x)$ 的傅里叶级数的和函数的图形如图 8-4 所示.

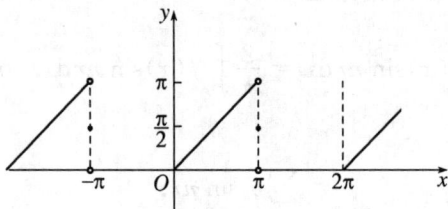

图 8-4

习题 8.5

A. 基本题

1. 设 $f(x)$ 是以 2π 为周期的周期函数,它在 $[-\pi,\pi)$ 上的表达式为

$$f(x) = \begin{cases} 0, & -\pi \leqslant x < 0, \\ 1, & 0 \leqslant x < \pi. \end{cases}$$

试把 $f(x)$ 展开成傅里叶级数.

B. 一般题

2. 设 $f(x)$ 是以 2π 为周期的周期函数,它在 $[-\pi,\pi)$ 上的表达式为 $f(x) = ax(a>0)$,试把 $f(x)$ 展开成傅里叶级数.

3. 设 $f(x)$ 是以 2π 为周期的周期函数,它在 $[-\pi,\pi)$ 上的表达式为

$$f(x) = \begin{cases} \pi + x, & -\pi \leqslant x < 0, \\ \pi - x, & 0 \leqslant x < \pi. \end{cases}$$

试将 $f(x)$ 展开成傅里叶级数,并求级数 $\sum_{n=1}^{\infty} \dfrac{1}{(2n-1)^2}$ 的和.

8.6 正弦级数和余弦级数
(Sine Series and Cosine Series)

本节提示：当 $f(x)$ 是奇函数或偶函数时，级数只有正弦项或余弦项，这时 a_n 或 b_n 等于零，计算将简单一些.

8.6.1 奇、偶函数的傅里叶级数

1. 设 $f(x)$ 是定义在 $(-\infty, +\infty)$ 上以 2π 为周期的奇函数. 这时，$f(x)\cos nx$ 是奇函数，$f(x)\sin nx$ 是偶函数，因此

$$\begin{cases} a_n = \dfrac{1}{\pi}\displaystyle\int_{-\pi}^{\pi} f(x)\cos nx\,\mathrm{d}x = 0, & n = 0,1,2,\cdots \\[2mm] b_n = \dfrac{1}{\pi}\displaystyle\int_{-\pi}^{\pi} f(x)\sin nx\,\mathrm{d}x = \dfrac{2}{\pi}\displaystyle\int_{0}^{\pi} f(x)\sin nx\,\mathrm{d}x. & n = 1,2,\cdots \end{cases}$$

于是 $f(x)$ 的傅里叶级数为

$$\sum_{n=1}^{\infty} b_n \sin nx.$$

把这种只含正弦项而不含常数项和余弦项的级数叫作正弦级数(sine series).

2. 设 $f(x)$ 是定义在 $(-\infty, +\infty)$ 上以 2π 为周期的偶函数. 这时，$f(x)\cos nx$ 是偶函数，$f(x)\sin nx$ 是奇函数，因此

$$\begin{cases} a_n = \dfrac{2}{\pi}\displaystyle\int_{0}^{\pi} f(x)\cos nx\,\mathrm{d}x, & n = 0,1,2,\cdots \\[2mm] b_n = 0. & n = 1,2,3,\cdots \end{cases}$$

于是 $f(x)$ 的傅里叶级数为

$$\frac{a_0}{2} + \sum_{n=1}^{\infty} a_n \cos nx.$$

把这种不含正弦项而只含余弦项和常数项的级数叫作余弦级数(cosine series).

例 8.6.1 设 $f(x)$ 是以 2π 为周期的函数，它在 $[-\pi, \pi)$ 上的表达式为

$$f(x) = \begin{cases} -x, & -\pi \leqslant x < 0, \\ x, & 0 \leqslant x < \pi. \end{cases}$$

将 $f(x)$ 展开成傅里叶级数，并画出傅里叶级数的和函数的图像.

解：$f(x)$ 在 $(-\infty, +\infty)$ 上连续且满足收敛定理的条件，它的傅里叶级数处处收敛到 $f(x)$. 因为 $f(x)$ 是偶函数，所以

$$b_n = 0, n = 1,2,\cdots,$$

$$a_0 = \frac{2}{\pi}\int_0^\pi f(x)\,\mathrm{d}x = \frac{2}{\pi}\int_0^\pi x\,\mathrm{d}x = \pi,$$

$$a_n = \frac{2}{\pi}\int_0^\pi x\cos nx\,\mathrm{d}x = \frac{2}{\pi}\left[\frac{x\sin nx}{n} + \frac{\cos nx}{n^2}\right]_0^\pi$$

$$= \frac{2}{\pi}\left[\frac{\cos nx}{n^2}\right]_0^\pi = \frac{2}{\pi n^2}((-1)^n - 1) = \begin{cases} \dfrac{-4}{\pi n^2}, & (n = 1,3,5,\cdots) \\[2mm] 0. & (n = 2,4,6,\cdots) \end{cases}$$

于是得

$$f(x) = \frac{\pi}{2} - \frac{4}{\pi}\left(\cos x + \frac{\cos 3x}{3^2} + \frac{\cos 5x}{5^2} + \cdots\right), \quad (-\infty < x < +\infty).$$

和函数的图像如图 8-5 所示，图 8-6 是分别用傅里叶级数的前 2 项、5 项和 15 项逼近三角波的计算机模拟示例.

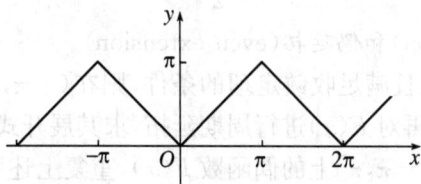

图 8-5

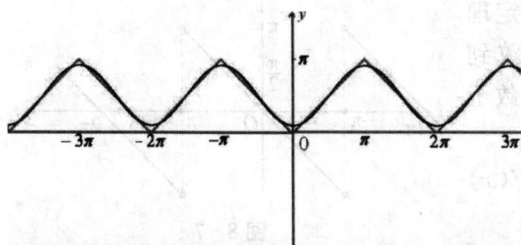

(a)

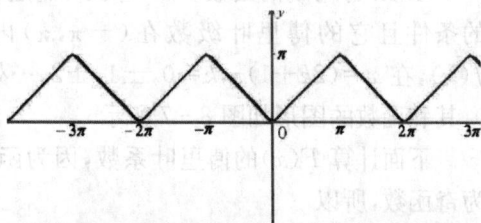

(b)

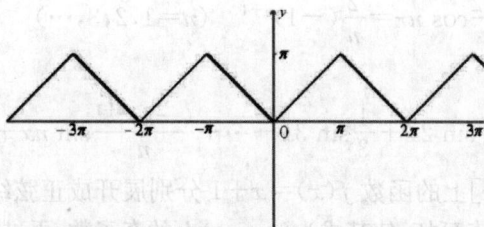

(c)

图 8-6

8.6.2　定义在有限区间上的函数的展开

1. 周期延拓(periodic extension)

若函数 $f(x)$ 在区间 $[-\pi, \pi)$ 上有定义，且在 $[-\pi, \pi)$ 上满足收敛定理的条件，则 $f(x)$ 展开成傅里叶级数的方法为：

① 先补充 $f(x)$ 的定义，使它延拓为一个定义在 $(-\infty, +\infty)$ 上的以 2π 为周期的函数 $F(x)$：

$$F(x) = \begin{cases} f(x), & x \in [-\pi, \pi), \\ f(x - 2k\pi), & x \in [(2k-1)\pi, (2k+1)\pi), k = \pm 1, \pm 2, \cdots. \end{cases}$$

这种方法就称为周期延拓.

② 将 $F(x)$ 展开成傅里叶级数.

③ 限制 x 在 $[-\pi,\pi)$ 内,此时 $F(x)\equiv f(x)$,即得到 $f(x)$ 的傅里叶展开式. 由收敛定理知该级数在 $x=\pm\pi$ 处收敛于

$$\frac{f(\pi-0)+f(-\pi+0)}{2}.$$

2. 奇延拓(old extension)和偶延拓(even extension)

若 $f(x)$ 定义在 $[0,\pi]$ 上且满足收敛定理的条件,则在 $(-\pi,0)$ 内补充定义,得到定义在 $(-\pi,\pi]$ 上的奇函数 $F(x)$,再对 $F(x)$ 进行周期延拓,求其展开式,最后限定 x 在 $[0,\pi]$ 上,这就是奇延拓. 若得到定义在 $(-\pi,\pi]$ 上的偶函数 $F(x)$,重复上述手续,就是偶延拓.

例 8.6.2 将函数 $f(x)=x,(-\pi\leqslant x<\pi)$ 展开成傅里叶级数.

解:对 $f(x)$ 在 $[-\pi,\pi)$ 外进行周期延拓,得到一个以 2π 为周期的函数 $F(x)$,$F(x)$ 满足收敛定理的条件且它的傅里叶级数在 $(-\pi,\pi)$ 内收敛到 $f(x)$,在 $x=(2k+1)\pi,k=0,\pm1,\pm2,\cdots$ 处收敛于 0,其和函数的图形如图 8-7 所示.

下面计算 $F(x)$ 的傅里叶系数,因为函数 $F(x)$ 为奇函数,所以

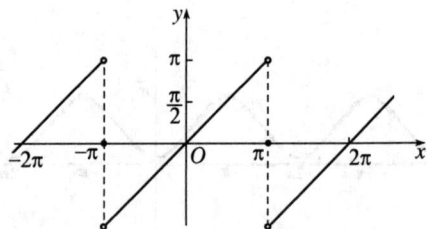

图 8-7

$$a_n=0,n=0,1,2,\cdots,$$

$$b_n=\frac{2}{\pi}\left(\int_0^\pi x\sin nx\,dx\right)=\frac{2}{\pi}\left(-\frac{x\cos nx}{n}\Big|_0^\pi+\frac{\sin nx}{n^2}\Big|_0^\pi\right)$$

$$=\frac{-2}{n}\cos n\pi=\frac{2}{n}(-1)^{n+1}\quad(n=1,2,3,\cdots)$$

于是

$$f(x)=2\left(\sin x-\frac{1}{2}\sin 2x+\frac{1}{3}\sin 3x-\cdots+\frac{(-1)^{n+1}}{n}\sin nx+\cdots\right)(-\pi<x<\pi).$$

例 8.6.3 将在 $[0,\pi]$ 上的函数 $f(x)=x+1$ 分别展开成正弦级数和余弦级数.

解:(1) 将 $f(x)$ 进行奇延拓,使其成为 $(-\pi,\pi)$ 上的奇函数,再进行周期延拓,如图 8-8(a) 所示.

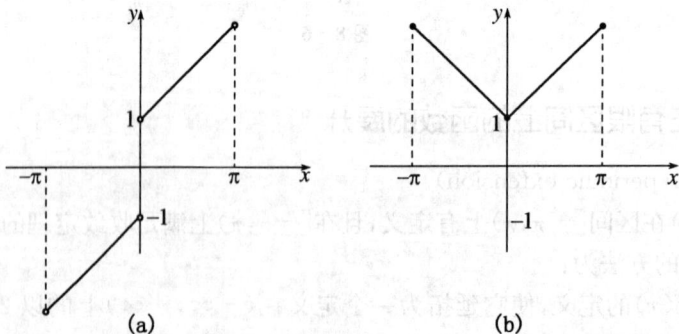

(a)   (b)

图 8-8

$$a_n = 0, \quad (n=0,1,2,\cdots)$$

$$b_n = \frac{2}{\pi}\int_0^\pi f(x)\sin nx\,\mathrm{d}x = \frac{2}{\pi}\int_0^\pi (x+1)\sin nx\,\mathrm{d}x$$

$$= \frac{2}{\pi}\left[-\frac{x\cos nx}{n} + \frac{\sin nx}{n^2} - \frac{\cos nx}{n}\right]_0^\pi$$

$$= \begin{cases} \dfrac{2(2+\pi)}{n\pi}, & n=1,3,5,\cdots, \\[2mm] -\dfrac{2}{n}, & n=2,4,6,\cdots. \end{cases}$$

所以

$$f(x) = \frac{2}{\pi}\left[(\pi+2)\sin x - \frac{\pi}{2}\sin 2x + \frac{1}{3}(\pi+2)\sin 3x - \frac{\pi}{4}\sin 4x + \cdots\right] (0<x<\pi).$$

在 $x=\pi$ 和 $x=0$，级数收敛到 0.

(2) 将 $f(x)$ 进行偶延拓，使其成为 $(-\pi,\pi)$ 上的偶函数，再进行周期延拓，如图 8-8(b) 所示.

$$b_n = 0, \quad (n=1,2,\cdots)$$

$$a_0 = \frac{2}{\pi}\int_0^\pi (x+1)\mathrm{d}x = \pi+2,$$

$$a_n = \frac{2}{\pi}\int_0^\pi (x+1)\cos nx\,\mathrm{d}x = \frac{2}{\pi}\left[\frac{x\sin nx}{n} + \frac{\cos nx}{n^2} + \frac{\sin nx}{n}\right]_0^\pi$$

$$= \frac{2}{n^2\pi}(\cos n\pi - 1)$$

$$= \begin{cases} 0, & n=2,4,6,\cdots, \\[2mm] -\dfrac{4}{n^2\pi}, & n=1,3,5,\cdots. \end{cases}$$

所以得

$$f(x) = \frac{\pi}{2} + 1 - \frac{4}{\pi}\sum_{n=1}^\infty \frac{1}{(2n-1)^2}\cos(2n-1)x, \; x\in[0,\pi].$$

这是因为偶延拓后 $f(x)$ 在 $[-\pi,\pi]$ 上每点都连续.

习 题 8.6

A. 基本题

1. 将函数 $f(x)=\dfrac{\pi-x}{2}, 0\leqslant x\leqslant \pi$ 展开成正弦级数.

B. 一般题

2. 把 $f(x)=2x+3, 0\leqslant x\leqslant \pi$ 展开成余弦级数.

3. 把 $f(x)=\begin{cases} 1, 0\leqslant x\leqslant h \\ 0, h<x\leqslant \pi \end{cases}$ 展开成余弦级数.

8.7　周期为 $2l$ 的函数展开成傅里叶级数
（Expanding Function of Period $2l$ into Fourier Series）

本节提示：周期函数的周期不一定是 2π，这时也需要将其展开成傅里叶级数. 在这里，我们将讨论以 $2l(l>0)$ 为周期的函数展开成傅里叶级数的方法.

8.7.1　周期为 $2l$ 的函数展开成傅里叶级数的方法

设 $f(x)$ 是以 $2l(l>0)$ 为周期的周期函数（function of period $2l$），令 $x=\dfrac{lt}{\pi}$ 或 $t=\dfrac{\pi x}{l}$，则 $f(x)=f\left(\dfrac{lt}{\pi}\right)=F(t)$ 是以 2π 为周期的周期函数. 若 $f(x)$ 在 $[-l,l]$ 上连续或只有有限个第一类间断点，并且至多只有有限个极值点，则 $F(t)$ 在 $[-\pi,\pi]$ 上也连续或只有有限个第一类间断点，并且至多只有有限个极值点. 由收敛定理得

$$\frac{a_0}{2}+\sum_{n=1}^{\infty}(a_n\cos nt+b_n\sin nt)$$
$$=\begin{cases}F(t), & t\text{ 为 }F(t)\text{ 的连续点}, \\ \dfrac{F(t-0)+F(t+0)}{2}, & t\text{ 为 }F(t)\text{ 的间断点}.\end{cases} \tag{8-17}$$

其中

$$\begin{cases}a_n=\dfrac{1}{\pi}\displaystyle\int_{-\pi}^{\pi}F(t)\cos nt\,\mathrm{d}t, & n=0,1,2,\cdots, \\ b_n=\dfrac{1}{\pi}\displaystyle\int_{-\pi}^{\pi}F(t)\sin nt\,\mathrm{d}t, & n=1,2,3,\cdots.\end{cases} \tag{8-18}$$

由于 $t=\dfrac{\pi x}{l}$，故式(8-17)、式(8-18)可写成

$$\frac{a_0}{2}+\sum_{n=1}^{\infty}\left(a_n\cos\frac{n\pi x}{l}+b_n\sin\frac{n\pi x}{l}\right)$$
$$=\begin{cases}f(x), & x\text{ 为 }f(x)\text{ 的连续点}, \\ \dfrac{f(x-0)+f(x+0)}{2}, & x\text{ 为 }f(x)\text{ 的间断点}.\end{cases} \tag{8-19}$$

和

$$\begin{cases}a_n=\dfrac{1}{l}\displaystyle\int_{-l}^{l}f(x)\cos\frac{n\pi x}{l}\mathrm{d}x, & n=0,1,2,\cdots, \\ b_n=\dfrac{1}{l}\displaystyle\int_{-l}^{l}f(x)\sin\frac{n\pi x}{l}\mathrm{d}x, & n=1,2,3,\cdots.\end{cases} \tag{8-20}$$

这就是以 $2l$ 为周期的函数的傅里叶级数和傅里叶系数公式.

8.7.2　以 $2l$ 为周期的周期函数的傅里叶级数举例

例 8.7.1　设 $f(x)=x$ 定义在 $[0,2]$ 上，将 $f(x)$ 展开成正弦级数.

解：对 $f(x)$ 作奇延拓和周期延拓，如图 8-9 所示.

于是

$$a_n = 0, n = 0, 1, 2, 3, \cdots,$$

$$b_n = \frac{2}{2} \int_0^2 x \sin \frac{n\pi x}{2} \mathrm{d}x$$

$$= \left(-\frac{2x}{n\pi} \cos \frac{n\pi x}{2} \right) \Big|_0^2 + \frac{2}{n\pi} \int_0^2 \cos \frac{n\pi x}{2} \mathrm{d}x$$

$$= \frac{-4}{n\pi} (-1)^n + \frac{4}{n^2 \pi^2} \sin \frac{n\pi x}{2} \Big|_0^2$$

$$= \frac{4}{n\pi} (-1)^{n+1}, \quad n = 1, 2, \cdots.$$

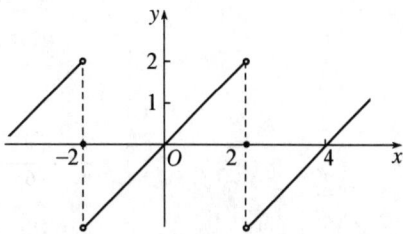

图 8 - 9

故有

$$f(x) = x = \frac{4}{\pi} \left(\sin \frac{\pi x}{2} - \frac{1}{2} \sin \frac{2\pi x}{2} + \frac{1}{3} \sin \frac{3\pi x}{2} - \cdots \right), (0 \leqslant x < 2).$$

例 8.7.2　设 $f(x)$ 在 $[-3,3]$ 上的表达式是

$$f(x) = \begin{cases} 2x + 1, & -3 \leqslant x \leqslant 0, \\ x, & 0 < x < 3. \end{cases}$$

将 $f(x)$ 展开成以 6 为周期的傅里叶级数.

解：将 $f(x)$ 进行周期延拓得以 6 为周期的函数 $F(x)$，$F(x)$ 在 $x \neq 3k, k = 0, \pm 1, \pm 2, \cdots$ 处连续，级数收敛于 $F(x)$，在 $x = 6k, k = 0, \pm 1, \pm 2, \cdots$ 级数收敛于 $\frac{1}{2}$，在 $x = 3(2k+1), k = 0, \pm 1, \pm 2, \cdots$ 级数收敛于 -1. 由式(8 - 20)计算 $f(x)$ 的傅里叶系数如下：

$$a_0 = \frac{1}{3} \int_{-3}^0 (2x + 1) \mathrm{d}x + \frac{1}{3} \int_0^3 x \mathrm{d}x = -\frac{1}{2},$$

$$a_n = \frac{1}{3} \int_{-3}^0 (2x + 1) \cos \frac{n\pi x}{3} \mathrm{d}x + \frac{1}{3} \int_0^3 x \cos \frac{n\pi x}{3} \mathrm{d}x$$

$$= \frac{3[1 - (-1)^n]}{n^2 \pi^2} = \begin{cases} \frac{6}{n^2 \pi^2}, & n = 1, 3, 5, \cdots, \\ 0, & n = 2, 4, 6, \cdots. \end{cases}$$

$$b_n = \frac{1}{3} \int_{-3}^3 f(x) \sin \frac{n\pi x}{3} \mathrm{d}x$$

$$= \frac{1}{3} \int_{-3}^0 (2x + 1) \sin \frac{n\pi x}{3} \mathrm{d}x + \frac{1}{3} \int_0^3 x \sin \frac{n\pi x}{3} \mathrm{d}x$$

$$= -\frac{1}{n\pi} (1 + 8 \times (-1)^n) = \begin{cases} \frac{7}{n\pi}, & n = 1, 3, \cdots, \\ -\frac{9}{n\pi}, & n = 2, 4, \cdots. \end{cases}$$

于是有

$$f(x) = -\frac{1}{4} + \sum_{n=1}^{\infty} \left\{ \frac{3}{n^2 \pi^2} [1 - (-1)^n] \cos \frac{n\pi x}{3} - \frac{1}{n\pi} [1 + 8 \times (-1)^n] \sin \frac{n\pi x}{3} \right\},$$

$$x \in (-3, 0), x \in (0, 3).$$

和函数的图像如图 8 - 10 所示

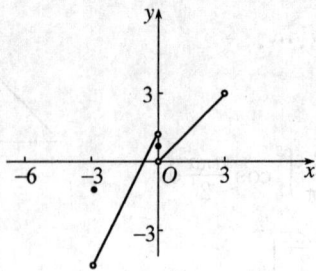

图 8-10

习题 8.7

B. 一般题

1. 设 $f(x)$ 是周期为 6 的函数，它在 $[-3,3)$ 上的表达式为

$$f(x)=\begin{cases} 0, & -3\leqslant x<0, \\ 1, & 0\leqslant x<3. \end{cases}$$

将 $f(x)$ 展开成傅里叶级数.

C. 提高题

2. 将函数

$$f(x)=\begin{cases} x, & 0\leqslant x\leqslant \dfrac{l}{2}, \\ l-x, & \dfrac{l}{2}<x\leqslant l. \end{cases}$$

展开成正弦级数.

数学实验 无穷级数

1. 求无穷和的命令 Sum

该命令可用来求无穷和.其格式为:

Sum[$x(n)$,{n,nmin,nmax}],nmin 为起始项,nmax 为终了项.

例1 求 $\sum\limits_{n=2}^{\infty}\dfrac{1}{n^2}$.

输入

$$\text{Sum}[1/n\hat{}2,\{n,2,\text{Infinity}\}]$$

则输出无穷级数的和为 $\dfrac{1}{6}(-6+\pi^2)$.命令 Sum 与数学中的求和号"$\sum$"相当.

2. 将函数展开为幂级数的命令 Series

该命令的基本格式为

$$\text{Series}[f[x],\{x,x_0,n\}]$$

它将 $f(x)$ 展开成关于 $x-x_0$ 的幂级数.幂级数的最高次幂为$(x-x_0)^n$,余项用 $o(x-x_0)^{n+1}$ 表示.例如,输入

$$\text{Series}[y[x],\{x,0,5\}],$$

则输出带余项的麦克劳林级数

$$y[0]+y'[0]x+\frac{1}{2}y''[0]x^2+\frac{1}{6}y^{(3)}[0]x^3+\frac{1}{24}y^{(4)}[0]x^4+\frac{1}{120}y^{(5)}[0]x^5+o[x]^6$$

例2 将 $\sin x$ 展开成 $x-\dfrac{\pi}{4}$ 的幂级数,展到 $\left(x-\dfrac{\pi}{4}\right)^4$.

输入 $\text{Series}\left[\text{Sin}[x],\left\{x,\dfrac{\pi}{4},4\right\}\right]$

输出 $\dfrac{1}{\sqrt{2}}+\dfrac{x-\frac{\pi}{4}}{\sqrt{2}}-\dfrac{\left(x-\frac{\pi}{4}\right)^2}{2\sqrt{2}}-\dfrac{\left(x-\frac{\pi}{4}\right)^3}{6\sqrt{2}}+\dfrac{\left(x-\frac{\pi}{4}\right)^4}{24\sqrt{2}}+o\left[x-\dfrac{\pi}{4}\right]^5$

3. 去掉余项的命令 Normal

在将 $f(x)$ 展开成幂级数后,有时为了近似计算或作图,需要把余项去掉.只要使用 Normal 命令.例如,输入

$$\text{Series}[\text{Exp}[x],\{x,0,6\}]$$
$$\text{Normal}[\%] \qquad\qquad /*\%\text{代表上式}*/$$

则输出

$$1+x+\frac{x^2}{2}+\frac{x^3}{6}+\frac{x^4}{24}+\frac{x^5}{120}+\frac{x^6}{720}+0[x]^7$$

$$1+x+\frac{x^2}{2}+\frac{x^3}{6}+\frac{x^4}{24}+\frac{x^5}{120}+\frac{x^6}{720}$$

注:若不想要上面一行,只需要在语句后边加分号,如

$$\text{Series}[\text{Exp}[x],\{x,0,6\}];$$

$$\text{Normal}[\%]$$

4. 傅里叶级数

函数展开成傅里叶级数没有现成的函数,只能利用以前学过的知识.

例3 设 $g(x)$ 是以 2π 为周期的周期函数,它在 $[-\pi,\pi)$ 的表达式是

$$g(x)=\begin{cases}-1, & -\pi\leqslant x<0, \\ 1, & 0\leqslant x<\pi,\end{cases}$$

将 $g(x)$ 展开成傅里叶级数.

输入

```
Clear[g];
g[x_]:=-1/;-Pi<=x<0
g[x_]:=1/;0<=x<Pi
g[x_]:=g[x-2Pi]/;Pi<=x
/*定义分段函数*/
Plot[g[x],{x,-Pi,5 Pi},PlotStyle->{RGBColor[0,0,1]}];
/*则输出g(x)的图形,颜色是蓝 RGBColor(红,绿,蓝).*/
```

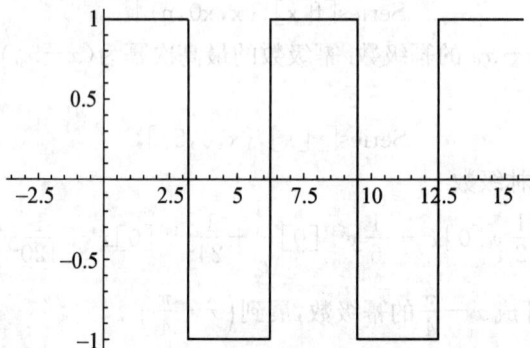

```
/*因为g(x)是奇函数,所以它的傅里叶展开式中只含正弦项.输入*/
b2[n_]:=b2[n]=2 Integrate[1*Sin[n*x],{x,0,Pi}]/Pi;
fourier2[n_,x_]:=Sum[b2[k]*Sin[k*x],{k,1,n}];
tu[n_]:=Plot[{g[x],Evaluate[fourier2[n,x]]},{x,-Pi,5 Pi},
PlotStyle->{RGBColor[0,0,1],RGBColor[1,0.3,0]},DisplayFunction->Identity];
    /*tu[n]是以 n 为参数的作图命令*/
tu2=Table[tu[n],{n,1,60,10}];
    /*tu2 是用 Table 命令作出的 6 个图形的集合*/
toshow=Partition[tu2,2];
    /*Partition 是对集合 tu2 作分割,2 为分割的参数*/
Show[GraphicsArray[toshow]]
    /*GraphicsArray 是把图形排列的命令*/
```

则输出 6 个排列着的图形,每两个图形排成一行.可以看到 n 越大, $g(x)$ 的傅里叶级数的前 n 项和与 $g(x)$ 越接近.

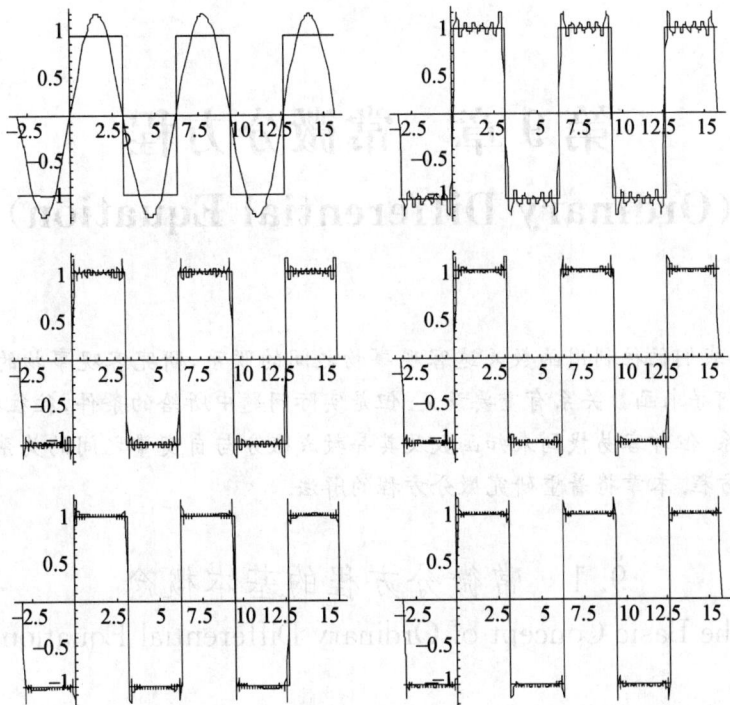

第9章 常微分方程
（Ordinary Differential Equation）

本章提示：我们往往利用函数表达客观事物之间的联系，研究客观事物的规律，因此在实际应用中如何寻求函数关系有重要意义．但是实际问题中所给的条件，往往很难直接找到所需的函数关系，但却容易找到未知函数及其导数或微分与自变量之间的关系．这种关系就是所谓的微分方程．本章将着重研究微分方程的解法．

9.1 常微分方程的基本概念
（the Basic Concept of Ordinary Differential Equation）

9.1.1 引 例

例 9.1.1 汽车在平直的公路上以 16 m/s 的速度行驶，发现前面是红灯，便以 4 m/s^2 的加速度制动，问开始制动后行驶多少米才能停止？

解：我们知道，速度是位移对时间的导数：$v = \dfrac{\mathrm{d}s}{\mathrm{d}t}$，加速度是速度对时间的导数：$a = \dfrac{\mathrm{d}v}{\mathrm{d}t} = \dfrac{\mathrm{d}^2 s}{\mathrm{d}t^2}$．现在

$$a = \frac{\mathrm{d}^2 s}{\mathrm{d}t^2} = -4, \tag{9-1}$$

且

$$\begin{cases} s \Big|_{t=0} = 0, \\ v \Big|_{t=0} = 16. \end{cases} \tag{9-2}$$

式(9-1)两边对 t 积分一次得

$$v = \frac{\mathrm{d}s}{\mathrm{d}t} = -4t + C_1, \tag{9-3}$$

式(9-3)两边再对 t 积分一次得

$$s(t) = -2t^2 + C_1 t + C_2, \tag{9-4}$$

将式(9-2)分别代入式(9-3)和式(9-4)得 $C_1 = 16, C_2 = 0$．于是汽车刹车后的运动规律为

$$s(t) = -2t^2 + 16t. \tag{9-5}$$

汽车停止时速度为零，由式(9-3)得 $0 = -4t + 16$，即 $t = 4 \text{ s}$，再从式(9-5)得到从刹车到汽车停止共行驶的距离

$$s(4) = -2 \times 4^2 + 16 \times 4 = 32 \text{ m}.$$

即汽车行驶 32 m 才能停止行驶.

9.1.2　定　义

定义 9.1.1　含有未知函数的导数(或微分)的方程称为微分方程(differential equation). 方程中所含未知函数的导数的最高阶数叫作微分方程的阶(order). n 阶(n-th-order)微分方程的一般形式是

$$F(x, y, y', y'', \cdots, y^{(n)}) = 0. \tag{9-6}$$

把二阶及二阶以上的微分方程统称为高阶(higher order)微分方程.

在例 9.1.1 中,式(9-1)是二阶(second order)微分方程(s 对 t 而言),式(9-3)是一阶(first order)微分方程. 未知函数是一元函数的微分方程叫作常微分方程(ordinary differential equation). 本章只讨论常微分方程.

定义 9.1.2　代入微分方程后使其成为恒等式的函数,叫做该微分方程的解.

在微分方程的解中,若含有与方程的阶数相同个数的任意常数,则称该解为方程的通解(general solution). 把确定通解中任意常数的条件叫作定解条件或初始条件(initial condition). 把不含任意常数(或确定了任意常数)的解叫作方程的特解(particular solution).

上例中式(9-4)是式(9-1)的通解. 式(9-2)为式(9-1)的初始条件,式(9-5)是式(9-1)的特解.

例 9.1.2　在下列方程中,哪些是微分方程,指出其阶数;哪些不是微分方程?

(1) $y'' = 0$;　　　　　　　　　　　(2) $e^x + x + y = 1$;

(3) $\left(\dfrac{\mathrm{d}y}{\mathrm{d}x}\right)^2 + 2y = 0$;　　　　　(4) $\dfrac{\mathrm{d}^2 y}{\mathrm{d}x^2} + x\dfrac{\mathrm{d}y}{\mathrm{d}x} - 3y = 0$.

解:(1)是二阶微分方程;(2)不是微分方程;(3)是一阶微分方程;(4)是二阶微分方程.

9.1.3　可分离变量的微分方程

定义 9.1.3　如果一阶微分方程

$$F(x, y, y') = 0 \tag{9-7}$$

经整理后能写成如下形式

$$g(y)\mathrm{d}y = f(x)\mathrm{d}x \tag{9-8}$$

则称式(9-7)为可分离变量的微分方程(separable differential equation).

可分离变量方程的解法是,对式(9-8)两边取不定积分:

$$\int g(y)\mathrm{d}y = \int f(x)\mathrm{d}x,$$

设 $G(y)$、$F(x)$ 分别是 $g(y)$、$f(x)$ 的原函数,则得式(9-8)的通解

$$G(y) = F(x) + C. \tag{9-9}$$

例 9.1.3　求微分方程 $\dfrac{\mathrm{d}y}{\mathrm{d}x} = 2xy$ 的通解.

解:分离变量得

$$\frac{1}{y}dy = 2xdx,$$

两边积分

$$\int \frac{dy}{y} = \int 2xdx,$$

求出它们的原函数,得方程的通解

$$\ln|y| = x^2 + C_1,$$

即 $\qquad y = Ce^{x^2}$(其中 $C = \pm e^{C_1}$ 为任意常数).

例 9.1.4 求解微分方程 $\dfrac{dy}{dx} = \cos x$ 满足初始条件 $y\Big|_{x=0} = 2$ 的特解.

解:对方程的两边积分得

$$y = \sin x + C.$$

将初始条件 $y\Big|_{x=0} = 2$ 代入通解得 $C = 2$,故所求特解为

$$y = \sin x + 2.$$

例 9.1.5 放射性元素铀由于不断地有原子放射出微粒子而变成其他元素,这种现象叫衰变. 由原子物理学知道,铀的衰变速度与当时未衰变的原子的含量 M 成正比. 已知 $t = 0$ 时铀的含量为 M_0,求在衰变的过程中铀含量 $M(t)$ 随时间变化的规律.

解:由原子物理学知识

$$\frac{dM}{dt} = -\lambda M(其中 \lambda 为常数,称为衰变系数),$$

按题意,初始条件为 $M\Big|_{t=0} = M_0$.

分离变量后两端积分得 $\quad \ln M = -\lambda t + \ln C$,即 $M = Ce^{-\lambda t}$.

将初始条件 $M\Big|_{t=0} = M_0$ 代入通解得 $C = M_0$,故所求特解为

$$M = M_0 e^{-\lambda t},$$

这就是铀的衰变规律.

9.1.4 一阶齐次微分方程

定义 9.1.4 如果一阶微分方程转换为

$$\frac{dy}{dx} = f\left(\frac{y}{x}\right) \tag{9-10}$$

的形式,就称其为一阶齐次微分方程(first order homogeneous differential equation),简称为齐次方程.

对于齐次方程,令 $u = \dfrac{y}{x}$ 或 $y = xu$ 得

$$\frac{dy}{dx} = u + x\frac{du}{dx} = f(u)$$

分离变量得

$$\frac{du}{f(u) - u} = \frac{dx}{x}.$$

这是可分离变量的方程. 也就是说, 通过代换 $u = \dfrac{y}{x}$, 可以把齐次方程化成可分离变量的方程.

例 9.1.6　求微分方程 $y' = \dfrac{y}{x} + 1$ 的通解.

解：令 $y = xu$, 则有 $u + x \dfrac{\mathrm{d}u}{\mathrm{d}x} = u + 1$, 整理得

$$\mathrm{d}u = \frac{\mathrm{d}x}{x}$$

积分得
$$u = \ln|x| + \ln C = \ln C|x|,$$
于是得方程的通解

$$y = x \ln C|x|.$$

例 9.1.7　求微分方程 $y' = \dfrac{x}{y} + \dfrac{y}{x}$ 满足初始条件 $y \big|_{x=-1} = 2$ 的特解.

解：令 $y = xu$, 得

$$u + x \frac{\mathrm{d}u}{\mathrm{d}x} = \frac{1}{u} + u \text{ 或 } u\,\mathrm{d}u = \frac{\mathrm{d}x}{x},$$

积分得
$$\frac{1}{2} u^2 = \ln|x| + C,$$

把 $u = \dfrac{y}{x}$ 代入上式得

$$\left(\frac{y}{x}\right)^2 = 2(\ln|x| + C),$$

将初始条件 $y \big|_{x=-1} = 2$ 代入, 得 $C = 2$, 所以原方程的特解为
$$y^2 = 2x^2(\ln|x| + 2).$$

9.1.5　简单高阶微分方程

这里我们只介绍最简单的高阶微分方程：
$$y^{(n)} = f(x), \quad (n \geq 2) \tag{9-11}$$
这是一种可降阶的微分方程. 对式(9-11)两边积分一次, 得到 $n-1$ 阶微分方程：
$$y^{(n-1)} = \int f(x)\,\mathrm{d}x + C_1 = F_1(x) + C_1.$$
其中, $F_1(x)$ 为 $f(x)$ 的原函数. 再积分一次, 又降一阶：
$$y^{(n-2)} = \int F_1(x)\,\mathrm{d}x + C_1 x + C_2 = F_2(x) + C_1 x + C_2.$$
其中, $F_2(x)$ 为 $F_1(x)$ 的原函数. 继续这样的手续, 积分 n 次后得
$$y = F_n(x) + \frac{C_1}{(n-1)!} x^{n-1} + \frac{C_2}{(n-2)!} x^{n-2} + \cdots + \frac{C_{n-2}}{2!} x^2 + \frac{C_{n-1}}{1!} x + C_n$$
$$= F_n(x) + \overline{C}_1 x^{n-1} + \overline{C}_2 x^{n-2} + \cdots + \overline{C}_{n-2} x^2 + C_{n-1} x + C_n,$$
其中, $\overline{C}_1, \overline{C}_2, \cdots, \overline{C}_{n-2}$ 仍为任意常数.

例 9.1.8　求微分方程 $y''' = \mathrm{e}^x$ 的通解.

解：两边积分一次，得

$$y'' = e^x + C_1$$

再积分一次，得

$$y' = e^x + C_1 x + C_2$$

再积分一次，得

$$y = e^x + \frac{C_1}{2!}x^2 + \frac{C_2}{1!}x + C_3 = e^x + \overline{C_1}x^2 + C_2 x + C_3.$$

习题 9.1

A. 基本题

1. 在下列方程中，哪些是微分方程，指出其阶数，哪些不是微分方程？

(1) $y''' + y' = x^2 + y^2$

(2) $\mathrm{d}y = 3x\mathrm{d}x$

(3) $y^{(n)} = \sin x$

(4) $y^2 = x$

2. 验证下列函数是否为所给微分方程的解.

(1) $y'' - y = 0, y = e^x - e^{-x}$

(2) $y'' = x^2 + 2y^2, y = \dfrac{1}{x}$

3. 求方程 $y' = xy$ 满足初始条件 $y\big|_{x=0} = a$ 的特解.

4. 求微分方程的通解.

(1) $y' = y\sin x$

(2) $\dfrac{\mathrm{d}y}{\cos x} + \dfrac{2\mathrm{d}x}{\sin y} = 0$

(3) $\dfrac{\mathrm{d}y}{\mathrm{d}x} = \dfrac{y}{x} + \left(\dfrac{y}{x}\right)^3$

(4) $y''' = \sin x$

B. 一般题

5. 求微分方程的通解.

(1) $(1 + 2e^x)y\mathrm{d}y = e^x\mathrm{d}x$

(2) $\dfrac{\mathrm{d}y}{\mathrm{d}x} = \dfrac{y}{x} + \tan\dfrac{y}{x}$

C. 提高题

6. 求微分方程 $(x^2 + 2xy - y^2)\mathrm{d}x + (y^2 + 2xy - x^2)\mathrm{d}y = 0$ 满足初始条件 $y\big|_{x=1} = 1$ 的特解.

7. 镭的衰变速度与当时未衰变的镭原子的含量 M 成正比. 由经验材料断定，镭经过 1 600 年后，只余原始量 M_0 的一半，试求镭的含量 $M(t)$ 随时间 t 变化的规律.

9.2　一阶线性微分方程
(First Order Linear Differential Equations)

本节提示：一阶线性微分方程是实际生活和生产中最常见的微分方程. 要求读者在确认方程的类型后，熟练运用有关公式去求解方程.

9.2.1　一阶线性微分方程与常数变易法

定义 9.2.1　形如

$$\frac{\mathrm{d}y}{\mathrm{d}x} + p(x)y = q(x) \tag{9-12}$$

的方程称为一阶线性微分方程（first order linear differential equation），其中，$p(x)$、$q(x)$ 为已知函数. 当 $q(x) = 0$ 时，称

$$\frac{\mathrm{d}y}{\mathrm{d}x} + p(x)y = 0 \tag{9-13}$$

为一阶齐次线性微分方程（first order homogeneous linear differential equation），简称为式（9-12）对应的齐次方程.

为了求式（9-12）的通解，我们先求式（9-13）的通解. 分离变量得：

$$\frac{\mathrm{d}y}{y} = -p(x)\mathrm{d}x,$$

积分　　　　$\displaystyle\int \frac{\mathrm{d}y}{y} = -\int p(x)\mathrm{d}x$，得 $\ln|y| = -\int p(x)\mathrm{d}x + \ln C$ 或

$$y = C\exp\left(-\int p(x)\mathrm{d}x\right). \tag{9-14}$$

式（9-14）为式（9-13）的通解. 下面用常数变易法来求式（9-12）的通解. 把式（9-14）中的常数 C 看成 x 的函数 $C(x)$，即假定式（9-12）有形如

$$y = C(x)\exp\left(-\int p(x)\mathrm{d}x\right) \tag{9-15}$$

的解. 式（9-15）两边关于 x 求导得

$$y' = C'(x)\exp\left(-\int p(x)\mathrm{d}x\right) - C(x)p(x)\exp\left(-\int p(x)\mathrm{d}x\right),$$

代入式（9-12）得

$$C'(x)\exp\left(-\int p(x)\mathrm{d}x\right) - C(x)p(x)\exp\left(-\int p(x)\mathrm{d}x\right) + p(x)C(x)\exp\left(-\int p(x)\mathrm{d}x\right) = q(x),$$

即

$$C'(x) = q(x)\exp\left(\int p(x)\mathrm{d}x\right).$$

于是　　　　　　$$C(x) = \int q(x)\exp\left(\int p(x)\mathrm{d}x\right)\mathrm{d}x + C,$$

代入式（9-15）得

$$y = \exp\left(-\int p(x)\mathrm{d}x\right)\left[\int q(x)\exp\left(\int p(x)\mathrm{d}x\right)\mathrm{d}x + C\right]. \tag{9-16}$$

式(9-16)第一项是方程式(9-12)的特解,第二项是对应的齐次线性方程式(9-13)的通解.由此可知,一阶线性微分方程的通解等于对应的齐次线性微分方程的通解与非齐次微分方程的一个特解之和.

9.2.2 一阶线性微分方程举例

例 9.2.1 求方程 $x\dfrac{\mathrm{d}y}{\mathrm{d}x}+y=x$ 的通解.

解:方程两边同除以 x 得

$$\frac{\mathrm{d}y}{\mathrm{d}x}+\frac{y}{x}=1,$$

这里,$p(x)=\dfrac{1}{x}$,$q(x)=1$. 由式(9-16)得方程的通解

$$y = \exp\left(-\int\frac{1}{x}\mathrm{d}x\right)\left(\int\exp\left(\int\frac{\mathrm{d}x}{x}\right)\mathrm{d}x+C\right)$$

$$= \exp(-\ln x)\left(\int x\mathrm{d}x+C\right)$$

$$= \frac{1}{x}\left(\frac{x^2}{2}+C\right)=\frac{x}{2}+\frac{C}{x}.$$

例 9.2.2 求方程 $\dfrac{\mathrm{d}y}{\mathrm{d}x}+\dfrac{y}{x}=\dfrac{\sin x}{x}$ 的通解.

解:由式(9-16)得

$$y = \exp\left(-\int\frac{1}{x}\mathrm{d}x\right)\left(\int\frac{\sin x}{x}\exp\left(\int\frac{\mathrm{d}x}{x}\right)\mathrm{d}x+C\right)$$

$$= \frac{1}{x}\left(\int\sin x\mathrm{d}x+C\right)=\frac{C}{x}-\frac{\cos x}{x}.$$

例 9.2.3 一曲线通过原点,曲线上任意点的切线斜率为 $2y-x$,求此曲线的方程.

解:由导数的几何意义得

$$y'=2y-x,\quad \text{即}\quad \frac{\mathrm{d}y}{\mathrm{d}x}-2y=-x,$$

于是有

$$y = \exp\left(2\int\mathrm{d}x\right)\left(-\int x\exp\left(-\int 2\mathrm{d}x\right)\mathrm{d}x+C\right)$$

$$= \mathrm{e}^{2x}\left(-\int x\mathrm{e}^{-2x}\mathrm{d}x+C\right)$$

$$= \mathrm{e}^{2x}\left(\frac{1}{2}x\mathrm{e}^{-2x}+\frac{1}{4}\mathrm{e}^{-2x}+C\right)$$

$$= \frac{1}{2}x+\frac{1}{4}+C\mathrm{e}^{2x}.$$

由初始条件 $y\Big|_{x=0}=0$ 得 $C=-\dfrac{1}{4}$,故所求曲线为

$$y=\frac{1}{2}x-\frac{1}{4}\mathrm{e}^{2x}+\frac{1}{4}.$$

例 9.2.4 设 $f(x)$ 为可导函数,且由

$$\int_0^x tf(t)\mathrm{d}x = x^2 + f(x)$$

所确定,试求 $f(x)$.

解:方程两边同时对 x 求导数得

$$xf(x) = 2x + f'(x),\text{满足 } f(0)=0,$$

即 $f'(x) - xf(x) = -2x$.

$$\begin{aligned}
f(x) &= \exp\left(\int x\mathrm{d}x\right)\left(\int -2x\exp\left(\int -x\mathrm{d}x\right)\mathrm{d}x + C\right)\\
&= \mathrm{e}^{\frac{x^2}{2}}\left(\int -2x\mathrm{e}^{-\frac{x^2}{2}}\mathrm{d}x + C\right)\\
&= 2 + C\mathrm{e}^{\frac{x^2}{2}}.
\end{aligned}$$

因为 $f(0)=0$,所以 $C=-2$, $f(x)=2-2\mathrm{e}^{\frac{x^2}{2}}$.

习题 9.2

A. 基本题

1. 求下列微分方程的通解.

(1) $\dfrac{\mathrm{d}y}{\mathrm{d}x} - \dfrac{y}{x} = x^3$

(2) $\dfrac{\mathrm{d}y}{\mathrm{d}x} + \dfrac{2y}{x} = x^2$

(3) $y' + \dfrac{y}{x} - \mathrm{e}^x = 0$

(4) $y' + \dfrac{y}{x} = \cos x$

B. 一般题

2. 求下列微分方程的通解.

(1) $y' + y\cot x = \mathrm{e}^{\cos x}$

(2) $\dfrac{\mathrm{d}y}{\mathrm{d}x} - \dfrac{y}{x+1} = (x+1)^{\frac{1}{2}}$

(3) $y^2\mathrm{d}x - (xy+4)\mathrm{d}y = 0$;(提示:把 x 看成 y 的函数)

(4) $y' - \dfrac{y}{x^2} = \mathrm{e}^{x-\frac{1}{x}}$

3. 求方程 $y' + \dfrac{y}{x} = \dfrac{\cos x}{x}$ 满足初始条件 $y\Big|_{x=\pi} = 1$ 的特解.

4. 在电阻 R、电感 L 和电源串联组成的电路中,电流 i 满足基尔霍夫(R. Kirchhoff, 1824—1887,德国物理学家)定律:

$$\frac{\mathrm{d}i}{\mathrm{d}t} + \frac{R}{L}i = \frac{E(t)}{L},$$

其中,$E(t)$ 为电源的电动势;t 为时间.设有一电阻 $R=20\ \Omega$,电感 $L=2\ \mathrm{H}$,电动势 $E(t) = 20\sin 10t(\mathrm{V})$ 及开关的电路.求当开关合上时,电流 i 与时间 t 的函数关系.

C. 提高题

5. 跳伞运动员降落过程的运动方程是

$$m\frac{\mathrm{d}v}{\mathrm{d}t} = -kv + mg.$$

其中,$-kv$ 是空气阻力;k 为常数,它依赖于降落伞的形状和降落总质量. 求当 $t \to +\infty$ 时速度的极限.

9.3　二阶线性微分方程
(Second Order Linear Differential Equation)

本节提示:为了更好地表达高阶线性微分方程的解,首先研究方程的解的结构问题.二阶常系数齐次线性微分方程相对较容易求解,二阶常系数非齐次线性微分方程求解过程较为繁杂,读者可把学习重点放在前者上面.

9.3.1　二阶线性微分方程的概念

定义 9.3.1　形如

$$y'' + P(x)y' + Q(x)y = f(x) \tag{9-17}$$

的方程叫作二阶线性微分方程,$f(x)$ 叫作自由项或者非齐次项.当 $f(x) \neq 0$ 时,式(9-17)称为二阶非齐次线性微分方程(second order nonhomogeneous linear differential equation),当 $f(x) = 0$ 时,则式(9-17)即

$$y'' + P(x)y' + Q(x)y = 0, \tag{9-18}$$

称之为二阶齐次线性微分方程(second order homogeneous linear differential equation).

例如,

$$\frac{d^2 y}{dx^2} + 2x \frac{dy}{dx} - 3y = x^2 e^{-x}$$

是二阶非齐次线性微分方程.而

$$y'' - 5xy' + 6x^2 y = 0$$

是二阶齐次线性微分方程.以下为了叙述方便,我们将简称式(9-17)($f(x) \neq 0$)为非齐次方程,简称式(9-18)($f(x) = 0$)为齐次方程.

9.3.2　二阶线性微分方程解的结构

定理 9.3.1　若 y_1、y_2 是齐次方程式(9-18)的两个解,则 y_1 与 y_2 的线性组合(linear combination)

$$y = C_1 y_1 + C_2 y_2$$

也是方程式(9-18)的解,其中 C_1、C_2 为任意常数.

定义 9.3.2　设 $y_1(x)$ 和 $y_2(x)$ 是定义在某区间 I 上的两个函数.如果存在两个不全为零的常数 k_1、k_2 使

$$k_1 y_1(x) + k_2 y_2(x) = 0$$

在 I 上成立,则称 $y_1(x)$ 与 $y_2(x)$ 在 I 上是线性相关的(linearly dependent).否则(即若要使上式成立只能推出 $k_1 = 0$ 且 $k_2 = 0$),就称它们在 I 上是线性无关的(linearly independent).

例如,$y_1(x) = x$ 与 $y_2(x) = 2x$ 在任何区间上都是线性相关的,因为取 $k_1 = -2, k_2 = 1$,就有

$$k_1 y_1(x) + k_2 y_2(x) = 0.$$

又例如 $y_1(x) = \sin x$ 与 $y_2(x) = \cos x$ 是线性无关的.因为从

$$k_1 y_1(x) + k_2 y_2(x) = k_1 \sin x + k_2 \cos x = 0$$

只能推出 $k_1 = 0$ 且 $k_2 = 0$. 我们注意到如果两个函数 $y_1(x)$ 与 $y_2(x)$ 之比为常数: $\dfrac{y_1(x)}{y_2(x)} = k$,

则 $y_1(x)$ 与 $y_2(x)$ 是线性相关的,否则是线性无关的.

定理 9.3.2 如果 y_1、y_2 是齐次方程式(9-18)的两个线性无关的特解,则其线性组合

$$y = C_1 y_1 + C_2 y_2$$

就是式(9-18)的通解,其中 C_1、C_2 为任意常数.

下面讨论非齐次方程式(9-17)的解的结构. 由常数变易法得到方程 $\dfrac{\mathrm{d}y}{\mathrm{d}x} + p(x)y = q(x)$
的通解为

$$
\begin{aligned}
y &= \exp\left(-\int p(x)\mathrm{d}x\right)\left(\int q(x)\exp\left(\int p(x)\mathrm{d}x\right)\mathrm{d}x + C\right) \\
&= C\exp\left(-\int p(x)\mathrm{d}x\right) + \exp\left(-\int p(x)\mathrm{d}x\right)\int q(x)\exp\left(\int p(x)\mathrm{d}x\right)\mathrm{d}x.
\end{aligned}
$$

即一阶非齐次线性方程的通解等于它所对应的齐次方程的通解加上非齐次方程的一个特解
(在非齐次方程的通解中令 $C=0$). 实际上,二阶及更高阶的非齐次方程的通解也有类似的
结构.

定理 9.3.3 如果 y^* 是二阶非齐次线性微分方程式(9-17)的一个特解,$\overline{y} = C_1 y_1 + C_2 y_2$ 是式(9-17)所对应的齐次方程式(9-18)的通解,则

$$y = \overline{y} + y^* \tag{9-19}$$

是式(9-17)的通解.

9.3.3 二阶常系数齐次线性微分方程(second order homogeneous linear differential equation with constant coefficients)的解法

当 $P(x)$,$Q(x)$ 为常数 p,q 时,方程式(9-18)变为

$$y'' + py' + qy = 0. \tag{9-20}$$

由定理 9.3.2,只要我们找到方程式(9-20)的两个线性无关的特解,就能立即写出式
(9-20)的通解. 因为指数函数 $y = \mathrm{e}^{rx}$ 与它的各阶导数之间只差一个常数,所以它们的线性
组合有可能为零,即式(9-20)可能有形如 $y = \mathrm{e}^{rx}$ 的解. 将 $y = \mathrm{e}^{rx}$ 代入式(9-20)得

$$r^2 \mathrm{e}^{rx} + pr\mathrm{e}^{rx} + q\mathrm{e}^{rx} = 0,$$

即

$$r^2 + pr + q = 0. \tag{9-21}$$

由此可见,只要 r 是式(9-21)的根,$y = \mathrm{e}^{rx}$ 就是式(9-20)的解. 习惯上称式(9-21)为式
(9-20)的特征方程(characteristic equation),式(9-21)的根称为特征根. 这样一来,我们就
把式(9-20)的求解问题转化为式(9-21)的求根问题:

(1) 式(9-21)有两相异实根(different real roots),$r_1 \neq r_2$.

当 $p^2 - 4q > 0$ 时,式(9-21)有两相异实根 $r_1 \neq r_2$. 这时 $y_1 = \mathrm{e}^{r_1 x}$、$y_2 = \mathrm{e}^{r_2 x}$ 都是式(9-20)
的解,且因为 $\dfrac{y_1}{y_2} = \mathrm{e}^{(r_1 - r_2)x} \neq$ 常数,所以 y_1 与 y_2 是线性无关的,因此式(9-20)的通解为

$$y = C_1 \mathrm{e}^{r_1 x} + C_2 \mathrm{e}^{r_2 x}. \tag{9-22}$$

（2）式（9-21）有二重实根（repeated root），$r_1 = r_2$.

当 $p^2 - 4q = 0$ 时，式（9-21）有二重实根 $r = r_1 = r_2$. 这时我们只能得到式（9-20）的一个特解 $y_1 = e^{rx}$，所以还应求出与 y_1 线性无关的另一个解 y_2. 设 $\dfrac{y_2}{y_1} = u(x)$，则 $y_2 = y_1 u(x) = e^{rx} u(x)$，代入式（9-20）

$$(e^{rx} u)'' + p(e^{rx} u)' + q e^{rx} u = 0,$$

求出各部分的导数并整理得

$$u'' + (2r + p)u' + (r^2 + pr + q)u = 0.$$

因为 r 是式（9-21）的二重实根，于是 $2r + p = 0$，$r^2 + pr + q = 0$，故

$$u'' = 0.$$

不妨设 $u = x$，于是 $y_2 = x e^{rx}$ 是与 y_1 线性无关的式（9-20）的另一个解，这时式（9-20）的通解为

$$y = (C_1 + C_2 x) e^{rx}. \tag{9-23}$$

（3）式（9-21）有一对共轭复根（conjugate complex roots），$r_{1,2} = \alpha \pm i\beta$.

当 $p^2 - 4q < 0$ 时，式（9-21）有一对共轭复根 $r_{1,2} = \alpha \pm i\beta$. 这时式（9-20）有两个线性无关的复数（complex number）解 $y_1 = e^{(\alpha + i\beta)x}$ 和 $y_2 = e^{(\alpha - i\beta)x}$. 由例 8.4.6 中的欧拉公式 $e^{ix} = \cos x + i\sin x$ 得

$$y_1 = e^{(\alpha + i\beta)x} = e^{\alpha x} e^{i\beta x} = e^{\alpha x}(\cos \beta x + i\sin \beta x),$$
$$y_2 = e^{(\alpha - i\beta)x} = e^{\alpha x} e^{-i\beta x} = e^{\alpha x}(\cos \beta x - i\sin \beta x),$$

于是

$$\frac{1}{2}(y_1 + y_2) = e^{\alpha x} \cos \beta x, \quad \frac{1}{2i}(y_1 - y_2) = e^{\alpha x} \sin \beta x.$$

由定理 9.3.1 知，这两个函数也都是式（9-20）的解，且线性无关，故式（9-20）的通解为

$$y = e^{\alpha x}(C_1 \cos \beta x + C_2 \sin \beta x). \tag{9-24}$$

例 9.3.1　求微分方程 $y'' - 6y' + 8y = 0$ 的通解.

解：它的特征方程为

$$r^2 - 6r + 8 = 0,$$

它的特征根为相异二实根：$r_1 = 2$，$r_2 = 4$. 对于因式分解不熟练的读者，也可用二次方程 $ax^2 + bx + c = 0$ 的求根公式（quadratic formula）求解：$r_{1,2} = \dfrac{-b \pm \sqrt{b^2 - 4ac}}{2a} = \dfrac{6 \pm \sqrt{36 - 32}}{2} = 2$ 或 4. 由式（9-22）得通解

$$y = C_1 e^{2x} + C_2 e^{4x}.$$

例 9.3.2　求微分方程 $y'' - 4y' + 4y = 0$ 的通解.

解：它的特征方程为

$$r^2 - 4r + 4 = 0,$$

其特征根为二重根 $r_1 = r_2 = 2$. 由式（9-23）得通解

$$y = (C_1 + C_2 x) e^{2x}.$$

例 9.3.3　求微分方程 $y'' - 4y' + 5y = 0$ 的通解.

解：它的特征方程为

$$r^2 - 4r + 5 = 0.$$

它有一对共轭复根

$$r_{1,2} = \frac{4 \pm \sqrt{16-20}}{2} = \frac{4 \pm 2i}{2} = 2 \pm i,$$

由式(9-24)得通解

$$y = e^{2x}(C_1 \cos x + C_2 \sin x).$$

例 9.3.4 求方程 $y'' - 5y' - 6y = 0$ 满足初始条件 $y\big|_{x=0} = 3$ 和 $y'\big|_{x=0} = 4$ 的特解.

解：它的特征方程 $r^2 - 5r - 6 = 0$ 的根为 $r_1 = -1, r_2 = 6$，故通解为

$$y = C_1 e^{-x} + C_2 e^{6x}.$$

求导得

$$y' = -C_1 e^{-x} + 6C_2 e^{6x},$$

把初始条件 $y\big|_{x=0} = 3$ 和 $y'\big|_{x=0} = 4$ 代入以上两式得

$$\begin{cases} 3 = C_1 + C_2 \\ 4 = -C_1 + 6C_2 \end{cases}$$

解之，得 $C_1 = 2, C_2 = 1$，于是所求的特解为

$$y = 2e^{-x} + e^{6x}.$$

例 9.3.5 一拉紧的弹簧所受到的拉力与其长度的伸长成正比，已知当弹簧受到 1 千克力的拉力时，其长度伸长 1 cm. 今有重 2 千克力的物体悬挂在弹簧的下端，保持平衡，如将它稍向下拉，然后放开，试求由此产生的振动的周期（忽略空气阻力）.

解：物体的质量：$m = \dfrac{2}{g}$（g 为重力加速度）. 设 y 为拉长的那部分长度，根据受力分析得

$$m\frac{d^2 y}{dt^2} = -ky,$$

k 可由已知条件求出：$k \times$ 伸长 = 拉力，即 $k = 1$.

方程变为

$$\frac{2}{g}\frac{d^2 y}{dt^2} + y = 0$$

通解为

$$y = C_1 \cos\sqrt{\frac{g}{2}}t + C_2 \sin\sqrt{\frac{g}{2}}t = A\sin\left(\sqrt{\frac{g}{2}}t + \varphi\right),$$

所以周期为

$$T = 2\pi \Big/ \sqrt{\frac{g}{2}} = 2\pi\sqrt{\frac{2}{g}}.$$

9.3.4 二阶常系数非齐次线性微分方程(second order nonhomogeneous linear differential equation with constant coefficients)的解法

以下讨论 $P(x), Q(x)$ 为常数 p, q 时，式(9-17)非齐次项 $f(x)$ 的一种特殊情形. $f(x) = P_n(x)e^{\alpha x}$. 这时式(9-17)即

$$y'' + py' + qy = P_n(x)e^{\alpha x}, \tag{9-25}$$

其中，$P_n(x)$ 为 n 次多项式；α 为常数. 它有特解形式

$$y^* = x^k Q_n(x)e^{\alpha x}, \tag{9-26}$$

这里 $Q_n(x)$ 是与 $P_n(x)$ 同次的多项式,系数待定. k 的取法为:当 α 不是特征根,是特征单根、特征重根时,k 依次取 0、1 和 2.

例 9.3.6　求方程 $2y''+y'-y=x^2+2$ 的通解.

解:方程所对应的齐次方程的特征方程为 $2r^2+r-1=0$,解得 $r_1=-1$,$r_2=\dfrac{1}{2}$,故对应的齐次方程的通解为

$$\bar{y}=C_1\mathrm{e}^{-x}+C_2\mathrm{e}^{\frac{x}{2}}.$$

由于 $\alpha=0$ 不是特征根,故设非齐次方程的特解为

$$y^*=x^0(Ax^2+Bx+C)=Ax^2+Bx+C.$$

于是可按下面的方法求待定系数(undetermined coefficient)A、B 和 C:

$$\begin{cases}(y^*)'=2Ax+B\\(y^*)''=2A\\y^*=Ax^2+Bx+C\end{cases}$$

$$2(y^*)''+(y^*)'-y^*=4A+2Ax+B-Ax^2-Bx-C=x^2+2$$

比较上式第二个等号两边的系数得

$$-A=1,\ 2A-B=0,\ 4A+B-C=2,$$

解之得

$$A=-1,\ B=-2,\ C=-8.$$

所以特解是

$$y^*=-x^2-2x-8.$$

故所求通解为

$$y=\bar{y}+y^*=C_1\mathrm{e}^{-x}+C_2\mathrm{e}^{\frac{x}{2}}-(x^2+2x+8).$$

习 题 9.3

A. 基本题

1. 求下列微分方程的通解.

(1) $y''-2y'-8y=0$

(2) $y''+6y'+5y=0$

(3) $y''+6y'+9y=0$

(4) $y''-2y'+y=0$

(5) $y''-2y'+3y=0$

(6) $y''-6y'+25y=0$

B. 一般题

2. 求下列微分方程在给定初始条件下的特解.

(1) $y''-y'-12y=0$,$y\big|_{x=0}=3$,$y'\big|_{x=0}=5$

(2) $y''-8y'+16y=0$,$y\big|_{x=0}=1$,$y'\big|_{x=0}=1$

C. 提高题

3. 求下列微分方程的通解.

(1) $y''-7y'+12y=-x\mathrm{e}^{4x}$

(2) $y''-16y=2x\mathrm{e}^{2x}$

4. 写出下列方程的特解形式.

(1) $y'' - 2y' + 5y = 4x\mathrm{e}^x$

(2) $y'' - 9y = x\mathrm{e}^{3x}$

数 学 实 验 常 微 分 方 程

1. 求解微分方程的命令 DSolve.

解方程的格式为 DSolve[eqns,y[x],x]

解方程组的格式为 DSolve[{eqn1,eqn2,…},{y1[x],y2[x],…},x]

对于微分方程和微分方程组,可用 DSolve 命令来求其通解或特解.

例 1 求方程 $y''+4y'-5y=0$ 的通解.

输入 DSolve[y''[x]+4y'[x]-5y[x]==0,y[x],x]

则输出含有两个任意常数 C[1]和 C[2]的通解:

$$\{\{y[x] \to e^{-5x}C[1]+e^x C[2]\}\}$$

注:在上述命令中,一阶导数符号'是通过键盘上的单引号'输入的,二阶导数符号"要输入两个单引号,而不能输入一个双引号".

例 2 求解微分方程的初值问题:

$$y''+4y'+4y=0, y\Big|_{x=0}=6, y'\Big|_{x=0}=5,$$

输入

DSolve[{y''[x]+4y'[x]+4y[x]==0,y[0]==6,y'[0]==5},y[x],x]

（＊大括号把方程和初始条件放在一起＊）

则输出{{y[x]→e^{-2x}(6+17x)}}.

例 3 求微分方程组 $\begin{cases} \dfrac{dx}{dt}+x+2y=2e^t \\ \dfrac{dy}{dt}-x-y=0 \end{cases}$ 在初始条件 $x\Big|_{t=0}=1, y\Big|_{t=0}=0$ 下的特解.

输入

Clear[x,y,t]

DSolve[{x'[t]+x[t]+2 y[t]==2Exp[t], y'[t]-x[t]-y[t]==0,

x[0]==1,y[0]==0},{x[t],y[t]},t]

则输出所求特解:

{{x[t]→Cos[t]+Sin[t],y[t]→−Cos[t]+e^t Cos[t]^2+e^t Sin[t]^2}}.

第10章　线性代数

（Linear Algebra）

本章提示：代数是现代数学的三大基础课程（代数、数学分析和几何）之一. 线性代数特别是矩阵理论在现代科技中有着广泛的应用. 本章首先介绍线性代数的部分内容：行列式和矩阵的概念和相关的计算方法，最后讨论线性代数的一个主要内容——求解线性方程组的问题. 关于二次型及其标准型可以参阅其他专门的线性代数书.

10.1　行列式的定义及性质

（the Definition and Properties of Determinant）

10.1.1　行列式的定义

定义 10.1.1　由 4 个数所组成的 2 行 2 列的记号

$$\begin{vmatrix} a_{11} & a_{12} \\ a_{21} & a_{22} \end{vmatrix}$$

表示一个由确定的运算关系所得到的数值，称为二阶行列式（determinant），其值为

$$\begin{vmatrix} a_{11} & a_{12} \\ a_{21} & a_{22} \end{vmatrix} = a_{11}a_{22} - a_{12}a_{21}, \tag{10-1}$$

其中 $a_{ij}(i,j=1,2)$ 叫作行列式的元素，第一个下标 i 叫作行（row）标，第二个下标 j 叫作列（column）标.

根据该定义，只要确定了元素的行标和列标，则元素在行列式中的位置就相应地确定下来. 例如，a_{12}，它在行列式中处于第一行、第二列的位置.

例 10.1.1　计算下列行列式的值：

(1) $\begin{vmatrix} 1 & 3 \\ 3 & 5 \end{vmatrix}$，　　　　　　　　　(2) $\begin{vmatrix} 2 & 3 \\ 5 & 1 \end{vmatrix}$.

解：(1) 根据定义，只要用左上、右下两元素之积减去右上、左下两元素之积即可：

$$\begin{vmatrix} 1 & 3 \\ 3 & 5 \end{vmatrix} = 1 \times 5 - 3 \times 3 = -4.$$

(2) $\begin{vmatrix} 2 & 3 \\ 5 & 1 \end{vmatrix} = 2 \times 1 - 3 \times 5 = -13.$

定义 10.1.2　由 9 个数所组成的 3 行 3 列的记号

$$\begin{vmatrix} a_{11} & a_{12} & a_{13} \\ a_{21} & a_{22} & a_{23} \\ a_{31} & a_{32} & a_{33} \end{vmatrix}$$

表示一个由确定的运算关系所得到数值,称为三阶行列式,其值为

$$\begin{vmatrix} a_{11} & a_{12} & a_{13} \\ a_{21} & a_{22} & a_{23} \\ a_{31} & a_{32} & a_{33} \end{vmatrix} = (a_{11}a_{22}a_{33} + a_{21}a_{32}a_{13} + a_{31}a_{12}a_{23}) - (a_{11}a_{32}a_{23} + a_{21}a_{12}a_{33} + a_{31}a_{22}a_{13})$$

$$(10-2)$$

其中,第一个括号中的三项是位于左上、右下方向不同行不同列的 3 个元素之积的和,第二个括号中的三项是位于左下、右上方向不同行不同列 3 个元素之积的和.

例 10.1.2 计算下列行列式的值.

(1) $\begin{vmatrix} 2 & -1 & 1 \\ 2 & 1 & 1 \\ 1 & 3 & -2 \end{vmatrix}$
(2) $\begin{vmatrix} 0 & -2 & 3 \\ 2 & 0 & 4 \\ -3 & -4 & 0 \end{vmatrix}$

解:(1) $\begin{vmatrix} 2 & -1 & 1 \\ 2 & 1 & 1 \\ 1 & 3 & -2 \end{vmatrix} = 2 \times 1 \times (-2) + 2 \times 3 \times 1 + 1 \times (-1) \times 1 - 1 \times 1 \times 1 - 3 \times 1 \times 2$

$-2 \times (-1) \times (-2) = -10$.

(2) $\begin{vmatrix} 0 & -2 & 3 \\ 2 & 0 & 4 \\ -3 & -4 & 0 \end{vmatrix} = 0 \times 0 \times 0 + 2 \times (-4) \times 3 + 4 \times (-3) \times (-2) - 3 \times 0 \times (-3) - 4 \times$

$(-4) \times 0 - 2 \times (-2) \times 0 = 0$.

为方便引入高阶行列式的定义,我们将三阶行列式的展开式改写为

$$\begin{vmatrix} a_{11} & a_{12} & a_{13} \\ a_{21} & a_{22} & a_{23} \\ a_{31} & a_{32} & a_{33} \end{vmatrix}$$

$$= (-1)^{1+1} a_{11} \begin{vmatrix} a_{22} & a_{23} \\ a_{32} & a_{33} \end{vmatrix} + (-1)^{1+2} a_{12} \begin{vmatrix} a_{21} & a_{23} \\ a_{31} & a_{33} \end{vmatrix} + (-1)^{1+3} a_{13} \begin{vmatrix} a_{21} & a_{22} \\ a_{31} & a_{32} \end{vmatrix}.$$

观察上式 3 个二阶行列式与其前面所乘的数 $a_{1j}(j=1,2,3)$ 的位置关系,我们会发现每个二阶行列式正好是原三阶行列式中,去掉元素 $a_{1j}(j=1,2,3)$ 所在的第一行和第 $j(j=1,2,3)$ 列的所有元素之后,剩下的元素按其原有的相对位置排成的二阶行列式,称其为元素 a_{1j} 的余子式,记作 $\boldsymbol{M}_{1j}$. 并且称 $(-1)^{1+j}\boldsymbol{M}_{1j}$ 为元素 a_{1j} 的代数余子式,记作 $\boldsymbol{A}_{1j}$.

这样三阶行列式可简记为

$$\begin{vmatrix} a_{11} & a_{12} & a_{13} \\ a_{21} & a_{22} & a_{23} \\ a_{31} & a_{32} & a_{33} \end{vmatrix} = a_{11}\boldsymbol{A}_{11} + a_{12}\boldsymbol{A}_{12} + a_{13}\boldsymbol{A}_{13}.$$

由二、三阶行列式的关系我们定义 n 阶行列式.

定义 10.1.3 在 n 阶行列式 D 中,把元素 a_{ij} 所在的第 i 行和第 j 列划去后留下来的 n

-1 阶行列式叫做元素 a_{ij} 的余子式（cofactor），记作 M_{ij}，即

$$M_{ij}=\begin{vmatrix} a_{11} & \cdots & a_{1,j-1} & a_{1,j+1} & \cdots & a_{1n} \\ \vdots & & \vdots & \vdots & & \vdots \\ a_{i-1,1} & \cdots & a_{i-1,j-1} & a_{i-1,j+1} & \cdots & a_{i-1,n} \\ a_{i+1,1} & \cdots & a_{i+1,j-1} & a_{i+1,j+1} & \cdots & a_{i+1,n} \\ \vdots & & \vdots & \vdots & & \vdots \\ a_{n1} & \cdots & a_{n,j-1} & a_{n,j+1} & \cdots & a_{nn} \end{vmatrix}.$$

称 $A_{ij}=(-1)^{i+j}M_{ij}$ 为 a_{ij} 的代数余子式（algebraic cofactor）.

定义 10.1.4 由 n^2 个数所组成的 n 行 n 列的记号

$$D=\begin{vmatrix} a_{11} & a_{12} & \cdots & a_{1n} \\ a_{21} & a_{22} & \cdots & a_{2n} \\ \vdots & \vdots & & \vdots \\ a_{n1} & a_{n2} & \cdots & a_{nn} \end{vmatrix}$$

表示一个由确定的运算关系所得到数值，称为 n 阶行列式，其值为

$$D=\begin{vmatrix} a_{11} & a_{12} & \cdots & a_{1n} \\ a_{21} & a_{22} & \cdots & a_{2n} \\ \vdots & \vdots & & \vdots \\ a_{n1} & a_{n2} & \cdots & a_{nn} \end{vmatrix}=a_{11}A_{11}+a_{12}A_{12}+\cdots+a_{1n}A_{1n}$$

$$=\sum_{j=1}^{n}a_{1j}A_{1j}. \tag{10-3}$$

其中，A_{1j} 为元素 a_{1j} 在 D 中的代数余子式.

10.1.2 行列式的性质

定义 10.1.5 将行列式 D 的行与列互换以后得到的新行列式 D^{T} 叫作 D 的转置（transpose）行列式，即若

$$D=\begin{vmatrix} a_{11} & a_{12} & \cdots & a_{1n} \\ a_{21} & a_{22} & \cdots & a_{2n} \\ \vdots & \vdots & & \vdots \\ a_{n1} & a_{n2} & \cdots & a_{nn} \end{vmatrix},$$

则

$$D^{\mathrm{T}}=\begin{vmatrix} a_{11} & a_{21} & \cdots & a_{n1} \\ a_{12} & a_{22} & \cdots & a_{n2} \\ \vdots & \vdots & & \vdots \\ a_{1n} & a_{2n} & \cdots & a_{nn} \end{vmatrix}.$$

n 阶行列式(10-3)具有以下性质：

性质 10.1.1 行列式 D 与它的转置行列式 D^{T} 的值相等：$D=D^{\mathrm{T}}$.

性质 10.1.2 互换行列式的两行（或两列），行列式变号：

$$\begin{vmatrix} a_{11} & a_{12} & \cdots & a_{1n} \\ \vdots & \vdots & & \vdots \\ a_{k1} & a_{k2} & \cdots & a_{kn} \\ \vdots & \vdots & & \vdots \\ a_{l1} & a_{l2} & \cdots & a_{ln} \\ \vdots & \vdots & & \vdots \\ a_{n1} & a_{n2} & \cdots & a_{nn} \end{vmatrix} \xlongequal{r_k \leftrightarrow r_l} - \begin{vmatrix} a_{11} & a_{12} & \cdots & a_{1n} \\ \vdots & \vdots & & \vdots \\ a_{l1} & a_{l2} & \cdots & a_{ln} \\ \vdots & \vdots & & \vdots \\ a_{k1} & a_{k2} & \cdots & a_{kn} \\ \vdots & \vdots & & \vdots \\ a_{n1} & a_{n2} & \cdots & a_{nn} \end{vmatrix}.$$

性质 10.1.3　行列式中某一行(列)的公因子 k 可以提到行列式前面(或用一非零的常数 k 乘以行列式,等于用该数乘以行列式的某一行(列)):

$$\begin{vmatrix} a_{11} & a_{12} & \cdots & a_{1n} \\ \vdots & \vdots & & \vdots \\ ka_{i1} & ka_{i2} & \cdots & ka_{in} \\ \vdots & \vdots & & \vdots \\ a_{n1} & a_{n2} & \cdots & a_{nn} \end{vmatrix} = k \begin{vmatrix} a_{11} & a_{12} & \cdots & a_{1n} \\ \vdots & \vdots & & \vdots \\ a_{i1} & a_{i2} & \cdots & a_{in} \\ \vdots & \vdots & & \vdots \\ a_{n1} & a_{n2} & \cdots & a_{nn} \end{vmatrix}.$$

推论 10.1.1　行列式中如果有两行(列)对应元素成比例,则该行列式的值为零.

性质 10.1.4　行列式等于任意一行(列)所有元素与其对应的代数余子式的乘积之和,即

$$D = \begin{vmatrix} a_{11} & a_{12} & \cdots & a_{1n} \\ a_{21} & a_{22} & \cdots & a_{2n} \\ \vdots & \vdots & & \vdots \\ a_{n1} & a_{n2} & \cdots & a_{nn} \end{vmatrix} = a_{i1}\boldsymbol{A}_{i1} + a_{i2}\boldsymbol{A}_{i2} + \cdots + a_{in}\boldsymbol{A}_{in} = \sum_{j=1}^{n} a_{ij}\boldsymbol{A}_{ij} \quad (i = 1, 2, \cdots, n)$$

$$D = \begin{vmatrix} a_{11} & a_{12} & \cdots & a_{1n} \\ a_{21} & a_{22} & \cdots & a_{2n} \\ \vdots & \vdots & & \vdots \\ a_{n1} & a_{n2} & \cdots & a_{nn} \end{vmatrix} = a_{1j}\boldsymbol{A}_{1j} + a_{2j}\boldsymbol{A}_{2j} + \cdots + a_{nj}\boldsymbol{A}_{nj} = \sum_{i=1}^{n} a_{ij}\boldsymbol{A}_{ij} \quad (j = 1, 2, \cdots, n)$$

例 10.1.3　证明上三角(upper triangular)行列式的值等于其对角线上各元素的乘积:

$$D = \begin{vmatrix} a_{11} & a_{12} & \cdots & a_{1n} \\ 0 & a_{22} & \cdots & a_{2n} \\ & & \ddots & \vdots \\ 0 & 0 & & a_{nn} \end{vmatrix} = a_{11} a_{22} \cdots a_{nn}.$$

证:将行列式 D 按第一列展开,行列式降一阶,逐次降阶展开,得

$$D = a_{11}(-1)^{1+1} \begin{vmatrix} a_{22} & a_{23} & \cdots & a_{2n} \\ & a_{33} & \cdots & a_{3n} \\ & & \ddots & \vdots \\ & & & a_{nn} \end{vmatrix}$$

$$= \cdots = a_{11}(-1)^{1+1} a_{22}(-1)^{2+2} \cdots a_{nn} = a_{11} a_{22} \cdots a_{nn}.$$

性质 10.1.5　行列式中任意一行(列)所有元素与另一行(列)的相应元素对应的代数余子式的乘积之和等于零,即当 $i \neq k$ 时,有

$$a_{k1}\boldsymbol{A}_{i1}+a_{k2}\boldsymbol{A}_{i2}+\cdots+a_{kn}\boldsymbol{A}_{in}=\sum_{j=1}^{n}a_{kj}\boldsymbol{A}_{ij}=0.$$

性质 10.1.6 行列式中某一行(列)的元素都是两数之和,则该行列式可以写成如下两个行列式之和:

$$\begin{vmatrix} a_{11} & a_{12} & \cdots & a_{1n} \\ \vdots & \vdots & & \vdots \\ b_1+c_1 & b_2+c_2 & \cdots & b_n+c_n \\ \vdots & \vdots & & \vdots \\ a_{n1} & a_{n2} & \cdots & a_{nn} \end{vmatrix} = \begin{vmatrix} a_{11} & a_{12} & \cdots & a_{1n} \\ \vdots & \vdots & & \vdots \\ b_1 & b_2 & \cdots & b_n \\ \vdots & \vdots & & \vdots \\ a_{n1} & a_{n2} & \cdots & a_{nn} \end{vmatrix} + \begin{vmatrix} a_{11} & a_{12} & \cdots & a_{1n} \\ \vdots & \vdots & & \vdots \\ c_1 & c_2 & \cdots & c_n \\ \vdots & \vdots & & \vdots \\ a_{n1} & a_{n2} & \cdots & a_{nn} \end{vmatrix}.$$

性质 10.1.7 把行列式的第 i 行(列)的各元素乘以同一数 k,然后加到第 j 行(列)的对应元素上,行列式的值不变:

$$\begin{vmatrix} a_{11} & a_{12} & \cdots & a_{1n} \\ \vdots & \vdots & & \vdots \\ a_{i1} & a_{i2} & \cdots & a_{in} \\ \vdots & \vdots & & \vdots \\ a_{j1} & a_{j2} & \cdots & a_{jn} \\ \vdots & \vdots & & \vdots \\ a_{n1} & a_{n2} & \cdots & a_{nn} \end{vmatrix} \xlongequal{r_j+kr_i} \begin{vmatrix} a_{11} & a_{12} & \cdots & a_{1n} \\ \vdots & & \vdots & & \vdots \\ a_{i1} & a_{i2} & \cdots & a_{in} \\ \vdots & & \vdots & & \vdots \\ a_{j1}+ka_{i1} & a_{j2}+ka_{i2} & \cdots & a_{jn}+ka_{in} \\ \vdots & & \vdots & & \vdots \\ a_{n1} & a_{n2} & \cdots & a_{nn} \end{vmatrix}.$$

例 10.1.4 计算

$$\begin{vmatrix} 3 & -1 & 4 & 6 \\ 0 & 2 & 7 & 8 \\ 6 & -2 & 2 & 13 \\ 0 & 2 & 5 & 8 \end{vmatrix}.$$

解:利用性质 10.1.2 和性质 10.1.7,把所给的行列式变成上三角行列式,

$$\begin{vmatrix} 3 & -1 & 4 & 6 \\ 0 & 2 & 7 & 8 \\ 6 & -2 & 2 & 13 \\ 0 & 2 & 5 & 8 \end{vmatrix} \xlongequal{r_3-2r_1} \begin{vmatrix} 3 & -1 & 4 & 6 \\ 0 & 2 & 7 & 8 \\ 0 & 0 & -6 & 1 \\ 0 & 2 & 5 & 8 \end{vmatrix} \xlongequal{r_4-r_2} \begin{vmatrix} 3 & -1 & 4 & 6 \\ 0 & 2 & 7 & 8 \\ 0 & 0 & -6 & 1 \\ 0 & 0 & -2 & 0 \end{vmatrix}$$

$$\xlongequal{c_3\leftrightarrow c_4} - \begin{vmatrix} 3 & -1 & 6 & 4 \\ 0 & 2 & 8 & 7 \\ 0 & 0 & 1 & -6 \\ 0 & 0 & 0 & -2 \end{vmatrix} = 12$$

例 10.1.5 计算

$$\begin{vmatrix} 3 & 2 & 2 & 2 \\ 2 & 3 & 2 & 2 \\ 2 & 2 & 3 & 2 \\ 2 & 2 & 2 & 3 \end{vmatrix}.$$

解:第一步:把 2、3、4 行的元素加到第一行的对应元素上;第二步:第一行提出公因子 9;第三步:把第一行的 -2 倍加到第 2、3、4 行,从而得到一个上三角行列式:

$$\begin{vmatrix} 3 & 2 & 2 & 2 \\ 2 & 3 & 2 & 2 \\ 2 & 2 & 3 & 2 \\ 2 & 2 & 2 & 3 \end{vmatrix} = \begin{vmatrix} 9 & 9 & 9 & 9 \\ 2 & 3 & 2 & 2 \\ 2 & 2 & 3 & 2 \\ 2 & 2 & 2 & 3 \end{vmatrix} = 9 \begin{vmatrix} 1 & 1 & 1 & 1 \\ 2 & 3 & 2 & 2 \\ 2 & 2 & 3 & 2 \\ 2 & 2 & 2 & 3 \end{vmatrix} = 9 \begin{vmatrix} 1 & 1 & 1 & 1 \\ 0 & 1 & 0 & 0 \\ 0 & 0 & 1 & 0 \\ 0 & 0 & 0 & 1 \end{vmatrix} = 9.$$

习题 10.1

A. 基本题

1. 计算下列行列式的值.

(1) $\begin{vmatrix} 1 & 2 \\ -3 & -2 \end{vmatrix}$

(2) $\begin{vmatrix} 2 & -1 & 1 \\ 0 & -2 & 1 \\ 3 & 2 & 1 \end{vmatrix}$

(3) $\begin{vmatrix} 3 & -1 & 1 \\ 2 & 2 & 1 \\ 1 & 0 & 3 \end{vmatrix}$

(4) $\begin{vmatrix} 1 & 1 & 1 \\ 2 & -2 & 1 \\ 1 & -2 & 3 \end{vmatrix}$

B. 一般题

2. 计算下列行列式的值.

(1) $\begin{vmatrix} 1 & 1 & 2 & -2 \\ 1 & 2 & 0 & 2 \\ 1 & 0 & 2 & 0 \\ 0 & 1 & 1 & 3 \end{vmatrix}$

(2) $\begin{vmatrix} b & a & a & a \\ a & b & a & a \\ a & a & b & a \\ a & a & a & b \end{vmatrix}$

(3) $\begin{vmatrix} 0 & -1 & -1 & 2 \\ 1 & 1 & 0 & 2 \\ -1 & 0 & -1 & 0 \\ -1 & 1 & 1 & 1 \end{vmatrix}$

(4) $\begin{vmatrix} 0 & 1 & 0 & 1 \\ 1 & 1 & -1 & 1 \\ 1 & 0 & 1 & 0 \\ 0 & 0 & -2 & 1 \end{vmatrix}$

C. 提高题

3. 证明

$$\begin{vmatrix} x & -1 & 0 & \cdots & 0 & 0 \\ 0 & x & -1 & \cdots & 0 & 0 \\ \vdots & \vdots & \vdots & & \vdots & \vdots \\ 0 & 0 & 0 & \cdots & x & -1 \\ a_n & a_{n-1} & a_{n-2} & \cdots & a_2 & x+a_1 \end{vmatrix} = x^n + a_1 x^{n-1} + \cdots + a_{n-1} x + a_n.$$ (提示：数学归纳法，再按第一列展开)

10.2 克莱姆法则
(Cramer's Rule)

本节提示:线性代数要解决的一个重要问题就是线性方程组的求解问题.这里给出求解含有 n 个方程的 n 元一次方程组也即线性方程组的克莱姆法则,并给出关于线性方程组解的一些重要结论.

10.2.1 n 元线性方程组及其系数行列式的定义

定义 10.2.1 含有 n 个变量 $x_1,x_2,\cdots,x_n$ 的 n 个一次方程组

$$\begin{cases} a_{11}x_1+a_{12}x_2+\cdots+a_{1n}x_n=b_1, \\ a_{21}x_1+a_{22}x_2+\cdots+a_{2n}x_n=b_2, \\ \qquad\qquad\vdots \\ a_{n1}x_1+a_{n2}x_2+\cdots+a_{nn}x_n=b_n. \end{cases} \tag{10-4}$$

叫作 n 元线性方程组(a system of linear equations with nvariables).

在式(10-4)中,若常数项 $b_1,b_2,\cdots,b_n$ 不全为零,称式(10-4)为非齐次线性方程组;当它们全为零时,称

$$\begin{cases} a_{11}x_1+a_{12}x_2+\cdots+a_{1n}x_n=0, \\ a_{21}x_1+a_{22}x_2+\cdots+a_{2n}x_n=0, \\ \qquad\qquad\vdots \\ a_{n1}x_1+a_{n2}x_2+\cdots+a_{nn}x_n=0. \end{cases} \tag{10-5}$$

为齐次线性方程组.

定义 10.2.2 把式(10-4)中的系数按它们所在的行和列位置不变所做成的行列式

$$D=\begin{vmatrix} a_{11} & a_{12} & \cdots & a_{1n} \\ a_{21} & a_{22} & \cdots & a_{2n} \\ \vdots & \vdots & & \vdots \\ a_{n1} & a_{n2} & \cdots & a_{nn} \end{vmatrix} \tag{10-6}$$

称为式(10-4)的系数行列式(determinant of coefficient).

10.2.2 二元线性方程组的解

我们回想一下中学学过解二元线性方程组的消元法,已知方程组

$$\begin{cases} a_{11}x_1+a_{12}x_2=b_1, \\ a_{21}x_1+a_{22}x_2=b_2. \end{cases} \tag{10-7}$$

为了消去 x_2,将第一个方程两边同乘以 a_{22},第二个方程两边同乘以 a_{12},再用第一个方程减去第二个方程得:

$$(a_{11}a_{22}-a_{21}a_{12})x_1=b_1a_{22}-b_2a_{12}$$

当 $a_{11}a_{22}-a_{21}a_{12}\neq0$ 时,得

$$x_1 = \frac{b_1 a_{22} - b_2 a_{12}}{a_{11} a_{22} - a_{21} a_{12}} = \frac{\begin{vmatrix} b_1 & a_{12} \\ b_2 & a_{22} \end{vmatrix}}{\begin{vmatrix} a_{11} & a_{12} \\ a_{21} & a_{22} \end{vmatrix}} = \frac{\boldsymbol{D_1}}{\boldsymbol{D}},$$

同理可得

$$x_2 = \frac{b_2 a_{11} - b_1 a_{21}}{a_{11} a_{22} - a_{21} a_{12}} = \frac{\begin{vmatrix} a_{11} & b_1 \\ a_{21} & b_2 \end{vmatrix}}{\begin{vmatrix} a_{11} & a_{12} \\ a_{21} & a_{22} \end{vmatrix}} = \frac{\boldsymbol{D_2}}{\boldsymbol{D}}.$$

其中 $\boldsymbol{D}$ 是方程组式(10-7)的系数行列式,$\boldsymbol{D_i}$ 则是 $\boldsymbol{D}$ 中的第 i 列用常数项替换所得. 这个结论可以推广到 n 元线性方程组.

10.2.3　线性方程组的解与其系数行列式的关系

定理 10.2.1　(克莱姆法则)如果线性方程组式(10-4)的系数行列式 $\boldsymbol{D} \neq 0$,则式(10-4)有唯一解:

$$x_1 = \frac{\boldsymbol{D_1}}{\boldsymbol{D}}, \ x_2 = \frac{\boldsymbol{D_2}}{\boldsymbol{D}}, \ \cdots, \ x_n = \frac{\boldsymbol{D_n}}{\boldsymbol{D}},$$

其中,$\boldsymbol{D_i}(i=1,2,\cdots,n)$ 是用式(10-4)的常数项 $b_1,b_2,\cdots,b_n$ 替换式(10-6)中的第 i 列元素所得到的行列式

$$\boldsymbol{D_i} = \begin{vmatrix} a_{11} & \cdots & a_{1,i-1} & b_1 & a_{1,i+1} & \cdots & a_{1n} \\ \vdots & & \vdots & \vdots & \vdots & & \vdots \\ a_{n1} & \cdots & a_{n,i-1} & b_n & a_{n,i+1} & \cdots & a_{nn} \end{vmatrix}.$$

克莱姆法则的逆否定理可表达为:

定理 10.2.2　若式(10-4)无解或有两个以上不同的解,则它的系数行列式 $\boldsymbol{D}$ 必为零.

对于齐次方程组式(10-5),显然 $x_1 = x_2 = \cdots = x_n = 0$ 是它的一组解,称为式(10-5)的零解(null solution). 若式(10-5)有一组不全为零的解,则称这组解为式(10-5)的一组非零解(untrivial solution). 齐次方程组式(10-5)一定有零解,若它还有非零解(即不同于零解的解),由定理 10.2.2,则它的系数行列式一定为零. 于是有

定理 10.2.3　若式(10-5)有非零解,则它的系数行列式必为零.

由定理 10.2.1 还可得:

定理 10.2.4　若式(10-5)的系数行列式 $\boldsymbol{D} \neq 0$,则式(10-5)只有零解.

例 10.2.1　试用克莱姆法则解三元一次方程组

$$\begin{cases} 2x - y + z = 1, \\ 2x + z = -1, \\ x + y - 2z = 0. \end{cases}$$

解:它的系数行列式

$$\boldsymbol{D} = \begin{vmatrix} 2 & -1 & 1 \\ 2 & 0 & 1 \\ 1 & 1 & -2 \end{vmatrix} = -5 \neq 0,$$

故所给方程组有解.而

$$D_1=\begin{vmatrix} 1 & -1 & 1 \\ -1 & 0 & 1 \\ 0 & 1 & -2 \end{vmatrix}=0,D_2=\begin{vmatrix} 2 & 1 & 1 \\ 2 & -1 & 1 \\ 1 & 0 & -2 \end{vmatrix}=10,D_3=\begin{vmatrix} 2 & -1 & 1 \\ 2 & 0 & -1 \\ 1 & 1 & 0 \end{vmatrix}=5,$$

于是得

$$x=\frac{D_1}{D}=0,\ y=\frac{D_2}{D}=-2,\ z=\frac{D_3}{D}=-1.$$

例 10.2.2 齐次线性方程组

$$\begin{cases} 2x+y+z=0, \\ x+2y+z=0, \\ x+y+2z=0. \end{cases}$$

是否有非零解?

解:它的系数行列式为

$$\begin{vmatrix} 2 & 1 & 1 \\ 1 & 2 & 1 \\ 1 & 1 & 2 \end{vmatrix}=8+1+1-2-2-2=4\neq0,$$

由定理 10.2.4,该方程组只有零解,无非零解.

例 10.2.3 问 λ 取何值时,齐次方程组

$$\begin{cases} \lambda x+y+z=0, \\ x+\lambda y+z=0, \\ x+y+\lambda z=0. \end{cases}$$

只有零解?

解:它的系数行列式

$$D=\begin{vmatrix} \lambda & 1 & 1 \\ 1 & \lambda & 1 \\ 1 & 1 & \lambda \end{vmatrix}=\begin{vmatrix} \lambda-1 & 1-\lambda & 0 \\ 1 & \lambda & 1 \\ 1 & 1 & \lambda \end{vmatrix}=(\lambda-1)\begin{vmatrix} 1 & -1 & 0 \\ 1 & \lambda & 1 \\ 1 & 1 & \lambda \end{vmatrix}$$
$$=(\lambda-1)(\lambda^2+\lambda-2)=(\lambda-1)^2(\lambda+2),$$

当 $D\neq0$ 时,即当 $\lambda\neq1$ 且 $\lambda\neq-2$ 时,所给方程组只有零解.

习题 10.2

A. 基本题

1. 利用克莱姆法则解下列方程组.

(1) $\begin{cases} x+y+z=0, \\ x-y+z=1, \\ x-y+2z=2. \end{cases}$
(2) $\begin{cases} x+y+z=1, \\ 2x+y-z=1, \\ x-y+z=2. \end{cases}$

2. λ 取何值时,齐次线性方程组

$$\begin{cases} x+y+z=0, \\ x+\lambda y+z=0, \\ x+y+\lambda z=0. \end{cases}$$

只有零解?

B. 一般题

3. 利用克莱姆法则解下列方程组.

(1) $\begin{cases} x_1-x_2+x_3-x_4=2, \\ x_1-x_2-2x_3+x_4=1, \\ 3x_1+2x_2+x_3=-1, \\ -x_1+x_2-x_3+2x_4=-1. \end{cases}$
　　　(2) $\begin{cases} x_1+x_2+x_3=1, \\ x_1+x_2-x_3+x_4=1, \\ x_1-x_3+x_4=-2, \\ x_2+2x_3+3x_4=1. \end{cases}$

C. 提高题

4. 当 λ 取何值时,齐次方程组

$$\begin{cases} (3-\lambda)x+2z=0, \\ 2x+(6-\lambda)y=0, \\ 2x+(3-\lambda)z=0. \end{cases}$$

有非零解?

10.3 矩阵及其运算
(Matrix and its Operation)

本节提示：矩阵是利用线性代数解决实际问题的主要工具. 本节着重介绍矩阵的概念及运算方法.

10.3.1 矩阵的定义

定义 10.3.1 由 $m \times n$ 个数 $a_{ij}(i=1,2,\cdots,m;j=1,2,\cdots,n)$ 排成的 m 行 n 列的数表

$$\boldsymbol{A}=(a_{ij})_{m\times n}=\begin{pmatrix} a_{11} & a_{12} & \cdots & a_{1n} \\ a_{21} & a_{22} & \cdots & a_{2n} \\ \vdots & \vdots & & \vdots \\ a_{m1} & a_{m2} & \cdots & a_{mn} \end{pmatrix}_{m\times n} \qquad (10-8)$$

叫作 $m \times n$ 矩阵(matrix)，a_{ij} 称为矩阵 $\boldsymbol{A}$ 的第 i 行第 j 列的元素或值(entry). 当 a_{ij} 为复数时，$\boldsymbol{A}$ 称为复矩阵，当 a_{ij} 为实数时，$\boldsymbol{A}$ 称为实矩阵，我们只讨论实矩阵.

当 $m=n$ 时，$\boldsymbol{A}_{n\times n}$ 叫作 n 阶方阵(square matrix). 在 n 阶方阵 $\boldsymbol{A}$ 中，称 $a_{11},a_{22},\cdots,a_{nn}$ 为 $\boldsymbol{A}$ 的主对角线(main diagonal).

只有一行的矩阵称为行矩阵：$\boldsymbol{A}_{1\times n}=(a_1,a_2,\cdots,a_n)$.

只有一列的矩阵称为列矩阵：$\boldsymbol{B}_{m\times 1}=\begin{pmatrix} b_1 \\ b_2 \\ \vdots \\ b_m \end{pmatrix}$.

称行数与列数分别相等的矩阵 $\boldsymbol{A}_{m\times n}$ 与 $\boldsymbol{B}_{m\times n}$ 为同型矩阵.

在同型矩阵 $\boldsymbol{A}_{m\times n}$ 与 $\boldsymbol{B}_{m\times n}$ 中，若对应元素相等，即 $a_{ij}=b_{ij}$，则称这两个矩阵相等，记为 $\boldsymbol{A}=\boldsymbol{B}$.

元素都是零的矩阵称为零矩阵，记作 $\boldsymbol{0}$.

$\boldsymbol{E}=\begin{pmatrix} 1 & 0 & \cdots & 0 \\ 0 & 1 & \cdots & 0 \\ & & \ddots & \\ 0 & 0 & \cdots & 1 \end{pmatrix}_{n\times n}$ 称为 n 阶单位矩阵(identity matrix)，即 $\boldsymbol{E}=(a_{ij})_{n\times n}$，其中 $a_{ij}=$

$\begin{cases} 1,i=j \\ 0,i\neq j \end{cases}$，它的特点是主对角线上的值都是 1，其余位置的值都是 0.

$\boldsymbol{\Lambda}=\begin{pmatrix} \lambda_1 & 0 & \cdots & 0 \\ 0 & \lambda_2 & \cdots & 0 \\ & & \ddots & \\ 0 & 0 & \cdots & \lambda_n \end{pmatrix}_{n\times n}$ 称为对角阵(diagonal matrix). 它的特点是，不在主对角线上

的元素都是 0.

$$A=\begin{bmatrix} a_{11} & a_{12} & \cdots & a_{1n} \\ 0 & a_{22} & \cdots & a_{2n} \\ & & \ddots & \\ 0 & 0 & \cdots & a_{nn} \end{bmatrix}_{n\times n}$$ 称为上三角矩阵(upper triangular matrix). 它的特点是,主

对角线以下的元素都是 0.

$$B=\begin{bmatrix} a_{11} & 0 & \cdots & 0 \\ a_{21} & a_{22} & \cdots & 0 \\ & & \ddots & \\ a_{n1} & a_{n2} & \cdots & a_{nn} \end{bmatrix}_{n\times n}$$ 叫做下三角矩阵(lower triangular matrix). 它的特点是,主

对角线以上的元素都是 0.

10.3.2　矩阵的运算

1. 矩阵的加法

定义 10.3.2　设有两个同型的 $m\times n$ 矩阵 $A_{m\times n}$ 和 $B_{m\times n}$,则规定

$$A+B=(a_{ij}+b_{ij})_{m\times n}=\begin{bmatrix} a_{11}+b_{11} & a_{12}+b_{12} & \cdots & a_{1n}+b_{1n} \\ a_{21}+b_{21} & a_{22}+b_{22} & \cdots & a_{2n}+b_{2n} \\ \vdots & \vdots & & \vdots \\ a_{m1}+b_{m1} & a_{m2}+b_{m2} & \cdots & a_{mn}+b_{mn} \end{bmatrix}_{m\times n}.$$

对于同型矩阵 A、B、C,其加法满足交换律和结合律:

① $A+B=B+A$;② $(A+B)+C=A+(B+C)$.

2. 数与矩阵相乘

定义 10.3.3　设 λ 是一个数(scalar),把 λ 与矩阵 A 的乘积记作 λA,规定

$$\lambda A=A\lambda=\begin{bmatrix} \lambda a_{11} & \lambda a_{12} & \cdots & \lambda a_{1n} \\ \lambda a_{21} & \lambda a_{22} & \cdots & \lambda a_{2n} \\ \vdots & \vdots & & \vdots \\ \lambda a_{m1} & \lambda a_{m2} & \cdots & \lambda a_{mn} \end{bmatrix}_{m\times n}.$$

设 λ,μ 为数,则数乘矩阵满足以下运算规律:

① $(\lambda\mu)A=\lambda(\mu A)=\mu(\lambda A)$;

② $(\lambda+\mu)A=\lambda A+\mu A$;

③ $\lambda(A+B)=\lambda A+\lambda B$.

当 $\lambda=-1$ 时,$(-1)A=(-a_{ij})_{m\times n}$,称为 A 的负矩阵. 显然

$$A+(-A)=0,$$

故规定矩阵的减法为

$$A-B=A+(-B).$$

3. 矩阵与矩阵相乘

定义 10.3.4　设 $A=(a_{ij})_{m\times s}$,$B=(b_{ij})_{s\times n}$,规定 A 与 B 的乘积为一个 $m\times n$ 矩阵

$$AB=C=(c_{ij})_{m\times n},$$

其中

$$c_{ij} = a_{i1}b_{1j} + a_{i2}b_{2j} + \cdots + a_{is}b_{sj} = \sum_{k=1}^{s} a_{ik}b_{kj}, (i=1,2,\cdots,m; j=1,2,\cdots,n).$$

$$(10-9)$$

定义 10.3.5 设有变量 $y_1, y_2, \cdots, y_m$ 能用变量 $x_1, x_2, \cdots, x_n$ 线性表示

$$\begin{cases} y_1 = a_{11}x_1 + a_{12}x_2 + \cdots + a_{1n}x_n, \\ y_2 = a_{21}x_1 + a_{22}x_2 + \cdots + a_{2n}x_n, \\ \vdots \\ y_m = a_{m1}x_1 + a_{m2}x_2 + \cdots + a_{mn}x_n. \end{cases} \quad (10-10)$$

称式(10-10)为从变量 $x_1, x_2, \cdots, x_n$ 到变量 $y_1, y_2, \cdots, y_m$ 的线性变换(linear transformation).

根据矩阵的乘法定义,线性变换式(10-10)可用矩阵表示为

$$\begin{bmatrix} y_1 \\ y_2 \\ \vdots \\ y_m \end{bmatrix} = \begin{bmatrix} a_{11} & a_{12} & \cdots & a_{1n} \\ a_{21} & a_{22} & \cdots & a_{2n} \\ \vdots & \vdots & & \vdots \\ a_{m1} & a_{m2} & \cdots & a_{mn} \end{bmatrix} \begin{bmatrix} x_1 \\ x_2 \\ \vdots \\ x_n \end{bmatrix}, \quad (10-11)$$

或简写为 $\boldsymbol{Y}_{m\times 1} = \boldsymbol{A}_{m\times n}\boldsymbol{X}_{n\times 1}$,称 $\boldsymbol{A}_{m\times n}$ 为线性变换式(10-10)的矩阵.

例 10.3.1 线性变换

$$\begin{cases} y_1 = x_1 - x_2 + 2x_3, \\ y_2 = 2x_1 + x_2 + 3x_3, \\ y_3 = 3x_1 - 2x_2 + x_3. \end{cases}$$

对应的一个 3 阶方阵为

$$\boldsymbol{A} = \begin{bmatrix} 1 & -1 & 2 \\ 2 & 1 & 3 \\ 3 & -2 & 1 \end{bmatrix}.$$

例 10.3.2 求矩阵

$$\boldsymbol{A} = \begin{pmatrix} 1 & 0 & 1 & -1 \\ -2 & 1 & 0 & 3 \end{pmatrix}_{2\times 4} \quad \text{与} \quad \boldsymbol{B} = \begin{bmatrix} 1 & 1 & 0 \\ 1 & 1 & 2 \\ -2 & 0 & 1 \\ -1 & 3 & -1 \end{bmatrix}_{4\times 3}$$

的乘积.

解:分别用左边矩阵的行元素与右边矩阵的列元素按式(10-9)计算如下

$$\boldsymbol{AB} = \begin{pmatrix} 1 & 0 & 1 & -1 \\ -2 & 1 & 0 & 3 \end{pmatrix} \begin{bmatrix} 1 & 1 & 0 \\ 1 & 1 & 2 \\ -2 & 0 & 1 \\ -1 & 3 & -1 \end{bmatrix} = \begin{pmatrix} 0 & -2 & 2 \\ -4 & 8 & -1 \end{pmatrix}.$$

一般情况下,矩阵的乘法不满足交换律. 请看下列.

例 10.3.3 设

$$\boldsymbol{A} = \begin{pmatrix} -2 & 6 \\ 1 & -3 \end{pmatrix}, \boldsymbol{B} = \begin{pmatrix} 1 & 2 \\ -3 & -6 \end{pmatrix},$$

则

$$AB = \begin{pmatrix} -20 & -40 \\ 10 & 20 \end{pmatrix}, \quad BA = \begin{pmatrix} 0 & 0 \\ 0 & 0 \end{pmatrix},$$

注：(1) 一般地 $AB \neq BA$；(2) $AB = 0$，不能说明 A, B 中一个矩阵为零矩阵.

在运算可行时，矩阵的乘法满足下列运算规律：

① $(AB)C = A(BC)$.

② $A(B+C) = AB+AC, (B+C)A = BA+CA$.

③ $\lambda(AB) = (\lambda A)B = A(\lambda B)$.

④ 设 E 为单位阵，则 $E_m A_{m \times n} = A_{m \times n}, A_{m \times n} E_n = A_{m \times n}$.

⑤ 设 A 为 n 阶方阵，则 $A^{k+l} = A^k A^l, A^k A^l = A^{k+l}, (A^k)^l = A^{kl}$.

4. 矩阵的转置

定义 10.3.6　把矩阵 A 的行换成同序数的列得到一个新矩阵，叫做 A 的转置矩阵 (transpose of A)，记为 A' 或 A^T. 也就是说，若 A 是式(10-8)中的 $m \times n$ 矩阵，则

$$A^T = \begin{bmatrix} a_{11} & a_{21} & \cdots & a_{m1} \\ a_{12} & a_{22} & \cdots & a_{m2} \\ \vdots & \vdots & & \vdots \\ a_{1n} & a_{2n} & \cdots & a_{mn} \end{bmatrix}_{n \times m} \tag{10-12}$$

矩阵的转置也是一种运算，它满足下列运算规律：

① $(A^T)^T = A$.

② $(A+B)^T = A^T + B^T$.

③ $(\lambda A)^T = \lambda A^T$.

④ $(AB)^T = B^T A^T$.

定义 10.3.7　设 A 为 n 阶方阵，如果 $A^T = A$，即 $a_{ij} = a_{ji} (i, j = 1, 2, \cdots, n)$，则称 A 为对称阵 (symmetric matrix). 它的特点是，以其主对角线上的元素为轴对应相等

$$A = \begin{bmatrix} a_{11} & a_{12} & a_{13} & \cdots & a_{1n} \\ a_{12} & a_{22} & a_{23} & \cdots & a_{2n} \\ a_{13} & a_{23} & a_{33} & \cdots & a_{3n} \\ \vdots & \vdots & \vdots & & \vdots \\ a_{1n} & a_{2n} & a_{3n} & \cdots & a_{mn} \end{bmatrix}. \tag{10-13}$$

如果 $A^T = -A$，即 $a_{ij} = -a_{ji} (i, j = 1, 2, \cdots, n)$，则称 A 为反对称阵.

10.3.3　方阵的行列式

定义 10.3.8　由 n 阶方阵 A 的元素所构成的行列式（各元素的位置不变），叫做方阵 A 的行列式，记为 $|A|$.

$|A|$ 满足下列运算规律：

① $|A^T| = |A|$.

② $|\lambda A| = \lambda^n |A|$.

③ $|AB| = |A| |B|$，其中 B 为 n 阶方阵.

习题 10.3

A. 基本题

1. 若下列每组矩阵可以相乘,求矩阵的乘积.

(1) $(2 \quad -1 \quad 3)\begin{pmatrix} 1 \\ 2 \\ 3 \end{pmatrix}$

(2) $\begin{pmatrix} 0 \\ -1 \\ 2 \end{pmatrix}(1 \quad 2 \quad 3)$

(3) $\begin{pmatrix} -1 & 2 \\ -3 & -1 \end{pmatrix}\begin{pmatrix} 1 & -1 & 2 \\ 1 & 1 & 3 \end{pmatrix}$

(4) $\begin{pmatrix} 1 & 1 \\ 1 & 0 \\ 2 & 1 \end{pmatrix}\begin{pmatrix} 2 & -1 \\ 1 & 1 \\ -2 & 2 \end{pmatrix}$

2. 设矩阵

$$A = \begin{pmatrix} 1 & 0 & -1 \\ 2 & 1 & 2 \\ 1 & 0 & -3 \end{pmatrix}, B = \begin{pmatrix} -1 & 1 & -4 \\ 0 & 3 & 1 \\ -1 & 3 & 0 \end{pmatrix},$$

求 AB 及 $2A-3B$.

3. 求矩阵 A^{T},其中

$$A = \begin{pmatrix} 1 & 2 & 3 & 4 \\ 4 & 3 & 2 & 1 \\ 1 & 2 & 3 & 4 \\ 5 & 6 & 7 & 8 \end{pmatrix}$$

B. 一般题

4. 设矩阵

$$A = \begin{pmatrix} 2 & -1 & 1 \\ 0 & 1 & -1 \\ -1 & 2 & 1 \end{pmatrix}, B = \begin{pmatrix} 1 & 0 & 1 \\ 0 & 2 & 1 \\ -1 & 1 & -2 \end{pmatrix},$$

验证① $(A+B)^{\mathrm{T}} = A^{\mathrm{T}} + B^{\mathrm{T}}$,② $(AB)^{\mathrm{T}} = B^{\mathrm{T}}A^{\mathrm{T}}$.

C. 提高题

5. 设有两个线性变换:

$$\begin{cases} y_1 = x_1 + x_2 - x_3, \\ y_2 = x_1 - 2x_2 + x_3, \quad 和 \\ y_3 = 3x_1 + x_2. \end{cases} \qquad \begin{cases} x_1 = 2z_1 - z_2 - z_3, \\ x_2 = -z_1 + z_2 + 2z_3, \\ x_3 = z_1 + z_2 + z_3. \end{cases}$$

分别写出这两个线性变换的矩阵 A 和 B,并利用矩阵的乘法求出从 z_1, z_2, z_3 到 y_1, y_2, y_3 的线性变换的矩阵 C.

10.4 逆矩阵与矩阵的秩
(Inverse Matrix and Rank of Matrix)

本节提示:在矩阵理论中,逆矩阵与矩阵的秩是两个十分重要的概念.本节我们以研究这两个概念为主,求逆矩阵及求矩阵秩的一般方法则放到下一节讲.

10.4.1 逆矩阵的定义

定义 10.4.1 对于 n 阶矩阵 A,若有 n 阶矩阵 B,使
$$AB = BA = E,$$
则称矩阵 A 是可逆的(invertible),并称 B 为 A 的逆矩阵(inverse),记为 $B = A^{-1}$.

定理 10.4.1 矩阵 A 可逆的充要条件是 $|A| \neq 0$.

证:必要性 若存在 A^{-1},使得 $AA^{-1} = A^{-1}A = E$,则
$$|AA^{-1}| = |A||A^{-1}| = |E| = 1 \neq 0,$$
所以 $|A| \neq 0$.

充分性 令
$$A^* = \begin{bmatrix} A_{11} & A_{21} & \cdots & A_{n1} \\ A_{12} & A_{22} & \cdots & A_{n2} \\ \vdots & \vdots & & \vdots \\ A_{1n} & A_{2n} & \cdots & A_{nn} \end{bmatrix},$$

A^* 称为 A 的伴随矩阵(adjoint matrix),即 A 的伴随矩阵是用 $|A|$ 中 a_{ij} 的代数余子式 A_{ij} 替换 A 的元素 a_{ij} 后再转置所得到的矩阵.

因为 $AA^* = A^*A = |A|E$,若 $|A| \neq 0$,则矩阵 A 是可逆的,且 $A^{-1} = \dfrac{1}{|A|}A^*$.

例 10.4.1 求矩阵
$$A = \begin{bmatrix} 1 & 0 & -1 \\ 0 & 1 & -1 \\ 1 & 1 & 1 \end{bmatrix}$$
的逆矩阵.

解:因为 $|A| = 3 \neq 0$,故 A^{-1} 存在.以下计算 A 的伴随矩阵:

$$A_{11} = (-1)^{1+1}\begin{vmatrix} 1 & -1 \\ 1 & 1 \end{vmatrix} = 2, \quad A_{21} = (-1)^{2+1}\begin{vmatrix} 0 & -1 \\ 1 & 1 \end{vmatrix} = -1, \quad A_{31} = (-1)^{3+1}\begin{vmatrix} 0 & -1 \\ 1 & -1 \end{vmatrix} = 1,$$

$$A_{12} = (-1)^{1+2}\begin{vmatrix} 0 & -1 \\ 1 & 1 \end{vmatrix} = -1, \quad A_{22} = (-1)^{2+2}\begin{vmatrix} 1 & -1 \\ 1 & 1 \end{vmatrix} = 2, \quad A_{32} = (-1)^{3+2}\begin{vmatrix} 1 & -1 \\ 0 & -1 \end{vmatrix} = 1,$$

$$A_{13} = (-1)^{1+3}\begin{vmatrix} 0 & 1 \\ 1 & 1 \end{vmatrix} = -1, \quad A_{23} = (-1)^{2+3}\begin{vmatrix} 1 & 0 \\ 1 & 1 \end{vmatrix} = -1, \quad A_{33} = (-1)^{3+3}\begin{vmatrix} 1 & 0 \\ 0 & 1 \end{vmatrix} = 1,$$

所以

$$A^* = \begin{pmatrix} 2 & -1 & 1 \\ -1 & 2 & 1 \\ -1 & -1 & 1 \end{pmatrix},$$

因此得

$$A^{-1} = \frac{1}{|A|}A^* = \begin{pmatrix} \dfrac{2}{3} & -\dfrac{1}{3} & \dfrac{1}{3} \\ -\dfrac{1}{3} & \dfrac{2}{3} & \dfrac{1}{3} \\ -\dfrac{1}{3} & -\dfrac{1}{3} & \dfrac{1}{3} \end{pmatrix}.$$

利用伴随矩阵求 A 的逆矩阵,在理论上有其重要意义,但我们不提倡用这种方法求逆矩阵,因为当矩阵的阶数较高时,求伴随矩阵本身就是一件非常麻烦的事情.下一节将介绍一个较为简单的求逆阵的方法——用初等变换的方法求逆矩阵.

例 10.4.2 已知 $A = \begin{pmatrix} 1 & 1 & -1 \\ 0 & 1 & -1 \\ 1 & 2 & 1 \end{pmatrix}, B = \begin{pmatrix} 1 & 2 \\ 1 & 1 \\ -1 & 0 \end{pmatrix}$,且满足 $AX = B$,求矩阵 X.

解:因为 $AX = B$,所以 $X = A^{-1}B$.

而 $A^{-1} = \dfrac{1}{3} \begin{pmatrix} 3 & -3 & 0 \\ -1 & 2 & 1 \\ -1 & -1 & 1 \end{pmatrix}$,故 $X = A^{-1}B = \begin{pmatrix} 0 & 1 \\ 0 & 0 \\ -1 & -1 \end{pmatrix}$.

10.4.2 矩阵的秩

定义 10.4.2 在 $m \times n$ 矩阵 A 中,任取 k 行与 k 列,位于这些行、列交叉处的 k^2 个元素,不改变它们的相对位置而得到的 k 阶行列式,称为 A 的 k 阶子式.

定义 10.4.3 假定在 $m \times n$ 矩阵 A 中有一个不为零的 k 阶子式 D_k,且所有 $k+1$ 阶子式(如果有的话)全为零,则称 D_k 为矩阵 A 的最高阶非零子式,数 k 称为矩阵 A 的秩(rank),记作 $R(A)$.规定零矩阵的秩为零.

显然,n 阶单位阵 E 的秩为 n,即 $R(E) = n$.

例 10.4.3 求矩阵 A 的秩:

$$A = \begin{pmatrix} 1 & 2 & 1 \\ -1 & 1 & -2 \\ -1 & 4 & -3 \end{pmatrix}$$

解:因为 $|A| = 0$,又 $\begin{vmatrix} 1 & 2 \\ -1 & 1 \end{vmatrix} = 1 + 2 = 3 \neq 0$,所以 $R(A) = 2$.

例 10.4.4 求矩阵 A 的秩:

$$A = \begin{pmatrix} 2 & 1 & 0 & 1 \\ 0 & 1 & 1 & 1 \\ 0 & 0 & 1 & 0 \\ 0 & 0 & 0 & 0 \end{pmatrix}.$$

解：容易看出，$|\boldsymbol{A}| = \begin{vmatrix} 2 & 1 & 0 & 1 \\ 0 & 1 & 1 & 1 \\ 0 & 0 & 1 & 0 \\ 0 & 0 & 0 & 0 \end{vmatrix} = 0$，

$\boldsymbol{A}$ 的左上角所形成的 3 阶子式

$$\boldsymbol{D}_3 = \begin{vmatrix} 2 & 1 & 0 \\ 0 & 1 & 1 \\ 0 & 0 & 1 \end{vmatrix} = 2 \neq 0,$$

所以 $R(\boldsymbol{A}) = 3$.

求一般矩阵的秩的方法将在下节介绍.

习题 10.4

A. 基本题

1. 求下列矩阵的逆矩阵.

(1) $\begin{pmatrix} 1 & 3 \\ 2 & 4 \end{pmatrix}$ (2) $\begin{pmatrix} a & b \\ c & d \end{pmatrix}$（其中 $ad \neq bc$）

B. 一般题

2. 求矩阵 $\boldsymbol{A}$ 的逆矩阵.

(1) $\boldsymbol{A} = \begin{pmatrix} 1 & 0 & -1 \\ 1 & 1 & 1 \\ 1 & 2 & 1 \end{pmatrix}$，   (2) $\boldsymbol{A} = \begin{pmatrix} 1 & 1 & -1 \\ 1 & -1 & 1 \\ 1 & 2 & 1 \end{pmatrix}$

C. 提高题

3. 求矩阵 $\boldsymbol{A}$ 的秩. $\boldsymbol{A} = \begin{pmatrix} 1 & 2 & -1 & -1 \\ 1 & 0 & 2 & 2 \\ -1 & 1 & 1 & 1 \\ 2 & 3 & 0 & 3 \end{pmatrix}$.

4. 已知矩阵 $\boldsymbol{A}$ 满足 $\boldsymbol{A}^2 + \boldsymbol{A} = \boldsymbol{E}$，试证明矩阵 $\boldsymbol{A}$ 及 $\boldsymbol{A} + 2\boldsymbol{E}$ 可逆，并求 $\boldsymbol{A}^{-1}$ 及 $(\boldsymbol{A} + 2\boldsymbol{E})^{-1}$.

10.5 初等变换
(Elementary Transformation)

本节提示：初等变换是线性代数中的最重要的运算方法，对矩阵施行一系列的初等变换，可以把一个复杂矩阵变换成与它等价的一个简单矩阵。利用初等变换，可以方便地计算矩阵的秩、逆矩阵以及后边要学习的线性方程组的解。

10.5.1 初等变换的定义

定义 10.5.1 下面 3 种变换称为矩阵 A 的初等行变换（elementary row transformation）：

① 对调矩阵 A 的第 i 行与第 j 行：$r_i \leftrightarrow r_j$；

② 以数 $k \neq 0$ 乘矩阵的第 i 行的所有元素：$k r_i$；

③ 把第 i 行的所有元素的 k 倍加到第 j 行的对应元素上：$r_j + k r_i$。

把上述定义中的"行"换成"列"，把变换记号中的"r"（即 row 的字头）换成"c"（即 column 的字头）就得到初等列变换（Elementary column transformation）的定义。

矩阵的初等行变换和初等列变换统称为初等变换（elementary transformation）。

10.5.2 等价矩阵与矩阵秩的求法

定义 10.5.2 如果矩阵 A 经有限次的初等变换变成矩阵 B，就称 A 与 B 是等价的（equivalent），记作 $A \sim B$。

定理 10.5.1 若 $A \sim B$，则 $R(A) = R(B)$。

该定理说明，矩阵经初等变换而秩不变，因此，我们可以用初等变换把矩阵变成阶梯形矩阵，其中非零行的个数就是矩阵的秩。

例 10.5.1 求矩阵 A 的秩：

$$A = \begin{pmatrix} 1 & 1 & -1 & -2 \\ 1 & 2 & 4 & 1 \\ 1 & 1 & 2 & 2 \end{pmatrix}.$$

解：对 A 进行初等行变换，得

$$A = \begin{pmatrix} 1 & 1 & -1 & -2 \\ 1 & 2 & 4 & 1 \\ 1 & 1 & 2 & 2 \end{pmatrix} \xrightarrow[r_3 - r_1]{r_2 - r_1} \begin{pmatrix} 1 & 1 & -1 & -2 \\ 0 & 1 & 5 & 3 \\ 0 & 0 & 3 & 4 \end{pmatrix} = B.$$

容易看出矩阵 B 的最高阶非零子式是 $D_3 = \begin{vmatrix} 1 & 1 & -1 \\ 0 & 1 & 5 \\ 0 & 0 & 3 \end{vmatrix} \neq 0$，根据定义 10.4.3，故

$R(B) = 3$，而 $A \sim B$，因此 $R(A) = R(B) = 3$。

10.5.3 初等矩阵

定义 10.5.3 将单位矩阵 E 实施一次初等变换，所得到的矩阵称为初等矩阵（elementary matrix). 这样就有 3 种类型的初等矩阵.

（1）初等互换矩阵：$E_{i,j}$ 表示交换单位矩阵的第 i 行（列）与第 j 行（列）得到的初等矩阵；

（2）初等倍乘矩阵：$E_{i(k)}$ 表示将单位矩阵的第 i 行（列）乘以不为零的常数 k 得到的初等矩阵；

（3）初等倍加矩阵：$E_{i,j(k)}$ 表示将单位矩阵的第 j 行乘以常数 k 加到第 i 行的对应元素上得到的初等矩阵（相当于将单位矩阵的第 i 列乘以数 k 加到第 j 列的对应元素上得到的初等矩阵）.

上面 3 个初等矩阵都是可逆的，并且它们的逆矩阵仍是初等矩阵，有 $(E_{i,j})^{-1} = E_{i,j}$；$(E_{i(k)})^{-1} = E_{i(\frac{1}{k})}$；$(E_{i,j(k)})^{-1} = E_{i,j(-k)}$.

可以证明：对 $m \times n$ 矩阵 A 进行一次初等行（列）变换相当于对 A 左（右）乘以相应的 m 阶（n 阶）初等矩阵.

10.5.4　利用初等变换求逆矩阵

不难理解，对于 n 阶方阵 A，我们总可以通过一系列的初等行（或列）变换，把 A 变成对角阵

$$B = \begin{bmatrix} 1 & & & & & & & \\ & 1 & & & & & & \\ & & \ddots & & & & & \\ & & & 1 & & & & \\ & & & & 0 & & & \\ & & & & & \ddots & & \\ & & & & & & 0 \end{bmatrix}$$

其中主对角线上的元素为 1 和 0. 若主对角线上的元素全是 1，则 $B = E$，说明 $R(A) = n$，这时称 A 为非奇异方阵或满秩矩阵（nonsin gular matrix）. 由于对 A 的行列式按照行列式的性质 2、3、7 进行化简最终变成对角行列式时，就相当于对 A 进行初等行（列）变换. 故当 A 为满秩矩阵时，$|A| \neq 0$，由定理 10.4.1 知，此时 A 可逆. 下面，给大家介绍 2 种利用初等变换求满秩的 n 阶方阵 A 的逆矩阵的方法.

（1）在 A 的右边放一个 n 阶单位阵 E，对得到的这个 n 行 $2n$ 列的矩阵进行初等行变换，当 A 的位置变成单位阵 E 时（相当于在 A 的左边乘以 A^{-1}），E 的位置就是 A^{-1}：

$$(A \quad E) \sim \cdots \sim (E \quad A^{-1}).$$

（2）在 A 的下边放一个 n 阶单位阵 E，对这个 $2n$ 行 n 列的矩阵进行初等列变换，当 A 的位置变成单位阵 E 时（相当于在 A 的右边乘以 A^{-1}），E 的位置就是 A^{-1}：

$$\begin{pmatrix} A \\ E \end{pmatrix} \sim \cdots \sim \begin{pmatrix} E \\ A^{-1} \end{pmatrix}.$$

例 10.5.2　求矩阵 $A = \begin{bmatrix} 1 & 0 & -1 \\ 0 & 1 & -1 \\ 1 & 1 & 1 \end{bmatrix}$ 的逆矩阵.

解：用初等行变换求 A 的逆矩阵：

$$(AE) = \begin{pmatrix} 1 & 0 & -1 & 1 & 0 & 0 \\ 0 & 1 & -1 & 0 & 1 & 0 \\ 1 & 1 & 1 & 0 & 0 & 1 \end{pmatrix} \xrightarrow{r_3-r_1} \begin{pmatrix} 1 & 0 & -1 & 1 & 0 & 0 \\ 0 & 1 & -1 & 0 & 1 & 0 \\ 0 & 1 & 2 & -1 & 0 & 1 \end{pmatrix} \xrightarrow{r_3-r_2}$$

$$\begin{pmatrix} 1 & 0 & -1 & 1 & 0 & 0 \\ 0 & 1 & -1 & 0 & 1 & 0 \\ 0 & 0 & 3 & -1 & -1 & 1 \end{pmatrix} \xrightarrow{\frac{1}{3}r_3} \begin{pmatrix} 1 & 0 & -1 & 1 & 0 & 0 \\ 0 & 1 & -1 & 0 & 1 & 0 \\ 0 & 0 & 1 & -\frac{1}{3} & -\frac{1}{3} & \frac{1}{3} \end{pmatrix} \xrightarrow[r_2+r_3]{r_1+r_3}$$

$$\begin{pmatrix} 1 & 0 & 0 & \frac{2}{3} & -\frac{1}{3} & \frac{1}{3} \\ 0 & 1 & 0 & -\frac{1}{3} & \frac{2}{3} & \frac{1}{3} \\ 0 & 0 & 1 & -\frac{1}{3} & -\frac{1}{3} & \frac{1}{3} \end{pmatrix} = (EA^{-1})$$

所以
$$A^{-1} = \begin{pmatrix} \frac{2}{3} & -\frac{1}{3} & \frac{1}{3} \\ -\frac{1}{3} & \frac{2}{3} & \frac{1}{3} \\ -\frac{1}{3} & -\frac{1}{3} & \frac{1}{3} \end{pmatrix}.$$

类似地可用初等列变换的方法求 A 的逆矩阵,请读者自己做.

现在可以利用矩阵的运算来求解一些线性方程组.

例 10.5.3 求解线性方程组
$$\begin{cases} x_1 - x_2 = 2 \\ 2x_1 - x_2 - x_3 = 1 \\ -x_1 - 2x_2 + x_3 = 0 \end{cases}.$$

解:解法一 该方程组可用矩阵表示为 $AX=B$,其中
$$A = \begin{pmatrix} 1 & -1 & 0 \\ 2 & -1 & -1 \\ -1 & -2 & 1 \end{pmatrix}, X = \begin{pmatrix} x_1 \\ x_2 \\ x_3 \end{pmatrix}, B = \begin{pmatrix} 2 \\ 1 \\ 0 \end{pmatrix}.$$

用 A^{-1} 从左侧乘方程两边得:$A^{-1}AX = A^{-1}B$,即 $X = A^{-1}B$,这就是解矩阵方程的过程.
因为
$$A^{-1} = \begin{pmatrix} \frac{3}{2} & -\frac{1}{2} & -\frac{1}{2} \\ \frac{1}{2} & -\frac{1}{2} & -\frac{1}{2} \\ \frac{5}{2} & -\frac{3}{2} & -\frac{1}{2} \end{pmatrix},$$

所以

$$\boldsymbol{X}=\boldsymbol{A}^{-1}\boldsymbol{B}=\begin{pmatrix} \dfrac{3}{2} & -\dfrac{1}{2} & -\dfrac{1}{2} \\[2mm] \dfrac{1}{2} & -\dfrac{1}{2} & -\dfrac{1}{2} \\[2mm] \dfrac{5}{2} & -\dfrac{3}{2} & -\dfrac{1}{2} \end{pmatrix}\begin{pmatrix} 2 \\ 1 \\ 0 \end{pmatrix}=\begin{pmatrix} \dfrac{5}{2} \\[2mm] \dfrac{1}{2} \\[2mm] \dfrac{7}{2} \end{pmatrix},$$

故该线性方程组的解为 $x_1=\dfrac{5}{2},x_2=\dfrac{1}{2},x_3=\dfrac{7}{2}$.

解法二 $(\boldsymbol{AB})=\begin{pmatrix} 1 & -1 & 0 & 2 \\ 2 & -1 & -1 & 1 \\ -1 & -2 & 1 & 0 \end{pmatrix}\xrightarrow[r_3+r_1]{r_2-2r_1}\begin{pmatrix} 1 & -1 & 0 & 2 \\ 0 & 1 & -1 & -3 \\ 0 & -3 & 1 & 2 \end{pmatrix}\xrightarrow{r_3+3r_2}$

$\begin{pmatrix} 1 & -1 & 0 & 2 \\ 0 & 1 & -1 & -3 \\ 0 & 0 & -2 & -7 \end{pmatrix}\xrightarrow{-\frac{1}{2}r_3}\begin{pmatrix} 1 & -1 & 0 & 2 \\ 0 & 1 & -1 & -3 \\ 0 & 0 & 1 & \dfrac{7}{2} \end{pmatrix}\xrightarrow{r_2+r_3}\begin{pmatrix} 1 & -1 & 0 & 2 \\ 0 & 1 & 0 & \dfrac{1}{2} \\ 0 & 0 & 1 & \dfrac{7}{2} \end{pmatrix}\xrightarrow{r_1+r_2}$

$\begin{pmatrix} 1 & 0 & 0 & \dfrac{5}{2} \\[2mm] 0 & 1 & 0 & \dfrac{1}{2} \\[2mm] 0 & 0 & 1 & \dfrac{7}{2} \end{pmatrix}.$

故该线性方程组的解为 $x_1=\dfrac{5}{2},x_2=\dfrac{1}{2},x_3=\dfrac{7}{2}$.

例 10.5.4 解矩阵方程 $\boldsymbol{XA}=\boldsymbol{B}$,其中

$$\boldsymbol{A}=\begin{pmatrix} 0 & 1 & -1 \\ 1 & 1 & 0 \\ 1 & -1 & 1 \end{pmatrix},\quad \boldsymbol{B}=\begin{pmatrix} 1 & -1 & 3 \\ 0 & -1 & 2 \\ 1 & -2 & 5 \end{pmatrix}.$$

解：$\begin{pmatrix} \boldsymbol{A} \\ \boldsymbol{B} \end{pmatrix}=\begin{pmatrix} 0 & 1 & -1 \\ 1 & 1 & 0 \\ 1 & -1 & 1 \\ 1 & -1 & 3 \\ 0 & -1 & 2 \\ 1 & -2 & 5 \end{pmatrix}\xrightarrow{c_1\leftrightarrow c_2}\begin{pmatrix} 1 & 0 & -1 \\ 1 & 1 & 0 \\ -1 & 1 & 1 \\ -1 & 1 & 3 \\ -1 & 0 & 2 \\ -2 & 1 & 5 \end{pmatrix}\xrightarrow{c_3+c_1}\begin{pmatrix} 1 & 0 & 0 \\ 1 & 1 & 1 \\ -1 & 1 & 0 \\ -1 & 1 & 2 \\ -1 & 0 & 1 \\ -2 & 1 & 3 \end{pmatrix}\xrightarrow{c_3-c_2}$

$\begin{pmatrix} 1 & 0 & 0 \\ 1 & 1 & 0 \\ -1 & 1 & -1 \\ -1 & 1 & 1 \\ -1 & 0 & 1 \\ -2 & 1 & 2 \end{pmatrix}\xrightarrow{-c_3}\begin{pmatrix} 1 & 0 & 0 \\ 1 & 1 & 0 \\ -1 & 1 & 1 \\ -1 & 1 & -1 \\ -1 & 0 & -1 \\ -2 & 1 & -2 \end{pmatrix}\xrightarrow[c_2-c_3]{c_1+c_3}\begin{pmatrix} 1 & 0 & 0 \\ 1 & 1 & 0 \\ 0 & 0 & 1 \\ -2 & 2 & -1 \\ -2 & 1 & -1 \\ -4 & 3 & -2 \end{pmatrix}\xrightarrow{c_1-c_2}\begin{pmatrix} 1 & 0 & 0 \\ 0 & 1 & 0 \\ 0 & 0 & 1 \\ -4 & 2 & -1 \\ -3 & 1 & -1 \\ -7 & 3 & -2 \end{pmatrix}$

所以
$$X=\begin{pmatrix} -4 & 2 & -1 \\ -3 & 1 & -1 \\ -7 & 3 & -2 \end{pmatrix}.$$

习题 10.5

A. 基本题

1. 解矩阵方程 $AX=B$，其中

$$A=\begin{pmatrix} 2 & 7 \\ 1 & 3 \end{pmatrix}, \quad B=\begin{pmatrix} 4 & -1 \\ 2 & 1 \end{pmatrix}.$$

2. 求矩阵 A 的逆矩阵.

$$A=\begin{pmatrix} 1 & 2 & 0 \\ 1 & 1 & 2 \\ 2 & 2 & 1 \end{pmatrix}.$$

B. 一般题

3. 解线性方程组

$$\begin{cases} x_1+x_2=1 \\ x_1+x_2+2x_3=0 \\ x_1-x_2+x_3=-1 \end{cases}.$$

4. 解矩阵方程 $AXB=C$，其中

$$A=\begin{pmatrix} 1 & 0 & 0 \\ 0 & 0 & 1 \\ 0 & 1 & 0 \end{pmatrix}, \quad B=\begin{pmatrix} 1 & 0 & 0 \\ 0 & 0 & 1 \\ 0 & 1 & 0 \end{pmatrix}, \quad C=\begin{pmatrix} 1 & -2 & 3 \\ -4 & 0 & 1 \\ 1 & 2 & 0 \end{pmatrix}.$$

C. 提高题

5. 设矩阵

$$A=\begin{pmatrix} 1 & 2 & 1 \\ 1 & 1 & 0 \\ -1 & 2 & 1 \end{pmatrix},$$

且 $AB=A+3B$，求 B.

10.6　线性方程组的求解问题
(The Problem of Solving Linear Equations)

本节提示：日常生活中的问题经常被转化成线性方程组的求解问题，本节重点研究解线性方程组的问题．先引入 n 维向量的概念，这样就能够十分方便地用向量来表达线性方程组及线性方程组的解．

10.6.1　n 维向量及向量组的线性相关性

定义 10.6.1　由 n 个有序数 $a_1, a_2, \cdots, a_n$ 组成的数组称为 n 维向量（n-dimensional vector），用小写的希腊字母 $\boldsymbol{\alpha}, \boldsymbol{\beta}, \boldsymbol{\gamma}, \boldsymbol{\xi}$ 等表示向量．

形如 $\boldsymbol{\alpha} = \begin{bmatrix} a_1 \\ a_2 \\ \vdots \\ a_n \end{bmatrix}$ 的向量称为 n 维列向量，形如 $\boldsymbol{\alpha} = (a_1, a_2, \cdots, a_n)$ 的向量称为 n 维行向量．

a_i 称为向量的第 i 个分量．向量可以看成列（行）矩阵，零向量、向量相等、向量的加法、向量的减法、向量与数的乘法与列（行）矩阵相同．满足和矩阵的加法、矩阵的减法和矩阵与数的乘法一样的运算律．

定义 10.6.2　设 $\boldsymbol{\beta}, \boldsymbol{\alpha}_1, \boldsymbol{\alpha}_2, \cdots, \boldsymbol{\alpha}_m$ 是 n 维向量，如果存在 m 个数 $k_1, k_2, \cdots, k_m$ 使

$$\boldsymbol{\beta} = k_1 \boldsymbol{\alpha}_1 + k_2 \boldsymbol{\alpha}_2 + \cdots + k_m \boldsymbol{\alpha}_m$$

则称 $\boldsymbol{\beta}$ 可由 $\boldsymbol{\alpha}_1, \boldsymbol{\alpha}_2, \cdots, \boldsymbol{\alpha}_m$ 线性表示（linear expression），也称 $\boldsymbol{\beta}$ 是 $\boldsymbol{\alpha}_1, \boldsymbol{\alpha}_2, \cdots, \boldsymbol{\alpha}_m$ 的线性组合．

定义 10.6.3　设有向量组 $\boldsymbol{\alpha}_1, \boldsymbol{\alpha}_2, \cdots, \boldsymbol{\alpha}_m$，如果存在一组不全为零的数 $k_1, k_2, \cdots, k_m$ 使

$$k_1 \boldsymbol{\alpha}_1 + k_2 \boldsymbol{\alpha}_2 + \cdots + k_m \boldsymbol{\alpha}_m = 0$$

成立，则称向量组 $\boldsymbol{\alpha}_1, \boldsymbol{\alpha}_2, \cdots, \boldsymbol{\alpha}_m$ 是线性相关的，否则，当常数全为零时上式才成立，就称向量组 $\boldsymbol{\alpha}_1, \boldsymbol{\alpha}_2, \cdots, \boldsymbol{\alpha}_m$ 线性无关．

例 10.6.1　已知 $\boldsymbol{\alpha}_1 = (1, 0, -1)^T, \boldsymbol{\alpha}_2 = (1, 1, 0)^T, \boldsymbol{\alpha}_3 = (1, 1, 1)^T$，判别这个向量组的线性相关性．

解：设 $k_1 \boldsymbol{\alpha}_1 + k_2 \boldsymbol{\alpha}_2 + k_3 \boldsymbol{\alpha}_3 = 0$，则它相当于齐次线性方程组

$$\begin{cases} k_1 + k_2 + k_3 = 0, \\ k_2 + k_3 = 0, \\ -k_1 + k_3 = 0. \end{cases} \quad (\text{写成矩阵方程即为}\ \begin{bmatrix} 1 & 1 & 1 \\ 0 & 1 & 1 \\ -1 & 0 & 1 \end{bmatrix} \begin{bmatrix} k_1 \\ k_2 \\ k_3 \end{bmatrix} = \begin{bmatrix} 0 \\ 0 \\ 0 \end{bmatrix})$$

该方程组的系数矩阵 $\boldsymbol{A}$ 是满秩的可逆阵，它的系数行列式 $|\boldsymbol{A}| \neq 0$，故该齐次线性方程组只有零解，即 $k_1 = k_2 = k_3 = 0$．所以，这 3 个向量是线性无关的．

定义 10.6.4　设有向量组 $\boldsymbol{A}$．如果 ① 在该向量组中有 r 个向量 $\boldsymbol{\alpha}_1, \boldsymbol{\alpha}_2, \cdots, \boldsymbol{\alpha}_r$ 是线性无关的，② $\boldsymbol{A}$ 中任一向量都可以由向量组 $\boldsymbol{\alpha}_1, \boldsymbol{\alpha}_2, \cdots, \boldsymbol{\alpha}_r$ 线性表示，则称 $\boldsymbol{\alpha}_1, \boldsymbol{\alpha}_2, \cdots, \boldsymbol{\alpha}_r$ 是向量组 $\boldsymbol{A}$ 的一个极大线性无关组或基向量组（basis），并称基向量组中所含向量的个数 r 为向量组 $\boldsymbol{A}$ 的秩．

定理 10.6.1　矩阵 $\boldsymbol{A}$ 的行向量组的秩（称为行秩）与列向量组的秩（称为列秩）相等，且

等于 $R(\boldsymbol{A})$.

定理 10.6.2 对矩阵 $\boldsymbol{A}$ 进行初等行变换不改变矩阵 $\boldsymbol{A}$ 的列向量组的线性相关性,对矩阵 $\boldsymbol{A}$ 进行初等列变换不改变矩阵 $\boldsymbol{A}$ 的行向量组的线性相关性.

例 10.6.2 已知向量组 $\boldsymbol{\alpha}_1=(1,2,-1,1),\boldsymbol{\alpha}_2=(1,1,2,0),\boldsymbol{\alpha}_3=(3,5,0,2)$. 求这个向量组的秩并求它的一个极大线性无关组.

解:对这三个行向量所组成的矩阵进行初等列变换

$$\boldsymbol{A}=\begin{pmatrix} 1 & 2 & -1 & 1 \\ 1 & 1 & 2 & 0 \\ 3 & 5 & 0 & 2 \end{pmatrix} \xrightarrow[\substack{c_2-2c_1\\c_3+c_1\\c_4-c_1}]{} \begin{pmatrix} 1 & 0 & 0 & 0 \\ 1 & -1 & 3 & -1 \\ 3 & -1 & 3 & -1 \end{pmatrix} \xrightarrow[\substack{c_3+3c_2\\c_4-c_2}]{} \begin{pmatrix} 1 & 0 & 0 & 0 \\ 1 & -1 & 0 & 0 \\ 3 & -1 & 0 & 0 \end{pmatrix}$$

可以看出,矩阵 $\boldsymbol{A}$ 的秩为 $R(\boldsymbol{A})=2$,所以该向量组的秩为 2.

矩阵 $\boldsymbol{A}$ 经初等列变换后得到的第一行与第二行线性无关,所以 $\boldsymbol{\alpha}_1,\boldsymbol{\alpha}_2$ 就组成了该向量组的一个极大线性无关组并且 $\boldsymbol{\alpha}_3=2\boldsymbol{\alpha}_1+\boldsymbol{\alpha}_2$.

10.6.2 齐次线性方程组(system of homogeneous linear equations)

在 10.2 节中,我们已经讨论了 n 个 n 元齐次线性方程组的求解问题. 现在更一般地讨论 m 个 n 元齐次线性方程组的求解问题.

设有齐次线性方程组

$$\begin{cases} a_{11}x_1+a_{12}x_2+\cdots+a_{1n}x_n=0,\\ a_{21}x_1+a_{22}x_2+\cdots+a_{2n}x_n=0,\\ \qquad\qquad\vdots\\ a_{m1}x_1+a_{m2}x_2+\cdots+a_{mn}x_n=0. \end{cases} \tag{10-14}$$

记

$$\boldsymbol{A}=\begin{pmatrix} a_{11} & a_{12} & \cdots & a_{1n} \\ a_{21} & a_{22} & \cdots & a_{2n} \\ & & \ddots & \\ a_{m1} & a_{m2} & \cdots & a_{mn} \end{pmatrix}_{m\times n}, \boldsymbol{X}=\begin{pmatrix} x_1 \\ x_2 \\ \vdots \\ x_n \end{pmatrix},$$

则式(10-14)可写成

$$\boldsymbol{A}\boldsymbol{X}=0. \tag{10-15}$$

定理 10.6.3 ① 若 $R(\boldsymbol{A})=n$,则式(10-14)只有零解;

② 若 $R(\boldsymbol{A})<n$,则式(10-14)有 $n-r$ 个线性无关的解 $\boldsymbol{\xi}_1,\boldsymbol{\xi}_2,\cdots,\boldsymbol{\xi}_{n-r}$,且它们的线性组合

$$\boldsymbol{X}=k_1\boldsymbol{\xi}_1+k_2\boldsymbol{\xi}_2+\cdots+k_{n-r}\boldsymbol{\xi}_{n-r}$$

就是式(10-14)的通解. 称 $\boldsymbol{\xi}_1,\boldsymbol{\xi}_2,\cdots,\boldsymbol{\xi}_{n-r}$ 为方程组式(10-14)的基础解系(basic solution system).

例 10.6.3 求解线性方程组

$$\begin{cases} x_1+x_2+3x_3+x_4=0\\ x_1+x_2-2x_3-2x_4=0.\\ x_1+x_2+8x_3+4x_4=0 \end{cases}$$

解：对系数阵 A 施行初等行变换化为行最简形（所有非零行的首元素都是 1，该元素所在列的其余元素都是 0 的阶梯型矩阵）

$$A = \begin{pmatrix} 1 & 1 & 3 & 1 \\ 1 & 1 & -2 & -2 \\ 1 & 1 & 8 & 4 \end{pmatrix} \xrightarrow[r_3-r_1]{r_2-r_1} \begin{pmatrix} 1 & 1 & 3 & 1 \\ 0 & 0 & -5 & -3 \\ 0 & 0 & 5 & 3 \end{pmatrix} \xrightarrow{r_3+r_2} \begin{pmatrix} 1 & 1 & 3 & 1 \\ 0 & 0 & -5 & -3 \\ 0 & 0 & 0 & 0 \end{pmatrix} \xrightarrow{-\frac{1}{5}r_2}$$

$$\begin{pmatrix} 1 & 1 & 3 & 1 \\ 0 & 0 & 1 & \frac{3}{5} \\ 0 & 0 & 0 & 0 \end{pmatrix} \xrightarrow{r_1-3r_2} \begin{pmatrix} 1 & 1 & 0 & -\frac{4}{5} \\ 0 & 0 & 1 & \frac{3}{5} \\ 0 & 0 & 0 & 0 \end{pmatrix}$$

于是得与原方程组同解的方程组

$$\begin{cases} x_1 + x_2 - \frac{4}{5}x_4 = 0, \\ x_3 + \frac{3}{5}x_4 = 0. \end{cases} \quad 即 \begin{cases} x_1 = -x_2 + \frac{4}{5}x_4, \\ x_2 = \quad x_2, \\ x_3 = \quad -\frac{3}{5}x_4, \\ x_4 = \quad x_4. \end{cases}$$

令 $x_2 = k_1, x_4 = k_2$，则方程组的解可表示为

$$\begin{pmatrix} x_1 \\ x_2 \\ x_3 \\ x_4 \end{pmatrix} = k_1 \begin{pmatrix} -1 \\ 1 \\ 0 \\ 0 \end{pmatrix} + k_2 \begin{pmatrix} \frac{4}{5} \\ 0 \\ -\frac{3}{5} \\ 1 \end{pmatrix} \qquad (10-16)$$

或令

$$\boldsymbol{X} = \begin{pmatrix} x_1 \\ x_2 \\ x_3 \\ x_4 \end{pmatrix}, \quad \boldsymbol{\xi}_1 = \begin{pmatrix} -1 \\ 1 \\ 0 \\ 0 \end{pmatrix}, \quad \boldsymbol{\xi}_2 = \begin{pmatrix} \frac{4}{5} \\ 0 \\ -\frac{3}{5} \\ 1 \end{pmatrix},$$

则有

$$\boldsymbol{X} = k_1 \boldsymbol{\xi}_1 + k_2 \boldsymbol{\xi}_2 \qquad (10-17)$$

由于 $\boldsymbol{\xi}_1$ 与 $\boldsymbol{\xi}_2$ 线性无关，式(10-16)或式(10-17)就是所给方程组的通解，其中 k_1, k_2 为任意常数. $\boldsymbol{\xi}_1$、$\boldsymbol{\xi}_2$ 是方程组的基础解系.

以后解齐次线性方程组时，均可像上例中的方法求出并表示方程组的通解. 在例 10.6.3 中，$\boldsymbol{\xi}_1$ 与 $\boldsymbol{\xi}_2$ 也叫做方程组的解向量(solution vector).

10.6.3 非齐次线性方程组(system of nonhomogeneous linear equations)

方程组

$$\begin{cases} a_{11}x_1+a_{12}x_2+\cdots+a_{1n}x_n=b_1, \\ a_{21}x_1+a_{22}x_2+\cdots+a_{2n}x_n=b_2, \\ \qquad\qquad\qquad\vdots \\ a_{m1}x_1+a_{m2}x_2+\cdots+a_{mn}x_n=b_m. \end{cases} \qquad (10-18)$$

称为非齐次线性方程组.记

$$\boldsymbol{A}=\begin{pmatrix} a_{11} & a_{12} & \cdots & a_{1n} \\ a_{21} & a_{22} & \cdots & a_{2n} \\ \vdots & \vdots & & \vdots \\ a_{m1} & a_{m2} & \cdots & a_{mn} \end{pmatrix}_{m\times n}, \quad \boldsymbol{X}=\begin{pmatrix} x_1 \\ x_2 \\ \vdots \\ x_n \end{pmatrix}, \quad \boldsymbol{B}=\begin{pmatrix} b_1 \\ b_2 \\ \vdots \\ b_m \end{pmatrix},$$

则式(10-18)可写成

$$\boldsymbol{AX}=\boldsymbol{B} \qquad (10-19)$$

若式(10-18)有解,则称方程组是相容的(consistent),若无解,则称方程组是不相容的(inconsistent).记

$$(\boldsymbol{A}\ \vdots\ \boldsymbol{B})=\begin{pmatrix} a_{11} & a_{12} & \cdots & a_{1n} & b_1 \\ a_{21} & a_{22} & \cdots & a_{2n} & b_2 \\ \vdots & \vdots & & \vdots & \vdots \\ a_{m1} & a_{m2} & \cdots & a_{mn} & b_m \end{pmatrix}_{m\times(n+1)} \qquad (10-20)$$

称式(10-20)为式(10-18)的增广矩阵(augmented matrix).

定理 10.6.4 方程组(10-18)有解的充分必要条件是它的系数矩阵与增广矩阵有相同的秩.

关于非齐次线性方程组(10-18)的解的结构,有下述定理:

定理 10.6.5 若式(10-18)有解,则它的通解可以表示为它所对应的齐次方程组的通解

$$\boldsymbol{\xi}=k_1\boldsymbol{\xi}_1+k_2\boldsymbol{\xi}_2+\cdots+k_{n-r}\boldsymbol{\xi}_{n-r}$$

与非齐次方程组的一个特解 $\boldsymbol{\eta}^*$ 之和:

$$\boldsymbol{X}=\boldsymbol{\xi}+\boldsymbol{\eta}^*=k_1\boldsymbol{\xi}_1+k_2\boldsymbol{\xi}_2+\cdots+k_{n-r}\boldsymbol{\xi}_{n-r}+\boldsymbol{\eta}^*.$$

这个结构与二阶常系数非齐次线性微分方程的解的结构完全相同.

例 10.6.4 求解方程组

$$\begin{cases} x_1-x_2-2x_3+x_4=0, \\ x_1-x_2+x_3-3x_4=1, \\ x_1-x_2-5x_3+5x_4=-1. \end{cases}$$

解:用初等行变换把增广矩阵化为行最简形:

$$(\boldsymbol{A}\ \vdots\ \boldsymbol{B})=\begin{pmatrix} 1 & -1 & -2 & 1 & 0 \\ 1 & -1 & 1 & -3 & 1 \\ 1 & -1 & -5 & 5 & -1 \end{pmatrix} \xrightarrow[r_2-r_1]{r_3-r_1} \begin{pmatrix} 1 & -1 & -2 & 1 & 0 \\ 0 & 0 & 3 & -4 & 1 \\ 0 & 0 & -3 & 4 & -1 \end{pmatrix} \xrightarrow{r_3+r_2}$$

$$\begin{pmatrix} 1 & -1 & -2 & 1 & 0 \\ 0 & 0 & 3 & -4 & 1 \\ 0 & 0 & 0 & 0 & 0 \end{pmatrix} \xrightarrow{\frac{1}{3}r_2} \begin{pmatrix} 1 & -1 & -2 & 1 & 0 \\ 0 & 0 & 1 & -\frac{4}{3} & \frac{1}{3} \\ 0 & 0 & 0 & 0 & 0 \end{pmatrix} \xrightarrow{r_1+2r_2} \begin{pmatrix} 1 & -1 & 0 & -\frac{5}{3} & \frac{2}{3} \\ 0 & 0 & 1 & -\frac{4}{3} & \frac{1}{3} \\ 0 & 0 & 0 & 0 & 0 \end{pmatrix}$$

因为系数矩阵的秩等于增广矩阵的秩$(R(\boldsymbol{A})=2)$，故方程组有解，且由最后一个矩阵可得

$$\begin{cases} x_1 = x_2 + \dfrac{5}{3}x_4 + \dfrac{2}{3}, \\[2mm] x_3 = \qquad \dfrac{4}{3}x_4 + \dfrac{1}{3}. \end{cases}$$

令 $x_2 = x_4 = 0$ 得方程组的一个特解 $\boldsymbol{\eta}^* = \begin{pmatrix} \dfrac{2}{3} \\ 0 \\ \dfrac{1}{3} \\ 0 \end{pmatrix}$. 方程组对应的齐次方程组为

$$\begin{cases} x_1 = x_2 + \dfrac{5}{3}x_4 \\ x_2 = x_2 \\ x_3 = \qquad \dfrac{4}{3}x_4 \\ x_4 = \qquad x_4 \end{cases}, \text{即 } \boldsymbol{\xi} = k_1 \begin{pmatrix} 1 \\ 1 \\ 0 \\ 0 \end{pmatrix} + k_2 \begin{pmatrix} \dfrac{5}{3} \\ 0 \\ \dfrac{4}{3} \\ 1 \end{pmatrix},$$

故非齐次方程组的通解为 $\boldsymbol{X} = \boldsymbol{\xi} + \boldsymbol{\eta}^*$ 即

$$\begin{pmatrix} x_1 \\ x_2 \\ x_3 \\ x_4 \end{pmatrix} = k_1 \begin{pmatrix} 1 \\ 1 \\ 0 \\ 0 \end{pmatrix} + k_2 \begin{pmatrix} \dfrac{5}{3} \\ 0 \\ \dfrac{4}{3} \\ 1 \end{pmatrix} + \begin{pmatrix} \dfrac{2}{3} \\ 0 \\ \dfrac{1}{3} \\ 0 \end{pmatrix}, \text{其中 } k_1, k_2 \text{ 为任意常数.}$$

习题 10.6

A. 基本题

1. 求下列矩阵行向量组的秩.

(1) $\begin{bmatrix} 1 & -1 & 2 & -1 \\ 2 & 1 & 0 & 2 \\ 1 & 3 & -2 & 1 \end{bmatrix}$.　　(2) $\begin{bmatrix} 1 & 2 & -1 & 2 & 2 \\ 2 & 2 & 1 & 1 & 0 \\ -1 & -1 & 3 & 2 & 0 \end{bmatrix}$.

2. 求齐次线性方程组的一个基础解系.

$$\begin{cases} x_1 - x_2 + x_3 = 0, \\ x_2 + x_3 = 0, \\ x_1 + x_3 = 0. \end{cases}$$

B. 一般题

3. 解线性方程组.

$$\begin{cases} x_1 - 2x_2 + x_3 - 2x_4 = 1, \\ \quad\quad x_2 - x_3 + x_4 = -3, \\ x_1 + x_2 \quad\quad + x_4 = 1, \\ \quad -2x_2 + x_3 + x_4 = -3. \end{cases}$$

4. 解齐次线性方程组.

$$\begin{cases} x_1 + x_2 - x_3 + x_4 = 0, \\ x_1 - 2x_2 + x_3 - 2x_4 = 0, \\ x_1 + x_2 - 3x_3 + x_4 = 0, \\ x_1 \quad\quad - x_3 \quad\quad = 0. \end{cases}$$

5. 解非齐次线性方程组.

$$\begin{cases} x_1 + 2x_2 - x_3 + 2x_4 = 1, \\ 2x_1 + 3x_2 + x_3 + x_4 = 3, \\ -x_1 - x_2 - 2x_3 + x_4 = -2. \end{cases}$$

C. 提高题

6. λ 取何值时,线性方程组.

$$\begin{cases} \lambda x_1 + x_2 + x_3 = \lambda^2, \\ x_1 + \lambda x_2 + x_3 = \lambda, \\ x_1 + x_2 + \lambda x_3 = 1 \end{cases}$$

(1) 有唯一解;(2) 有无穷多组解;(3) 无解?

数学实验 矩阵及方程组

1. 行列式、矩阵及其运算

矩阵用 $A=\{\{a_{11},\cdots,a_{1n}\},\{a_{21},\cdots,a_{2n}\},\cdots,\{a_{m1},\cdots,a_{mn}\}\}$ 表示，A 的行列式用 $Det[A]$ 计算.

例 1 输入矩阵 $A=\begin{pmatrix} 1 & 2 & 7 \\ 2 & 1 & 2 \\ -1 & 2 & 3 \end{pmatrix}$，用矩阵形式表示，并求其行列式.

输入 　A＝{{1,2,7},{2,1,2},{−1,2,3}}　　　　　 /＊矩阵在 Mathematica 内的表示＊/

　　　MatrixForm[A]　　　　　　　　　　　　　　 /＊写成矩阵的形式＊/

　　　Det[A]　　　　　　　　　　　　　　　　　　 /＊矩阵的行列式＊/

输出

$$\begin{pmatrix} 1 & 2 & 7 \\ 2 & 1 & 2 \\ -1 & 2 & 3 \end{pmatrix}$$

$$18$$

例 2 已知 $A=\begin{pmatrix} 1 & 3 & 1 \\ 2 & 1 & 2 \\ -1 & 5 & 3 \end{pmatrix}$，$B=\begin{pmatrix} 1 & 3 & 3 \\ 0 & 1 & 2 \\ -1 & 2 & 2 \end{pmatrix}$，求 $A+B,A-B,2A-3B,AB,B^{-1},A$ 的秩.

输入 　Clear[A,B]

　　　A＝{{1,3,1},{2,1,2},{−1,5,3}}

　　　B＝{{1,3,3},{0,1,2},{−1,2,2}}

　　　A＋B

　　　A−B

　　　2A−3B

　　　A. B

　　　Inverse[B]　　　　　　　　　　　　　　　　 /＊求逆矩阵＊/

　　　MatrixRank[A]　　　　　　　　　　　　　　 /＊求矩阵的秩＊/

输出 　{{1,3,1},{2,1,2},{−1,5,3}}

　　　{{1,3,3},{0,1,2},{−1,2,2}}

　　　{{2,6,4},{2,2,4},{−2,7,5}}

　　　{{0,0,−2},{2,0,0},{0,3,1}}

　　　{{−1,−3,−7},{4,−1,−2},{1,4,0}}

　　　{{0,8,11},{0,11,12},{−4,8,13}}

　　　$\left\{\left\{\dfrac{2}{5},0,-\dfrac{3}{5}\right\},\left\{\dfrac{2}{5},-1,\dfrac{2}{5}\right\},\left\{-\dfrac{1}{5},1,-\dfrac{1}{5}\right\}\right\}$

3

2. 齐次线性方程组的基础解系

求齐次线性方程组 $AX=0$ 的基础解系的命令为 NullSpace.

其格式为 NullSpace[A].

例 3 求线性方程组 $\begin{cases} x_1+x_2-x_3-x_4=0, \\ x_1+2x_2-x_3-x_4=0, \\ x_1+x_2-2x_3-2x_4=0 \end{cases}$ 的基础解系.

输入　Clear[A]

A={{1,1,−1,−1},{1,2,−1,−1},{1,1,−2,−2}}

NullSpace[A]　　　　　　　　　　　　　　　　/ * 求基础解系的方法 * /

输出　{{0,0,−1,1}}　　　　　　　　　　　/ * 基础解系,计算机用行向量表示 * /

3. 非齐次线性方程组的特解

求非齐次线性方程组 $AX=B$ 的特解的命令是 LinearSolve,其格式为

LinearSolve [A,B]或 LinearSolve[A,{b_1,b_2,$\cdots b_m$}].

例 4 求线性方程组 $\begin{cases} x_1+x_2-x_3-x_4=1, \\ x_1+2x_2-x_3-x_4=2, \\ x_1+x_2-2x_3-2x_4=3. \end{cases}$ 的一个特解.

输入　Clear[A]

A={{1,1,−1,−1},{1,2,−1,−1},{1,1,−2,−2}}

LinearSolve[A,{1,2,3}]　　　　　　　　　　　　　/ * 求特解的方法 * /

输出　{−2,1,−2,0}

第11章　拉普拉斯变换

（Laplace Transform）

本章提示:拉普拉斯变换在工程技术特别是电子学中有着广泛的应用. 在电路理论中, 几乎离不开拉普拉斯变换. 因此这一章对于计算机、电子、通信、自动化等专业的读者尤为重要. 本章将介绍 Laplace 变换的概念、性质、逆变换及其应用.

11.1　拉普拉斯变换的概念
（the Concept of Laplace Transform）

11.1.1　积分变换的概念

利用变换,可以把较复杂的运算转化为较简单的运算. 例如对于连乘或连除的函数求导数,我们是通过对数变换,即先取对数,把乘、除运算变为加、减运算,然后求导,得到原来函数的导数.

所谓积分变换(integral transformation),就是通过积分运算,把一个函数变成另一个函数的变换. 一般是含有参变量 α 的积分

$$F(\alpha) = \int_a^b f(t) K(t, \alpha) \mathrm{d}t.$$

它的本质就是把某函数类 A 中的函数 $f(t)$ 通过上述积分运算变成另一函数类 B 中的函数 $F(\alpha)$. 这里 $K(t, \alpha)$ 是一个确定的二元函数,称为积分变换的核(kernel). 当选取不同的积分域和变换核时,就得到不同名称的积分变换. 例如,傅里叶变换: $f(t) \to F(w)$ (这里 $f(t)$ 是一个时间的函数, $F(w)$ 是一个频率的函数),就是把时间域上的一个问题转化为关于频率问题的一个变换.

在积分变换中, $f(t)$ 称为象原函数(original function), $F(\alpha)$ 称为 $f(t)$ 的象函数(image function). 在一定条件下,它们是一一对应的,且变换是可逆的.

11.1.2　拉普拉斯变换(Laplace transform)

定义 11.1.1　设 $f(t)$ 当 $t \geqslant 0$ 时有定义,且积分 $\int_0^{+\infty} f(t) \mathrm{e}^{-st} \mathrm{d}t$ 在 s 的某一数域内收敛(一般情况下 s 在复数范围内,本章限定 s 在实数范围内),记为

$$F(s) = L[f(t)] = \int_0^{+\infty} f(t) \mathrm{e}^{-st} \mathrm{d}t, \tag{11-1}$$

称 $F(s)$ 为 $f(t)$ 的拉普拉斯变换(以下简称为拉氏变换),也称为 $f(t)$ 的象函数. 反过来,称

$f(t)$ 为 $F(s)$ 的拉普拉斯逆变换(inverse Laplace transform)(以下简称为拉氏逆变换),又称为 $F(s)$ 的象原函数,记为

$$f(t) = L^{-1}[F(s)]. \qquad (11-2)$$

例 11.1.1 在电路分析中,要用到单位阶跃函数 $u(t) = \begin{cases} 0, & t<0, \\ 1, & t \geqslant 0, \end{cases}$ 求它的拉氏变换.

解:由式(11-1)得

$$L[u(t)] = \int_0^{+\infty} u(t)e^{-st}dt = \int_0^{+\infty} e^{-st}dt = \frac{1}{s}(s>0),$$

从而

$$L[u(t)] = L[1] = \frac{1}{s}(s>0). \qquad (11-3)$$

例 11.1.2 求 $f(t) = \sin\omega t(\omega$ 为实数) 的拉氏变换.

解:$L[\sin \omega t] = \int_0^{+\infty} \sin \omega t\, e^{-st}dt = \lim_{b \to +\infty} \int_0^b \sin \omega t\, e^{-st}dt$

$$= \lim_{b \to +\infty} \frac{1}{s^2+\omega^2}(-\omega\cos \omega t - s\sin \omega t)e^{-st}\Big|_0^b = \frac{\omega}{s^2+\omega^2}(s>0),$$

即

$$L[\sin \omega t] = \frac{\omega}{s^2+\omega^2}(s>0). \qquad (11-4)$$

类似地可得

$$L[\cos \omega t] = \frac{s}{s^2+\omega^2}(s>0). \qquad (11-5)$$

例 11.1.3 求 $f(t) = e^{kt}(k$ 为实数) 的拉氏变换.

解:$L[e^{kt}] = \int_0^{+\infty} e^{kt}e^{-st}dt = \int_0^{+\infty} e^{(k-s)t}dt = \frac{1}{s-k}(s>k),$

即

$$L[e^{kt}] = \frac{1}{s-k}(s>k). \qquad (11-6)$$

例 11.1.4 求 $f(t) = t^n(n$ 为正整数)的拉氏变换.

解:$L[t^n] = \int_0^{+\infty} t^n e^{-st}dt = \lim_{b \to +\infty} \int_0^b t^n e^{-st}dt = \frac{n}{s} \int_0^{+\infty} t^{n-1}e^{-st}dt$

$$= \frac{n}{s}L[t^{n-1}](s>0).$$

当 $n=1$ 时,$L[t] = \frac{1}{s}L[t^0] = \frac{1}{s}L[1] = \frac{1}{s^2}.$

当 $n>1$ 时,$L[t^n] = \frac{n}{s}L[t^{n-1}] = \frac{n}{s} \cdot \frac{n-1}{s}L[t^{n-2}] = \frac{n(n-1)(n-2)}{s^3}L[t^{n-3}]$

$$= \cdots = \frac{n(n-1)(n-2)\cdots 2}{s^{n-1}}L[t^1] = \frac{n!}{s^{n-1}} \cdot \frac{1}{s^2},$$

即

$$L[t^n] = \frac{n!}{s^{n+1}}(s>0). \qquad (11-7)$$

11.1.3 δ-函数简介及其拉氏变换

在许多实际问题中,常遇到一种集中在极短时间内作用的量,如两车相撞等集中冲力问题. 这时的冲力就不能用通常的函数来表示,对于具有这种特性的函数,给出下面的表示方式.

定义 11.1.2 令

$$\delta_\varepsilon(t) = \begin{cases} 0, & t \notin [0, \varepsilon], \\ \dfrac{1}{\varepsilon}, & t \in [0, \varepsilon]. \end{cases}$$

把

$$\delta(t) = \lim_{\varepsilon \to 0^+} \delta_\varepsilon(t)$$

叫作 δ-函数(或脉冲函数、狄拉克(Dirac)函数). 如图 11 - 1 和图 11 - 2 所示.

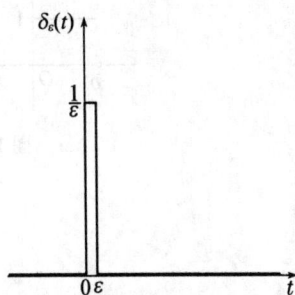
图 11 - 1

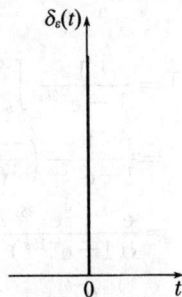
图 11 - 2

δ-函数在量子力学、电学中有着广泛的应用,通常用以表示集中力、尖脉冲等一类理想化的物理现象. 直观上可认为 $\lim\limits_{\varepsilon \to 0^+} \delta_\varepsilon(t)$ 是宽为零,振幅为无穷大,强度为 1 的理想单位脉冲. 狄拉克(Dirac,1902—1984,英国)在 20 世纪二、三十年代首先在物理中用它来表示物体上某点受到突然变化(如集中载荷)的现象. 图 11 - 2 表示脉冲强度为 1 的 δ 函数.

δ-函数具有以下性质:

(1) $\displaystyle\int_{-\infty}^{+\infty} \delta(x) f(x) \mathrm{d}x = f(0)$;

(2) $\displaystyle\int_{-\infty}^{+\infty} \delta(x - x_0) f(x) \mathrm{d}x = f(x_0)$.

例 11.1.5 求单位脉冲函数 $\delta(t)$ 的拉氏变换.

解:利用性质(1)得

$$L[\delta(t)] = \int_0^{+\infty} \delta(t) \mathrm{e}^{-st} \mathrm{d}t = \int_{-\infty}^{+\infty} \delta(t) \mathrm{e}^{-st} \mathrm{d}t = \mathrm{e}^{-st}\Big|_{t=0} = 1. \tag{11-8}$$

11.1.4 周期函数的拉氏变换

设 $f(t)$ 是以 $T(T > 0)$ 为周期的函数,当 $f(t)$ 在一个周期内是分段连续时,有

$$L[f(t)] = \int_0^{+\infty} f(t) \mathrm{e}^{-st} \mathrm{d}t$$

$$= \int_0^T f(t)e^{-st}dt + \int_T^{2T} f(t)e^{-st}dt + \cdots + \int_{kT}^{(k+1)T} f(t)e^{-st}dt + \cdots$$

$$= \sum_{k=0}^{+\infty} \int_{kT}^{(k+1)T} f(t)e^{-st}dt = \sum_{k=0}^{+\infty} \int_0^T f(\tau+kT)e^{-s(\tau+kT)}d\tau \quad (t=\tau+kT)$$

$$= \sum_{k=0}^{+\infty} e^{-skT} \int_0^T f(\tau)e^{-s\tau}dz = \int_0^T f(\tau)e^{-s\tau}dz \sum_{k=0}^{+\infty}(e^{-sT})^k$$

$$= \frac{1}{1-e^{-sT}} \int_0^T f(t)e^{-st}dt \quad (s>0, \ |e^{-sT}|<1)$$

所以
$$L[f(t)] = \frac{1}{1-e^{-sT}} \int_0^T f(t)e^{-st}dt \quad (s>0). \tag{11-9}$$

这就是求周期函数的拉氏变换的公式.

例 11. 1. 6 求周期性矩形波

$$f(t) = \begin{cases} 0, & 0 \leqslant t < b, \\ 1, & b \leqslant t < 2b. \end{cases} \quad (T=2b) \text{ 的拉氏变换. 如图 } 11-3$$

所示.

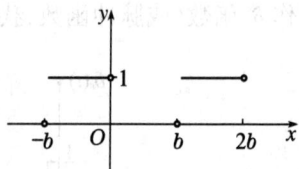

图 11 - 3

解： $L[f(t)] = \dfrac{1}{1-e^{-2bs}} \displaystyle\int_b^{2b} e^{-st}dt$

$$= \frac{1}{1-e^{-2bs}} \left(\frac{-1}{s}e^{-st} \Big|_b^{2b} \right)$$

$$= \frac{e^{-bs}-e^{-2bs}}{s(1-e^{-2bs})}$$

$$= \frac{e^{-bs}}{s(1+e^{-bs})} \quad (s>0).$$

习题 11.1

A. 一般题

1. 求下列函数的拉氏变换：

(1) $f(t) = e^{-3t}$ (2) $f(t) = t^4$

(3) $f(t) = \cos 3t$ (4) $f(t) = u(t)\sin 2t$

C. 提高题

2. 求周期矩形脉冲 $f(t) = \begin{cases} 2, & 0 \leqslant t \leqslant \dfrac{T}{2} \\[2mm] 0, & \dfrac{T}{2} < t \leqslant T \end{cases}$ 的拉氏变换.

11.2　拉普拉斯变换的性质
(the Properties of Laplace Transform)

本节提示：介绍拉氏变换的性质，利用这些性质，将很方便地求出更多函数的拉氏变换.

11.2.1　拉氏变换的性质

1. 线性性质
$$L[\alpha f_1(t) + \beta f_2(t)] = \alpha L[f_1(t)] + \beta L[f_2(t)].$$

例 11.2.1　求 $f(t) = t^3 + \sin 2t$ 的拉氏变换.

解：利用拉氏变换的线性性质得：
$$L[t^3 + \sin 2t] = L[t^3] + L[\sin 2t] = \frac{6}{s^4} + \frac{2}{s^2+4}(s > 0).$$

例 11.2.2　求 $f(t) = \cos^2 t$ 的拉氏变换.

解：利用拉氏变换的线性性质得：
$$L[\cos^2 t] = L\left[\frac{1 + \cos 2t}{2}\right] = \frac{1}{2}(L[1] + L[\cos 2t])$$
$$= \frac{1}{2}\left(\frac{1}{s} + \frac{s}{s^2 + 2^2}\right) = \frac{s^2 + 2}{s(s^2 + 4)}(s > 0).$$

例 11.2.3　求 $f(t) = \cos 2t + u(t) + 2\delta(t)$ 的拉氏变换.

解：利用拉氏变换的线性性质得：
$$L[\cos 2t + u(t) + 2\delta(t)] = L[\cos 2t] + L[u(t)] + 2L[\delta(t)] = \frac{s}{s^2 + 2^2} + \frac{1}{s} + 2(s > 0).$$

2. 相似性质(similar property)
若 $L[f(t)] = F(s)$，则
$$L[f(kt)] = \frac{1}{k}F\left(\frac{s}{k}\right)(k > 0).$$

例 11.2.4　求 $f(t) = (2t)^3$ 的拉氏变换.

解：利用拉氏变换的相似性质得：
$$L[(2t)^3] = \frac{1}{2}\frac{6}{\left(\frac{s}{2}\right)^4} = \frac{48}{s^4}(s > 0).$$

3. 象原函数的微分性质
若 $L[f(t)] = F(s)$，则
$$L[f^{(n)}(t)] = s^n F(s) - \sum_{k=0}^{n-1} s^{n-k-1} f^{(k)}(0)(n = 1, 2, \cdots).$$

特别地：
$$L[f'(t)] = sF(s) - f(0);$$
$$L[f''(t)] = s^2 F(s) - sf(0) - f'(0);$$
$$L[f'''(t)] = s^3 F(s) - s^2 f(0) - sf'(0) - f''(0).$$

例 11.2.5 已知 $f(0)=0, f'(0)=-\dfrac{1}{2}$，求解微分方程 $f''(t)=\sin 2t$.

解：令 $L[f(t)]=F(s)$，则 $L[f''(t)]=s^2 F(s)+\dfrac{1}{2}=\dfrac{2}{s^2+4}$，

解得 $F(s)=-\dfrac{1}{2}\dfrac{1}{s^2+4}$，所以 $f(t)=-\dfrac{1}{4}\sin 2t(s>0)$.

4. 象函数的微分性质
$$F^{(n)}(s)=L[(-t)^n f(t)](n=1,2,\cdots).$$

例 11.2.6 求 $-t\sin 2t$ 的拉氏变换.

解：$L[-t\sin 2t]=\left(\dfrac{2}{s^2+4}\right)'=\dfrac{-4s}{(s^2+4)^2}(s>0)$.

例 11.2.7 求 $t^2 e^t$ 的拉氏变换.

解：$L[t^2 e^t]=\left(\dfrac{1}{s-1}\right)''=\dfrac{2}{(s-1)^3}(s>1)$.

5. 象原函数的积分性质
若 $L[f(t)]=F(s)$，则
$$L\left[\int_0^t f(t)\mathrm{d}t\right]=\dfrac{1}{s}F(s).$$

例 11.2.8 求 $L\left[\int_0^t t^2 e^t \mathrm{d}t\right]$ 的拉氏变换.

解：$L\left[\int_0^t t^2 e^t \mathrm{d}t\right]=\dfrac{1}{s}L[t^2 e^t]=\dfrac{2}{s(s-1)^3}(s>1)$.

6. 象函数的积分性质
若 $L[f(t)]=F(s)$，积分 $\displaystyle\int_s^{+\infty} F(u)\mathrm{d}u$ 收敛，则
$$L\left[\dfrac{f(t)}{t}\right]=\int_s^{+\infty} F(u)\mathrm{d}u.$$

例 11.2.9 求 $\displaystyle\int_0^t \dfrac{\sin t}{t}\mathrm{d}t$ 的拉氏变换.

解：由象原函数的积分性质得
$$L\left[\int_0^t \dfrac{\sin t}{t}\mathrm{d}t\right]=\dfrac{1}{s}L\left[\dfrac{\sin t}{t}\right],$$
由象函数的积分性质得
$$L\left[\dfrac{\sin t}{t}\right]=\int_s^{+\infty} L[\sin t]\mathrm{d}s=\int_s^{+\infty}\dfrac{1}{s^2+1}\mathrm{d}s=\dfrac{\pi}{2}-\arctan s,$$
所以
$$L\left[\int_0^t \dfrac{\sin t}{t}\mathrm{d}t\right]=\dfrac{1}{s}\left[\dfrac{\pi}{2}-\arctan s\right](s>0).$$

7. 位移性质(displacement property)
$$L[e^{kt}f(t)]=F(s-k).$$

例 11.2.10 求 $e^t\sin 2t$ 的拉氏变换.

解：由位移性质得

$$L[\mathrm{e}^t \sin 2t] = \frac{2}{(s-1)^2 + 4}.$$

例 11.2.11 求 $\mathrm{e}^{2t} t^3$ 的拉氏变换.

解: 由位移性质得

$$L[\mathrm{e}^{2t} t^3] = \frac{6}{(s-2)^4}.$$

8. 延迟性质(delay property)

若 $L[f(t)] = F(s)$,当 $t < 0$ 时 $f(t) = 0$,则对任一非负实数 τ,有

$$L[f(t-\tau)] = \mathrm{e}^{-\tau s} F(s).$$

当 $t < 0$ 时 $f(t) \neq 0$,则 $L[f(t-\tau) u(t-\tau)] = \mathrm{e}^{-\tau s} F(s)$.

例 11.2.12 求 $L[\sin(t-2)]$ 的拉氏变换.

解: 由延迟性质得

$$L[\sin(t-2)] = \mathrm{e}^{-2s} \frac{1}{s^2 + 1}.$$

例 11.2.13 求函数 $u(t-\tau) = \begin{cases} 0, t < \tau \\ 1, t \geqslant \tau \end{cases}$ $(\tau > 0)$ 的拉氏变换.

解: 由 $L[u(t)] = \dfrac{1}{s}$ 及延迟性质得

$$L[u(t-\tau)] = \frac{1}{s} \mathrm{e}^{-s\tau}.$$

例 11.2.14 求 δ 函数 $\delta(t-4)$ 的拉氏变换.

解: 由 $L[\delta(t)] = 1$ 及延迟性质得

$$L[\delta(t-4)] = \mathrm{e}^{-4s} L[\delta(t)] = \mathrm{e}^{-4s}.$$

习题 11.2

B. 一般题

1. 求下列函数的拉氏变换.

(1) $\sin^2 t$ (2) $\sin 3t \cos 3t$

(3) $2 + t\mathrm{e}^{-t}$ (4) $(t-1)^2 \mathrm{e}^{-t}$

(5) $t^2 \mathrm{e}^t$ (6) $u(3t-9)$

C. 提高题

2. 求下列函数的拉氏变换.

(1) $t(1 + \mathrm{e}^t)$ (2) $t\mathrm{e}^{-3t} \sin 2t$

(3) $\sin 2t \cdot \delta(t) - \sin t \cdot u(t)$ (4) $\mathrm{e}^{-t} \sin t$

11.3 拉普拉斯逆变换
(Inverse Laplace Transform)

本节提示:在拉氏变换的应用中,我们往往把一些问题通过拉氏变换转化为另一类问题进行解决,然后再转化回来,这就用到拉氏变换的逆变换.在这一节中,从象函数出发,求象原函数.这要求大家熟记拉氏变换的一些常用公式,从而方便地求出拉氏逆变换.

11.3.1 拉氏逆变换的性质

设 $L[f(t)]=F(s)$,则拉普拉斯逆变换具有如下性质.

1. 线性性质

$$L^{-1}[\alpha F_1(s)+\beta F_2(s)]=\alpha L^{-1}[F_1(s)]+\beta L^{-1}[F_2(s)]=\alpha f_1(t)+\beta f_2(t).$$

例 11.3.1 求下列象函数的拉氏逆变换.

(1) $F(s)=\dfrac{2s-3}{s^2+1}$ (2) $F(s)=\dfrac{s+2}{s^2+4}$ (3) $F(s)=\dfrac{1}{s}+\dfrac{2}{s^2}$

解:(1) 由线性性质及 $L[\cos \omega t]=\dfrac{s}{s^2+\omega^2}$ 和 $L[\sin \omega t]=\dfrac{\omega}{s^2+\omega^2}$ 得

$$L^{-1}\left[\frac{2s-3}{s^2+1}\right]=2L^{-1}\left[\frac{s}{s^2+1}\right]-3L^{-1}\left[\frac{1}{s^2+1}\right]$$
$$=2\cos t-3\sin t.$$

(2) 由线性性质及 $L[\cos \omega t]=\dfrac{s}{s^2+\omega^2}$ 和 $L[\sin \omega t]=\dfrac{\omega}{s^2+\omega^2}$ 得

$$L^{-1}[F(s)]=L^{-1}\left[\frac{s+2}{s^2+4}\right]=L^{-1}\left[\frac{s}{s^2+4}\right]+L^{-1}\left[\frac{2}{s^2+4}\right]$$
$$=\cos 2t+\sin 2t.$$

(3)由线性性质及 $L[u(t)]=\dfrac{1}{s}$ 和 $L[t^n]=\dfrac{n!}{s^{n+1}}$ 得

$$L^{-1}[F(s)]=L^{-1}\left[\frac{1}{s}+\frac{1}{s^2}\right]=L^{-1}\left[\frac{1}{s}\right]+L^{-1}\left[\frac{1}{s^2}\right]$$
$$=u(t)+t.$$

2. 位移性质

$$L^{-1}[F(s-k)]=e^{kt}L^{-1}[F(s)]=e^{kt}f(t).$$

例 11.3.2 求下列象函数的拉氏逆变换.

(1) $F(s)=\dfrac{s+1}{(s-1)^2+4}$ (2) $F(s)=\dfrac{1}{(s+2)^4}$

解:(1) 由位移性质及 $L[\cos \omega t]=\dfrac{s}{s^2+\omega^2}$ 和 $L[\sin \omega t]=\dfrac{\omega}{s^2+\omega^2}$ 得

$$L^{-1}[F(s)]=L^{-1}\left[\frac{s-1+2}{(s-1)^2+4}\right]=e^t L^{-1}\left[\frac{s+2}{s^2+4}\right]=e^t(\cos 2t+\sin 2t).$$

(2) 由位移性质及 $L[t^n]=\dfrac{n!}{s^{n+1}}$ 得

$$L^{-1}[F(s)] = L^{-1}\left[\frac{1}{(s+2)^4}\right] = \mathrm{e}^{-2t}L^{-1}\left[\frac{1}{s^4}\right] = \frac{\mathrm{e}^{-2t}}{3!}L^{-1}\left[\frac{3!}{s^4}\right] = \frac{1}{6}t^3\mathrm{e}^{-2t}.$$

3. 延迟性质

$$L^{-1}[\mathrm{e}^{-s\tau}F(s)] = f(t-\tau)u(t-\tau)\,(\tau>0).$$

例 11.3.3　求下列象函数的拉氏逆变换.

(1) $F(s) = \frac{1}{s}\mathrm{e}^{-2s}$　　(2) $F(s) = \mathrm{e}^{-s}\frac{2}{s^2+4}$　　(3) $F(s) = \frac{2s\mathrm{e}^{-2s}}{s^2+4}$

解: (1) 由延迟性质得

$$L^{-1}[F(s)] = L^{-1}\left[\mathrm{e}^{-2s}\frac{1}{s}\right] = u(t-2).$$

(2) 由延迟性质及 $L[\sin\omega t] = \frac{\omega}{s^2+\omega^2}$ 得

$$L^{-1}[F(s)] = L^{-1}\left[\mathrm{e}^{-s}\frac{2}{s^2+4}\right] = \sin 2(t-1).$$

(3) 由延迟性质及 $L[\cos\omega t] = \frac{s}{s^2+\omega^2}$ 得

$$L^{-1}[F(s)] = L^{-1}\left[\mathrm{e}^{-2s}\frac{2s}{s^2+4}\right] = 2\cos 2(t-2).$$

11.3.2　有理函数的拉氏逆变换问题举例

下面介绍用化有理分式为最简部分分式的方法求有理函数的拉氏逆变换的方法.

在 3.5 节中,我们曾经提及两种简单有理分式函数. 在有理分式函数是假分式(即分子的次数高于分母的次数)时,可以通过多项式的除法化它为整式与真分式之和的形式. 所以下面我们仅讨论有理真分式的情况.

如果有理真分式 $\frac{P(x)}{Q(x)}$ 的分母能在实数范围内分解成一次因式和二次质因式的乘积:

$$Q(x) = C(x-a)^\alpha\cdots(x-b)^\beta(x^2+px+q)^\lambda\cdots(x^2+rx+s)^\mu,$$

其中 $p^2-4q<0,\cdots,r^2-4s<0$,则真分式 $\frac{P(x)}{Q(x)}$ 可分解为如下的最简部分分式之和:

$$
\begin{aligned}
\frac{P(x)}{Q(x)} = &\frac{A_1}{(x-a)} + \frac{A_2}{(x-a)^2} + \cdots + \frac{A_\alpha}{(x-a)^\alpha} + \cdots \\
&+ \frac{B_1}{(x-b)} + \frac{B_2}{(x-b)^2} + \cdots + \frac{B_\beta}{(x-b)^\beta} + \cdots \\
&+ \frac{M_1x+N_1}{x^2+px+q} + \frac{M_2x+N_2}{(x^2+px+q)^2} + \cdots + \frac{M_\lambda x+N_\lambda}{(x^2+px+q)^\lambda} + \cdots \\
&+ \frac{R_1x+S_1}{x^2+rx+s} + \frac{R_2x+S_2}{(x^2+rx+s)^2} + \cdots + \frac{R_\mu x+S_\mu}{(x^2+rx+s)^\mu},
\end{aligned}
$$

其中,A_i、B_i、M_i、N_i、R_i、S_i 等都是待定常数. 在不定积分中,当被积函数为一般有理分式时,可按上述方法进行分解,然后再根据 3.5 节中的方法进行积分. 下面举例说明如何求有理函数的拉氏逆变换.

例 11.3.4　求下列象函数的拉氏逆变换.

(1) $\frac{s+4}{s^2-1}$　　　　(2) $\frac{s+3}{s^2+2s+5}$

解:(1) 令 $\dfrac{s+4}{s^2-1}=\dfrac{s+4}{(s-1)(s+1)}=\dfrac{A}{s-1}+\dfrac{B}{s+1}$,两边同乘以 $(s-1)(s+1)$ 得

$$s+4=A(s+1)+B(s-1),$$

再令 $s=1$、$s=-1$ 得 $A=\dfrac{5}{2}$、$B=-\dfrac{3}{2}$. 这就是待定系数法. 于是

$$\frac{s+4}{s^2-1}=\frac{5}{2}\frac{1}{s-1}-\frac{3}{2}\frac{1}{s+1},$$

$$L^{-1}\left[\frac{s+4}{s^2-1}\right]=\frac{5}{2}L^{-1}\left[\frac{1}{s-1}\right]-\frac{3}{2}L^{-1}\left[\frac{1}{s+1}\right]=\frac{5}{2}e^t-\frac{3}{2}e^{-t}.$$

(2) 这已经是最简分式,且分母是一个二次质因式,因此用配方法得

$$\frac{s+3}{s^2+2s+5}=\frac{s+1}{(s+1)^2+4}+\frac{2}{(s+1)^2+4},$$

于是由拉氏逆变换的位移性质得

$$L^{-1}\left[\frac{s+1}{(s+1)^2+4}\right]=e^{-t}L^{-1}\left[\frac{s}{s^2+2^2}\right]=e^{-t}\cos 2t,$$

$$L^{-1}\left[\frac{2}{(s+1)^2+4}\right]=e^{-t}L^{-1}\left[\frac{2}{s^2+2^2}\right]=e^{-t}\sin 2t.$$

故有

$$L^{-1}\left[\frac{s+3}{s^2+2s+5}\right]=e^{-t}\cos 2t+e^{-t}\sin 2t.$$

例 11.3.5 设 $F(s)=\dfrac{s^2+2}{s^3+2s^2+2s}$,求 $L^{-1}[F(s)]$.

解:令 $\dfrac{s^2+2}{s^3+2s^2+2s}=\dfrac{s^2+2}{s(s^2+2s+2)}=\dfrac{A}{s}+\dfrac{Bs+C}{s^2+2s+2}$,两边乘以 $s(s^2+2s+2)$ 得

$$s^2+2=A(s^2+2s+2)+(Bs+C)s,$$

比较等号两边同次项的系数或

令 $s=0$ 得 $2=2A$,即 $A=1$.

令 $s=1$ 得 $3=5+B+C$,即 $B+C=-2$.

令 $s=-1$ 得 $3=1+B-C$,即 $B-C=2$. 所以 $B=0,C=-2$. 因此

$$F(s)=\frac{s^2+2}{s^3+2s^2+2s}=\frac{1}{s}-\frac{2}{(s+1)^2+1}.$$

于是得

$$L^{-1}[F(s)]=L^{-1}\left[\frac{1}{s}\right]-2L^{-1}\left[\frac{1}{(s+1)^2+1}\right]$$

$$=u(t)-2e^{-t}\sin t.$$

11.3.3 拉普拉斯变换的应用

在解非齐次线性微分方程时,如果方程的非齐次项稍微复杂一点,则求解方程的过程就会十分复杂,但如果用拉氏变换的方法解微分方程,有时会方便很多. 用拉氏变换解微分方程,就是利用拉氏变换化微分方程为象函数的代数方程,求出象函数后,再取拉氏逆变换得到象原函数,即微分方程的解. 由于在拉氏变换过程中已经使用了初始条件,故所得到的解就是方程满足初始条件的特解.

例 11.3.6 求下列微分方程的解.

(1) $y'' - y = 2\sin t, y(0) = 0, y'(0) = 0$,

(2) $y''' - y' = e^t, y(0) = y'(0) = y''(0) = 0$.

解：(1) 设 $L[y(t)] = F(s)$，在方程两边取拉氏变换：

$$s^2 F(s) - sy(0) - y'(0) - F(s) = \frac{2}{s^2 + 1},$$

解出 $F(s)$ 得

$$F(s) = \frac{1}{s^2 - 1} \cdot \frac{2}{s^2 + 1} = \frac{1}{s^2 - 1} - \frac{1}{s^2 + 1} = \frac{1}{2}\left(\frac{1}{s-1} - \frac{1}{s+1}\right) - \frac{1}{s^2 + 1},$$

取拉氏逆变换得：

$$y(t) = \frac{e^t - e^{-t}}{2} - \sin t.$$

(2) 设 $L[y(t)] = F(s)$，在方程两边取拉氏变换：

$$s^3 F(s) - s^2 y(0) - sy'(0) - y''(0) - sF(s) + y(0) = \frac{1}{s-1},$$

解出 $F(s)$ 得

$$F(s) = \frac{1}{s^3 - s} \cdot \frac{1}{s-1} = \frac{1}{s} - \frac{3}{4(s-1)} + \frac{1}{2(s-1)^2} - \frac{1}{4(s+1)},$$

再取拉氏逆变换得

$$y(t) = 1 - \frac{3}{4}e^t + \frac{1}{2}te^t - \frac{1}{4}e^{-t}.$$

拉氏变换同样可以用于求解微分方程组.

例 11.3.7 求方程组 $\begin{cases} x'' + 2y' - x = 0, \\ x' + y = 0 \end{cases}$ 满足初始条件 $\begin{cases} y(0) = 0, \\ x(0) = 1, \\ x'(0) = 0 \end{cases}$ 的解.

解：设 $L[y(t)] = F(s), L[x(t)] = G(s)$. 对每个方程取拉氏变换，得

$$\begin{cases} s^2 G(s) - s + 2sF(s) - G(s) = 0, \\ sG(s) - 1 + F(s) = 0, \end{cases}$$

整理得

$$\begin{cases} G(s) = \dfrac{s}{s^2 + 1}, \\ F(s) = \dfrac{1}{s^2 + 1}. \end{cases}$$

再取拉氏逆变换

$$y(t) = L^{-1}[F(s)] = L^{-1}\left[\frac{1}{s^2 + 1}\right] = \sin t,$$

$$x(t) = L^{-1}[G(s)] = L^{-1}\left[\frac{s}{s^2 + 1}\right] = \cos t.$$

故所求方程组的解为

$$\begin{cases} y(t) = \sin t, \\ x(t) = \cos t. \end{cases}$$

11.3.4 利用拉氏变换求解实际问题的方法

应用拉氏变换求解力学、电学等实际问题的一般方法是:根据有关运动定律或相关知识建立起数学模型,也就是建立起满足符合一定初始条件的微分方程,然后通过拉氏变换化微分方程为关于象函数的代数方程,解出象函数后,再取拉氏逆变换得到方程的满足初始条件的特解.

例 11.3.8 一个充满气体的气球突然破了一个孔,漏气的速率正比于气球内气体的质量,比例系数为 $k>0$,设球内原有气体 100 g,如果孔破后一分钟球内还有 20 g 气体,问什么时候球内剩下 1 g 气体?

解:设 t 分钟时球内有 w g 气体,则有定解问题

$$\begin{cases} w'=-kw, \\ w(0)=100. \end{cases}$$

设 $L[w(t)]=F(s)$,方程两边取拉氏变换,得

$$sF(s)-100=-kF(s),$$

解出 $F(s)$:

$$F(s)=\frac{100}{s+k},$$

最后取拉氏逆变换,得

$$w(t)=L^{-1}[F(s)]=100\mathrm{e}^{-kt},$$

由 $w(1)=20$,求出 $k=\ln5$,$w=1$ 时求得:

$$t=\frac{2\ln10}{\ln5}\approx2.86 \text{ min},$$

即 2.86 min 后,球内剩下 1 g 气体.

习题 11.3

B. 一般题

1. 求下列函数的拉氏逆变换.

(1) $\dfrac{1}{(s+1)^3}$ (2) $\dfrac{2s+3}{s^3}$

(3) $\dfrac{s-3}{s^2+2s+2}$ (4) $\dfrac{1}{s^2(s-1)}$

2. 用拉氏变换求下列微分方程满足初始条件的解.

(1) $y''+4y=\sin x,y(0)=y'(0)=0$ (2) $y''+4y=1,y(0)=\dfrac{1}{6},y'(0)=-\dfrac{1}{3}$

C. 提高题

3. 求下列函数的拉氏逆变换.

(1) $\dfrac{2s+3}{s(s+1)(s+2)}$ (2) $\dfrac{1+\mathrm{e}^{-4s}}{s^3}$

(3) $\dfrac{2s+4}{s^2+4s+13}$

(4) $\dfrac{s+3}{(s^2+1)(s^2+4)}$

4. 用拉氏变换求下列微分方程(组)满足初始条件的解.

(1) $y'''-y'=3(2-x^2)$ 满足初始条件 $y(0)=y'(0)=y''(0)=1$.

(2) $\begin{cases} x'-y'=10\cos t \\ x'+y'=4e^{-2t} \end{cases}$ 满足初始条件 $\begin{cases} y(0)=0, \\ x(0)=2. \end{cases}$

5. 有一容积为 $10\,000\ m^3$ 的车间,内含有 0.12% 的二氧化碳,今用一台通风量为 $1000\ m^3/min$ 的鼓风机通入新鲜空气,新鲜空气含有 0.04% 的二氧化碳,问鼓风机开动 $10\ min$ 后,车间内的二氧化碳的百分比降到多少?

数学实验 拉普拉斯变换及逆变换

1.拉普拉斯变换的命令 LaplaceTransform$[f(t),t,s]$,其中 $f(t)$为需要进行拉普拉斯变换的函数.

例 1 求 $f(t)=t^3 e^{2t}$的拉普拉斯变换.

输入 LaplaceTransform$[t^3 * E^{(2t)}, t, s]$,输出 $\dfrac{6}{(-2+s)^4}$.

例 2 求单位阶跃函数与 Dirac 函数的和的拉普拉斯变换.

输入 LaplaceTransform$[UnitStep[t]+DiracDelta[t],t,s]$,输出 $1+\dfrac{1}{s}$, * UnitStep 指单位阶跃函数,DiracDelta 指 Dirac 函数 *.

2. 拉普拉斯逆变换的命令 InverseLaplaceTransform$[F(s),s,t]$,其中 $F(s)$为需要进行拉普拉斯逆变换的象函数.

例 3 求 $F[s]=\dfrac{se^{-s}}{s^2+1}$的逆变换.

输入 InverseLaplaceTransform$\left[\dfrac{s * Exp[-s]}{s^2+1}, s, t\right]$

输出 Cos$[1-t]$ UnitStep$[-1+t]$

附录 I 积 分 表

(一) 含有 $ax+b$ 的积分

1. $\int \dfrac{\mathrm{d}x}{ax+b} = \dfrac{1}{a}\ln|ax+b| + C$

2. $\int (ax+b)^{\mu}\mathrm{d}x = \dfrac{1}{a(\mu+1)}(ax+b)^{\mu+1} + C(\mu \neq -1)$

3. $\int \dfrac{x}{ax+b}\mathrm{d}x = \dfrac{1}{a^2}(ax+b-b\ln|ax+b|) + C$

4. $\int \dfrac{x^2}{ax+b}\mathrm{d}x = \dfrac{1}{a^3}\left[\dfrac{1}{2}(ax+b)^2 - 2b(ax+b) + b^2\ln|ax+b|\right] + C$

5. $\int \dfrac{\mathrm{d}x}{x(ax+b)} = -\dfrac{1}{b}\ln\left|\dfrac{ax+b}{x}\right| + C$

6. $\int \dfrac{\mathrm{d}x}{x^2(ax+b)} = -\dfrac{1}{bx} + \dfrac{a}{b^2}\ln\left|\dfrac{ax+b}{x}\right| + C$

7. $\int \dfrac{\mathrm{d}x}{x(ax+b)^2} = \dfrac{1}{b(ax+b)} - \dfrac{1}{b^2}\ln\left|\dfrac{ax+b}{x}\right| + C$

8. $\int \sqrt{ax+b}\,\mathrm{d}x = \dfrac{2}{3a}\sqrt{(ax+b)^3} + C$

9. $\int x\sqrt{ax+b}\,\mathrm{d}x = \dfrac{2}{15a^2}(3ax-2b)\sqrt{(ax+b)^3} + C$

10. $\int x^2\sqrt{ax+b}\,\mathrm{d}x = \dfrac{2}{105a^3}(15a^2x^2 - 12abx + 8b^2)\sqrt{(ax+b)^3} + C$

11. $\int \dfrac{x}{\sqrt{ax+b}}\mathrm{d}x = \dfrac{2}{3a^2}(ax-2b)\sqrt{ax+b} + C$

12. $\int \dfrac{x^2}{\sqrt{ax+b}}\mathrm{d}x = \dfrac{2}{15a^3}(3a^2x^2 - 4abx + 8b^2)\sqrt{ax+b} + C$

(二) 含有 $x^2 \pm a^2$ 的积分

13. $\int \dfrac{\mathrm{d}x}{x^2+a^2} = \dfrac{1}{a}\arctan\dfrac{x}{a} + C$

14. $\int \dfrac{\mathrm{d}x}{x^2-a^2} = \dfrac{1}{2a}\ln\left|\dfrac{x-a}{x+a}\right| + C$

(三) 含有 $ax^2+b(a>0)$ 的积分

15. $\int \dfrac{x}{ax^2+b}\mathrm{d}x = \dfrac{1}{2a}\ln|ax^2+b| + C$

16. $\int \dfrac{\mathrm{d}x}{x(ax^2+b)} = \dfrac{1}{2b}\ln\dfrac{x^2}{|ax^2+b|}+C$

17. $\int \dfrac{\mathrm{d}x}{x^3(ax^2+b)} = \dfrac{a}{2b^2}\ln\dfrac{|ax^2+b|}{x^2} - \dfrac{1}{2bx^2}+C$

(四) 含有 $\sqrt{x^2+a^2}$ $(a>0)$ 的积分

18. $\int \dfrac{\mathrm{d}x}{\sqrt{x^2+a^2}} = \operatorname{arsh}\dfrac{x}{a}+C_1 = \ln(x+\sqrt{x^2+a^2})+C$

19. $\int \dfrac{\mathrm{d}x}{\sqrt{(x^2+a^2)^3}} = \dfrac{x}{a^2\ \sqrt{x^2+a^2}}+C$

20. $\int \dfrac{x}{\sqrt{x^2+a^2}}\mathrm{d}x = \sqrt{x^2+a^2}+C$

21. $\int \dfrac{x}{\sqrt{(x^2+a^2)^3}}\mathrm{d}x = -\dfrac{1}{\sqrt{x^2+a^2}}+C$

22. $\int \dfrac{x^2}{\sqrt{x^2+a^2}}\mathrm{d}x = \dfrac{x}{2}\sqrt{x^2+a^2} - \dfrac{a^2}{2}\ln(x+\sqrt{x^2+a^2})+C$

23. $\int \dfrac{x^2}{\sqrt{(x^2+a^2)^3}}\mathrm{d}x = -\dfrac{x}{\sqrt{x^2+a^2}} + \ln(x+\sqrt{x^2+a^2})+C$

24. $\int \dfrac{\mathrm{d}x}{x\ \sqrt{x^2+a^2}} = \dfrac{1}{a}\ln\dfrac{\sqrt{x^2+a^2}-a}{|x|}+C$

25. $\int \dfrac{\mathrm{d}x}{x^2\ \sqrt{x^2+a^2}} = -\dfrac{\sqrt{x^2+a^2}}{a^2 x}+C$

26. $\int \sqrt{x^2+a^2}\,\mathrm{d}x = \dfrac{x}{2}\sqrt{x^2+a^2}+\dfrac{a^2}{2}\ln(x+\sqrt{x^2+a^2})+C$

27. $\int x\ \sqrt{x^2+a^2}\,\mathrm{d}x = \dfrac{1}{3}\sqrt{(x^2+a^2)^3}+C$

28. $\int \dfrac{\sqrt{x^2+a^2}}{x}\mathrm{d}x = \sqrt{x^2+a^2} + a\ln\dfrac{\sqrt{x^2+a^2}-a}{|x|}+C$

29. $\int \dfrac{\sqrt{x^2+a^2}}{x^2}\mathrm{d}x = -\dfrac{\sqrt{x^2+a^2}}{x} + \ln(x+\sqrt{x^2+a^2})+C$

(五) 含有 $\sqrt{x^2-a^2}$ $(a>0)$ 的积分

30. $\int \dfrac{\mathrm{d}x}{\sqrt{x^2-a^2}} = \dfrac{x}{|x|}\operatorname{arch}\dfrac{|x|}{a}+C_1 = \ln|x+\sqrt{x^2-a^2}|+C$

31. $\int \dfrac{\mathrm{d}x}{\sqrt{(x^2-a^2)^3}} = -\dfrac{x}{a^2\ \sqrt{x^2-a^2}}+C$

32. $\int \dfrac{x}{\sqrt{x^2-a^2}}\mathrm{d}x = \sqrt{x^2-a^2}+C$

33. $\int \dfrac{x}{\sqrt{(x^2-a^2)^3}}\mathrm{d}x = -\dfrac{1}{\sqrt{x^2-a^2}}+C$

34. $\displaystyle\int \frac{x^2}{\sqrt{x^2-a^2}}\mathrm{d}x=\frac{x}{2}\sqrt{x^2-a^2}+\frac{a^2}{2}\ln|x+\sqrt{x^2-a^2}|+C$

35. $\displaystyle\int \frac{x^2}{\sqrt{(x^2-a^2)^3}}\mathrm{d}x=-\frac{x}{\sqrt{x^2-a^2}}+\ln|x+\sqrt{x^2-a^2}|+C$

36. $\displaystyle\int \frac{\mathrm{d}x}{x\sqrt{x^2-a^2}}=\frac{1}{a}\arccos\frac{a}{|x|}+C$

37. $\displaystyle\int \frac{\mathrm{d}x}{x^2\sqrt{x^2-a^2}}=\frac{\sqrt{x^2-a^2}}{a^2x}+C$

38. $\displaystyle\int \sqrt{x^2-a^2}\,\mathrm{d}x=\frac{x}{2}\sqrt{x^2-a^2}-\frac{a^2}{2}\ln|x+\sqrt{x^2-a^2}|+C$

39. $\displaystyle\int x\sqrt{x^2-a^2}\,\mathrm{d}x=\frac{1}{3}\sqrt{(x^2-a^2)^3}+C$

40. $\displaystyle\int \frac{\sqrt{x^2-a^2}}{x}\mathrm{d}x=\sqrt{x^2-a^2}-a\arccos\frac{a}{|x|}+C$

41. $\displaystyle\int \frac{\sqrt{x^2-a^2}}{x^2}\mathrm{d}x=-\frac{\sqrt{x^2-a^2}}{x}+\ln|x+\sqrt{x^2-a^2}|+C$

（六）含有 $\sqrt{a^2-x^2}$ ($a>0$)的积分

42. $\displaystyle\int \frac{\mathrm{d}x}{\sqrt{a^2-x^2}}=\arcsin\frac{x}{a}+C$

43. $\displaystyle\int \frac{\mathrm{d}x}{\sqrt{(a^2-x^2)^3}}=\frac{x}{a^2\sqrt{a^2-x^2}}+C$

44. $\displaystyle\int \frac{x}{\sqrt{a^2-x^2}}\mathrm{d}x=-\sqrt{a^2-x^2}+C$

45. $\displaystyle\int \frac{x}{\sqrt{(a^2-x^2)^3}}\mathrm{d}x=-\frac{1}{\sqrt{a^2-x^2}}+C$

46. $\displaystyle\int \frac{x^2}{\sqrt{a^2-x^2}}\mathrm{d}x=-\frac{x}{2}\sqrt{a^2-x^2}+\frac{a^2}{2}\arcsin\frac{x}{a}+C$

47. $\displaystyle\int \frac{x^2}{\sqrt{(a^2-x^2)^3}}\mathrm{d}x=\frac{x}{\sqrt{a^2-x^2}}-\arcsin\frac{x}{a}+C$

48. $\displaystyle\int \frac{\mathrm{d}x}{x\sqrt{a^2-x^2}}=\frac{1}{a}\ln\frac{a-\sqrt{a^2-x^2}}{|x|}+C$

49. $\displaystyle\int \frac{\mathrm{d}x}{x^2\sqrt{a^2-x^2}}=-\frac{\sqrt{a^2-x^2}}{a^2x}+C$

50. $\displaystyle\int \sqrt{a^2-x^2}\,\mathrm{d}x=\frac{x}{2}\sqrt{a^2-x^2}+\frac{a^2}{2}\arcsin\frac{x}{a}+C$

51. $\displaystyle\int x\sqrt{a^2-x^2}\,\mathrm{d}x=-\frac{1}{3}\sqrt{(a^2-x^2)^3}+C$

52. $\displaystyle\int \frac{\sqrt{a^2-x^2}}{x}\mathrm{d}x=\sqrt{a^2-x^2}+a\ln\frac{a-\sqrt{a^2-x^2}}{|x|}+C$

53. $\displaystyle\int \frac{\sqrt{a^2-x^2}}{x^2}\mathrm{d}x = -\frac{\sqrt{a^2-x^2}}{x}-\arcsin\frac{x}{a}+C$

（七）含有 $\sqrt{\pm\dfrac{x-a}{x-b}}$ 或 $\sqrt{(x-a)(b-x)}$ 的积分

54. $\displaystyle\int \sqrt{\frac{x-a}{x-b}}\mathrm{d}x = (x-b)\sqrt{\frac{x-a}{x-b}}+(b-a)\ln(\sqrt{|x-a|}+\sqrt{|x-b|})+C$

55. $\displaystyle\int \sqrt{\frac{x-a}{b-x}}\mathrm{d}x = (x-b)\sqrt{\frac{x-a}{b-x}}+(b-a)\arcsin\sqrt{\frac{x-a}{b-a}}+C$

56. $\displaystyle\int \frac{\mathrm{d}x}{\sqrt{(x-a)(b-x)}} = 2\arcsin\sqrt{\frac{x-a}{b-a}}+C(a<b)$

57. $\displaystyle\int \sqrt{(x-a)(b-x)}\mathrm{d}x = \frac{2x-a-b}{4}\sqrt{(x-a)(b-x)}+\frac{(b-a)^2}{4}\arcsin\sqrt{\frac{x-a}{b-a}}+C(a<b)$

（八）含有三角函数的积分

58. $\displaystyle\int \sin x\mathrm{d}x = -\cos x+C$

59. $\displaystyle\int \cos x\mathrm{d}x = \sin x+C$

60. $\displaystyle\int \tan x\mathrm{d}x = -\ln|\cos x|+C$

61. $\displaystyle\int \cot x\mathrm{d}x = \ln|\sin x|+C$

62. $\displaystyle\int \sec x\mathrm{d}x = \ln\left|\tan\left(\frac{\pi}{4}+\frac{x}{2}\right)\right|+C = \ln|\sec x+\tan x|+C$

63. $\displaystyle\int \csc x\mathrm{d}x = \ln\left|\tan\frac{x}{2}\right|+C = \ln|\csc x-\cot x|+C$

64. $\displaystyle\int \sec^2 x\mathrm{d}x = \tan x+C$

65. $\displaystyle\int \csc^2 x\mathrm{d}x = -\cot x+C$

66. $\displaystyle\int \sec x\tan x\mathrm{d}x = \sec x+C$

67. $\displaystyle\int \csc x\cot x\mathrm{d}x = -\csc x+C$

68. $\displaystyle\int \sin^2 x\mathrm{d}x = \frac{x}{2}-\frac{1}{4}\sin 2x+C$

69. $\displaystyle\int \cos^2 x\mathrm{d}x = \frac{x}{2}+\frac{1}{4}\sin 2x+C$

70. $\displaystyle\int \sin ax\cos bx\mathrm{d}x = -\frac{1}{2(a+b)}\cos(a+b)x-\frac{1}{2(a-b)}\cos(a-b)x+C$

71. $\displaystyle\int \sin ax\sin bx\mathrm{d}x = -\frac{1}{2(a+b)}\sin(a+b)x+\frac{1}{2(a-b)}\sin(a-b)x+C$

72. $\displaystyle\int \cos ax \cos bx \mathrm{d}x = \frac{1}{2(a+b)}\sin(a+b)x + \frac{1}{2(a-b)}\sin(a-b)x + C$

73. $\displaystyle\int \frac{\mathrm{d}x}{a+b\sin x} = \frac{2}{\sqrt{a^2-b^2}}\arctan \frac{a\tan \dfrac{x}{2}+b}{\sqrt{a^2-b^2}} + C \qquad (a^2 > b^2)$

74. $\displaystyle\int \frac{\mathrm{d}x}{a+b\sin x} = \frac{1}{\sqrt{b^2-a^2}}\ln \left| \frac{a\tan \dfrac{x}{2}+b-\sqrt{b^2-a^2}}{a\tan \dfrac{x}{2}+b+\sqrt{b^2-a^2}} \right| + C \qquad (a^2 < b^2)$

75. $\displaystyle\int \frac{\mathrm{d}x}{a+b\cos x} = \frac{2}{a+b}\sqrt{\frac{a+b}{a-b}}\arctan \left(\sqrt{\frac{a-b}{a+b}}\tan \frac{x}{2} \right) + C \qquad (a^2 > b^2)$

76. $\displaystyle\int \frac{\mathrm{d}x}{a+b\cos x} = \frac{1}{a+b}\sqrt{\frac{a+b}{b-a}}\ln \left| \frac{\tan \dfrac{x}{2}+\sqrt{\dfrac{a+b}{b-a}}}{\tan \dfrac{x}{2}-\sqrt{\dfrac{a+b}{b-a}}} \right| + C \quad (a^2 < b^2)$

77. $\displaystyle\int \frac{\mathrm{d}x}{a^2\cos^2 x + b^2\sin^2 x} = \frac{1}{ab}\arctan \left(\frac{b}{a}\tan x \right) + C$

78. $\displaystyle\int \frac{\mathrm{d}x}{a^2\cos^2 x - b^2\sin^2 x} = \frac{1}{ab}\ln \left| \frac{b\tan x+a}{b\tan x-a} \right| + C$

79. $\displaystyle\int x\sin ax \mathrm{d}x = \frac{1}{a^2}\sin ax - \frac{1}{a}x\cos ax + C$

80. $\displaystyle\int x^2\sin ax \mathrm{d}x = -\frac{1}{a}x^2\cos ax + \frac{2}{a^2}x\sin ax + \frac{2}{a^3}\cos ax + C$

81. $\displaystyle\int x\cos ax \mathrm{d}x = \frac{1}{a^2}\cos ax + \frac{1}{a}x\sin ax + C$

82. $\displaystyle\int x^2\cos ax \mathrm{d}x = \frac{1}{a}x^2\sin ax + \frac{2}{a^2}x\cos ax - \frac{2}{a^3}\sin ax + C$

(九) 含有反三角函数的积分(其中 $a > 0$)

83. $\displaystyle\int \arcsin \frac{x}{a}\mathrm{d}x = x\arcsin \frac{x}{a} + \sqrt{a^2-x^2} + C$

84. $\displaystyle\int x\arcsin \frac{x}{a}\mathrm{d}x = \left(\frac{x^2}{2}-\frac{a^2}{4} \right)\arcsin \frac{x}{a} + \frac{x}{4}\sqrt{a^2-x^2} + C$

85. $\displaystyle\int x^2\arcsin \frac{x}{a}\mathrm{d}x = \frac{x^3}{3}\arcsin \frac{x}{a} + \frac{1}{9}(x^2+2a^2)\sqrt{a^2-x^2} + C$

86. $\displaystyle\int \arccos \frac{x}{a}\mathrm{d}x = x\arccos \frac{x}{a} - \sqrt{a^2-x^2} + C$

87. $\displaystyle\int x\arccos \frac{x}{a}\mathrm{d}x = \left(\frac{x^2}{2}-\frac{a^2}{4} \right)\arccos \frac{x}{a} - \frac{x}{4}\sqrt{a^2-x^2} + C$

88. $\displaystyle\int x^2\arccos \frac{x}{a}\mathrm{d}x = \frac{x^3}{3}\arccos \frac{x}{a} - \frac{1}{9}(x^2+2a^2)\sqrt{a^2-x^2} + C$

89. $\displaystyle\int \arctan \frac{x}{a}\mathrm{d}x = x\arctan \frac{x}{a} - \frac{a}{2}\ln(a^2+x^2) + C$

90. $\displaystyle\int x\arctan \frac{x}{a}\mathrm{d}x = \frac{1}{2}(a^2+x^2)\arctan \frac{x}{a} - \frac{a}{2}x + C$

（十）含有指数函数的积分

91. $\displaystyle\int a^x \mathrm{d}x = \frac{1}{\ln a}a^x + C$

92. $\displaystyle\int \mathrm{e}^{ax}\mathrm{d}x = \frac{1}{a}\mathrm{e}^{ax} + C$

93. $\displaystyle\int x\mathrm{e}^{ax}\mathrm{d}x = \frac{1}{a^2}(ax-1)\mathrm{e}^{ax} + C$

94. $\displaystyle\int xa^x \mathrm{d}x = \frac{x}{\ln a}a^x - \frac{1}{(\ln a)^2}a^x + C$

95. $\displaystyle\int \mathrm{e}^{ax}\sin bx\mathrm{d}x = \frac{1}{a^2+b^2}\mathrm{e}^{ax}(a\sin bx - b\cos bx) + C$

96. $\displaystyle\int \mathrm{e}^{ax}\cos bx\mathrm{d}x = \frac{1}{a^2+b^2}\mathrm{e}^{ax}(b\sin bx + a\cos bx) + C$

（十一）含有对数函数的积分

97. $\displaystyle\int \ln x\mathrm{d}x = x\ln x - x + C$

98. $\displaystyle\int \frac{\mathrm{d}x}{x\ln x} = \ln|\ln x| + C$

99. $\displaystyle\int x^n \ln x\mathrm{d}x = \frac{1}{n+1}x^{n+1}\left(\ln x - \frac{1}{n+1}\right) + C$

（十二）定积分

100. $\displaystyle\int_{-\pi}^{\pi}\cos nx\mathrm{d}x = \int_{-\pi}^{\pi}\sin nx\mathrm{d}x = 0$

101. $\displaystyle\int_{-\pi}^{\pi}\cos mx\sin nx\mathrm{d}x = 0$

102. $\displaystyle\int_{-\pi}^{\pi}\cos mx\cos nx\mathrm{d}x = \begin{cases}0, & m \neq n, \\ \pi, & m = n.\end{cases}$

103. $\displaystyle\int_{-\pi}^{\pi}\sin mx\sin nx\mathrm{d}x = \begin{cases}0, & m \neq n, \\ \pi, & m = n.\end{cases}$

104. $\displaystyle I_n = \int_0^{\frac{\pi}{2}}\sin^n x\mathrm{d}x = \int_0^{\frac{\pi}{2}}\cos^n x\mathrm{d}x$

$$I_n = \frac{n-1}{n}I_{n-2} = \begin{cases}\dfrac{n-1}{n}\cdot\dfrac{n-3}{n-2}\cdot\cdots\cdot\dfrac{4}{5}\cdot\dfrac{2}{3}\,(n\text{ 为大于 1 的正奇数}),I_1 = 1, \\ \dfrac{n-1}{n}\cdot\dfrac{n-3}{n-2}\cdot\cdots\cdot\dfrac{3}{4}\cdot\dfrac{1}{2}\cdot\dfrac{\pi}{2}\,(n\text{ 为正偶数}),I_0 = \dfrac{\pi}{2}.\end{cases}$$

附录 II　拉氏变换的性质表

$f(t)$	$F(s) = \displaystyle\int_0^{+\infty} f(t)\mathrm{e}^{-st}\,\mathrm{d}t$
$\alpha f_1(t) + \beta f_2(t)$	$\alpha F_1(s) + \beta F_2(s)$，$\alpha$、$\beta$ 为常数
$f(at)$	$\dfrac{1}{a} F\left(\dfrac{s}{a}\right)$，$a>0$
$f(t-\tau)u(t-\tau)$	$\mathrm{e}^{-s\tau}F(s)$，$\tau>0$
$\mathrm{e}^{kt}f(t)$	$F(s-k)$
$f^{(n)}(t)$	$s^n F(s) - \displaystyle\sum_{k=0}^{n-1} s^{n-k-1} f^{(k)}(0)$（$n=1,2,\cdots$）
$(-t)^n f(t)$	$F^{(n)}(s)$
$\dfrac{1}{t} f(t)$	$\displaystyle\int_s^{+\infty} F(s)\,\mathrm{d}s$
$\displaystyle\int_0^t f(t)\,\mathrm{d}t$	$\dfrac{1}{s} F(s)$
$f(t) = f(t+T)$	$\dfrac{1}{1-\mathrm{e}^{-Ts}} \displaystyle\int_0^T f(t)\mathrm{e}^{-st}\,\mathrm{d}t$

附录Ⅲ 常用函数的拉氏变换公式

序号	$f(t)$	$F(s)$
1	1	$\dfrac{1}{s}$
2	e^{kt}	$\dfrac{1}{s-k}$
3	$t^m\,(m>-1)$	$\dfrac{\Gamma(m+1)}{s^{m+1}}$
4	$t^m e^{kt}\,(m>-1)$	$\dfrac{\Gamma(m+1)}{(s-k)^{m+1}}$
5	$\sin at$	$\dfrac{a}{s^2+a^2}$
6	$\cos at$	$\dfrac{s}{s^2+a^2}$
7	$shat$	$\dfrac{a}{s^2-a^2}$
8	$chat$	$\dfrac{s}{s^2-a^2}$
9	$t\sin at$	$\dfrac{2as}{(s^2+a^2)^2}$
10	$t\cos at$	$\dfrac{s^2-a^2}{(s^2+a^2)^2}$
11	$tshat$	$\dfrac{2as}{(s^2-a^2)^2}$
12	$tchat$	$\dfrac{s^2+a^2}{(s^2-a^2)^2}$
13	$e^{-kt}\sin at$	$\dfrac{a}{(s+k)^2+a^2}$
14	$e^{-kt}\cos at$	$\dfrac{s+k}{(s+k)^2+a^2}$

（续表）

序号	$f(t)$	$F(s)$
15	$\sin^2 at$	$\dfrac{2a^2}{s(s^2+4a^2)}$
16	$\cos^2 at$	$\dfrac{s^2+2a^2}{s(s^2+4a^2)}$
17	$e^{at}-e^{bt}$	$\dfrac{a-b}{(s-a)(s-b)}$
18	$ae^{at}-be^{bt}$	$\dfrac{(a-b)s}{(s-a)(s-b)}$
19	$\dfrac{1}{\sqrt{\pi t}}$	$\dfrac{1}{\sqrt{s}}$
20	$2\sqrt{\dfrac{t}{\pi}}$	$\dfrac{1}{s\sqrt{s}}$
21	$\delta(t)$	1
22	$\delta(t-\tau)(\tau>0)$	$e^{-\tau s}$
23	$u(t)$	$\dfrac{1}{s}$
24	$tu(t)$	$\dfrac{1}{s^2}$
25	$t^m u(t)(m>-1)$	$\dfrac{1}{s^{m+1}}\Gamma(m+1)$

习题答案

第1章

习题 1.1

1. (1) $\{x \mid x \geqslant 4, x \neq 8, x \in \mathbf{R}\}$　(2) $\{x \mid -4 < x < 4, x \in \mathbf{R}\}$

2. (1) 非奇非偶　(2) 偶函数

3. $l_1 : y = 3x$；$l_2 : x + 3y - 10 = 0$

4. 略

5.

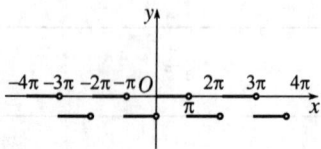

6. $f(-x) = \dfrac{1+x}{1-x}, f(x+1) = \dfrac{-x}{2+x}, f\left(\dfrac{1}{x}\right) = \dfrac{x-1}{x+1}$

7. $V(x) = x(a-2x)(b-2x)$

8. $Q_1 = 1, Q_2 = 7$, 在 1 和 7 之间盈利

9. (1) $y = \ln(x \pm \sqrt{x^2-1}), \{x \mid x \geqslant 1, x \in \mathbf{R}\}$　(2) $y = \begin{cases} \sqrt[3]{x}, & x \leqslant 0, \\ \sqrt{x}, & x > 0. \end{cases}$

11. (1) $f(x) = x^2 - 2$　(2) $f(x) = x^2 + 2x + 3$

12. 女儿 22 岁时，本利共返 83 314 元，本利共 86 793 元. 则 83314 < 86793，不合算

习题 1.2

1. (1) $x_n \to 1$　(2) $x_n \to \dfrac{1}{2}$　(3) $x_n \to 0$　(4) 发散

2. (1) $x_n \to e$，　(2) $x_n \to 1$　　(3) $x_n \to 1$　(4) $x_n \to 1$

3. 发散

4. $x_n < x_{n+1}$；$x_n < 3 (\forall n \in \mathbf{N}^+), x_n \to 3$

习题 1.3

1. (1) C　(2) 0　(3) 1　(4) 9

2. (1) 发散（$x \to 0$ 时函数在 -1 与 1 之间振荡）

(2) 发散（$x \to \infty$ 时函数在 -1 与 1 之间振荡）

(3) 发散（$x \to \infty$ 时函数值无限增大）

(4) 0

3. 不存在,因为左右极限不相等

4. (1) 不存在,因为左右极限不相等　(2) 不存在,因为左右极限不相等

习题 1.4

1. (1) 0　(2) 0　(3) 0　(4) 0

2. (1) ∞　(2) ∞　(3) 1　(4) 0

3. (1) 0　(2) ∞

习题 1.5

1. (1) 0　(2) $-\dfrac{1}{2}$　(3) $\dfrac{1}{4}$　(4) ∞　(5) 0　(6) ∞　(7) 1　(8) 0　(9) 0　(10) 0

2. (1) 1　(2) 0　(3) $-\dfrac{1}{4}$　(4) $3h^2$　(5) $\dfrac{1}{9}$　(6) 4

3. (1) 0　(2) 1　(3) -1　(4) e^2

4. 128 cm²

习题 1.6

1. (1) $\dfrac{3}{5}$　(2) $\dfrac{1}{3}$　(3) 3　(4) 3　(5) $\dfrac{1}{e}$　(6) $e^{\frac{3}{2}}$

2. (1) 2　(2) 1　(3) 1　(4) e^{-2}　(5) e　(6) 1

3. 略

4. (1) 1　(2) ∞　(3) 0　(4) 1

习题 1.7

1. (1) 8　(2) $-\dfrac{\pi}{4}$　(3) $\dfrac{1}{3}$　(4) $\dfrac{e^2}{2^e}$　(5) 2ln2　(6) 1

2. 连续

3. 不连续. 左右极限不相等,都不等于这点的函数值

4. (1) $\dfrac{1}{2}$　(2) 1　(3) $\sqrt{\ln 6}$　(4) $\sin e^2$

5. $a=2$

6. (1) 处处连续　(2) $x=0$ 处不连续,左、右极限存在但不相同,点 $x=0$ 是跳跃间断点.

7. 略

8. (1) 2　(2) ∞　(3) e^x　(4) $\dfrac{1}{x}$

9. (1) $x=\pm 1$,跳跃间断点　(2) $x=0$, $x\to 0+0$ 时极限不存在

10. 5 元

11. 略

第 2 章

习题 2.1

1. $2x$

2. 点 $(e-1, \ln(e-1))$ 处的切线平行于割线 PQ

3. (1) $-\dfrac{1}{4}$　(2) $\dfrac{1}{2}$　(3) e^2　(4) 0　(5) -2　(6) 0

4. $\dfrac{1}{2\sqrt{x}}$

5. (1) 1　(2) $3\ln 3$

6. (1) $f'(x_0)$　(2) $2f'(x_0)$

7. $f'_-(0)$ 不存在, $f'_+(0)=0, f'(0)$ 不存在

8. 连续, 可导 $f'(0)=0$

9. $q'(\tau)$

习题 2.2

1. (1) $25x^4+6x+1$　(2) $\dfrac{1}{3\sqrt[3]{x^2}}+\dfrac{1}{x^2}+2$　(3) $3\cos x+\dfrac{1}{x}+1-2^x\ln 2$

(4) $2x\cos x-x^2\sin x$　(5) $-\dfrac{x\sin x+\cos x}{x^2}$　(6) $-\dfrac{2x+1}{(x^2+x+2)^2}$

(7) $4x\cos(2x^2+1)$　(8) $-\tan x$　(9) $\dfrac{6x-1}{2\sqrt{3x^2-x}}$　(10) $3^{\sin x}\cos x\ln 3$

2. 1

3. (1) $e^{2x}(2\cos x-\sin x+2)$　(2) $\dfrac{x(\sec^2 x+e^x)-\tan x-e^x}{x^2}$　(3) $2x\cot\dfrac{1}{x}+\csc^2\dfrac{1}{x}$

(4) $\dfrac{\cos x+\sec^2 x}{\sin x+\tan x}$　(5) $(\sec^2 x+4x)e^{\tan x+2x^2}$　(6) $\dfrac{1}{\sqrt{1+x^2}}$

4. $\dfrac{1}{3}$

5. 略

6. (1) $\dfrac{f'(\ln x)}{x}$　(2) $f'(x^2+\sin e^x)(2x+e^x\cos e^x)$

7. (1) $C'(x)=5+0.000\,4x, R'(x)=12-0.002x$, 随着 x 增大, 边际成本会逐步增加, 边际收入会逐步减小

(2) 当 $x=2\,000$ 箱时, 边际成本为 5.8 元, 边际收入为 8 元, 边际成本小于边际收入; 当 $x=3\,000$ 箱时, 边际成本为 6.2 元, 边际收入为 6 元, 边际成本大于边际收入

(3) 当 $x=5\,500$ 箱时, 成本 35\,550 元, 收入 35\,750 元, 成本小于收入; 当 $x=5\,600$ 箱时, 成本 36\,272 元, 收入 35\,840 元, 成本大于收入

(4) 2\,916 箱

8. $4\,000\pi$ m²/min

习题 2.3

1. $2\cos x-x\sin x$

2. $4e^x+2xe^x$

3. (1) $\dfrac{2x+y}{4y-x}$　(2) $\dfrac{1+2\sqrt{x}\sin y}{-2\sqrt{x^3}\cos y}$　(3) $\dfrac{1+\cos y}{1+x\sin y}$　(4) $\dfrac{2xy^2}{1-x^2y}$

4. $y-2=\dfrac{3}{2}(x-1)$

5. (1) $-\dfrac{1}{(1+x)^2}$ (2) $4\mathrm{e}^{2x}\cos x+3\mathrm{e}^{2x}\sin x$

6. (1) $\dfrac{2x\cos y-\mathrm{e}^{x+2y}}{2\mathrm{e}^{x+2y}+x^2\sin y}$ (2) $\dfrac{2y\sqrt{x+y}-xy}{xy+2x\sqrt{x+y}}$

7. (1) $(\ln t+1)\cos^2 t$ (2) $\dfrac{\cos t-t\sin t}{\mathrm{e}^t(\sin t+\cos t)}$

8. $4x-3y-6\mathrm{e}=0;3x+4y=17\mathrm{e}$

9. $x^{\sin x}\left(\cos x\ln x+\dfrac{\sin x}{x}\right)$

10. $y'=\dfrac{1}{2}\sqrt{\dfrac{(x-1)^2(x-2)^3}{(x+3)(x+4)}}\left(\dfrac{2}{x-1}+\dfrac{3}{x-2}-\dfrac{1}{x+3}-\dfrac{1}{x+4}\right)$

习题 2.4

2. (1) $2\tan 2x\sec 2x\,\mathrm{d}x$ (2) $\left(6x+\dfrac{1}{x^2}\right)\mathrm{d}x$ (3) $\dfrac{x\mathrm{d}x}{\sqrt{x^2+2}}$ (4) $-\sin 2x\,\mathrm{d}x$

3. (1) $\dfrac{1}{3}x^3+C$ (2) $2\ln|x|+C$ (3) $-\dfrac{1}{3}\cos 3x+C$ (4) $\sin x-\cos x+C$

4. (1) $(2\mathrm{e}^x\cos 2x+\mathrm{e}^x\sin 2x)\mathrm{d}x$ (2) $\dfrac{3x^2+\tan x\sec x}{x^3+\sec x}\mathrm{d}x$ (3) $\dfrac{\mathrm{d}x}{\sqrt{1+x^2}}$

(4) $-2\mathrm{e}^{2x}\sin \mathrm{e}^{2x}\mathrm{d}x$

5. (1) $\cos \mathrm{e}^x$ (2) $\sin(2x^2+1)$ (3) $\cos^3 x$ (4) $\dfrac{1}{\sqrt{a^2+x^2}}$ (5) $\dfrac{2\arctan x}{4+x^2}$ (6) $\dfrac{\ln x}{x}$

6. 2%

习题 2.5

1. (1) 1   (2) $\dfrac{1}{2}$ (3) -1 (4) 1   (5) 0   (6) 0

2. 2

3. (1) 1   (2) $\dfrac{1}{6}$ (3) $\dfrac{2}{\pi}$ (4) $\dfrac{1}{2}$ (5) 1   (6) 0

5. 不连续,左右极限不相等

7. (1) 0,分子、分母分别求导数后,极限不存在   (2) 1,分子、分母分别求导数后,极限不存在

习题 2.6

1. (1) $(-\infty,-3)$单调减小;$(-3,+\infty)$单调增加

(2) $\left(0,\dfrac{4}{9}\right)$单调增加;$\left(\dfrac{4}{9},+\infty\right)$单调减小

2. (1) 极大值 $f\left(-\dfrac{1}{3}\right)=\dfrac{14}{9}$,极小值 $f(1)=-2$

(2) 极大值 $f(0)=3$,极小值 $f(1)=2$

3. 边长 5 m 的正方形面积最大,最大面积为 25 m²

4. (1) $(0,2)$ 单调减小;$(2,+\infty)$ 单调增加　　(2) $(0,+\infty)$ 单调增加

5. (1) 极大值 $f\left(\dfrac{\sqrt{2}}{2}\right)=\dfrac{1}{\sqrt{2e}}$,极小值 $f\left(-\dfrac{\sqrt{2}}{2}\right)=-\dfrac{1}{\sqrt{2e}}$

   (2) 极大值 $f(2)=3$,无极小值

6. $a=-\dfrac{\sqrt{3}}{3}$,极大值点,极大值为 $\dfrac{\sqrt{3}}{12}$

7. 极小值 $f(e)=e$

8. 3 600 元,收入 115 600 元. $\left($ 提示: $\left(50-\dfrac{x-2\,000}{100}\right)(x-200)$,$x$ 为每套房子租出去的租金. $\right)$

9. $H=\dfrac{R}{\sqrt{2}}$

习题 2.7

1. (1) 凸区间 $(-\infty,2)$,凹区间 $(2,+\infty)$,拐点 $(2,-45)$

   (2) 凸区间 $(-\infty,-1)$,凹区间 $(-1,+\infty)$,拐点 $(-1,-2)$

2.

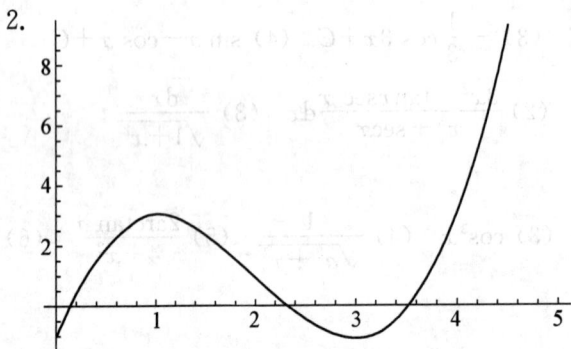

3. (1) 凹区间 $(-1,1)$,凸区间 $(-\infty,-1)$ 和 $(1,+\infty)$,拐点 $(1,\ln2)$ 和 $(-1,\ln2)$

   (2) 凸区间 $(-1,1)$,凹区间 $(-\infty,-1)$ 和 $(1,+\infty)$,拐点 $\left(1,\dfrac{1}{4}\right)$,$\left(-1,\dfrac{1}{4}\right)$

4.

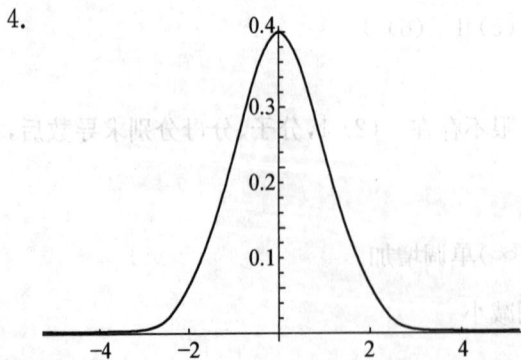

5. 略

第3章

习题 3.1

1. (1) $\frac{1}{3}x^3+2\sqrt{x}-x+C$　(2) $\frac{2}{7}x^{\frac{7}{2}}+C$　(3) $\frac{n}{n-1}x^{\frac{n-1}{n}}+C$

(4) $-\frac{1}{x}+\frac{2}{3x^3}+C$　(5) $-2\cos x+3\sin x+C$　(6) $\frac{2\sqrt{2}}{3}x^{\frac{3}{2}}+C$

2. $f(x)=\sin x+\frac{3}{2}$

3. (1) $\frac{2^x e^x}{\ln 2+1}+C$　(2) $\frac{1}{2}x^2+x+\ln|x-1|+C$　(3) $x+\arctan x+C$　(4) $-\cot x-$

$x+C$　(5) $-\frac{1}{x}+\arctan x+C$　(6) $-\frac{1}{2}\cos x+C$

4. 5 m/s^2

5. 17.5 s

习题 3.2

1. (1) $-\frac{1}{4(4x+3)}+C$　(2) $\frac{1}{2}\sqrt{1+4x}+C$　(3) $\arctan x-\frac{1}{2x^2}+C$

(4) $\frac{1}{3}\arctan 3x+C$　(5) $\arcsin\frac{x}{2}+C$　(6) $\frac{x}{2}-\frac{1}{8}\sin 4x+C$　(7) $\frac{1}{2}e^{2x}+C$

(8) $\ln|\ln x|+C$

2. (1) $\frac{1}{2}\arctan 2e^x+C$　(2) $\frac{1}{2}f(2x)+C$　(3) $\frac{1}{5}\sec^5 x-\frac{1}{3}\sec^3 x+C$

(4) $-\frac{1}{4}\cos^4 x+C$　(5) $\frac{1}{4}(1+e^x)^4+C$　(6) $2\sin\sqrt{x+1}+C$　(7) $-\sin\frac{1}{x}+C$

(8) $\frac{2}{3}(\arcsin x)^{\frac{3}{2}}+C$

3. (1) $(\arctan\sqrt{x})^2+C$　(2) $4\sqrt{2+\sqrt{x}}+C$　(3) $\frac{1}{4}\left(\arctan\frac{x}{2}\right)^2+C$　(4) $\cot\frac{x}{2}+C$

习题 3.3

1. (1) $2\sqrt{x+2}-2\ln(1+\sqrt{x+2})+C$　(2) $2(-2\sqrt[4]{x}+\sqrt{x}+2\ln(1+\sqrt[4]{x}))+C$

(3) $2\arcsin\frac{x}{2}+\frac{x\sqrt{4-x^2}}{2}+C$　(4) $\frac{1}{8}\arcsin x-\frac{1}{8}x\sqrt{1-x^2}(1-2x^2)+C$

(5) $\ln(x+\sqrt{9+x^2})+C$　(6) $\sqrt{x^2-1}-\arccos\frac{1}{x}+C$

2. (1) $\frac{x}{4\sqrt{4+x^2}}+C$　(2) $\ln(x-1+\sqrt{x^2-2x+2})+C$

(3) $-\frac{\sqrt{4-x^2}}{x}-\arcsin\frac{x}{2}+C$　(4) $\arccos\frac{1}{x}+C$

3. (1) $\frac{1}{2}\left(\arctan x-\frac{x}{1+x^2}\right)+C$　(2) $\frac{\sqrt{(9-x^2)^3}(x^2-9)}{45x^5}+C$

(3) $2\arcsin\dfrac{x}{2}-\dfrac{x}{2}\sqrt{4-x^2}+\dfrac{x^3}{4}\sqrt{4-x^2}+C$ (4) $-\dfrac{1}{15}\sqrt{1-x^2}(8+4x^2+3x^4)+C$

习题 3.4

1. (1) $\dfrac{\mathrm{e}^{2x}}{4}(2x-1)+C$ (2) $x\mathrm{e}^x+C$ (3) $\dfrac{1}{2}x^2\ln x-\dfrac{1}{4}x^2+C$ (4) $\dfrac{1+x^2}{2}\arctan x-$

$\dfrac{1}{2}x+C$

2. (1) $-\dfrac{1}{4}x\cos 2x+\dfrac{1}{8}\sin 2x+C$ (2) $(2-x^2)\cos x+2x\sin x+C$

(3) $2\mathrm{e}^{\sqrt{x}}(\sqrt{x}-1)+C$ (4) $-(x+3)\mathrm{e}^{-x}+C$

3. (1) $\dfrac{1}{4}(-x\sqrt{1-x^2}+2x^2\arccos x+\arcsin x)+C$

(2) $x\ln(x+\sqrt{1+x^2})-\sqrt{1+x^2}+C$ (3) $-2x+x(\arcsin x)^2+2\sqrt{1-x^2}\arcsin x+C$

(4) $\dfrac{1}{3}(x^3+1)\ln(1+x)-\dfrac{x^3}{9}+\dfrac{x^2}{6}-\dfrac{x}{3}+C$

习题 3.5

1. (1) $\ln\left|\dfrac{x+2}{x+3}\right|+C$ (2) $\dfrac{3}{\sqrt{2}}\arctan\dfrac{1+x}{\sqrt{2}}+\ln(x^2+2x+3)+C$

(3) $\dfrac{3}{2}\ln|x-3|-\dfrac{1}{2}\ln|x+1|+C$ (4) $-\dfrac{1}{2}\arctan\dfrac{x-1}{2}+\dfrac{1}{2}\ln(x^2-2x+5)+C$

2. (1) $\tan\dfrac{x}{2}+C$ (2) $\dfrac{1}{2}\ln\left|\tan\dfrac{x}{2}\right|-\dfrac{1}{4}\tan^2\dfrac{x}{2}+C$

第 4 章

习题 4.1

1. (1) $x=-1, y=x$ 和 x 轴围成的三角形面积为 $\dfrac{1}{2}$，在 x 轴的下方.

(2) 单位圆在第一象限的面积为 $\dfrac{\pi}{4}$.

2. (1) $\displaystyle\int_1^2 x^3\mathrm{d}x$ 较大   (2) $\displaystyle\int_3^4 (\ln x)^2\mathrm{d}x$ 较大

3. (1) $\mathrm{e}\leqslant\displaystyle\int_1^2 \mathrm{e}^x\mathrm{d}x\leqslant\mathrm{e}^2$ (2) $0\leqslant\displaystyle\int_0^\pi \sin x\mathrm{d}x\leqslant\pi$

4. 88.2 kN

习题 4.2

1. (1) $\dfrac{32}{3}$ (2) $\dfrac{11}{15}$ (3) $\dfrac{1}{2}(\mathrm{e}^2-1)$ (4) 2

2. (1) 4   (2) π

3. (1) $\sqrt{1+x^2}$ (2) $2x\arctan x^2$ (3) $-\mathrm{e}^{-x}$ (4) $2x\tan x^2$

4. $\dfrac{7}{3}$

5. 0

6. $x = -3, 3$ 为 $f(x)$ 的极小值点，$x = 0$ 为 $f(x)$ 的极大值点

习题 4.3

1. (1) $\dfrac{7}{3}$　(2) $\dfrac{1}{3}$

2. (1) $3 + 2(\ln 4 - \ln 3)$　(2) $\ln(\sqrt{2} + 1)$　(3) $\ln 4 - \dfrac{3}{4}$　(4) π

3. 略

4. 略

5. 略

习题 4.4

1. (1) 发散　(2) $\dfrac{1}{3}$　(3) 发散　(4) 2

2. (1) $\sqrt{2}$　(2) $\dfrac{3}{2\sqrt[3]{4}}$　(3) $\dfrac{1}{2}$　(4) 发散

3. 1

习题 4.5

1. (1) $\ln 2$　(2) $e + \dfrac{1}{e} - 2$　(3) $\dfrac{1}{6}$

2. $\dfrac{1}{3}$

3. $6\pi a^2$

4. $\dfrac{4}{3}\pi ab^2$

5. $e - \dfrac{5}{2}$

6. $2a\pi^2 R^2$（提示：$V = \displaystyle\int_{-R}^{R} 4a\pi \sqrt{R^2 - y^2}\, \mathrm{d}y$）

第 5 章

习题 5.1

1. (1) $(-1, -2, -3)$　(2) $(1, 2, 3)$　(3) $(1, -2, -3)$

2. (1) 5　(2) $3\sqrt{3}$

3. $\dfrac{1}{3}(b - a)$；$\dfrac{1}{3}(a - b)$；$\dfrac{2}{3}(b - a)$

4. $\left(\dfrac{1}{3}, 0, 2\right)$

5. x 轴：$\sqrt{41}$，y 轴：$\sqrt{34}$，z 轴：5

习题 5.2

1. $A(-1, -1, -3)$

2. 3；$\cos \alpha = \dfrac{2}{3}$，$\cos \beta = \dfrac{1}{3}$，$\cos \gamma = -\dfrac{2}{3}$，$a^\circ = \left\{\dfrac{2}{3}, \dfrac{1}{3}, -\dfrac{2}{3}\right\}$

3. $\dfrac{4}{9}$

4. 6

5. $\left\{\dfrac{\sqrt{5}}{5},0,\dfrac{2\sqrt{5}}{5}\right\}$ 或 $\left\{-\dfrac{\sqrt{5}}{5},0,-\dfrac{2\sqrt{5}}{5}\right\}$

6. $m=6,n=\dfrac{1}{3}$

7. $\pm\dfrac{1}{\sqrt{3}}\{1,-1,-1\}$

习题 5.3

1. $x-3y+4z+9=0$

2. $2x-3y+2z=0$

3. $2x-z-2=0$

4. $\dfrac{x-1}{2}=\dfrac{y+4}{1}=\dfrac{z-2}{-1}$

5. $(1,2,2)$

6. $\dfrac{x+3}{-5}=\dfrac{y}{1}=\dfrac{z-2}{5}$

7. $\dfrac{x-1}{-2}=\dfrac{y-2}{3}=\dfrac{z-3}{1}$

8. $x+y-3z-6=0$

9. 1

10. $2(x+y)^2+2z(z+2)=1$

习题 5.4

1. 方程表示一球心在 $(1,-3,2)$，半径为 4 的球面

2. (1) 平行于 x 轴的直线，平行于 zOx 坐标面的平面 (2) 圆，圆柱面

3. (1) 椭圆 (2) 椭圆 (3) 抛物线 (4) 双曲线

4. $(x-4)^2+(y+2)^2+(z+1)^2=21$

5. $\begin{cases} x^2+y^2\leqslant 4, \\ z=0. \end{cases}$

6. $x^2+20y^2+24x=116$，椭圆柱面

第 6 章

习题 6.1

1. (1) $\{(x,y)\,|\,r^2<x^2+2y^2\leqslant R^2,(x,y)\in R^2\}$

(2) $\{(x,y)\,|\,x^2-y+2>0,(x,y)\in R^2\}$

2. 1

3. 不存在

4. 0，不存在，不存在

习题 6.2

1. (1) $\dfrac{\partial z}{\partial x}=2xy+\sin y,\dfrac{\partial z}{\partial y}=x^2+x\cos y$

(2) $\dfrac{\partial z}{\partial x}=\dfrac{-x}{\sqrt{1-x^2-y^2}}=-\dfrac{x}{z},\dfrac{\partial z}{\partial y}=\dfrac{-y}{\sqrt{1-x^2-y^2}}=-\dfrac{y}{z}$

(3) $z_x=2\cos(2x+y)-y\sin x,z_y=\cos(2x+y)+\cos x$

(4) $z_x=y\sec^2 xy,z_y=x\sec^2 xy$

2. (1) $\mathrm{d}u=\dfrac{\mathrm{d}x}{x}+\dfrac{\mathrm{d}y}{y}+\dfrac{\mathrm{d}z}{z}$ (2) $\mathrm{d}z=\mathrm{e}^{x+y}\mathrm{d}x+\mathrm{e}^{x+y}\mathrm{d}y$

3. $\dfrac{\partial^2 z}{\partial x\partial y}=\dfrac{1}{x},\dfrac{\partial^2 z}{\partial y\partial x}=\dfrac{1}{x},\dfrac{\partial^3 z}{\partial x^2\partial y}=-\dfrac{1}{x^2},\dfrac{\partial^3 z}{\partial x\partial y^2}=0$

4. $\mathrm{d}u=\dfrac{(x+y)^{z-1}}{1+(x+y)^{2z}}(z\mathrm{d}x+z\mathrm{d}y+(x+y)\ln(x+y)\mathrm{d}z)$

5. $\dfrac{\partial z}{\partial x}\Big|_P=\dfrac{1}{2},\dfrac{\partial z}{\partial y}\Big|_P=\dfrac{1}{4}$

6. $\mathrm{d}v=3.016\ \mathrm{cm}^3$

习题 6.3

1. $\dfrac{\partial z}{\partial x}=\cos x+8xy^3,\dfrac{\partial z}{\partial y}=12x^2y^2-\mathrm{e}^{-y}$

2. $\dfrac{\mathrm{d}z}{\mathrm{d}t}=\mathrm{e}^{3\sin t-2t^2}(3\cos t-4t)$

3. $\dfrac{\partial z}{\partial x}=\dfrac{y}{\mathrm{e}^z-1},\dfrac{\partial z}{\partial y}=\dfrac{x}{\mathrm{e}^z-1}$

4. $\dfrac{\partial z}{\partial x}=2x\ln(x+2y^2)+\dfrac{x^2}{x+2y^2},\dfrac{\partial z}{\partial y}=\dfrac{4x^2y}{x+2y^2}$

5. $\dfrac{\partial u}{\partial x}=(1+2x^2)yz\mathrm{e}^{x^2+2y+z},\dfrac{\partial u}{\partial y}=(1+2y)xz\mathrm{e}^{x^2+2y+z},\dfrac{\partial u}{\partial z}=(1+z)xy\mathrm{e}^{x^2+2y+z}$

6. $\dfrac{\partial z}{\partial x}=\dfrac{z\sin x-\cos y}{\cos x-y\sin z},\dfrac{\partial z}{\partial y}=\dfrac{x\sin y-\cos z}{\cos x-y\sin z}$

7. $\dfrac{\mathrm{d}T}{\mathrm{d}t}=\dfrac{V}{K}\dfrac{\mathrm{d}P}{\mathrm{d}t}+\dfrac{P}{K}\dfrac{\mathrm{d}V}{\mathrm{d}t},\dfrac{\mathrm{d}T}{\mathrm{d}t}\Big|_{\substack{p=20\\v=50}}=\dfrac{-2.5}{K}$

习题 6.4

1. 切线：$\dfrac{x-1}{1}=\dfrac{y-2}{4}=\dfrac{z-1}{3}$，法平面：$x+4y+3z-12=0$

2. 切平面：$4x+4y-z-6=0$，法线：$\dfrac{x-1}{4}=\dfrac{y-2}{4}=\dfrac{z-6}{-1}$

3. 切线：$\dfrac{x-\frac{\sqrt{3}}{2}}{-1}=\dfrac{y-\frac{1}{2}}{\sqrt{3}}=\dfrac{z-\frac{\pi}{6}}{2}$，法平面：$-3x+3\sqrt{3}y+6z-\pi=0$

4. 切平面：$15x+20y-24z=0$，法线：$\dfrac{x-4}{15}=\dfrac{y-3}{20}=\dfrac{z-5}{-24}$

6. $x-y+2z=\pm\sqrt{\dfrac{11}{2}}$

习题 6.5

1. $\left.\dfrac{\partial z}{\partial l}\right|_{(1,1)}=\dfrac{4e-6e^2}{5}$

2. $\left.\dfrac{\partial z}{\partial l}\right|_{(1,0)}=-\dfrac{\sqrt{2}}{2}$

3. $\left.\dfrac{\partial z}{\partial l}\right|_{(1,-1,1)}=\dfrac{2\sqrt{21}}{7}$

4. $\left.grad f\right|_{\left(1,2,\frac{\pi}{4}\right)}=\left\{4,\dfrac{\sqrt{2}}{2},\sqrt{2}\right\}$

5. (1) $-\dfrac{43}{5}$　(2) $\sqrt{205}$

习题 6.6

1. 在点 $(0,1)$ 取得极小值 0

2. 无极值点

3. 在点 $\left(\dfrac{\sqrt{2}}{2},\dfrac{\sqrt{2}}{2}\right)$ 取得极大值 $\sqrt{2}$，在点 $\left(-\dfrac{\sqrt{2}}{2},-\dfrac{\sqrt{2}}{2}\right)$ 取得极小值 $-\sqrt{2}$

4. $x=y=z=\dfrac{a}{\sqrt{6}}$

5. $x=y=\dfrac{r}{5},z=\dfrac{3r}{5}$　　极大值为：$5\ln r+3\ln 3-5\ln 5$

6. 略

第 7 章

习题 7.1

1. $V=\iint\limits_{D}(x^2+2y^2)\mathrm{d}\sigma,D:x^2+y^2\leqslant 1$

2. $0\leqslant I\leqslant 6$

3. $I_1\leqslant I_2$

习题 7.2

1. (1) $D:\begin{cases}0\leqslant y\leqslant\sqrt{1-x^2},\\0\leqslant x\leqslant 1.\end{cases}$　　$D:\begin{cases}0\leqslant x\leqslant\sqrt{1-y^2},\\0\leqslant y\leqslant 1.\end{cases}$

(2) $D:\begin{cases}0\leqslant y\leqslant\sqrt{x},\\0\leqslant x\leqslant 1.\end{cases}$　　$D:\begin{cases}y^2\leqslant x\leqslant 1,\\0\leqslant y\leqslant 1.\end{cases}$

2. (1) $\dfrac{2}{3}$　(2) 8π

3. (1) $\displaystyle\int_0^2\mathrm{d}x\int_{\frac{x}{2}}^1 f(x,y)\mathrm{d}y$　(2) $\displaystyle\int_0^1\mathrm{d}x\int_0^{\sqrt{1-x^2}}f(x,y)\mathrm{d}y$　(3) $\displaystyle\int_0^1\mathrm{d}x\int_1^{e^x}f(x,y)\mathrm{d}y$

(4) $\int_c^d \mathrm{d}y \int_a^b f(x, y)\mathrm{d}x$

4. (1) $-\dfrac{3\pi}{2}$ (2) $\dfrac{3}{10}$

5. 2π

6. 略

7. $\dfrac{1}{4}\left[1 - 2\mathrm{e}^{-1}\right]$

习题 7.3

1. $\dfrac{1}{96}$

2. $\int_{-1}^1 \mathrm{d}x \int_{-\sqrt{1-x^2}}^{\sqrt{1-x^2}} \mathrm{d}y \int_{x^2+y^2}^1 f(x,y,z)\mathrm{d}z, \int_0^{2\pi}\mathrm{d}\theta \int_0^1 \mathrm{d}r \int_{r^2}^1 f(r\cos\theta, r\sin\theta, z)r\mathrm{d}z$

3. 8π

4. $\dfrac{4\pi R^3}{3}$

5. $\int_{-2}^2 \mathrm{d}x \int_{-\sqrt{4-x^2}}^{\sqrt{4-x^2}} \mathrm{d}y \int_0^{\sqrt{4-x^2-y^2}} (x^2+y^2)\mathrm{d}z, \int_0^{2\pi}\mathrm{d}\theta \int_0^2 \mathrm{d}r \int_0^{\sqrt{4-r^2}} r^3 \mathrm{d}z$

习题 7.4

1. (1) $2\pi a \mathrm{e}^a$ (2) $\dfrac{11}{6} + \dfrac{5}{6}\sqrt{2}$ (3) $\dfrac{10\sqrt{10}}{3}$

2. 16

3. 0

习题 7.5

1. $\dfrac{1}{5}$

2. $\dfrac{3}{2}, \dfrac{3}{2}, \dfrac{3}{2}$

3. $-\dfrac{56}{15}$

4. -2π

5. $\dfrac{2}{3}ab^2$

6. $\int_L P\mathrm{d}x + Q\mathrm{d}y = \int_L \dfrac{P + 2xQ}{\sqrt{1+4x^2}}\mathrm{d}s$

习题 7.6

1. 0

2. -12

3. e^e

4. 0

5. $\arctan 4 - \dfrac{\pi}{4}$

6. $-2\pi ab$

第8章

习题 8.1

1. (1) $\dfrac{1}{3}, \dfrac{2}{5}, \dfrac{3}{7}, \dfrac{4}{9}, \dfrac{5}{11}$ (2) $\dfrac{1}{3}, \dfrac{1}{5}, \dfrac{1}{9}, \dfrac{1}{17}, \dfrac{1}{33}$

2. (1) $u_n = (-1)^{n-1} \dfrac{n}{3n+1}$ (2) $(-1)^{n-1} \dfrac{2^{n+1}}{2n+1}$

3. (1) 发散   (2) 收敛于 1

4. (1) 收敛 $\dfrac{10}{3}$ (2) 发散

5. $\dfrac{1}{3}$

6. 发散

习题 8.2

1. (1) 收敛   (2) 发散   (3) 收敛   (4) 收敛

2. (1) 收敛   (2) 收敛   (3) 收敛   (4) 发散

3. (1) 收敛   (2) 收敛

4. (1) 收敛   (2) 收敛

5. (1) 收敛   (2) 发散   (3) 收敛   (4) 发散

6. (1) 条件收敛   (2) 绝对收敛   (3) 发散   (4) 发散

7. (1) 绝对收敛   (2) 发散   (3) 绝对收敛   (4) 条件收敛

习题 8.3

1. (1) $(-1,1]$ (2) $[-2,2]$ (3) $(-1,1)$ (4) $(-\infty, +\infty)$

2. (1) $(-\infty, +\infty)$ (2) $[-1,1]$ (3) $[-1,1]$ (4) $(-\infty, +\infty)$

3. (1) $\dfrac{1}{(x-1)^2}(-1,1)$ (2) $\dfrac{1}{2}\ln\dfrac{1+x}{1-x}(-1,1)$

习题 8.4

1. $\displaystyle\sum_{n=0}^{\infty} x^{3n} (-1 < x < 1)$

2. $\displaystyle\sum_{n=1}^{\infty} \dfrac{(-1)^{n-1}}{(2n-1)!}\left(\dfrac{x}{2}\right)^{2n-1} (-\infty < x < +\infty)$

3. $\displaystyle\sum_{n=1}^{\infty} \dfrac{(-1)^{n-1}}{2(2n)!}(2x)^{2n} (-\infty < x < +\infty)$

4. $\displaystyle\sum_{n=0}^{\infty} (-1)^n (x-1)^n (0 < x < 2)$

5. $\displaystyle\sum_{n=0}^{\infty} \left(\dfrac{1}{2^{n+1}} - \dfrac{1}{3^{n+1}}\right)(x+4)^n (-6 < x < -2)$

习题 8.5

1. $\dfrac{1}{2}+\dfrac{2}{\pi}\left(\dfrac{\sin x}{1}+\dfrac{\sin 3x}{3}+\cdots+\dfrac{\sin(2k-1)x}{2k-1}+\cdots\right)(-\infty<x<+\infty,x\neq k\pi,k=0,\pm1,\pm2,\cdots)$，当 $x=k\pi$ 时，级数收敛于 $\dfrac{1}{2}$

2. $2a\sum\limits_{n=1}^{\infty}(-1)^{n-1}\dfrac{\sin nx}{n}(-\infty<x<+\infty,x\neq(2k+1)\pi,k=0,\pm1,\pm2,\cdots)$，当 $x=(2k+1)\pi$ 时，级数收敛于 0

3. $f(x)=\dfrac{\pi}{2}+\dfrac{4}{\pi}\sum\limits_{n=1}^{\infty}\dfrac{\cos(2n-1)x}{(2n-1)^2}(-\infty<x<+\infty)$

$\sum\limits_{n=1}^{\infty}\dfrac{1}{(2n-1)^2}=\left(\pi-\dfrac{\pi}{2}\right)\dfrac{\pi}{4}=\dfrac{\pi^2}{8}$

习题 8.6

1. $\sum\limits_{n=1}^{\infty}\dfrac{1}{n}\sin nx(0,\pi]$，$x=0$ 处级数收敛于 0

2. $\pi+3-\dfrac{8}{\pi}\sum\limits_{n=0}^{\infty}\dfrac{\cos(2n+1)x}{(2n+1)^2}$，$[0,\pi]$

3. $\dfrac{h}{\pi}+\dfrac{2}{\pi}\sum\limits_{n=1}^{\infty}\dfrac{\sin nh}{n}\cos nx$，$[0,h)\bigcup(h,\pi]$，在 $x=h$ 处级数收敛于 $\dfrac{1}{2}$

习题 8.7

1. $f(x)=\dfrac{1}{2}+\dfrac{2}{\pi}\left(\sin\dfrac{\pi x}{3}+\dfrac{1}{3}\sin\pi x+\dfrac{1}{5}\sin\dfrac{5\pi x}{3}+\cdots\right)(-\infty<x<\infty,x\neq0,\pm3,\pm6,\cdots)$，当 $x=3k$ 时，级数收敛于 $\dfrac{1}{2}$

2. $f(x)=\dfrac{4l}{\pi^2}\sum\limits_{n=1}^{\infty}\dfrac{(-1)^{n-1}}{(2n-1)^2}\sin\dfrac{(2n-1)\pi x}{l}(0\leqslant x\leqslant l)$

第 9 章

习题 9.1

1. （1）是三阶微分方程　（2）是一阶微分方程

（3）是 n 阶微分方程　（4）不是微分方程

2. （1）是　（2）不是

3. $y=ae^{\frac{1}{2}x^2}$

4. （1）$y=Ce^{-\cos x}$　（2）$\cos y=2\sin x+C$

（3）$x^2=-2y^2\ln C|x|$　（4）$y=\cos x+\overline{C}_1x^2+C_2x+C_3$

5. （1）$y^2=\ln(1+2e^x)+C$　（2）$y=x\arcsin Cx$

6. $x+y=x^2+y^2$

7. $M=M_0e^{-0.000\,433t}$（时间以年为单位）

习题 9.2

1. (1) $y=\dfrac{x^4}{3}+Cx$ (2) $y=\dfrac{x^3}{5}+\dfrac{C}{x^2}$

(3) $y=\dfrac{e^x(x-1)}{x}+\dfrac{C}{x}$ (4) $y=\dfrac{C}{x}+\dfrac{\cos x+x\sin x}{x}$

2. (1) $y=\csc x(C-e^{\cos x})$ (2) $y=2(1+x)^{\frac{3}{2}}+(1+x)C$ (3) $x=-\dfrac{2}{y}+Cy$ (4) $y=e^{x-\frac{1}{x}}+Ce^{-\frac{1}{x}}$

3. $y=\dfrac{\pi+\sin x}{x}$

4. $i(t)=\dfrac{1}{2}e^{-10t}+\dfrac{1}{2}(\sin 10t-\cos 10t)$

5. $\lim\limits_{t\to+\infty}v=\dfrac{mg}{k}$

习题 9.3

1. (1) $y=C_1e^{4x}+C_2e^{-2x}$ (2) $y=C_1e^{-x}+C_2e^{-5x}$ (3) $y=(C_1+C_2x)e^{-3x}$

(4) $y=(C_1+C_2x)e^x$ (5) $y=e^x(C_1\cos\sqrt{2}x+C_2\sin\sqrt{2}x)$

(6) $y=e^{3x}(C_1\cos 4x+C_2\sin 4x)$

2. (1) $y=2e^{4x}+e^{-3x}$ (2) $y=e^{4x}(1-3x)$

3. (1) $y=C_1e^{4x}+C_2e^{3x}-\dfrac{1}{2}e^{4x}(-2x+x^2)$ (2) $y=C_1e^{-4x}+C_2e^{4x}-\dfrac{1}{18}e^{2x}(1+3x)$

4. (1) $y^*=(Ax+B)e^x$ (2) $y^*=xe^{3x}(Ax+B)$

第 10 章

习题 10.1

1. (1) 4 (2) -5 (3) 21 (4) -11

2. (1) -16 (2) $(3a+b)(b-a)^3$ (3) -10 (4) -2

习题 10.2

1. (1) $x=-\dfrac{1}{2},y=-\dfrac{1}{2},z=1$ (2) $x=1,y=-\dfrac{1}{2},z=\dfrac{1}{2}$

2. $\lambda\neq 1$

3. (1) $x_1=\dfrac{2}{5},x_2=-\dfrac{8}{5},x_3=1,x_4=1$ (2) $x_1=-\dfrac{7}{4},x_2=3,x_3=-\dfrac{1}{4},x_4=-\dfrac{1}{2}$

4. $\lambda=1,5,6$

习题 10.3

1. (1) 9 (2) $\begin{pmatrix} 0 & 0 & 0 \\ -1 & -2 & -3 \\ 2 & 4 & 6 \end{pmatrix}$ (3) $\begin{pmatrix} 1 & 3 & 4 \\ -4 & 2 & -9 \end{pmatrix}$ (4) **无法相乘**

2. $\begin{pmatrix} 0 & -2 & -4 \\ -4 & 11 & -7 \\ 2 & -8 & -4 \end{pmatrix},\begin{pmatrix} 5 & -3 & 10 \\ 4 & -7 & 1 \\ 5 & -9 & -6 \end{pmatrix}$

3. $A^{\mathrm{T}} = \begin{pmatrix} 1 & 4 & 1 & 5 \\ 2 & 3 & 2 & 6 \\ 3 & 2 & 3 & 7 \\ 4 & 1 & 4 & 8 \end{pmatrix}$

5. $A = \begin{pmatrix} 1 & 1 & -1 \\ 1 & -2 & 1 \\ 3 & 1 & 0 \end{pmatrix}, B = \begin{pmatrix} 2 & -1 & -1 \\ -1 & 1 & 2 \\ 1 & 1 & 1 \end{pmatrix}, C = \begin{pmatrix} 0 & -1 & 0 \\ 5 & -2 & -4 \\ 5 & -2 & -1 \end{pmatrix}$

习题 10.4

1. (1) $-\dfrac{1}{2}\begin{pmatrix} 4 & -3 \\ -2 & 1 \end{pmatrix}$　(2) $\dfrac{1}{ad-bc}\begin{pmatrix} d & -b \\ -c & a \end{pmatrix}$

2. (1) $\dfrac{1}{2}\begin{pmatrix} 1 & 2 & -1 \\ 0 & -2 & 2 \\ -1 & 2 & -1 \end{pmatrix}$　(2) $\dfrac{1}{6}\begin{pmatrix} 3 & 3 & 0 \\ 0 & -2 & 2 \\ -3 & 1 & 2 \end{pmatrix}$

3. $R(A) = 4$

4. $A^{-1} = A + E, (A + 2E)^{-1} = E - A$

习题 10.5

1. $X = \begin{pmatrix} 2 & 10 \\ 0 & -3 \end{pmatrix}$

2. $A^{-1} = \begin{pmatrix} -1 & -\dfrac{2}{3} & \dfrac{4}{3} \\ 1 & \dfrac{1}{3} & -\dfrac{2}{3} \\ 0 & \dfrac{2}{3} & -\dfrac{1}{3} \end{pmatrix}$

3. $X = \begin{pmatrix} x_1 \\ x_2 \\ x_3 \end{pmatrix} = \begin{pmatrix} \dfrac{1}{4} \\ \dfrac{3}{4} \\ -\dfrac{1}{2} \end{pmatrix}$

4. $X = \begin{pmatrix} 1 & 3 & -2 \\ 1 & 0 & 2 \\ -4 & 1 & 0 \end{pmatrix}$

5. $B = \begin{pmatrix} -2 & -\dfrac{9}{2} & -\dfrac{3}{2} \\ -\dfrac{3}{2} & -\dfrac{11}{4} & -\dfrac{3}{4} \\ 0 & -\dfrac{3}{2} & -\dfrac{1}{2} \end{pmatrix}$

习题 10.6

1. (1) $R = 3$　(2) $R = 3$

2. $(-2,-1,1)^T$

3. $\left(-\dfrac{1}{2},3,\dfrac{9}{2},-\dfrac{3}{2}\right)^T$

4. $k(0,-1,0,1)^T$

5. $k_1(4,-3,0,1)^T+k_2(-5,3,1,0)^T+(3,-1,0,0)^T$

6. (1) $\lambda\neq 1$ 且 $\lambda\neq -2$ (2) $\lambda=1$ (3) $\lambda=-2$

第 11 章

习题 11.1

1. (1) $F(s)=\dfrac{1}{s+3}\ (s>-3)$ (2) $F(s)=\dfrac{4!}{s^5}(s>0)$ (3) $F(s)=\dfrac{s}{s^2+9}(s>0)$

(4) $F(s)=\dfrac{2}{s^2+4}(s>0)$

2. $F(s)=\dfrac{2}{s(1+e^{-(T/2)s})}(s>0)$

习题 11.2

1. (1) $\dfrac{2}{s(s^2+4)}$ (2) $\dfrac{3}{s^2+36}$ (3) 利用线性性质及位移或微分性质得 $\dfrac{2}{s}+\dfrac{1}{(s+1)^2}$

(4) 利用线性性质及位移性质得：$\dfrac{s^2+1}{(s+1)^3}$ (5) 利用位移性质得 $\dfrac{2}{(s-1)^3}$

(6) 由于 $3t-9>0$ 等同于 $t-3>0$ 及利用延迟性质得：$\dfrac{1}{s}e^{-3s}$

2. (1) $\dfrac{1}{s^2}+\dfrac{1}{(s-1)^2}$ (2) 因为 $L[t\sin 2t]=-\dfrac{dL[\sin 2t]}{ds}=\dfrac{4s}{(s^2+2^2)^2}$，由位移性质得

$L[te^{-3t}\sin 2t]=\dfrac{4(s+3)}{[(s+3)^2+2^2]^2}$ (3) $\dfrac{-1}{s^2+1}$ (4) $\dfrac{1}{(s+1)^2+1}$

习题 11.3

1. (1) $\dfrac{t^2}{2}e^{-t}$ (2) $2t+\dfrac{3}{2}t^2$ (3) $e^{-t}\cos t-4e^{-t}\sin t$ (4) $-u(t)-t+e^t$

2. (1) $y(x)=-\dfrac{1}{6}\sin 2x+\dfrac{1}{3}\sin x$ (2) $y(t)=-\dfrac{1}{12}\cos 2t-\dfrac{1}{6}\sin 2t+\dfrac{1}{4}$

3. (1) $\dfrac{3}{2}-e^{-t}-\dfrac{1}{2}e^{-2t}$ (2) $\dfrac{1}{2}t^2u(t)+\dfrac{1}{2}(t-4)^2u(t-4)$ (3) $2e^{-2t}\cos 3t$

(4) $\dfrac{1}{3}(\cos t-\cos 2t)+\sin t-\dfrac{1}{2}\sin 2t$

4. (1) $y(x)=x^3+e^x$ (2) $\begin{cases}x(t)=3-e^{-2t}+5\sin t,\\ y(t)=1-e^{-2t}-5\sin t.\end{cases}$

5. $0.069\ 4\%$（$dx=1\ 000\times dt\times 0.04\%-1\ 000dt\times x/10\ 000$，$x$ 为二氧化碳量 m^3 $x(0)=10\ 000\times 0.12\%=12$）